电工技术
全程辅导及实例详解

张 红 徐慧平 编

科 学 出 版 社

北 京

内 容 简 介

电工技术是一切电类知识的基础,掌握牢固的电工技术知识,才能在电的知识领域里纵横驰骋。本书涉及的电工专业知识丰富,结构合理,高度图解,易于阅读、掌握。本书以专题的形式组织相关的理论知识,又不失系统性,便于学生进行讨论。每章针对具体概念的典型问题都有逐步的解决方法,同时也给学生留出足够的思考空间,以促其发挥主观能动性,得到问题的解决方案。我们力争做到中外的最好融合。

本书适合非电类各专业、对电路理论知识要求不太高的相关专业人员,如船舶与海洋工程学院、土木工程与力学学院、物理学院、环境科学与工程学院、材料学院等院系的学生和教师及工程技术人员。或准备从事电工或电气职业的人员阅读参考。

图书在版编目(CIP)数据

电工技术全程辅导及实例详解/张红,徐慧平编. —北京:科学出版社,2013

ISBN 978-7-03-037646-6

Ⅰ.电… Ⅱ.①张…②徐… Ⅲ.电工技术-高等学校-教学参考资料
Ⅳ.TM

中国版本图书馆 CIP 数据核字(2013)第 116761 号

责任编辑:王 炜 杨 凯/责任制作:魏 谨
责任印制:魏 谨/封面设计:赵志远

北京东方科龙图文有限公司 制作

http://www.okbook.com.cn

科 学 出 版 社 出版
北京东黄城根北街 16 号
邮政编码:100717
http://www.sciencep.com

北京东海印刷有限公司 印刷
科学出版社发行 各地新华书店经销

*

2013 年 6 月第 一 版　　　开本:B5(720×1000)
2013 年 6 月第一次印刷　　　印张:24 1/4
印数:1—3 000　　　　　　　字数:446 000

定 价:55.00元
(如有印装质量问题,我社负责调换)

前　言

　　本书是在 Frank D. Petruzella 编写的《电工技术》基础上，结合我国教育部（前国家教育委员会）1995 年颁发的"电工技术"教学的基本要求，参考了现行的《电路原理》、《电路实验》、《电工技术》等相关课程的教材，结合作者平时的教学经验编写而成的。本书旨在强化基础，完善理论，增强应用，使初学者通过该课程的学习能够掌握一定的电工知识、电路分析方法，掌握实际应用中电路与系统的概念，最终能指导实际，以提高他们在实际应用中处理各种问题的能力。

　　Frank D. Petruzella 编写的《电工技术》，更多的是注重实际，包括一些基本的操作及所使用的工具等的介绍，电路理论知识则较浅显，有些知识在我国学生高中阶段可能就已经学习了。编者增加了电路理论知识，在变压器、继电器、可编程控制等章节则侧重实际应用方面的介绍。既加强了理论，也不失注重实际应用之际，保证了电工技术知识的系统性，希望是一本中外结合的好教材。

　　本书主要面向两类人群，一类是准备从事电工或电气职业的，另一类是准备从事需要具备扎实的电工学基础的相关领域职业的。

　　参加本书编写工作的有张红（第 1,6,11～14 章）、徐慧平（第 2～5,7～10 章），最后由张红定稿。

　　由于编者能力有限，书中难免有欠妥之处，恳切希望读者批评指正。

编　者

目　录

第 3 章　直流线性电路的基本定理

第 4 章　电路的暂态分析

第 5 章 正弦交流电路

第1章

电路的基本概念和基本定律

学习目标

- 了解电路的基本物理量、欧姆定律及相关的参考方向定义。
- 熟练掌握基尔霍夫电压、电流定律及其应用。
- 了解电源的工作状态及电路中电位的概念及计算等。
- 打好分析和电路计算的基础。

电路理论是一门专业基础课程,主要研究电路中发生的电磁现象,并用电流、电压等物理量描述其中的过程,以确定电路的实际工作状态。电路理论主要用于计算电路中各器件流经的电流和元件端承受的电压,一般不涉及内部发生的物理过程。它不仅是电工技术和电子技术的基础,而且也是为学习后续的电机学、控制与测量电路等,以及更好地设计应用电路打基础的。

1.1 电路的作用

电路是电流的通路,它是为了完成某种特定的任务而将电工设备或元件按一定方式连接而成的完整通路。电路可以很简单,如手电筒电路,它只涉及一个单回路;也可以很复杂,如大型工业或商业设备安装,它需要成百上千的电路组合在一起工作。电路的作用就是要完成既定的任务。例如,照明电路,电扇控制电路等。

1.2 组成与模型

每个电路都具有三个基本量——电压、电流和电阻(图 1.1)。这三个量取决于各组件在电路中为实现所需功能而被排放在的不同位置。

组成电路的组件通常包括:电源、保护设备、导线、控制设备和负载设备。

电源为电路提供电压或电流,使导线中的自由电子移动。电源也常被认为是能量供给。常用的电源分为两种:直流电(DC)和交流电(AC)。如图 1.2 所示。

电压(流)源的极性决定了电路中电流的方向,同时电源提供的电压(流)大小

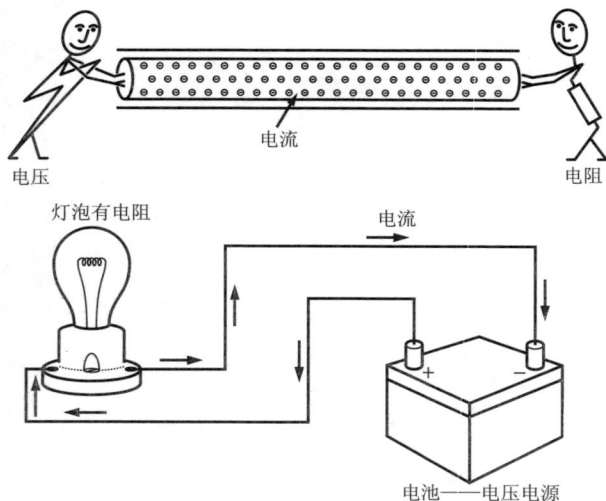

图 1.1 在每个电路中都会出现电压、电流和电阻

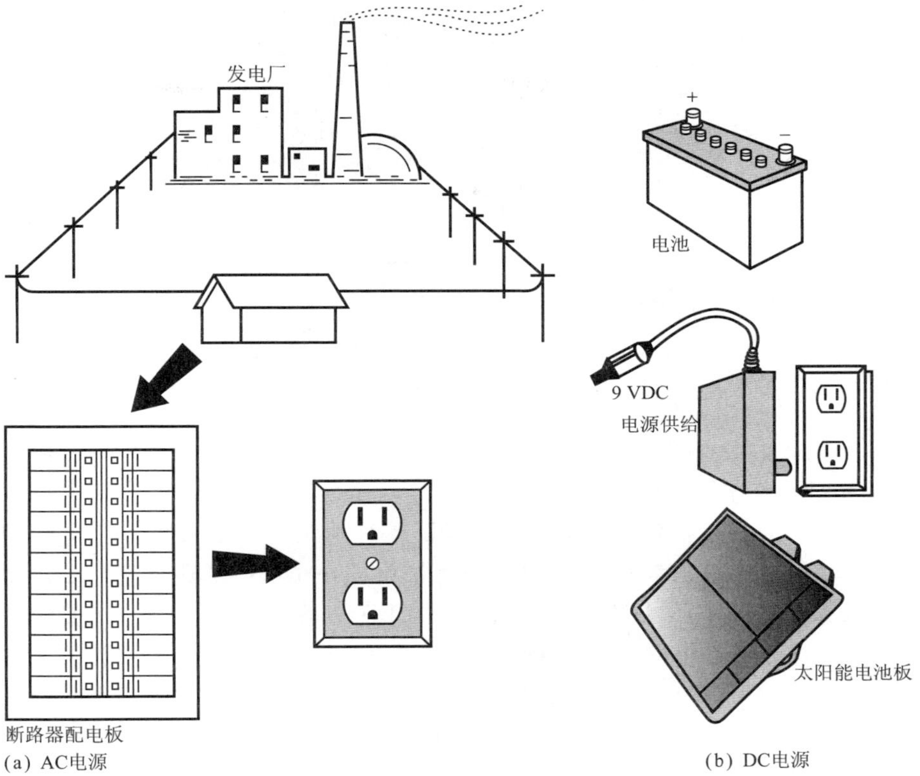

图 1.2 电 源

决定了电路中电流的大小。习惯规定:电流的真实方向为正电荷运动的方向。由于电子的流动永远从电源的负极流出,所以只要电源的极性不变,电路中的电流总是保持相同的方向。这种类型的电流称为直流电,电源称为直流电源,有直流电压源和直流电流源之分。任何使用直流(DC)电源的电路都是直流电路。

当电源的电压极性改变,或交替变化时,电路中电流的方向也将交替变化。这种类型的电流称为交流电,电源称为交流电源,有交流电压源和交流电流源之分。任何使用交流(AC)电源的电路都是交流电路。

保护设备的目的是为了保护电路配线和仪器。保护设备只允许安全限制内的电流通过。当有超过额定电流量的电流(过载电流)通过时,保护设备会自动切断电路直到过载电流问题得到解决。常用的两种保护设备是:保险丝和断路器(断路开关)。

通常保护设备都是电压源或能量供给设备的组成部分(图 1.3)。保护设备必须具备如下功能:

· 当发生过载电流现象时,迅速感应。

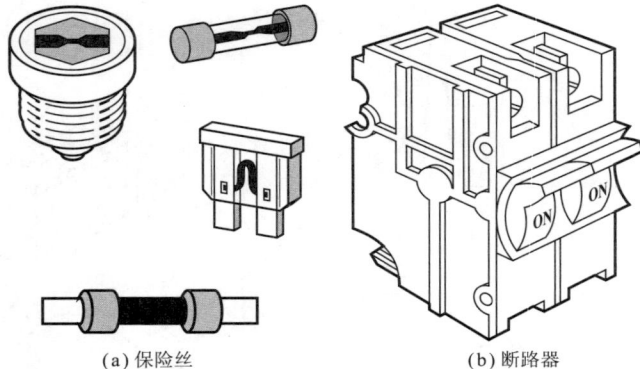

(a) 保险丝　　　　　　　(b) 断路器

图 1.3　保护电路

- 当发生过载电流状况、产生事故前切断电路。
- 正常操作中不影响电路工作。

导体或导线用于在各部件间形成通路。导体为电子通过提供极小电阻的通路。通常导体都经过绝缘处理,这样可以保证电流在正确的通路流动。虽然很多金属都是较好的导体,但是仍然由于其自由电子个数的不同,某些金属的导电效果更为出色。金属的导电效果可以用一个参数表示,即电导率。如果同样的电源使用不同的金属导电,那么拥有较高电导率的金属将允许更多的电子流动。最常用的电导体是带有塑料绝缘层的铜导线。铜的电导率为"1",是单位电导率,其他金属与铜做比较就可以得到自己的电导率。

控制设备通常被设置在电路中允许用户简单地开始、停止或改变电流。通常控制设备包括开关、温度调节装置和灯的调光器(图 1.4)。开关主要用于接通或断开电流,温度调节装置则可以自动控制电流流动或停止。同时,调光器也主要用于开通或断开电流,它可以通过改变电流的大小来控制灯的照明程度。

开关主要是用于开通或切断电路。很多种开关都可以实现这个操作。开关最简单的结构包含两片导电金属,它们都与电路导线连接。开关的两个导电金属不是相互连接就是断开。当两金属彼此连接时,电流就拥有一个完整的通路,此时的电路是闭合的。当两金属分开时,电路是断开的。工业与商业设备安装中的发动机控制电路似乎比这个开关要复杂许多,但事实上它们的原理是相同的——多个单独的开关控制多条电流通路。

负载是电路的一部分,它实现了电能的转换。负载可以将电能转换为用户所期望的功能或电路的有用功。为了实现其功能,它需要将电能转换为其他形式的能。常见的负载设备包括灯、发动机、发热机、电阻器等(图 1.5)。

所有传导电流的部件都具有一定量的电阻。然而,在大多数电路中电路导线和电源的电阻很小,甚至为零,因此所有的电路电阻都在负载设备中。

4

(a) 开关主要用于接通和断开电流

(c) 灯的调光器主要用于改变电流

(b) 温度调节装置自动接通和断开电流

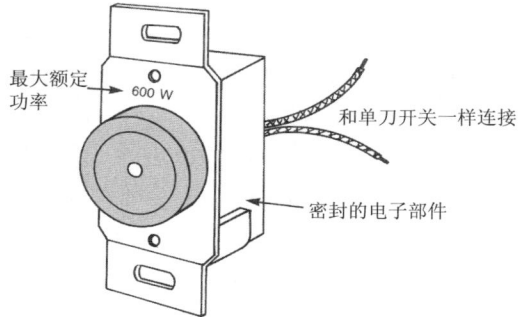

图 1.4 控制设备

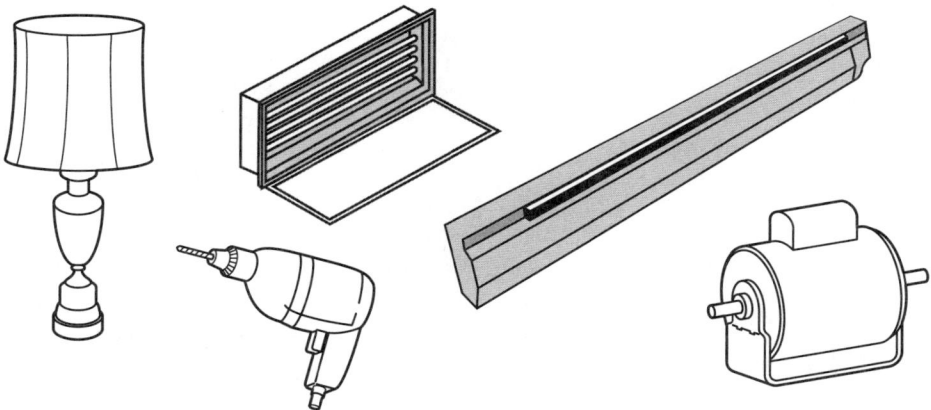

图 1.5 负载设备

负载的额定电功率决定它从电源得到的能量。因此,负载这个词既表示负载设备得到的能量,也代表负载设备从电源处消耗的能量。

为了便于对实际电路进行分析和用数学描述,将实际元件模型化,即在一定条件下突出其主要的电磁性质,忽略其次要因素,把它近似地看做理想电路元件。由

5

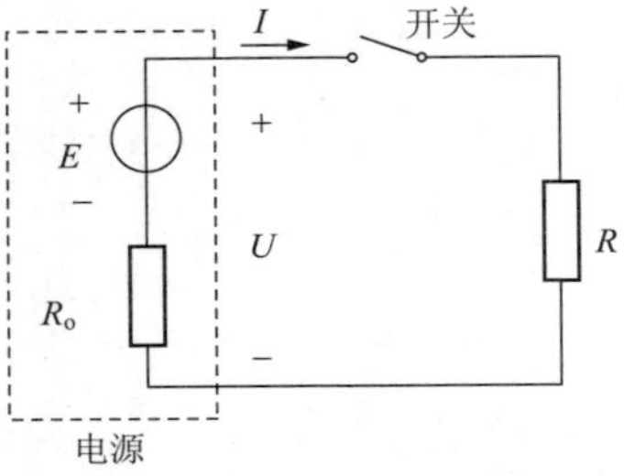

图 1.6　灯泡电路的模型

一些理想电路元件所组成的电路,被称为实际电路的电路模型,它是对实际电路电磁性质的科学抽象和概括。理想电路元件(理想二字常略去不写)主要有电阻元件、电感元件、电容元件和某种电源元件等。这些元件分别由相应的参数来表征。例如图1.1中的电路,我们可以用图1.6所示电路模型来表示(增加了一个开关)。其中,灯泡是电阻元件,其参数为电阻 R;直流电源由电平提供,其参数是电动势 E 和内阻 R_o。

需要说明的是,一个电路模型的建立与实际电路的工作条件有关。同一个电气装置或器件在不同的工作条件下,可能对应不同的电路模型。一个线圈如图1.7(a)所示,当通过低频电流时,其表现的主要电磁特性是储存磁场能量,可用一个理想电感元件 L 的电路模型表示,如图1.7(b)所示。如果线圈中消耗电能的特性不能忽略,也就是说其内阻不能被忽略,则可用理想电感元件 L 与理想电阻元件 R 串联的电路模型表示,如图1.7(c)所示。实际电感元件中的内阻多不可忽略。如果线圈工作时的电流频率较高,线圈中储存电场能量的特性相对明显,则对应的电路模型为理想的电感与电阻串联的支路与理想电容元件 C 并联,如图1.7(d)所示。

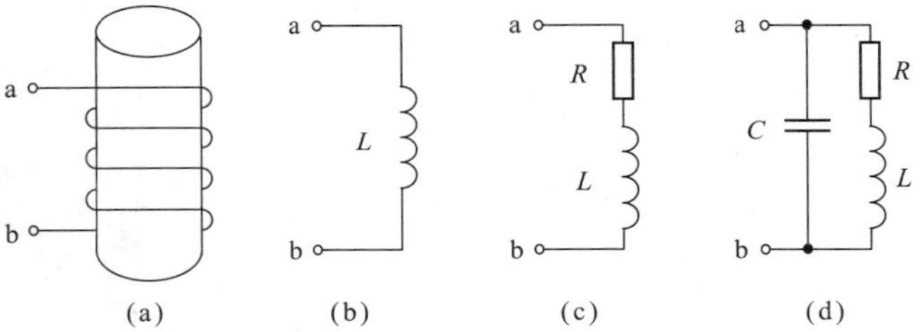

图 1.7　实际线圈在不同工作条件下的电路模型

因此,建立电路模型是很重要的,它是一切电路计算的基础。

思考与练习

1. 列出所有电路都具备的三个特征量。
2. 哪五种部件是组成所有电路的组成部分?
3. 解释保护设备是如何工作的。
4. 解释电路负载设备的功能。

1.3 基本物理量及其参考方向

本书涉及的基本物理量有电压和电流,关于电压和电流的方向,有实际方向和参考方向之分,要加以区别。

1.3.1 电流及其参考方向

导体中流动的电子量被称为电流,通常用电流强度(简称电流)表征其大小,单位为安培(A),1 秒钟通过单位面积的电子数为 6.25×10^{18} 个(1 库仑),即为 1 安培,如图 1.8 所示。物理表达式就是:

$$i = \frac{dq}{dt} \tag{1.1}$$

其中,i 为电流;电荷量 q 的单位为库仑(用 C 表示);时间 t 的单位为秒(用 s 表示)。

我国法定计量单位是以国际单位制(SI)为基础的。电流的单位为安培(A)。微小电流可以用毫安(mA)、微安(μA)表示,极大电流则可以用千安(kA)、兆安(MA)表示,它们的关系为

$$1A = 1000mA = 10^6 \mu A = 10^{-3} kA = 10^{-6} MA$$

大小和方向不随时间变化的电流,称为直流电流,用大写字母 I 表示;大小或方向随时间变化的电流,称为交变电流,用小写字母 i 表示。

一般规定正电荷运动的方向或负电荷运动的相反方向为电流的方向,即为其实际方向。通常在较复杂的电路中,电流的大小和方向是未知的,为了应用各种定律和定理来计算电流,需要事先任意假定一个电流方向(假定正向),如图 1.9 中的

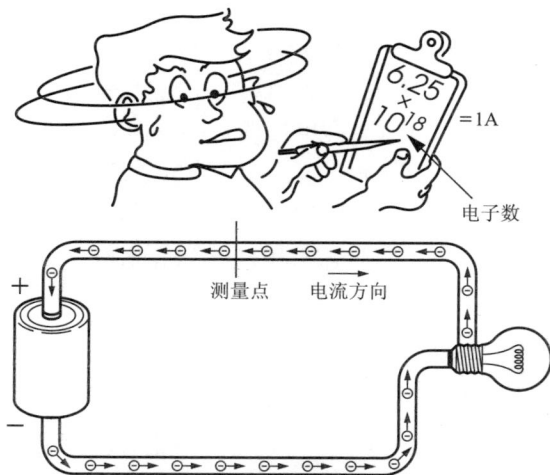

图 1.8 导体中的电流

虚线,这个任意假定的电流方向称为电流的参考方向。若计算出的电流数值为正,则表示电流的实际方向与参考方向是一致的,如图 1.9(a)所示;若数值为负,则表示电流的实际方向与参考方向相反,如图 1.9(b)所示。因此,在参考方向选定之后,电流之值才有正负之分。

图 1.9　电流的参考方向

1.3.2　电压及其参考方向

电压是衡量电场力做功能力的物理量,规定电压的正方向由高电位指向低电位。电场力移动单位正电荷所做的功定义为电压,表示为

$$u = \frac{\mathrm{d}w}{\mathrm{d}q} \tag{1.2}$$

其中,u 为电压;功 w 的单位为焦耳(J);电荷量 q 的单位为库仑(C)。

国际单位 SI 制中电压的单位为伏特,简称为伏(V)。当电场力把 1C 的电荷从一点移到另一点所做的功为 1J(焦耳)时,则该两点间的电压为 1V。电压的单位有微伏(μV)、毫伏(mV)、伏特(V)、千伏(kV)、兆伏(MV)。它们的关系是:

$$1V = 10^3\,mV = 10^6\,\mu V = 10^{-3}\,kV = 10^{-6}\,MV$$

大小和方向不随时间变化的电压,称为直流电压,用大写字母 U 表示。大小或方向随时间变化的电压,称为交流电压,用小写字母 u 表示。

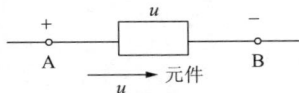

同样,为了计算未知电压,需要先任意假定一个电压方向。如图 1.10 所示,如果 A 点电位高于 B 点电位,即电压的实际方向是由 A 到 B,两者的方向一致,则 $u>0$。当实际电位是 B 点高于 A 点时,两者方向相反,则 $u<0$。有时为了图示方便,可以用一个箭头表示电压的参考方向(图 1.10)。还可用双下标表示电压,如 u_{AB} 表示 A 和 B 之间电压的参考方向是由 A 指向 B。

图 1.10　电压的参考方向

1.3.3　电位的概念

在实际应用中,通常会用到电位这个概念。所谓某点电位,实际上就是该点电位与电路中某一参考点电位之间的电压差值。注意,计算电位时,必须选定电路中的某一点作为参考点,它的电位称为参考电位。

参考点在电路图中标上"接地"符号,参考点电位通常设为零。所谓"接地",并非真与大地相接。大地是真正的零电位。

取一点为参考点,则各点到该点的电压都有确定的值,如图 1.11 中,若选取 d 点为参考点,即 $\varphi_d=0$,则另外各点相对于该点的电位都是确定的,分别记为 φ_a、φ_b、φ_c。

例题 1.1

如图 1.11 所示电路,选定 d 点为参考零点,若 a、b、c 各点电位分别为 5V、-3V、6V 时,求电压 u_{ab}、u_{bc} 和 u_{ac}。

解: 由两点之间的电压等于这两点的电压差,有

$$u_{ab}=\varphi_a-\varphi_b=5-(-3)=8(V)$$

$$u_{bc}=\varphi_b-\varphi_c=(-3)-6=-9(V)$$

$$u_{ac}=\varphi_a-\varphi_c=5-6=-1(V)$$

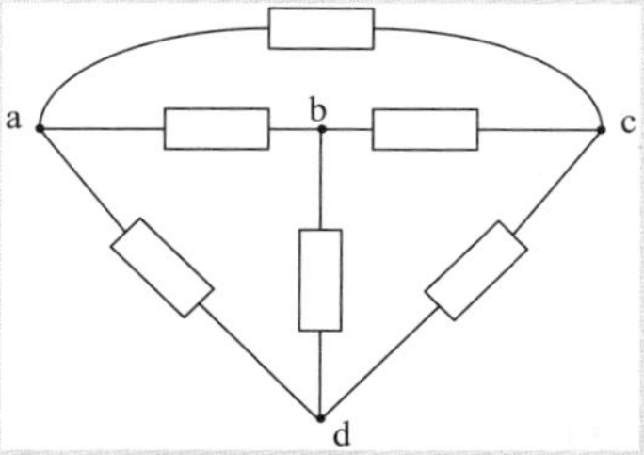

图 1.11

1.3.4 关联方向

一个元件的电压和电流的实际方向是有必然联系的,但这里假设的参考方向可以独立地任意指定。如果指定流过元件的电流的参考方向是从标以电压"+"极性一端流入,"-"极性一端流出,即电流的参考方向与电压的参考方向一致,则把电流和电压的这种参考方向称为关联参考方向(图 1.12(a))。否则,称为非关联参考方向(图 1.12(b))。

元件	元件
(a)	(b)

图 1.12 关联方向

参考方向在分析电路时起着非常重要的作用。

思考与练习

1. 在图 1.11 所示电路中,另选 b 点为电压参考点,求 φ_a、φ_c 和 φ_d 以及 u_{ab}、u_{bc} 和 u_{ac}。将计算结果与例 1.1 比较,说明问题?

2. 在图 1.11 所示电路中,另外任意指定一组电位 φ_a、φ_b 和 φ_c 的数据,证明:沿电路中的任一闭合路径各元件电压的代数和恒等于 0。

3. u_{ab} 是否表示 a 端的电位高于 b 端的电位?

1.4　欧姆定律与电阻元件

在同一电路中,导体中的电流跟导体两端的电压成正比,跟导体的电阻阻值成反比,这就是欧姆定律。对于图 1.13(a)所示电路,欧姆定律可用下式表示

$$R = \frac{U}{I} \tag{1.3}$$

其中,R 即为该段电路的电阻。电阻对电流起阻碍作用,当元件两端所加电压 U 一定时,电阻 R 越大,则电流 I 越小。图 1.14 直观演示了其中的关系。欧姆定律是电路分析的基本定律之一。

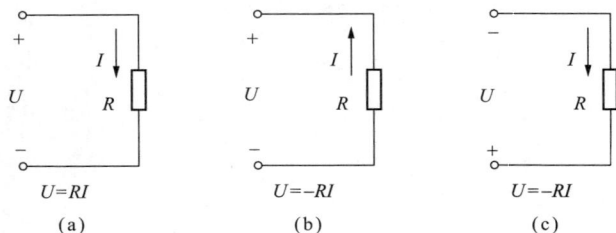

图 1.13　欧姆定律

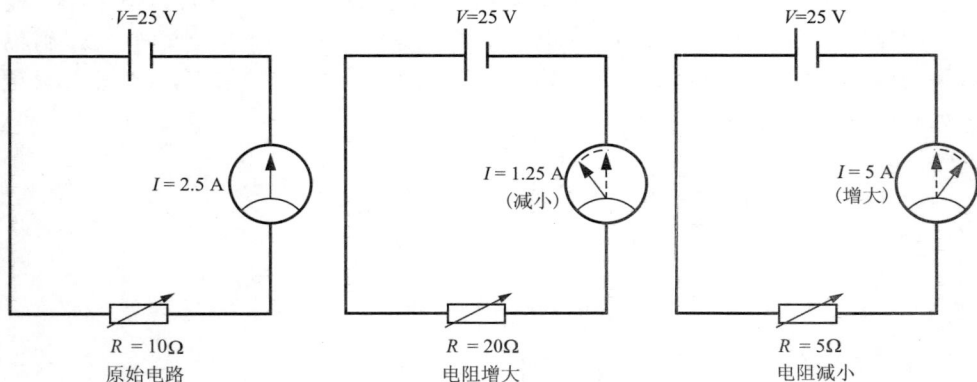

图 1.14　电阻变化对电流的影响

在国际单位制中,电阻的单位为欧姆(Ω),简称欧。当电路两端的电压为 1V,通过的电流为 1A 时,则该段电路的电阻为 1Ω。电阻的单位可以有千欧($k\Omega$)、兆欧($M\Omega$),它们的关系是:$1M\Omega = 10^6\Omega = 10^3 k\Omega$。

根据在电路图上所选电压和电流的参考方向的不同,欧姆定律的表达式也会不同。当电压与电流为关联方向时[图 1.13(a)],则 $U = RI$ \hfill (1.4)

当两者选择非关联方向时[图 1.13(b)、(c)],则有 $U = -RI$ \hfill (1.5)

下面举例说明欧姆定律与关联方向的关系。

例题 1.2

求出图 1.15 中电路四种情况下的电阻 R。

图 1.15

解：根据欧姆定律，分别有

图 1.14(a)：$R = \dfrac{U}{I} = \dfrac{15V}{1.5A} = 10\Omega$

图 1.14(b)：$R = \dfrac{U}{I} = -\dfrac{15V}{-1.5A} = 10\Omega$

图 1.14(c)：$R = \dfrac{U}{I} = -\dfrac{-15V}{1.5A} = 10\Omega$

图 1.14(d)：$R = \dfrac{U}{I} = \dfrac{-15V}{-1.5A} = 10\Omega$

遵循欧姆定律的电阻称为线性电路。当电阻上的电压和电流选为关联方向时，线性电阻的伏安特性曲线（元件的特性通常用其端口的电压电流特性曲线表征）为一条过原点的直线，如图 1.16 所示。

直线的斜率即为电阻的阻值，为一常数，$R = \text{tg}\theta$。

实际中常用的碳膜电阻器、金属膜电阻器和绕线电阻器等，在一定的条件下，可以用线性电阻元件作为模型。

非线性电阻元件的伏安特性不是过原点的直线。实际中的热敏电阻器、光敏电阻器以及半导体二极管等都是非线性电阻器件，可以用非线性电阻元件作为模型，使用时应根据其伏安特性而定。例如，二极管的伏安特性曲线如图 1.17 所示，从图中我们可以看出其两个明显的特性：嵌位特性和单向导电性。当施加一个大于二极管的正向导通电压时，二极管正向导通，其端口电压为一个 0.5～0.7V 的恒定的小电压（参与电路计算时通常等效为导线。硅管、锗管的导通电压不同）；当

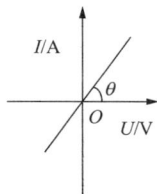

图 1.16 线性电阻的伏安特性

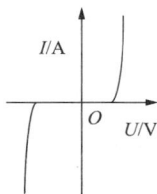

图 1.17 二极管的伏安特性

所加电压为反向电压时,电路不导通,增加反向电压会导致二极管反向击穿。

由于非线性电阻的伏安特性曲线不是直线,非线性电阻的阻值不是常数,是随两端电压和流过电流的改变而改变的,也就是说非线性电阻的阻值与元件的工作点(元件工作时的电压和电流)有关。

电阻一般会消耗功率,是耗能元件。

思考与练习

1. 一个电阻器的阻值为 220Ω。测得通过这个电阻器的电流为 $30mA$。电阻器两端的电压是多少?

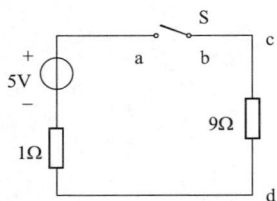

2. 电压 12V 的指示灯中有 3A 的电流流过。这个灯泡的热电阻是多少?(热电阻就是这个灯泡在正常工作情况下的电阻,这个阻值比其在寒冷的或外电路中的电阻要高很多。)

3. 一个带有 40Ω 加热器件的电烙铁被接入 120V 的电源插座中,通过电烙铁的电流是多少?

4. 试计算图 1.18 所示电路在开关 S 闭合与断开两种情况下的电压 U_{ab} 和 U_{cd}。

图 1.18　练习与思考 4 的图

1.5　电路有源工作状态

现在以简单的直流电路(图 1.19)为例,来讨论电源有载工作、开路与短路时电路的电流、电压和功率。

1.5.1　电源有载工作

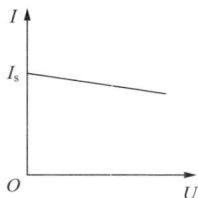

电源有载工作就是说电源在有负载的情况下工作。如图 1.19 合上开关 K 后的电路。

通常研究某二端口网络的工作状态,就是研究该端口对外的电压与电流之间的关系,即端口伏安特性(也称为外特性曲线)。因此端口伏安特性是我们分析电路的基础。电路实验中伏安测量法是直流电路特性测试中主要的测量方法。

图 1.19　电源有载工作　　图 1.20　端口伏安特性

针对图 1.19,应用欧姆定律可列出电路中的电压

$$U = \frac{RR_0}{R+R_0} I_s \tag{1.6}$$

流经负载的电流

$$I = \frac{U}{R} \tag{1.7}$$

由上两式可以有

$$I = I_s - \frac{U}{R_0} \tag{1.8}$$

图 1.19 中虚线框(以 AB 为端口)为一个实际电流源。由式(1.8),我们可以得到实际电流源的外特性曲线,如图 1.20 所示。由图可见,实际电源(AB 端口)的输出电流小于电流源输出 I_s,两者之差为电流通过电源内阻所产生的电流 $\frac{U}{R_0}$。电压越大,则电源端内阻上流经的电流越大。如果电源内阻 R_0 足够大,则可以忽略这个差别。所以,实际电流源的内阻应该越大越好。

将式(1.8)各项乘以电压 U,则得

$$UI = UI_s - \frac{U^2}{R_0} \tag{1.9}$$

所以, $P = P_E - \Delta P$ \hfill (1.10)

式(1.10)表示的是该电路的功率关系。其中,$P_E = UI_s$,是电源产生的功率;$\Delta P = \frac{U^2}{R_0}$,是电源内阻上损耗的功率;$P = UI$,是电源输出的功率。在国际单位制中,功率的单位是瓦特,简称瓦(W),或千瓦(kW)。1 秒钟内转换 1 焦耳的能量,为 1W 功率。

分析实际电路,还要判断哪个电路元件是电源(或起着电源作用),哪个是负载(或起着负载的作用)。通常根据电压和电流的实际方向是否一致来判断。对于电源,U 和 I 的实际方向相反,电流从"+"端流出,发出功率;对于负载,U 和 I 的实际方向相同,电流从"+"端流入,消耗功率。

1.5.2　电源短路

在图 1.19 所示电路中,当电源的两端由于某种原因而连在一起,此时电源被短路。如图 1.21 所示。电源短路时,外电路的电阻可以看做零,电流有捷径可通,不再流过负载。电路中电流 I_0 为电流源输出电流 I_s。于是有电源短路时的特征:

$$U = 0$$
$$I_0 = I_s$$
$$P = 0$$

短路是一种严重事故,应该尽量避免。产生短路的原因通常是由于绝缘损坏

或接线不慎,因此经常检查电气设备和线路的绝缘情况是一项很重要的安全措施。另外,为了防止短路事故发生引起严重后果,通常在电路中接入熔断器(俗称保险)或自动断路器,发生短路时,它们能够将故障电路迅速断开。

有时候也需要利用短路完成特殊的任务,此时可以将电路的某一部分故意短路,但电路的其他部分必须有保护电路。

1.5.3 电源开路

在图 1.19 所示电路中,当开关断开时,电源则处在开路(空载)状态,如图 1.22 所示,此时外电路的电阻对电源来说为无穷大,电路中电流为零。电源的端电压(称为开路电压或空载电压 U_0)为

$$U_0 = I_s R_0$$
$$I = 0$$
$$P = 0$$

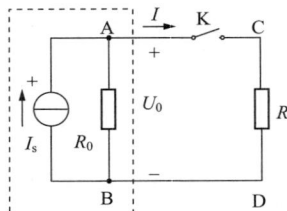

图 1.21 电源短路　　　　　　图 1.22 电源开路

思考与练习

1. 是否可以用图 1.23 所示的两个电路模拟实际的直流电源。为什么?

2. 有一个 5W 100Ω 的电阻,问此电阻允许通过的最大电流是多少?

3. 一个标定为 220V 40W 的灯泡,是否在任何情况下功率都是 40W?

4. 如图 1.24 电路表示在 A 点处因绝缘损坏而接地。试问 A 点处是否有电流流入大地;若同时 B 点接地,情况又怎样?

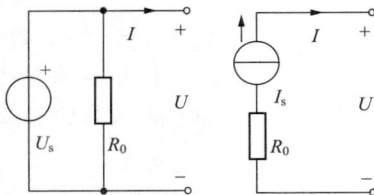

图 1.23

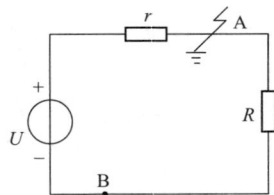

图 1.24

1.6 基尔霍夫定律

分析与计算电路的基本定律,除了欧姆定律外,还有基尔霍夫定律。基尔霍夫定律只与电路的结构形式有关,而与组成电路的元件无关,它适用于电路中所有支路的电流和所有回路的电压。基尔霍夫定律包括基尔霍夫电流定律(KCL)和基尔霍夫电压定律(KVL)。基尔霍夫电流定律应用于结点,电压定律应用于回路。先介绍电路的几个术语。

支路:电路中的每一个分支称为一条支路。一条支路流过一个电流,称为支路电流。如图 1.25 所示电路中有三条支路,各支路电流分别为 I_1、I_2、I_3。所在的支路含有电源,称为有源支路,另外两条不含电源的支路称为无源支路。

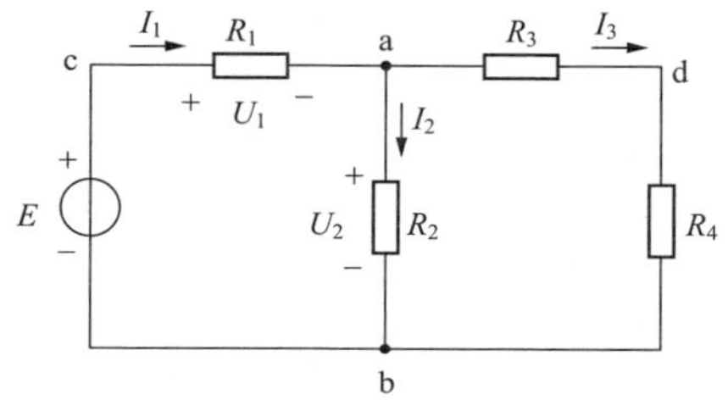

图 1.25 电路举例

电路中三条或三条以上的支路相连接的点称为结点(或节点)。在图 1.25 所示的电路中共有两个结点:a 和 b。

回路是由一条或多条支路所组成的闭合电路。图 1.25 中共有三个回路:abca、abda 和 acbda。

1.6.1 基尔霍夫电流定律

基尔霍夫电流定律简称 KCL,是用来确定连接在同一结点上的各支路电流间关系的。由于电流的连续性,电路中任何一点(包括结点在内)均不能堆积电荷。因此,在任一瞬时,流向某一结点的电流之和应该等于由该结点流出的电流之和。

在图 1.25 所示的电路中,对结点 a 可以写出

$$I_1 = I_2 + I_3 \tag{1.11}$$

将式(1.11)变换成 $\quad I_1 - I_2 - I_3 = 0$

即 $\quad \sum I = 0 \tag{1.12}$

也就是说,在任一瞬间,一个结点上电流的代数和恒为零。如果规定参考方向向着结点的电流取正号,则背着结点的就取负号。如果计算结果中有些支路的电流为负值,则说明所选定的电流的参考方向与其实际方向相反。

基尔霍夫电流定律可以推广应用到电路中的任意闭合面,即任一瞬时,流入任一闭合面的电流的代数和为零。有时不需要关心闭合面内部的电路结构时,可以对闭合面应用 KCL,即将闭合面视为一个假想结点。

例题 1.3

在图 1.26 所示电路中,已知电流 $I_A=1A,I_B=2A,I_{AB}=-4A$,求未知电流 I_C,I_{CA},I_{BC}。

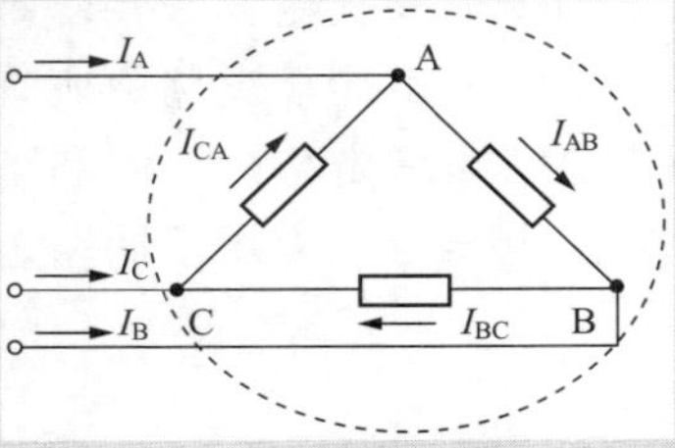

图 1.26

解　图 1.26 所示的闭合面包围的是一个三角形电路,它有三个结点。应用电流定律可以有:

$$I_A=I_{AB}-I_{CA}$$

$$\therefore I_{CA}=I_{AB}-I_A=-5A$$

$$I_{BC}=I_{AB}+I_B=-2A$$

I_C 有两种方法计算,1) 基于结点 C,有 $I_C=I_{CA}-I_{BC}=-3A$

2) 基于虚线框表示的闭合面,有 $I_C=-I_A-I_B=-3A$

可见,当电路中任一结点连接有 n 条支路,如果 $n-1$ 条支路的电流已知,则可以直接应用 KCL,求得未知的支路电流。只是要注意,对某结点应用 KCL 时,其 KCL 方程中必须包含与该结点相连的全部支路电流。

1.6.2　基尔霍夫电压定律

基尔霍夫电压定律简称 KVL,是用来确定电路任意回路中的各电压之间约束关系的定律。如果从回路中任意一点出发,以顺时针方向或逆时针方向沿回路循行一周,则在这个方向上的电位降之和应等于其电位升之和。回到原来的出发点时,该点的电位是不会发生变化的。也就是说,电路中任意一点的瞬时电位具有单值性。

如图 1.27 所示电路(图 1.25 所示电路中的 abca 回路),图中电源电动势、电流和各段电压的参考方向均已标出。按照虚线所示方向循环一周,即为电压的参考方向,有下式成立:

$$E=U_1+U_2$$

对它进行变换,有 $E-U_1-U_2=0$

$$\therefore \sum U=0 \tag{1.13}$$

也就是说,在任一瞬间,沿任何回路循环方向(顺时针方向或逆时针方向),回路中各段电压的代数和恒等于零。此即基尔霍夫电压定律。

KVL 与回路循环方向有关,凡是电动势的方向(电源"−"极指向"+"极)与所选回路循环方向一致者,则取正号;凡是负载的电压方向(假定电流流入的方向为"+",流出的方向为"−",电压方向通常是从"+"指向"−")与回路循环方向相同者,则取负号,否则取正号。

KVL 不仅应用于闭合回路,也可以把它推广应用于回路的部分电路。如图 1.28 所示,根据 KVL,我们可以有

$$U_B + U_b + U_a = U_A$$

所以 A、B 两点间的电压降 $U_{AB} = U_A - U_B = U_a + U_b$

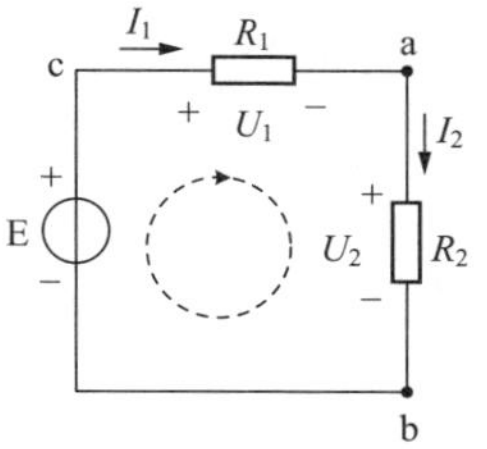

图 1.27 图 1.25 中的 abca 回路

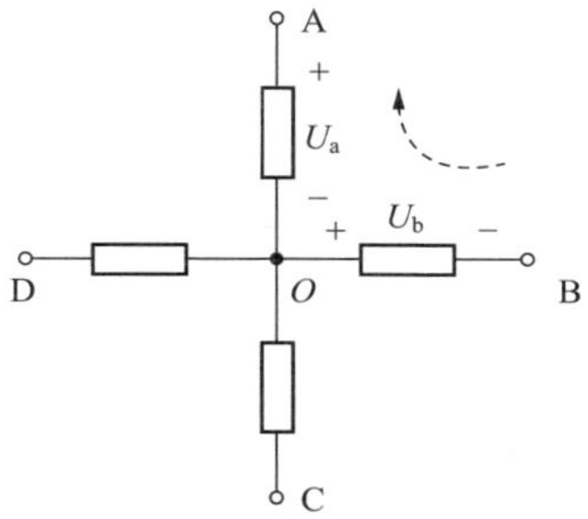

图 1.28 电路实例

例题 1.4

在图 1.29 所示电路中，已知 $R_1 = 20\Omega$，$R_2 = 40\Omega$，$R_3 = 30\Omega$，$I_1 = 2A$，$I_2 = 1A$，求电压源电压 E_1 和 E_2，并计算各元件上消耗的功率。

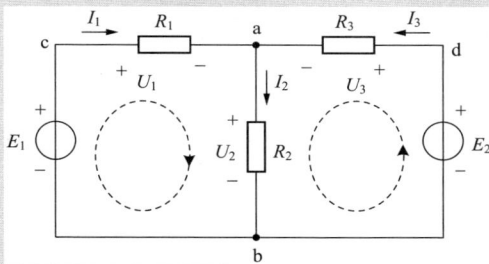

图 1.29

解: 假定各元件电压、回路电压、支路电流等的方向及符号如图 1.29 所示

先对结点 a，我们应用 KCL，有

$$I_1 + I_3 = I_2$$

$$\therefore I_3 = I_2 - I_1 = 1 - 2 = -1(A)$$

对 abca 回路，假定顺时针绕行方向为参考方向，应用 KVL，有

$$E_1 = U_1 + U_2 = I_1 R_1 + I_2 R_2 = 40 + 40 = 80(V)$$

对 adba 回路，假定逆时针绕行方向为参考方向，应用 KCL，于是

$$E_2 = U_2 + U_3 = I_2 R_2 + I_3 R_3 = 40 - 30 = 10(V)$$

关于直流电路元件消耗的功率，有这样的结论:当电路的电压、电流为关联方向时，元件消耗的功率为 $P = UI$;当电压、电流为非关联方向时，元件消耗的功率为 $P = -UI$。

电阻 R_1 上的功率:$P_{R_1} = I_1^2 R_1 = 80(W)$

电阻 R_2 上的功率:$P_{R_2} = I_2^2 R_2 = 40(W)$

电阻 R_3 上的功率:$P_{R_3} = I_3^2 R_3 = (-1)^2 \times 30 = 30(W)$

电压源 E_1 的功率:$P_{E_1} = -I_1 E_1 = -160(\text{W})$

电压源 E_2 的功率:$P_{E_2} = -I_3 E_2 = 10(\text{W})$

当所计算的 $P>0$ 时,表明该元件在吸收或消耗功率,若 $P<0$,则说明该元件实际上是在发出或产生功率。

因此,该实例中只有电压源 E_1 在发出功率,其他的电阻元件 R_1、R_2、R_3 及电压源 E_2 都是在消耗功率。根据能量守恒定律,消耗的总功率等于产生的总功率。

1.6.3　基尔霍夫定律推广

从广义上来讲,基尔霍夫定律不仅适用于电源方向不改变的直流电路,也适合于电源方向随时间改变的交流电路,也就是任何的集中参数电路。于是:

基尔霍夫电流定律演变为,对任一集中参数电路中的任一结点,在任一瞬间,离开结点的各支路电流的代数和等于零。其数学表示式为

$$\sum_{k=1}^{n} i_k(t) = 0$$

式中,n 为连接在所论结点上的全部支路数。

基尔霍夫电压定律演变为,对集中参数电路中的任一回路,在任一瞬间,沿回路的各支路电压的代数和等于零。其数学表示式为

$$\sum_{k=1}^{n} u_k(t) = 0$$

式中,n 为所论回路包含的全部支路数。

思考与练习

1. 如图 1.30 所示,已知 $I_1=1\text{A}$,$I_2=-1\text{A}$,$I_4=2\text{A}$,试求 I_3。

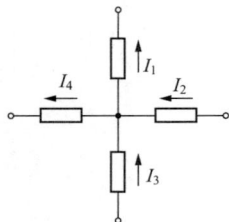
图 1.30

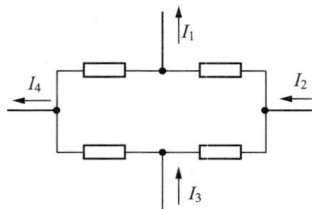
图 1.31

2. 如图 1.31 所示,已知 $I_1=-1\text{A}$,$I_3=2\text{A}$,$I_4=3\text{A}$,试求 I_2。

3. 如图 1.32 所示部分电路中,各元件的电压和电流分别为:$u_1=-6\text{V}$,$i_1=1\text{A}$,$u_2=9\text{V}$,$i_2=-3\text{A}$,$u_3=8\text{V}$,$i_3=-4\text{A}$,$u_4=5\text{V}$,$i_4=2\text{A}$。试求电压 u_{bd}、u_{bc} 和 i_5。

图 **1.32**

习　题

1. 一个阻值 $R=30\Omega$ 的电阻元件，在图 1.33 所示的电压参考方向下，已知 $u=-20\mathrm{V}$，试求：(1)图中实线箭头所示的电流及元件吸收的功率；(2)图中虚线箭头所示的电流及元件吸收的功率。并标明电路实际的电压、电流方向。

2. 如图 1.34 所示。已知 $E=60\mathrm{V}$，$R_1=1\mathrm{k}\Omega$，$R_2=500\Omega$，$r=3\Omega$。

(1)求 I、I_1、I_2 和 U。

(2)当 R_2 两端短路时，I、I_1、I_2 和 U 又是多少？

3. 在题 1.35 中，已知，$I_1=3\mathrm{mA}$，$I_2=2\mathrm{mA}$。试确定电路元件 3 中的电流和其两端电压，并说明它是电源还是负载，校验这个电路的功率是否平衡。

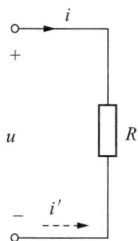
图 **1.33**

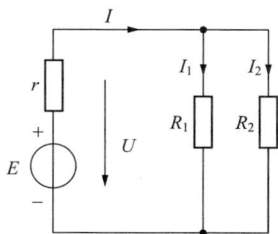
图 **1.34**

图 **1.35**

4. 假设给加热器提供 220V 电压，产生 6A 的电流。(1)如果电压增加到 250V，电流为多少？(2)如果电压降低到 60V，电流为多少？(3)如果加热器电阻变成原来的 2 倍，电流为多少？(4)如果加热器电阻变成原来的一半，电流为多少？

5. 有两只电阻，其额定值分别为 51Ω 10W 和 100Ω 5W，试问它们允许通过的电流是多少？如果将它们串联起来使用，其两端允许加多大的电压？

6. 有一台直流稳压电源，其额定输出电压(U_N)为 50V，额定输出电流为 2A。从空载到额定负载，其输出电压的变化率为千分之一（$\Delta U=\dfrac{U_\mathrm{N}-U_\mathrm{O}}{U_\mathrm{N}}=0.1\%$，$U_\mathrm{O}$ 为额定负载时的电压输出），试求该电源的内阻。

7. 电流和电压的参考方向如图 1.36 所示，求下列各种情况下的功率，并说明功率的流向。

(1)$I=3\mathrm{A}$，$U=50\mathrm{V}$；(2)$I=-4\mathrm{A}$，$U=30\mathrm{V}$；(3)$I=5\mathrm{A}$，$U=-60\mathrm{V}$；(4)$I=-7\mathrm{A}$，$U=-45\mathrm{V}$；

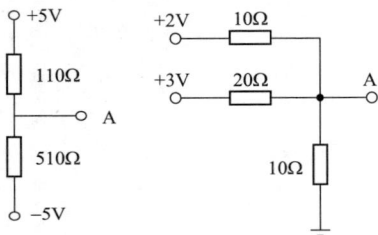

图 1.36

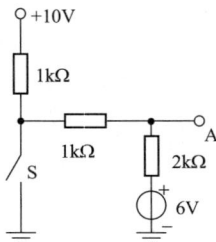

图 1.37

8. 如图 1.37 所示,求开关闭合前、后的 U_{ab} 及 I_1、I_2、I_3。

9. 求图 1.38 所示电路中,求 A 点的电位。

10. 求图 1.39 所示电路中,开关 S 断开、闭合时 A 点的电位。

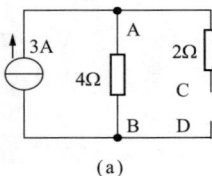

图 1.38

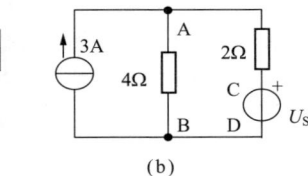

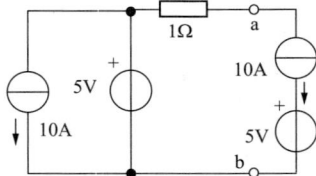

图 1.39

11. 有人想将 110V 100W 和 110V 40W 两只白炽灯串联后接在 220V 的电源上使用,是否可以,为什么?

12. 一盏 220V/40W 的日光灯,每天点亮 5 小时,若每月按 30 天计算,问每月消耗多少度电? 若每度电按 0.57 元计算,每月需付电费多少元?

13. 使用一个 1000W 的电吹风 5 分钟,是否比使用一个 40W 的电灯一小时的开销更大? 为什么?

14. 图 1.40(a)所示电路,C、D 间是断开的,求 U_{AB} 和 U_{CD}。若在 C、D 之间接一电压源,如图 1.40(b)所示,问 U_s 为何值时可使通过它的电流为零。

图 1.40

图 1.41

15. 求图 1.41 所示电路中的电压 U_{ab} 和所有电源提供的总功率。

16. 求图 1.42 所示电路中的电压 U 和电流 I。若将电流源的电流由 1A 改变为 5A,重新计算 U 和 I。

17. 图 1.43 是万用电表中直流毫安表档的电路。表头内阻 $R_0 = 300\Omega$,满标值电流 $I_0 = 0.6\text{mA}$。欲使其量程扩大为 1mA、10mA 和 100mA,试求分流器电阻 R_1、R_2 和 R_3。

18. 如图 1.44 所示,用该万用表测量直流电压,共有 10V、100V 和 250V 三档。若 $R=$ 500Ω,试计算倍压电阻 R_4、R_5 和 R_6。

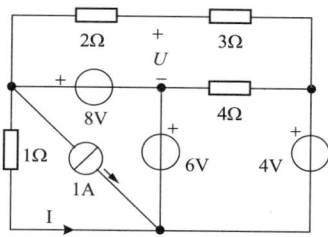

图 1.42

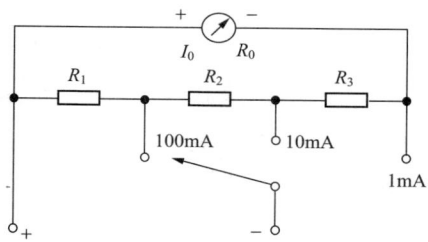

图 1.43

图 1.44

第2章

直流电路的一般分析方法

学习目标

- ✑ 解释串联和并联连接负载和控制设备的操作。
- ✑ 理解直流串联、并联电路里的电压、电流、电阻和功率的特性。
- ✑ 学会测量直流串联、并联电路中的电流、电压、电阻及其他参数值。
- ✑ 学会解决直流串联、并联电路中的故障问题。
- ✑ 掌握电路的等效变换的概念。
- ✑ 学习电阻网络，即电阻的串并联及混连电路的等效变换方法。
- ✑ 了解理想电压源与实际电压源、理想电流源与实际电流源之间的区别。
- ✑ 学习实际电压源与实际电流源电路之间的等效方法及含实际电压源和电流源电路的等效方法。
- ✑ 掌握一般复杂直流电路分析和求解的方法。

常用的电源分为两种:电压源和电流源。而这两种电源也可以分为两种:直流电(DC)和交流电(AC)。电源的极性决定了电路中电流的方向,同时电源的大小决定了电路中电流的大小。由于电子的流动永远从电源的负极流出,所以只要电源的极性不变,电路中的电流总是保持相同的方向,这种电源称为直流电源。任何使用直流(DC)电源的电路都是直流电路。当电源的极性改变,或交替变化时,电路中电流的方向也将交替变化,这种类型的电源称为交流电源。任何使用交流(AC)电源的电路都是交流电路。本书第 2、第 3 章都是介绍直流电路的分析方法和相关定理。

本章主要从一些简单的电路和常识入手,然后由浅入深,逐步介绍直流电路的常用分析方法,包括:电路的等效分析法和电路的网络方程法。等效变换法是通过电路的等效变换将一个复杂的电路变换为简单的电路的方法。等效变换法分为无源网络的等效变换和有源网络的等效变换。当网络中含独立电源时称为有源网络,反之则称为无源网络。所谓独立电源,就是电压源的电压或电流源的电流不受外电路的控制而独立存在的电源。无源网络的等效变换包括电阻的串联、并联、混联及电阻的丫-△变换。有源网络的等效变换有电压源与电流源的等效变换、叠加定理、戴维南定理和诺顿定理等,其中叠加定理、戴维南定理和诺顿定理将在第 3 章中讲述。等效变换方法可以简化电路,使电路分析变得简单。

网络方程的方法可以通过选择电路中的变量来列方程,对电路中的变量进行计算从而求解得出电路中的各种参数。本章主要介绍支路电流法、网孔电流法和结点电压法。分析和计算电路的基础是欧姆定律和基尔霍夫定律。

本章介绍的关于直流电路的常用分析方法也适用于交流电路的分析,因此本章的内容是学习的重点之一。

2.1　简单电路、串联电路和并联电路

串联电路及并联电路可以很简单,如手电筒电路,它只涉及一个单回路;也可以很复杂,如大型工业或商业设备安装,它需要成百上千的电路组合在一起工作。本节将介绍三种基本电路类型:简单电路、串联电路和并联电路。

2.1.1　标识电量

通常使用符号 U、I、R 和 P 分别表示直流电路中的电压、电流、电阻和功率。对包含许多负载电阻的电路,需要使用字母与数字相结合的下标标识体系来正确表示不同的电路量。

2.1.2 串联电路

我们已经知道,电路就是一个可以提供电子流动的闭合通路。简单电路就是只有一个控制设备、一个负载设备和一个电源的电路。例如,一个灯泡,一个电源和一个开关就可以组成一个简单电路。电路中每个部件都相互连接,或用导线首尾相连。整个简单电路用开关来控制其断开或连接。当开关闭合时,电流可以流通,灯泡就亮(图 2.1(a))。当灯泡亮起的时候,灯泡处的电压与电源电压相同。当开关打开时,电流被切断,灯泡熄灭(图 2.1(b))。

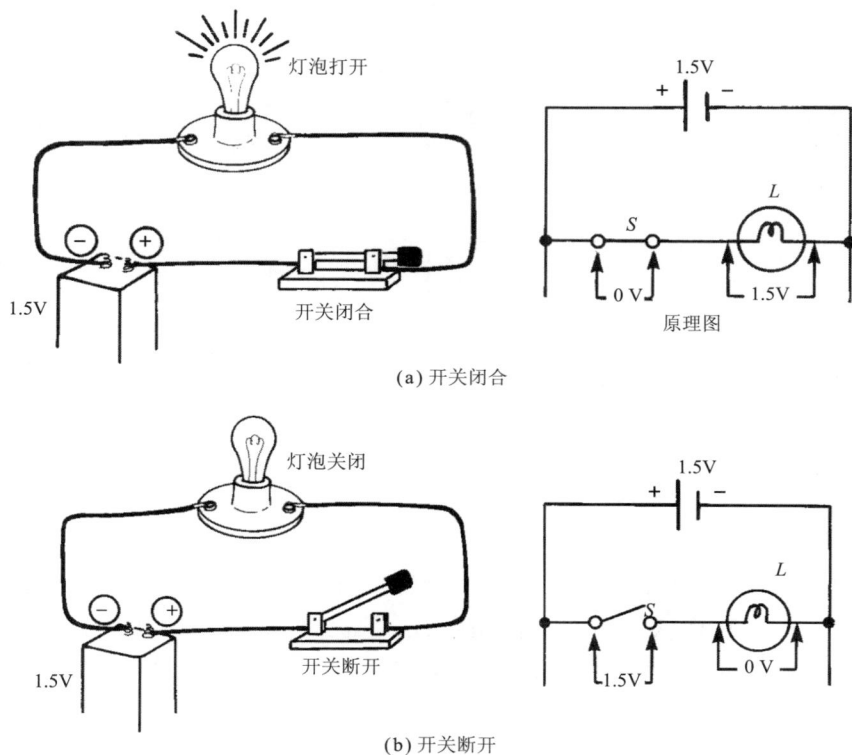

(a) 开关闭合

(b) 开关断开

图 2.1 简单电路

1. 串联负载

如果电路中两个或多个负载首尾相连,那么我们称它们的连接状态是串联(图 2.2)。这类电路称为串联电路。串联电路中通过每个负载的电流量相同。同时,在串联电路中只有一个电流通路。当开关打开或电路的某一点出现问题,电流将停止流动。举例来说,如果两个灯泡串联,一个灯泡烧坏了,那么另一个灯泡也就不亮了。

当多个负载串联在电路中时,它们将分享电源电压。例如,如果一个电路中有

图 2.2　串联的两个灯泡

三个相同的灯泡串联在一起,那么每个灯泡就将得到 1/3 的电源电压量(图 2.3)。每个串联着的负载可分到的电压量与它自身的电阻有关。串联时,自身电阻较大的负载会得到较大的电压值。

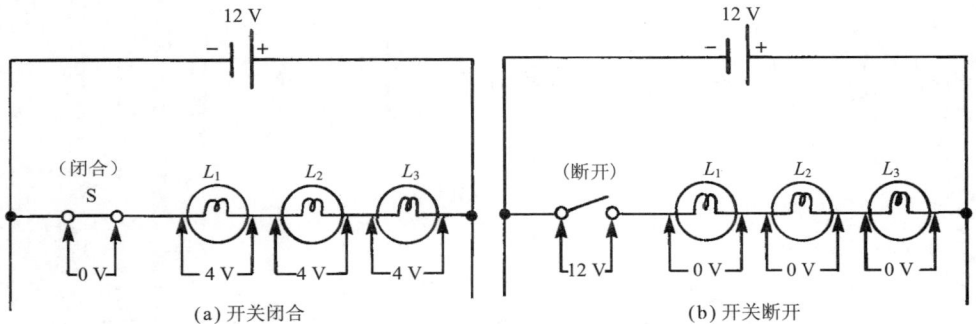

图 2.3　相同灯泡串联的电压分配

一些节日挂在树上的灯泡就是多个串联的负载(图 2.4)。对于这些灯泡而言,如果其中一个坏掉了,其他灯泡都将无法点亮。因为每个灯泡都完全一样,所以每个灯泡分配到的电压也一样。串联灯泡的个数决定了电路中每个灯泡的额定电压。越多的灯泡串联在一起,每个灯泡的额定电压越低。例如,如果有 10 个灯泡串联在一起,它们的工作电压为 220V,那么每个灯泡需要至少有 22V 的额定电压(220V/10)。

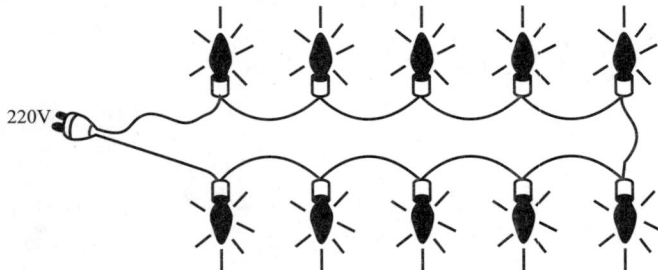

串联灯泡的个数决定了它们的额定电压大小

图 2.4　串联的节日灯泡

2. 串联控制设备

两个或更多的控制设备也能以串联方式相互连接。其连接方式与负载连接方式相同,也是首尾相连。以串联方式连接的控制设备称为"与(AND)"类型控制电路。例如,将两个开关 A 和 B 与一个灯泡串联在电路中时(图 2.5),如果想要灯泡打开,就必须同时闭合开关 A"与"开关 B。通过一个真值表可以理解开关是如何在电路中控制灯泡的:"0"代表灯泡关闭;"1"代表灯泡打开。以串联方式连接的控制设备常用于电控制系统。出于某些安全因素,两个串联的开关常使用于工业冲床机中。工作人员必须一只手同时闭合两个串联的开关才可以开动机器。必须将两个开关都闭合才可以开动机器,而如果想关闭机器只需要任意打开一个开关就可以了。这样,就可以从一定程度上保护工作人员的手不在冲床上而导致伤害。

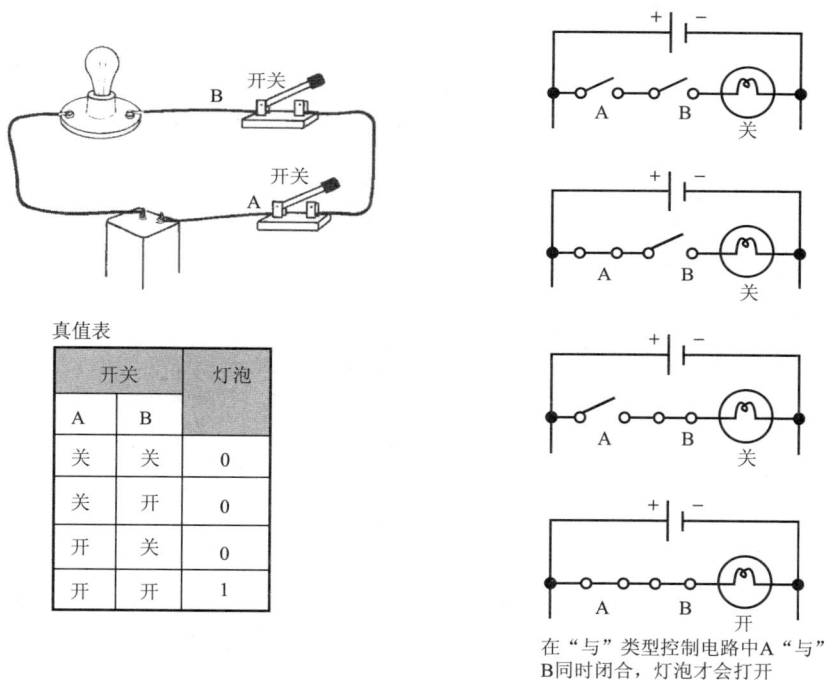

真值表

开关		灯泡
A	B	
关	关	0
关	开	0
开	关	0
开	开	1

在"与"类型控制电路中A"与"B同时闭合,灯泡才会打开

图 2.5 串联的两个开关

3. 直流串联电路的极性

每个直流电源都有正极和负极接线柱,它们确定了整个电路的极性。直流串联电路中的每个元件(包括保险丝、开关、负载等)都有正极(+)和负极(-),其中靠近电源正极接线柱的一端为正极,靠近电源负极的一端为负极(图 2.6)。

负载电阻上电压的极性取决于通过该电阻的电流方向。电流从负载正极流入,负极流出,图 2.7 说明了直流串联电路中电流方向与负载电压的极性之间的关系。一个负载的正负极性与其他负载的正负极性无关，某点的正极性或负极性只是相对于另一点而言：

相对于 B 点，A 点的极性为负。

相对于 C 点，B 点的极性为负。

相对于 D 点，C 点的极性为负。

在某些直流电路中，把某一点设置为共同参照点，则所有的电压值参照该点度量，图 2.8 中的分压电路说明了这点。选用共同接地参照点，根据其在电路中的位置，我们可以同时获得正负输出电压。

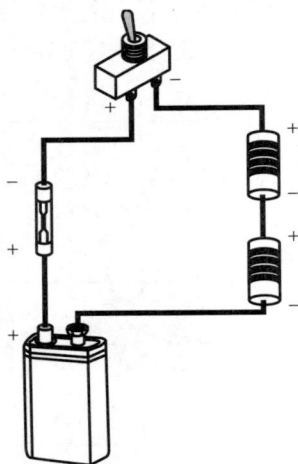

图 2.6　串联电路的极性

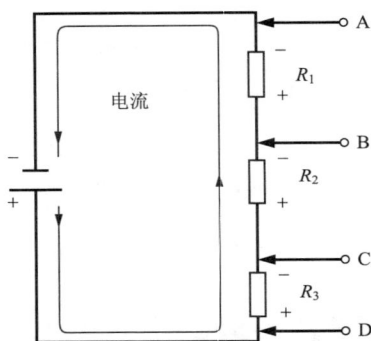

图 2.7　电流方向和极性的关系

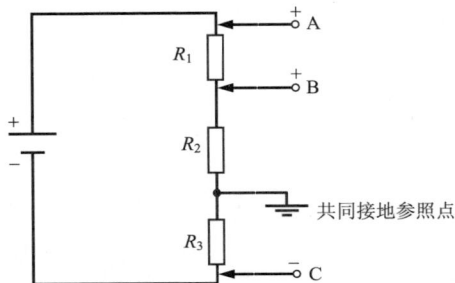

图 2.8　有共同接地参照点的电路

相对参照点，A，B 和 C 点处都为正极

相对参照点，A 和 B 点处都为正极，而 C 点处为负极

4. 串联电路的故障诊断

串联电路的故障诊断包括查找并修复串联电路中一个或多个故障。很多情况下，故障可借助感觉器官（如视觉、味觉、听觉和触觉）来检测。例如，当某个元件发

生故障断开时,通常是因为电流强度过大,我们可以闻到快要烧焦的味道,或看到因产生过高热量开始变色。

在故障无法依靠感官去发现的情况下,我们就必须使用标准检测设备来测试电路,从而找出故障发生的位置。利用欧姆定律,可以预测在不同故障情况下,电路可能发生的变化,这些信息对于找出问题发生的原因常常非常有效。

应该注意的是,如果串联电路中的一个负载发生短路,会因电流过高而损坏其他元件。例如,当电流升高,消耗的功率超过了某个元件的额定功率,这个元件就会被烧坏而形成断路,如果一个故障电路中串联了一个烧坏的元件或是一个断路的保险丝,这个电路的某处极有可能发生短路。当这些情形中的任何一种发生时,在修复电路之前需要检测电路中的其他元件。

当然,不是所有的元件故障都因为短路或断路。在某些情况下,元件老化或过劳造成的局部故障会对电路的工作产生影响,继而改变元件的标准电阻值或使得通过装置的有害电流发生漏电。

2.1.3 并联电路

1. 并联负载

如果两个或两个以上负载其两端和电源两端相连,就称它们并联连接的。这个电路称为并联电路。在并联状态下每个负载的工作电压都等于电源电压(图2.9)。这种连接方式常用于家用电器及电灯等配线。家庭电压为220V,因此每个家用电器及电灯的额定电压都必须是220V。如果接入一个工作电压较小的设备,如一个额定电压22V的设备,那么将导致设备烧坏。而如果将一个工作电压较大的设备接上,如接上一个工作电压为380V的设备,那么将导致该设备无法正常工作。

并联电路中每个设备的电压都相同。然而,每个设备处通过的电流由于它们的电阻不同而不同,它们的电流值和它们的电阻值成反比。即设备的电阻越大,流经设备的电流越小。

并联电路中的负载设备工作时,每个负载相对其他负载都是独立的。因为,在并联电路中,有多少个负载就有多少条电流通路。例如,将两个灯泡并联,就将有两条电流通路,当其中一个灯泡坏掉了,另一个灯泡仍然正常工作(图2.10)。

如果将节日用的树上悬挂的灯以并联连接(图2.11)就有比较好的工作效果。即使一个灯泡中途坏掉,也不会影响其他灯泡的正常工作。在这种情况下,导线上无论有几个灯泡,它们各自的额定电压都是220V。

2. 并联控制设备

当两个或两个以上控制设备相互交叉连接时,它们就是并联相连。并联的控

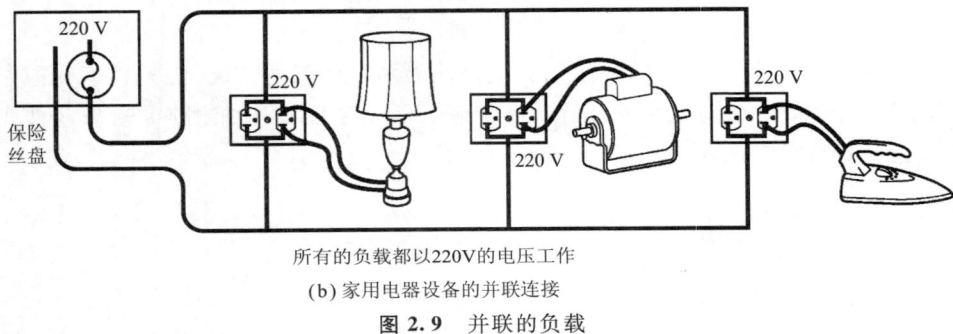

每个负载都以电源
电压值进行工作

12 V　12 V

12 V

12 V

原理图

(a) 三个并联的灯泡

220 V

220 V

保险
丝盘

220 V

220 V

所有的负载都以220V的电压工作

(b) 家用电器设备的并联连接

图 2.9　并联的负载

两个电流通路

L_1

L_2

L_1

L_1 烧坏(通路断开)

L_2 正常工作

L_2

图 2.10　两个灯泡的电流通路并联

220 V

所有的灯泡额定电压均为220V

图 2.11　并联的节日灯泡

制设备可以称为"或(OR)"形式。例如,将两个按钮 A 和 B,及一个灯泡并联,想要打开灯泡,无论按下 A 按钮"或"B 按钮,或者两个同时按下,都可以实现灯泡打开(图 2.12)。汽车内顶灯就是并联连接的例子。无论是乘客边的车门打开还是司机边的车门打开,顶灯都会亮起。

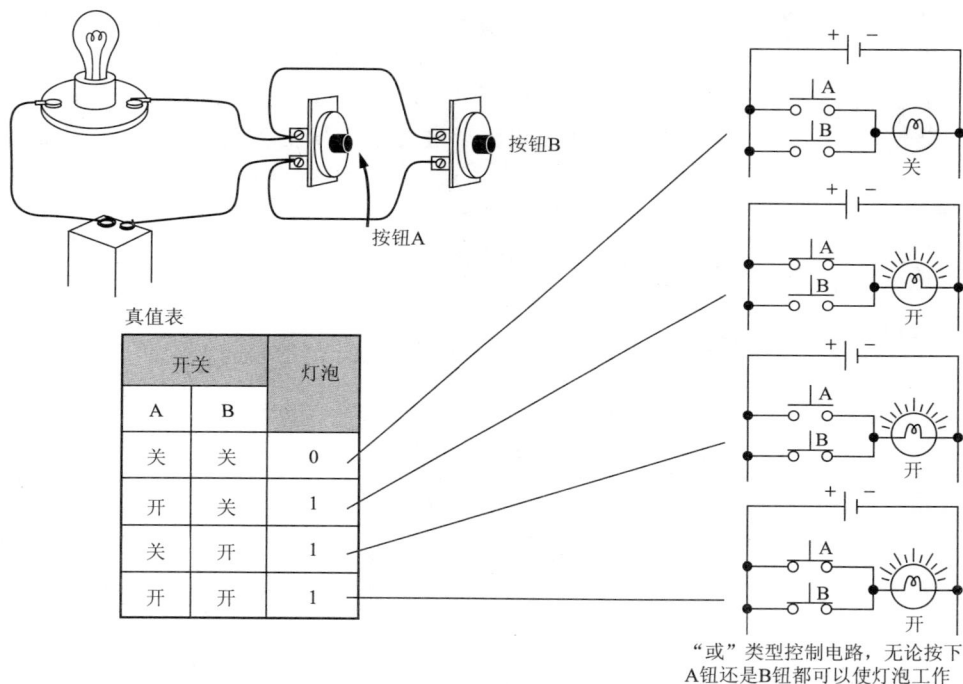

真值表

开关		灯泡
A	B	
关	关	0
开	关	1
关	开	1
开	开	1

"或"类型控制电路,无论按下A钮还是B钮都可以使灯泡工作

图 2.12　并联两个按钮

思考与练习

1. 定义什么是简单电路。

2. 无论按下一个按钮或者两个按钮都可以点亮灯泡。这说明,这两个按钮是以什么方式连接的?

3. 在"与"控制电路中两个或更多的开关是如何连接的?

3. 直流并联电路极性

在已经学过的串联电路中,我们知道电压源的正负极决定了电路中的极性关系。直流并联电路的极性关系也是如此。极性是指某个物体是正极性(+)或负极性(-),直流并联电路中的每个点都具有极性。元件靠近电源正极接线柱的一端为正极(+),而靠近负极接线柱的一端为负极(-)(图 2.13)。

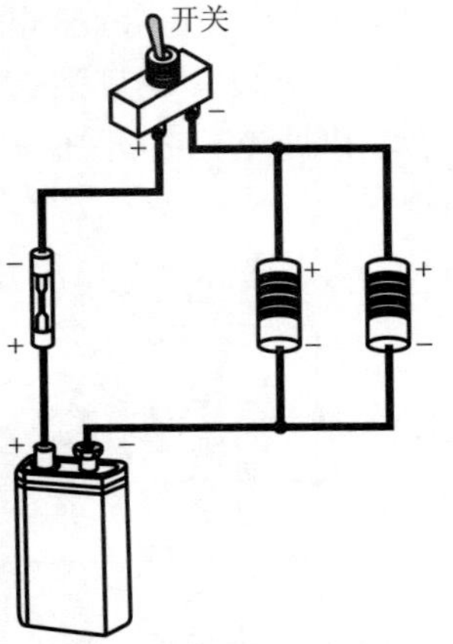

图 2.13 并联电路极性

4. 并联电路的故障诊断

检查直流并联电路中的断路和短路故障与直流串联电路故障诊断类似。同样可以通过欧姆定律预测在不同故障情况下电路可能发生的变化。

并联电路中断路的影响并联电路中的电流有不止一条通路,如果电路中某支路电流发生断路,那么只是这条支路断开,电流仍会通过其他支路。然而,如果是电路中总电流通过的地方发生断路,则整个电路都将断开,不再有电流。正因为这个原因,并联电路中的安全装置必须接在总电流通过的位置(图 2.14)。另外,如果并联电路是由灯这类负载元件组成,其中一盏灯断开了,只会影响这盏灯的工作,其他的灯仍然正常工作。因此,不工作的那盏灯就是发生断路的元件。

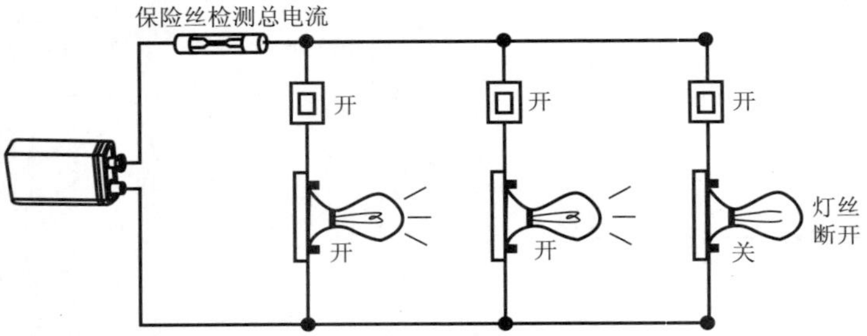

图 2.14 并联电路中断路的影响

总而言之,当并联电路的一条支路发生断路后:总电阻值升高,从而导致总电流降低,总功率消耗降低。断开的支路上仍保持正常电压,但电阻值无穷大,从而导致电流值和功率消耗都为 0。

所有其他支路仍保持正常的电压、电阻、电流和功率消耗值。因为每条并联支路都是直接与供电电源两端相连,并联电路比串联电路更容易产生更高的、具有破坏性的短路电流。一条短路支路的电阻实际上为 0,毫无疑问,电压源将会输出最大电流。根据电压源的电流容量,输出的电流量有可能会过高。一般来说,当支路发生短路时,电路中的安全装置(如保险丝或断路开关器)会断开电路。当串联负载短路时,串联的其他负载电阻会起到限制电流增大的作用。

在检查并联电路故障时,第一步应确定支路中是发生了短路还是断路。在多数情况下,从电路中的安全装置或是电源就可以确定问题的所在。当支路断开时,电源电压保持正常,保险丝也保持原样。如果保险丝断了,则说明支路发生了短路,如果短路支路被烧断,电路则呈现断路的特点。

图 2.15 说明了并联电路中某条支路发生短路而造成的影响。找出短路位置

的最好方法是依次断开电路中的每条支路,并测量其电阻,短路支路的电阻值应接近 0Ω。当接通含有短路电阻 R_1 的支路时,会发生以下情况:电源电压降至极低;电流升至电源可以提供的最高值。电源被短路支路耗尽,保险丝断开以保护电源和电线不被烧坏。

由于电源被断开,用欧姆计测量各支路两端电阻时,测得的阻值都接近 0Ω。

2.1.4 直流串并联电路

1. 直流串并联电路的极性

极性对各种直流电路都非常重要,在连接极性敏感型的电子设备时,如果弄错了极性,会导致操作失误并损坏设备本身。与串联电路和并联电路相同,串并联电路的极性也是和电流的方向有关。根据电子理论,当电子通过一个电路元件时,电子流入的一端总是为负极(-),电子流出的一端总是为正极(+)(图 2.16)。

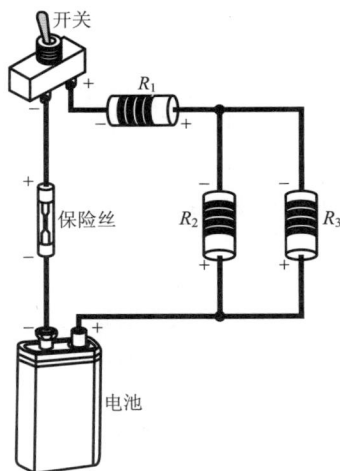

图 2.15 并联电路中某条支路发生短路时的影响   图 2.16 直流串并联电路的极性

2. 串并联电路的故障诊断

串并联电路故障诊断的过程与串联电路及并联电路故障诊断的方法类似。首先,计算出正常工作时电路的电压、电流和电阻值,有时制造商会标明正常工作时的参数。其次,测量出实际电路值,再与我们计算出的或是厂商标明的值相比较。通常先测量电压,因为电压易于测量且一般不影响电路,电压的测量往往会提供足够的信息以找出故障元件。一般来说,如果测量出的值和正常工作时的值之间的差异超过百分之十,则可以肯定电路中的某部分出现了问题。但是容许误差的百分比是变化的,在非常敏感的电路中,哪怕很小的一点误差都可能说明电路中存在故障。

在查找串并联电路故障时,一定要牢记在串联和并联电路中断路和短路元件

33

的相关特征,虽然串并联电路更加复杂,但串联部分和并联部分各自的特征表现仍然非常相似。

2.2 电路等效变换的概念

前面讲述了一些简单串联电路、并联电路和串并联电路的相关知识,对于复杂的电路,也有相关的处理方法。任何一个复杂的电路,向外引出两个端钮,且从一个端子流入的电流等于从另一端子流出的电流,则称这一电路为二端网络(或一端口网络)。如图 2.17 所示的 N 即为一个二端网络。

对一些复杂电路进行分析和计算时,通常可以把某部分电路进行简化,即用一个简单的电路来代替这部分电路。两个二端网络,如果它们的端口具有相同的电压、电流关系,则称它们是等效的电路。如图 2.18 所示,网络 B 和网络 C 对于网络 A 来说具有相同的作用,即对于 A 来说电压 U 和电流 I 具有相同的关系,则网络 B 和网络 C 是等效的。

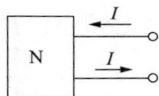

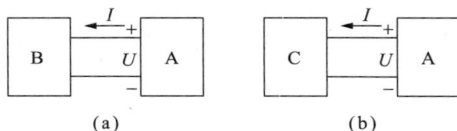

图 2.17 二端网络   图 2.18 电路的等效

电路的等效需要注意以下几个问题:①两个电路等效的条件是两个电路具有相同的电压电流关系;②电路等效是相对于其他电路的作用而言的,即对外电路的作用效果一样,但两个电路本身不一定等效;③电路等效的目的是为了使电路变得简单,方便计算。

下面介绍几种网络的等效变换方法。

2.2.1 电阻网络的等效变换

1. 电阻的基本常识

电阻是电子控制电路中最常见的部件。电阻通常被用于调整并设置电压和电流。电阻有三种标定(图 2.19)方式。第一种是电阻,用欧姆(Ω)度量。制造出一个有精确欧姆数的电阻是很困难的;因此许多电阻都带有误差精度的百分比。电流流经电阻时使其温度升高,如果温度过高电阻材料就会烧坏。因此,电阻经常用瓦特(W)标定,而且任何一款用电阻度量的电阻也用功率度量。电

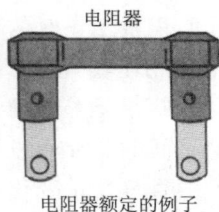

电阻器

电阻器额定的例子

1. 500Ω 电阻
2. 正负5%的误差精度
3. 功率10W

图 2.19 电阻器额定值

阻两端的电压与电流的乘积不能超过电阻的额定功率,否则电阻就会过热甚至烧坏。电阻的物理尺寸越大,它可以遣散的热量就越多,额定功率也越大。

1) 电阻的类型

电阻可以根据构造分类。绕线式电阻是通过把高电阻的电阻丝缠绕在一个绝缘的圆筒上而制成的(图 2.20)。电阻丝直径越小长度越长,电阻值就越高。这种类型的电阻造价很高。它通常用在大电流的电路中或者是要求有精确电阻值的电路中。大型的绕线式电阻被称为功率电阻,范围可从 1/2 瓦到数十瓦甚至数百瓦。对于特殊的线绕式熔断电阻来说,当使用功率超过额定功率时,电阻丝就会烧断。具有限制电流的保险丝和保险器的双重功能。碳质电阻是由一种黏土制作而成的,这种黏土是由碳石墨和树脂黏合剂组成的(图 2.21)。碳质电阻的电阻值是由电阻中碳石墨的量决定的。碳质电阻价格较低,曾经一度是最普遍使用的电阻类型。通常,它并不能通过大电流,且它的实际电阻值是在额定值的 20% 范围内变化的。

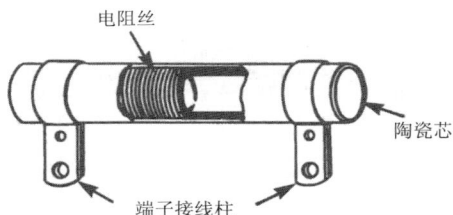

图 2.20 绕线式电阻器　　　　　　图 2.21 碳质电阻器

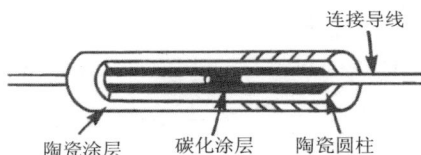

目前最普遍使用的电阻是薄膜电阻(图 2.22)。在这些器件中,电阻薄膜放在一个绝缘棒上。电阻阻值由薄膜上切割出的螺旋沟决定。螺旋沟的长度和宽度决定电阻值的大小。这种电阻不是柱形的,它们看起来像细小的骨头。这些电阻分为两种:碳薄膜型和金属薄膜型。它们具有更精确的电阻值和更低的成本等优点。

晶片形电阻是一种微小的陶瓷块状电阻。这些电阻的陶瓷晶片上贴有厚的碳薄膜。为了便于在印刷电路板表面安装,它外面包裹有环绕的金属层。功率损耗为 1/8 到 1/4 W,允许误差为额定值的 ±1% 或 ±5% 范围内。晶片形电阻网络(就像表面安装电阻一样)是由几个电阻集成的单一的 IC(集成电路)。这样既减少了在印刷电路板上安装电阻所需的时间,同时也节约了电阻所占用的空间。它广泛应用于一些需要大量使用相同电阻的电路中。它们被封装成单列直插式组件(SIP)或双列直插式组件(DIP)(图 2.23)。

第二种电阻的分类方法是根据其功能划分。固定电阻有单一的电阻值(图2.24)。三种固定型电阻为多用途电阻、功率电阻和精密电阻。精密电阻一般是由金属薄膜材料制成的,有 ±1% 或更高的精度。

有时电阻安装在电路中后,根据需求要改变电阻的值。可调电阻(图 2.25)就是基于这种目的而设计的,它可以提供一定范围内的不同电阻值。这种电阻上面

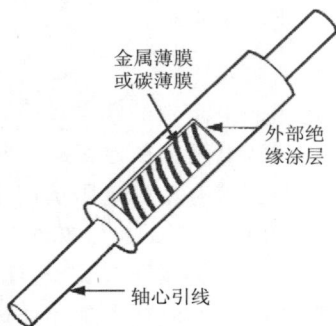

图 2.22　薄膜电阻器

(a) 单列直插式组件（SIP）

(b) 双列直插式组件（DIP）

图 2.23　晶片形电阻器网络

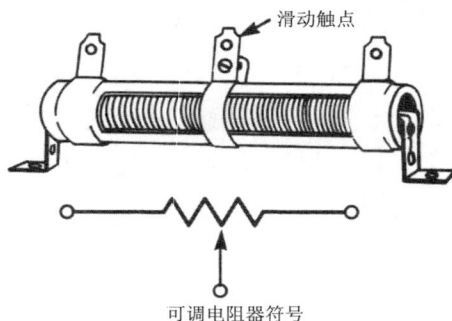

多用途四环电阻器　　精密五环电阻器

功率电阻器　　固定电阻器符号

图 2.24　固定电阻器

滑动触点

可调电阻器符号

图 2.25　可调电阻器

有一个滑动触点,通过移动触点将其固定就能够提供不同范围的电阻值,直到达到电阻的最大电阻值为止。但是它们并不是设计用于连续不断地改变电阻。

可变电阻（图 2.26）是专门设计用来提供可以连续变化调整电阻值的电阻。可变电阻有一个电阻主体和一个接触电刷。接触电刷在电阻主体上滑动,从而改变设备一端和接触电刷之间的电阻材料的长度。由于电阻值和这个长度密切相关,所以增加设备一端和接触电刷之间电阻材料的长度就可以提高电阻值。

2）变阻器和电位计

可变电阻有两种类型:变阻器和电位计（pot）。变阻器就是通过自身两个端子连接的可变电阻（图 2.27）。变阻器通过改变电路中的电阻来控制电流。变阻器一般应用于低功率的电灯调光器和风扇调速电路中,也用于大功率的电动机调速电路和发电机电压控制中。

电位计（pot）是一种三个端子的可变电阻。电位计通常是低功率可变电阻,用于调整 AC 或 DC 电压的电平。两根固定的最大电阻值的引线连接在电压源两边,可变电刷滑块引线可提供从零到最大值范围的电压（图 2.28）。

控制旋钮

接触电刷

电阻主体

A
B
C

A B C

顺时针方向

当接触电刷滑块按顺时针方向转动时，B和A
之间的电阻增加而B和C之间的电阻减小

图 2.26 可变电阻器

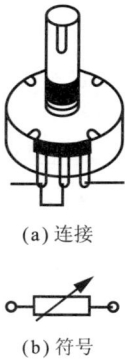

电流表

改变变阻器的电阻，使得通过
灯泡的电流发生变化

(a) 连接

(b) 符号

(c) 电灯调光器电路

图 2.27 变阻器

9V

+ −

电位计

电压表

升高电压　降低电压

DC输出从0到9V可变量

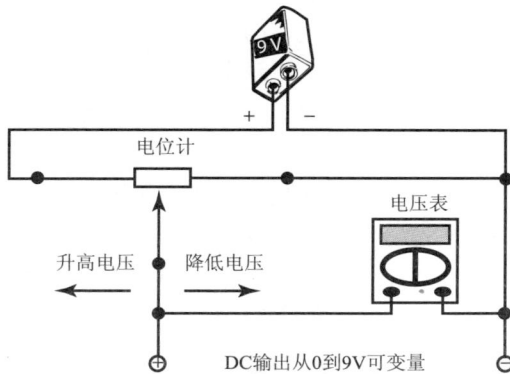

图 2.28 电位计作为一种可变的 DC 电压控制器

电位计被广泛应用于不同类型的控制电路系统的调谐部分,它们有不同的大小和形状。图 2.29 中给出的电路是电位计应用于控制远程扬声器声音的电路系统。图 2.28 电位计作为一种可变的 DC 电压控制器。

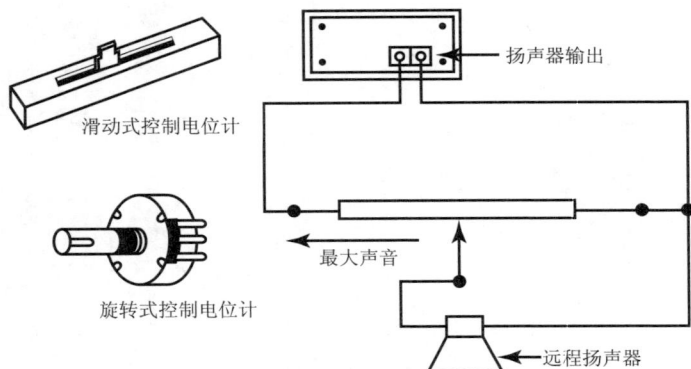

图 2.29　电位计作为声音控制电路的部件

图 2.30　调整电位计

在电路设计和检测时设置电阻的欧姆值会用到微调电位计。微调电位计通常很小,并且安装在印刷电路板上(图 2.30),它们常用于对电路的微调和校正。它们不像普通的电位计那样简短的旋转就能够达到整个量程。一些微调电位计是多匝的电位计。例如,一个十匝的电位计必须完全旋转十圈,才能使接触刷从电阻元件的一端滑到另一端。这样就能够达到很精确地调整。

3) 电阻色环

对于大型的电阻,其本身的电阻值、精度和额定功率都会标明。对于较小的固定电阻来说,经常使用色码系来标定电阻值和精度。

图 2.31 中给出四环式通用电阻色环的读法,每种颜色都表示不同的数值。例如,黑,棕,红,橙,黄,绿,蓝,紫,灰,白 分别代表数字 0,1,2,3,4,5,6,7,8,9。一般由最靠近电阻端部的色环开始读起。第一和第二条色环表示电阻值的第一、第二位数,第三表示零的个数。有一个例外,那就是当第三环是银色或金色时,分别表示 0.01 或 0.1 倍。第四环通常是银色或金色的,此时银色代表 ±10% 的精度误差,而金色代表 ±5% 的精度误差。如果没有第四环,电阻的允许误差就为 ±20%。

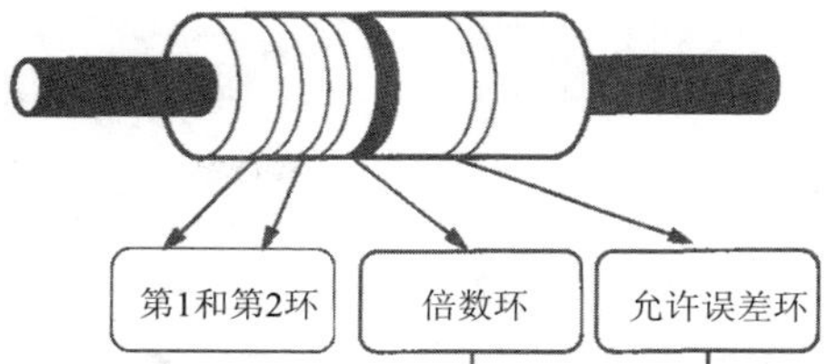

颜色	第一位数	第二位数	倍数	允许误差（百分比）
黑色	0	0	1	
棕色	1	1	10	± 1%
红色	2	2	100	± 2%
橙色	3	3	1 000	
黄色	4	4	10 000	
绿色	5	5	100 000	
蓝色	6	6	1 000 000	
紫色	7	7	10 000 000	
灰色	8	8		
白色	9	9		
金色			0.1	± 5%
银色			0.01	± 10%
没有色环				± 20%

图 2.31 通用四环电阻器色环

例题 2.1

一个通用四环电阻包含了以下一些色环颜色：

第一环:红色,第二环:蓝色,第三环:橙色,第四环:银色,根据这些色环计算出电阻值。

解:红色＝2,蓝色＝6,橙色＝×1 000,银色＝±10％允许误差

因此电阻值为 26 000Ω±10％,实际电阻值在 23 400Ω 到 28 600Ω(±10％)。

例题 2.2

如果一个通用四环电阻的电阻值为 500Ω,且有 ±5％ 的允许误差,那么该电阻的色环应该是怎样的?

解:5＝绿色,0＝黑色,×10＝棕色,±5％允许误差＝金色

因此色码为绿色、黑色、棕色和金色。

精度为 1％和 2％的薄膜电阻有五环色码。图 2.32 所示为五环色码的读法。前三环显示三位有效数字。第四环为乘积放大倍数,第五环表明允许误差百分比。颜色和倍数值的应用与四环色码一致。

例题 2.3

一个精确的五环电阻包含以下一些色环颜色信息:

第一环＝红色,第二环＝橙色,第三环＝紫色,第四环＝橙色,第五环＝棕色,用这些色码计算电阻值。

解:红色=2,橙色=3,紫色=7,橙色=×1000(三个零),棕色=±1%允许误差,因此电阻值为 237 000Ω±1%,实际电阻值在 239 370Ω 到 234 630Ω(±1%)范围内变化。

电阻的物理大小和它的电阻值没有直接关系。一个很小的电阻可能有很低或很高的电阻。然而一个电阻的物理大小却可以表明它的额定功率或瓦特数的大小(图 2.33)。固定电阻主要有五种大小尺寸,范围从 1/8~2W,一般由经验看到电阻的物理大小尺寸就能马上得知其额定功率。

使用电阻时一般不能超过其额定功率,否则电阻就会过热。在某些特定的应用中,必须使用电阻来减少电路电流,在这种情况下电阻产生的热量是不希望出现的,这时不能超过电阻的额定功率,否则电阻就会烧坏。在已知电路中,电阻散失的热量可以由下面的任一个功率公式来确定:$P=U\times I=I^2\times R=U^2/R$。

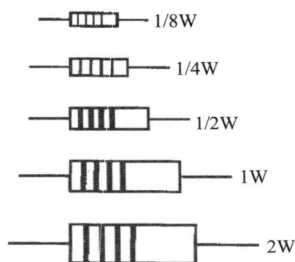

棕色=1 黑色=0
黑色=0 黑色=×1
棕色=±1%允许误差
图 2.32 五环电阻器色码

电阻值 = 100 Ω ±1%
= 99~101 Ω

图 2.33 电阻器功率和其物理大小之间的关系

例题 2.4

如果一个电阻值为 33Ω 的电阻连接在一个 5V 的电源上,那么这个电阻最小的标准额定功率为多少?

解:$P=U^2/R=5^2/33W=0.76W$,最接近的最小额定功率为 1W。

思考与练习

1. 说出电阻的三种标定方法。

2. 通常什么类型的电路要求用绕线式电阻?

3. 解释熔断式电阻的功能。

4. 为什么薄膜电阻比碳质电阻应用更广?

5. 说出两种类型的薄膜电阻名称。

6. (a)描述一下电阻网络的结构。(b)在哪种类型的电路中会比较广泛应用电阻网络?

7. 根据功能命名电阻的三种类型。

8. 精密电阻的额定允许误差是什么?

9. 比较变阻器和电位计的连接和控制功能有什么不同。

10. 一个线性电位计的接触滑块位于整个接触面的 1/4 处,如果总电阻为 25Ω,那么接触滑块和每个末端间的电阻为多少?

11. (a)什么时候会用到微调电位计?(b)描述十匝微调电位计的操作过程。

12. 比较线性电位计和非线性电位计的电阻变化有什么不同?

13. 确定下列四环色码电阻的色环颜色:

(a)100Ω±10%。(b)2200Ω±5%。(c)47 000Ω±20%。(d)1 000 000Ω±10%。

14. 一个 680Ω 的电阻允许误差百分比为 10%。确定电阻额定电阻范围是多少?

15. 如果一个五环精密电阻的电阻值为 909Ω,且其允许误差为 ±1%,给出这个电阻的色码。

16. 确定下面表格中每个四环电阻的电阻值和允许误差百分比:

	第一环	第二环	第三环	第四环
a	红色	绿色	黄色	银色
b	橙色	蓝色	棕色	金色
c	白色	棕色	红色	没有色环
d	灰色	黑色	蓝色	金色
e	紫色	绿色	金色	银色
f	蓝色	红色	黑色	金色

17. 确定下面表格中每个五环电阻的电阻值和允许误差百分数:

	第一环	第二环	第三环	第四环	第五环
a	绿色	蓝色	红色	红色	棕色
b	紫色	灰色	紫色	银色	红色
c	橙色	蓝色	灰色	黑色	棕色
d	棕色	黑色	绿色	棕色	红色

2. 电阻的串联

如果电路中的元件一个接一个地顺序连接,并且通过他们的电流相同,则这样的连接方法叫做电路的串联。串联电路中通过每个元件的电流相同,同时,在串联电路中只有一个电流通路。当电路中某一点出现问题,电流将停止流动。例如,有一些节日挂在树上的灯泡就是多个串联的电阻。对于这些灯泡而言,如果其中一个坏掉了,其他灯泡都将无法点亮。

1) 电阻串联电路的特点

如图 2.34(a)所示为 n 个电阻的串联电路。

对于如图 2.34(a)所示的电路,根据基尔霍夫电压定律(KVL)和欧姆定律,则

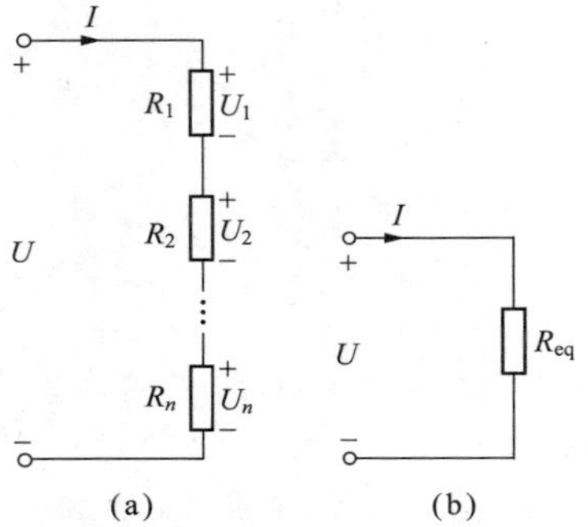

图 2.34　电阻串联电路

有串联电路的总电压和各个元件的电压之间的关系：

$$U = U_1 + U_2 + \cdots + U_n \tag{2.1}$$

根据欧姆定律,则有电压与电流之间的关系：

$$U = R_1 I + R_2 I + \cdots + R_n I = (R_1 + R_2 + \cdots + R_n)I = RI \tag{2.2}$$

由此得出各个电阻之和

$$R_{eq} = R_1 + R_2 + \cdots + R_n = \sum_{k=1}^{n} R_k > R_k \tag{2.3}$$

由式(2.3)计算可以看出,n 个电阻的串联电路可以用一个等效电阻来代替,如图 2.34(b)所示。等效电阻等于各个电阻之和。

$$R_{eq} = R_1 + R_2 + \cdots + R_n = \sum_{k=1}^{n} R_k$$

电阻消耗的功率：

$$P = P_1 + P_2 + \cdots + P_n = I^2 R_1 + I^2 R_2 + \cdots + I^2 R_n$$
$$= I^2(R_1 + R_2 + \cdots + R_n) = I^2 R_{eq}$$

上式表明,电阻串联电路上电阻消耗的总功率等于各个电阻消耗的功率之和。

电阻串联电路的特点是：

① 流过电路中各个电阻的电流相同；

② 串联后的总电压等于各个电阻上的电压之和；

③ n 个电阻串联可以用一个电阻为各个电阻之和的等效电阻等效,等效电阻比每一个电阻都要大,但端口电压一定时,总电阻越大,电流越小,因此串联电阻电路可以作为限流电路；

④ 电阻消耗的总功率等于各个电阻消耗的功率之和。

2) 电阻串联电路的分压公式

由于通过串联电路各个电阻上的电流相等,则假设任意一个电阻为 R_k,则这个电阻上的电压为

$$U_k = R_k I = R_k \frac{U}{R_{eq}} = \frac{R_k}{R_{eq}} U, \text{其中 } R_{eq} = R_1 + \cdots + R_k + \cdots + R_n, k = 1, 2, \cdots, n$$

如果串联电路中只含两个电阻,则这两个串联电阻上的电压分别为

$$\left. \begin{aligned} U_1 &= \frac{R_1}{R_1 + R_2} U \\ U_2 &= \frac{R_2}{R_1 + R_2} U \end{aligned} \right\} \tag{2.4}$$

式(2.4)即为电阻串联电路的分压公式,根据式(2.4)可以得到

$$\frac{U_1}{U_2}=\frac{R_1}{R_2} \tag{2.5}$$

式(2.5)表明各电阻上的电压是按电阻的大小按正比的方式进行分配的,因此串联电阻电路可以作为分压电路。例如,如果一个电路中有三个相同的灯泡串联在一起,那么每个灯泡就将得到 1/3 的电源电压。每个串联着的负载可分到的电压与它自身的电阻有关。串联时,自身电阻较大的负载会得到较大的电压值。

当电源电压需要给电路的不同部分提供不同的电压时,就会用到分压器原理。图 2.35 中所示就是一种典型的分压器电路。在这个电路中,从 14V 单相的电源电压得到六个不同的电压级。

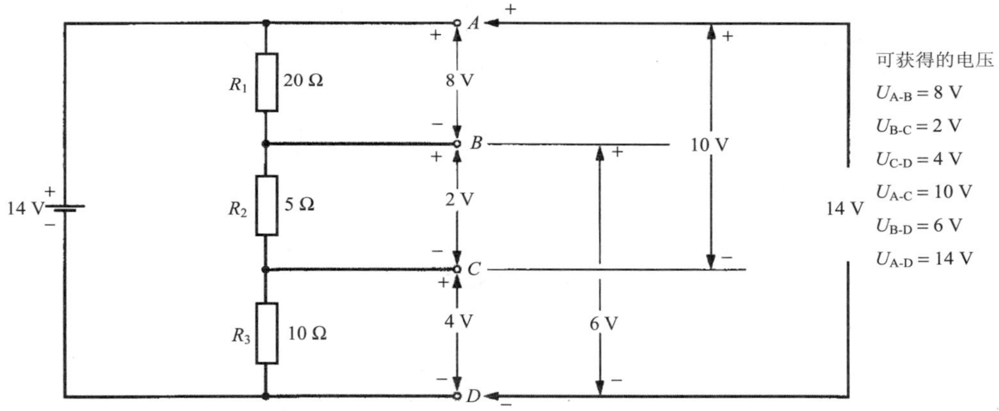

图 2.35 分压器电路

3. 电阻的并联

如果将两个或两个以上的电阻元件的两端并列地连在一起,就称他们是并联的。在并联状态下每个元件的工作电压相等,都等于端口之间的电压。形成的电路总电阻小于任一支路中最小的电阻的电阻值。假定并联的所有电阻的电阻值都相同,则总电阻就可以用这个相同的电阻值除以并联电阻的个数得到。

如图 2.36(a)所示为 n 个电阻的并联电路。

1) 电阻并联电路的特点

电阻并联时,各个电阻两端的电压相等,由基尔霍夫电流定律(KCL),可以得到总电流和流过各个电阻的电流之间的关系:

$$I=I_1+I_2+\cdots+I_n \tag{2.6}$$

根据欧姆定律,可以得到总电流和端口电压之间的关系:

$$I=U/R_1+\cdots+U/R_k+\cdots+U/R_n$$
$$=(1/R_1+\cdots+1/R_n)U=1/R_{eq}\cdot U=G_{eq}U$$

43

由上式计算可以看出，n 个电阻的并联电路可以用一个等效电阻来代替，这个等效电阻的倒数等于各个电阻的倒数之和。即

$$\frac{1}{R_{eq}} = \frac{1}{R_1} + \cdots + \frac{1}{R_k} + \cdots + \frac{1}{R_n} \tag{2.7}$$

等效电路如图 2.36(b)所示。

通常我们把电阻的倒数称为电导，则并联电阻电路的等效电阻的电导等于各个电阻的电导之和。即

$$G_{eq} = G_1 + G_2 + \cdots + G_n$$

考察电阻上消耗的功率有：

$$P = \frac{U^2}{R_{eq}} = \frac{1}{R_{eq}} \cdot U^2 = G_{eq}U^2 = (G_1 + G_2 + \cdots + G_n)U^2$$
$$= G_1 U^2 + G_2 U^2 + \cdots + G_n U^2 = P_1 + P_2 + \cdots + P_n$$

则各个电阻消耗的比例关系为

$$P_1 : P_2 = G_1 U^2 : G_2 U^2 = G_1 : G_2 = R_2 : R_1$$

表明，并联电阻电路中电阻消耗的总功率等于各个电阻消耗的功率之和，并且各个电阻上消耗的功率与电阻的大小成反比。

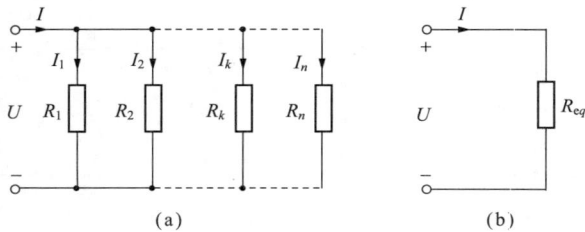

图 2.36　电阻并联电路

并联的电阻越多，则总电阻越小，电路中的总电流和总功率越大，并联后的总电阻小于任何一个电阻。

并联电阻电路的特点：

① 各个电阻两端的电压相等；

② 并联后的总电流等于各个电阻支路上的电流之和；

③ 并联电阻电路的等效电阻的倒数等于各个电阻的倒数之和，等效电阻比每个电阻都要小，但端口电压一定时，总的电阻越小，则总电流越大。

④ 消耗的总功率等于各个电阻消耗的功率之和，并且各个电阻上消耗的功率与电阻的大小成反比。

2）电阻并联电路的分流公式

假设流过第 k 个电阻的电流为 I_k，则有 I_k 和总电流之间的关系为

$$\frac{I_k}{I}=\frac{UG_k}{UG_{eq}}=\frac{G_k}{G_{eq}}$$

上式为电阻并联电路的分流公式,由上式可以得到

$$I_k=\frac{G_k}{G_{eq}}I \tag{2.8}$$

表明各个电阻中的电流是按电导成正比分配的。并联电阻可以起分流的作用。

并联电路中每个电阻通过的电流由于它们的电阻不同而不同,它们的电流值和它们的电阻值成反比。即在同一个并联电路中,通过电阻值较小的电阻的电流比流过电阻值较大的电阻的电流要大;通过相同电阻值的电阻的电流相等。

在实际中,我们把接在电源两端除了电源之外的能把电能转换成其他形式的能的元件或设备叫做负载,并联电路中的负载工作时,每个负载相对其他负载都是独立的。因为,在并联电路中,有多少个负载就有多少条电流通路。例如,将两个灯泡并联,就将有两条电流通路,当其中一个灯泡坏掉了,另一个灯泡仍然正常工作。

例题 2.5

计算如图 2.37 所示电路的等效电阻。

解:设等效电阻为 R,则有:$\dfrac{1}{R}=\dfrac{1}{R_1}+\dfrac{1}{R_2}+\dfrac{1}{R_3}=\dfrac{1}{30}+\dfrac{1}{15}+\dfrac{1}{1}=1.1$

则 $R=0.91\text{k}\Omega\approx0.9\text{k}\Omega$,有时不要求精确计算,只要求估算。电路的总电阻略小于小电阻的阻值。

设流过 R_1,R_2,R_3 的电流分别为 I_1,I_2,I_3,则有各个电流之间的比例关系:

$$I_1:I_2:I_3=G_1:G_2:G_3=\frac{1}{30}:\frac{1}{15}:1$$

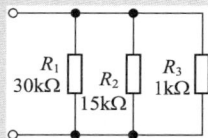

图 2.37

由计算可见,并联电路中,如果有电阻的阻值远小于其他电阻,则大电阻的分流作用可忽略不计,电流几乎从小电阻上流过。

4. 电阻的混联

电阻的混联电路就是指串联电阻和并联电阻混合成的二端网络。

电阻混联构成的二端电阻网络,可以先将串联部分和并联部分用等效电阻等效后逐步化简,最后等效为一个等效电阻。

电阻的混联电路分析的难点及关键点在于识别各电阻的串联和并联关系。分析方法如下:如果电路中的串并联关系容易辨别,则按照串并联电路等效的方法逐步等效;如果电路中的串并联关系不容易识别,则可将不同的连接点进行编号,相

同的连接点编号一样。如果某两个电阻两端的两个编号一样，则这两个电阻的连接关系是并联关系，可以将其等效成一个电阻；如果两个电阻之间只有一个相同的编号，则这两个电阻是串联关系，也可以将其进行等效成一个电阻，通过这种方法逐步等效下去，则最终可将电路等效成一个电阻。

例题 2.6

求如图 2.38 所示电路的总电流和各支路电流。

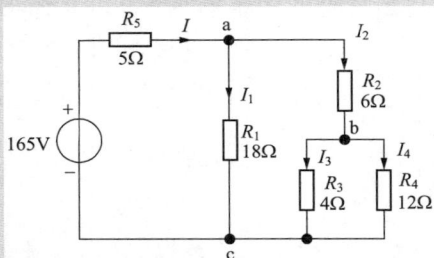

图 2.38

解：要求出如图 2.38 所示电路的总电流，则须先求出 ac 两端的等效电阻，而 ac 两端是一个混合电阻网络。

首先将 ac 两端电路中各个连接点进行编号。由编号可看出连接关系。然后一步一步求解。编号如图 2.38 所示，通过上面的判断规则，可知 bc 间的两个电阻 R_3、R_4 两端的编号一样，则它们为并联关系，其等效电阻为

$$R_{bc}=R_3 /\!/ R_4=\frac{4\times12}{4+12}=3\Omega$$

同理可知 ac 间的等效电阻为 abc 支路的等效电阻与 ac 之间的电阻并联。即 R_{bc} 与 R_2 串联后再与 R_1 并联，即

$$R_{ac}=(R_3+R_{bc}) /\!/ R_4=(6+3) /\!/ 18=\frac{9\times18}{9+18}=6\Omega$$

则总的等效电阻

$$R=R_5+R_{ac}=5+6=11\Omega$$

总电流

$$I=\frac{U}{R}=\frac{165}{11}A=15A$$

则电流

$$I_1=\frac{9}{9+18}\times15A=5A,\ I_2=\frac{18}{9+18}\times15A=10A$$

$$I_3=\frac{12}{4+12}\times10A=7.5A,\ I_4=\frac{4}{4+12}\times10A=2.5A$$

例题 2.7

求如图 2.39 所示电路中 ab 两端的等效电阻 R_{ab} 及 cd 两端的等效电阻 R_{cd}。

解：求解等效电阻主要是弄清楚各电阻之间的串并联关系。

ab 两端的等效电阻为两个 5Ω 电阻串联之后与 15Ω 电阻并联，最后再与 6Ω 电阻串联，则

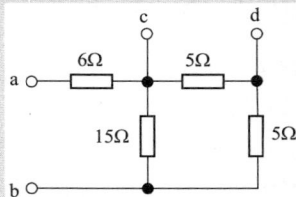

图 2.39

$$R_{ab} = \frac{(5+5) \times 15}{(5+5)+15} + 6 = 12\Omega$$

cd 两端的等效电阻为 15Ω 电阻与 5Ω 电阻串联后再与另一个 5Ω 电阻并联,则

$$R_{cd} = \frac{(15+5) \times 5}{(15+5)+5} = 4\Omega$$

5. 电阻丫-△网络的等效变换

在计算二端电阻网络电路时,最简便的方法是将串联和并联部分化为等效电阻然后逐步简化,但有时电路中的电阻既不是串联,也不是并联,看不出来连接关系,而是一个由 5 个电阻组成的桥式电路,如图 2.40(a)所示。这种情况下,分两种方法计算,当电路中的参数对称时,即满足条件 $R_{12}R_{34} = R_{13}R_{24}$ 时,对角线支路中的电流为零,这时电桥平衡,计算较方便,但如果参数不对称时,就无法用简单的电阻串并联关系来计算。

如果能将电路中由几个电阻构成的三角形即△连接的电路等效变换为如图 2.40(b)所示的由 R_2、R_3、R_4 构成的星形即丫形连接的电路,则可以很方便地求出电路中的各个参数,这就提出了丫-△电路的等效变换问题。

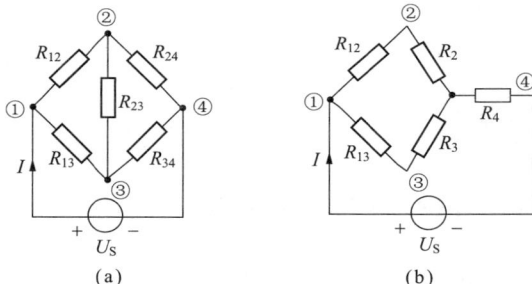

图 2.40 三角形连接电路的等效变换

如图 2.41(a)所示为丫形连接电路,丫形连接电路也称为 T 形或星形连接电路。△形连接电路如图 2.41(b)所示,△形连接电路也称为Π形或三角形连接电路。

丫形连接电路和△形连接电路都有 3 个端点,根据电路等效的概念,丫形连接

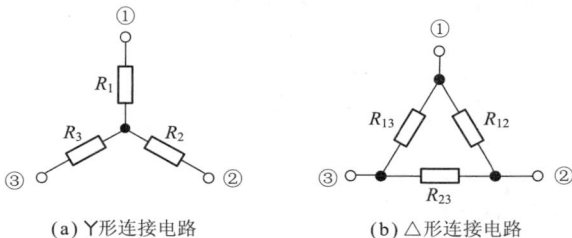

(a)丫形连接电路   (b)△形连接电路

图 2.41 丫形连接和△形连接电路

电路中由任意两个端点构成的二端网络两端的电压和电流关系应该与△形连接电路中相应的两个端点构成的二端网络两端的电压和电流关系相等。假设丫形连接电路和△形连接电路中的各电阻上流过的电流分别如图 2.42 所示,由于电路中的三个电流中只有两个电流是独立的,另一个电路中的电流可以用其他两个电流表示,因此在这里只讨论 I_1 和 I_2 两个电流及两个二端网络 U_{13} 和 U_{23} 的电压之间的关系。

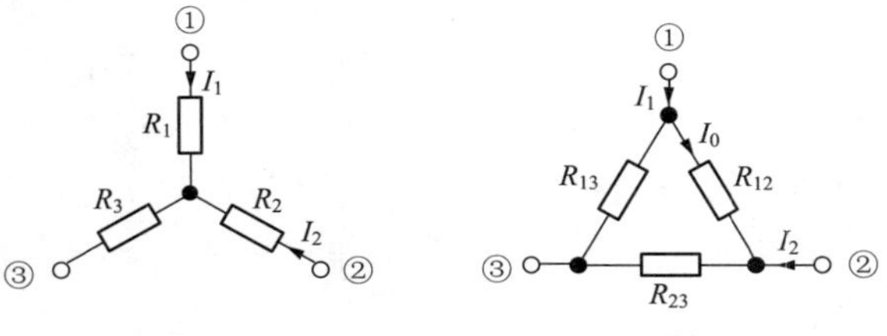

图 2.42　丫形连接和△形连接电路电流关系图

在丫形电路中,由欧姆定律和 KCL、KVL 可知:

$$U_{13} = R_1 I_1 + R_3 (I_1 + I_2)$$
$$U_{23} = R_2 I_2 + R_3 (I_1 + I_2)$$

将上式化为由电流表示为电压的形式有:

$$\begin{cases} U_{13} = (R_1 + R_3) I_1 + R_3 I_2 \\ U_{23} = R_3 I_1 + (R_2 + R_3) I_2 \end{cases}$$

在△形电路中,同样由欧姆定律和 KCL、KVL 可知:

$$U_{13} = R_{31} (I_1 - I_0)$$
$$U_{23} = R_{23} (I_2 - I_0)$$

$$I_0 = \frac{U_{13} - U_{23}}{R_{12}}$$

将上式化为由电流表示为电压的形式有:

$$\begin{cases} U_{13} = \dfrac{R_{31} (R_{12} + R_{23})}{R_{12} + R_{23} + R_{31}} I_1 + \dfrac{R_{23} R_{31}}{R_{12} + R_{23} + R_{31}} I_2 \\ U_{23} = \dfrac{R_{23} R_{31}}{R_{12} + R_{23} + R_{31}} I_1 + \dfrac{R_{23} (R_{12} + R_{31})}{R_{12} + R_{23} + R_{31}} I_2 \end{cases}$$

对比两个电路中电压电流的关系式,由等效的概念有:

$$R_1 + R_3 = \frac{R_{31} (R_{12} + R_{23})}{R_{12} + R_{23} + R_{31}}, R_3 = \frac{R_{23} R_{31}}{R_{12} + R_{23} + R_{31}}, R_2 + R_3 = \frac{R_{23} (R_{12} + R_{31})}{R_{12} + R_{23} + R_{31}}$$

将上式化简后,得到将丫形电路化为△形电路的关系式:

$$\begin{cases} R_{12} = \dfrac{R_1R_2 + R_2R_3 + R_3R_1}{R_3} \\[3mm] R_{23} = \dfrac{R_1R_2 + R_2R_3 + R_3R_1}{R_1} \\[3mm] R_{31} = \dfrac{R_1R_2 + R_2R_3 + R_3R_1}{R_2} \end{cases} \qquad (2.9)$$

同理可得到将△形电路化为 Y 形电路的关系式：

$$\begin{cases} R_1 = \dfrac{R_{12}R_{31}}{R_{12} + R_{23} + R_{31}} \\[3mm] R_2 = \dfrac{R_{12}R_{23}}{R_{12} + R_{23} + R_{31}} \\[3mm] R_3 = \dfrac{R_{23}R_{31}}{R_{12} + R_{23} + R_{31}} \end{cases} \qquad (2.10)$$

为了方便记忆,可以将Y形电路化为△形电路的关系式写成如下形式：

$$\text{△形电阻} = \frac{\text{Y形网络中各电阻两两乘积之和}}{\text{Y形网络中的对角端电阻}}$$

可以将△形电路化为Y形电路的关系式写成如下形式：

$$\text{Y形电阻} = \frac{\text{△形网络中相邻两电阻的乘积}}{\text{△形网络中的各电阻之和}}$$

若Y形电路中的各个电阻相等,即 $R_1 = R_2 = R_3 = R_Y$

有: $R_\triangle = 3R_Y$

若△形电路中的各个电阻相等,即 $R_{12} = R_{23} = R_{13} = R_\triangle$

有: $R_Y = \dfrac{1}{3}R_\triangle$

为方便记忆,可以将Y形电路和△形电路的电阻大小画成如图 2.43 的形式,由于△形在Y形的外面,△形比Y形大,则在等效的两种电路中,△形电路中的电阻比Y形电路中的电阻大。

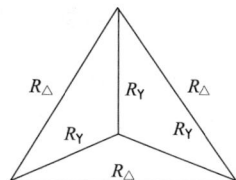

图 2.43 Y形电路和△形电路的变换法则

例题 2.8

求如图 2.44 所示电路中的电路 i_1。

解：将图 2.45 中△形 abc 的电阻变换为Y形连接的等效电阻,如图 2.45 所示：

则经过△-Y网络变化后的电阻

$$R_a = \frac{4 \times 8}{4 + 4 + 8}\Omega = 2\Omega$$

$$R_b = \frac{4 \times 4}{4 + 4 + 8}\Omega = 1\Omega$$

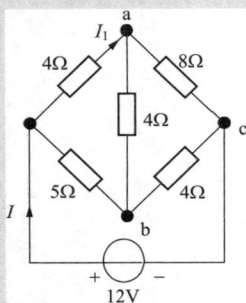

图 2.44

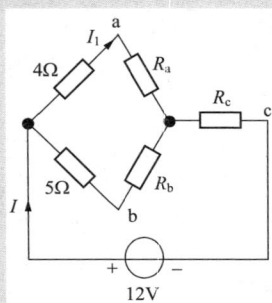

图 2.45

$$R_c = \frac{8 \times 4}{4 + 4 + 8} \Omega = 2\Omega$$

则总电阻为　　$R = \frac{(4+2) \times (5+1)}{(4+2) + (5+1)} + 2 = 5\Omega$

则总电流　　　$I = \frac{12}{5}\mathrm{A} = 2.4\mathrm{A}$

$$I_1 = \frac{6}{6+6} \times 2.4\mathrm{A} = 1.2\mathrm{A}$$

2.3　电压源与电流源的等效变换

2.3.1　电压源和电流源

1. 电压源

理想的电压电源总是维持一个稳定的输出电压,与负载电阻或通过它的电流的值无关。

理想电压源的符号如图所示:

理想电压源的符号

图 2.46 说明了理想电压源的特性。

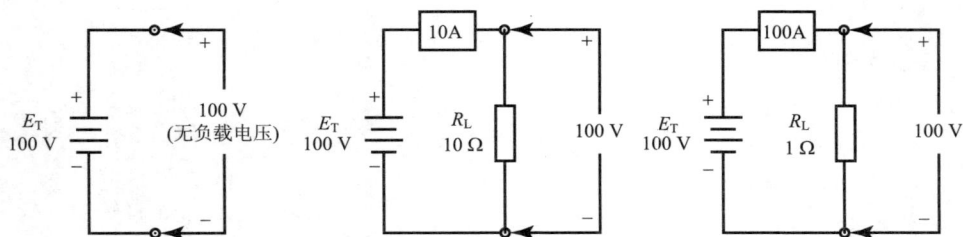

图 2.46　理想电压源的特性

所有的电压源本身都具有一些内阻,如发电机内部线圈中的导体或是电池内的化学物质。电压电源的内阻可以被看成一个和理想电压源串联的电阻,如图 2.47 所示。通常情况下,与负载的内阻相比,这种内阻非常小,对整个电路运行的影响也非常小。然而当内阻值在电路总电阻中所占的比例较大时,我们必须将其计算进去。例如,一个电池的内阻值很高说明这个电池有问题。即接入正常负载时,电池电压出现一个压降。由于电源的内阻是在电源内部的,它的电压降也是内部的。

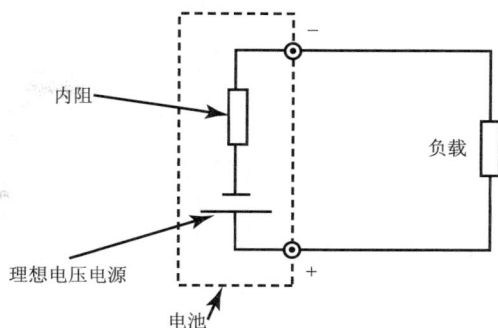

图 2.47 电压源内阻

恒压源(也称作理想电压源)的内阻为零,并且在提供任何数量的电流时它的两端电压值不变(图 2.48)。理想的电压源无论从中汲取多少电流,其两端的电压都将保持不变。然而在很多验证这个假设的场合中证实,实际上并没有这样一个恒定或理想的电压源存在。

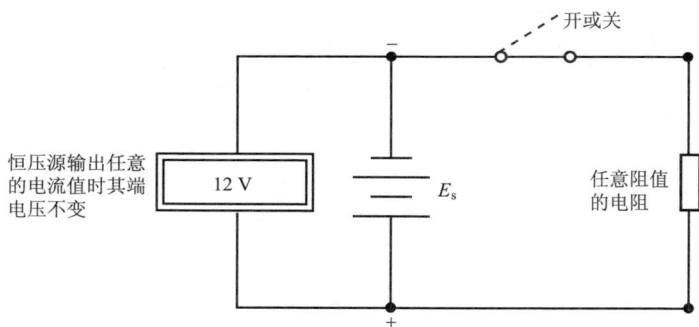

图 2.48 恒压源

在现实中,每个电压源中都存在一个串联的内阻 R_s,当电流流过时它会导致电压源两端电压的若干损失。电压源的内阻应该尽量小,无论轻负载(大电阻 R_L,小电流)还是重负载(小电阻 R_L)连接至它的输出端,其输出都可以视为是保持恒定。当电压源的内阻占整个电路电阻中很可观的一部分时,在电路分析时必须考虑这部分因素。

2. 电流源

到目前为止,我们是把电压源作为给电路提供功率的一种手段。同样,我们还可以考虑一种提供电流的电流源。一个恒流源(也称为理想电流源)无论在其终端上连接有多大的电阻,它的输出电流都将保持不变。

理想的电流源的符号如图所示：

理想电流源的符号

图 2.49 中给出了理想电流源的电路图。

正如电压源有一个额定电压,电流源也存在一个额定电流(在上面的例子中为 2A)。在理想的电流源中,无论负载的值如何,其额定电流都不会变。由于电流保持恒定,电流源的端电压随着负载的改变而改变。

在现实中,任何一个电流源中都有一个并联的内阻(R_s),它会导致电流的损失。图 2.50 的电路图中描述了一个恒流源以及它的内阻 R_s 和负载电阻 R_L。注意图中电流源的内阻和电流源并联,而并不像电压源中内阻和电压源是串联在一起的。

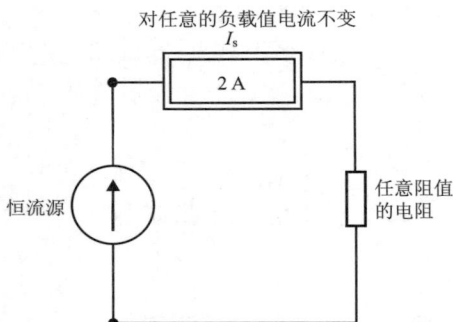

图 2.49　恒流源

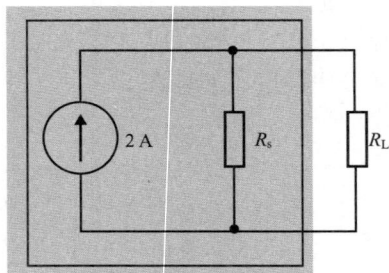

图 2.50　恒流源及其源电阻和负载电阻

当负载电阻远小于源电阻时,可以看做是恒流源与无限大的源电阻并联。这种情况下,可以认为全部的源电流流过负载。

2.3.2　电压源与电流源的等效变换

实际的电压源模型如图 2.51(a)所示,它是由一个理想的电压源串联一个内阻组成的。一个好的电压源要求内阻越小越好。注意实际电压源不能短路,因为它的内阻较小,如果短路,电流会很大,可能烧毁电源。

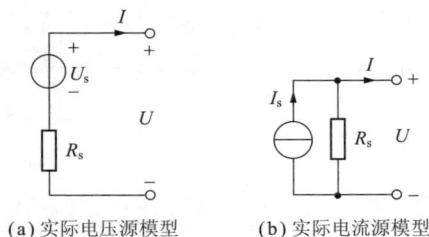

(a) 实际电压源模型　(b) 实际电流源模型

图 2.51　实际电源的模型

实际的电流源模型如图 2.51(b)所示,它由一个理想的电流源并联一个内阻组成。一个好的电流源要求内阻越大越好。实际的电流源不允许开路,如果开路,则电流全部流过内阻,由于内阻很大,这样会造成内阻上的电压很大,也可能烧毁电源。

这两种电源对于外电路来说,是可以等效的。假设外电路是电阻 R,根据等效的概念,在两种电源模型电路中,电阻两端的电压和电流的关系应该相等。在图 2.51(a)中,根据串联电路的性质可以得到电阻两端的电压为 $U = U_s - R_s I$,流过电阻 R 的电流为 $I = \dfrac{U_s}{R_s} - \dfrac{U}{R_s}$,在图 2.51(b)中,流过外电路的电流为 $I = I_s - \dfrac{U}{R_s}$,若两个电路等效,则应满足电流和电压的表达式相等,则可以得到

$$\frac{U_s}{R_s} - \frac{U}{R_s} = I_s - \frac{U}{R_s}$$

由此可以得出两个电源模型等效的条件为 $I_s = \dfrac{U_s}{R_s}$ 或 $U_s = I_s R_s$。 (2.11)

当外电路为其他网络时,上述等效条件仍然成立。

根据式(2.11),可将电流源模型变换为电压源模型,也可以将电压源模型变换为电流源模型。两者等效变换时,电源内阻不变,电压源和电流源的方向如图 2.51 所示,电压源的"+"极对应电流源的流出方向。

另外需要说明以下几点:

① 等效是对外电路等效,对内不等效。例如,电压源开路时,R_s 上无电流流过,而电流源开路时,R_s 上有电流流过;电压源短路时,R_s 上有电流流过,而电流源短路时,R_s 上无电流流过。

② 理想的电压源和理想的电流源之间不能等效。

③ 计算或化简分析时,需要计算的支路不能变换,否则变换后算得的结果不是需要的结果。

2.3.3 含电压源的有源网络等效

在电路等效变换时,常常会遇到几个电压源串联,或电压源与其他网络并联的情况,这些网络对于其他外电路来说,是可以进行等效变换化简的。化简的原则是:化简前后,外电路端口处的电压电流关系不变。

1. 电压源串联电路

图中 2.52(a)所示为几个电压源的串联,可以用一个电压源来等效替代。如图 2.52(b)所示。

等效的电源的电压为 $U = U_{s1} + \cdots + U_{sn} = \displaystyle\sum_{k=1}^{n} U_{sk}$ (2.13)

如果 U_{sk} 的参考方向与图中 U 的参考方向一致时,式中 U_{sk} 的前面取"+"号,不一致时取"-"号。

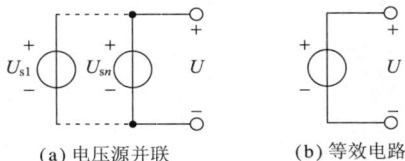

(a) 电压源串联　　　　(b) 等效电路

图 2.52 电压源的串联及等效电路

(a) 电压源并联　　　　(b) 等效电路

图 2.53 电压源的并联及等效电路

2. 电压源并联电路

如图 2.53(a) 所示为几个电压源的并联,这时也可以用一个电压源来等效替代,如图 2.53(b) 所示。

注意:只有电压相等且极性一致的电压源才允许并联,否则就违背了基尔霍夫电压定律。并联后的等效电源的电压为

$$U = U_{s1} = \cdots = U_{sn} \tag{2.13}$$

但要注意的是,并联电源如何组合向外部提供电流,各个电压源之间如何分配电流输出是无法确定的。

3. 电压源与支路的并联等效

如图 2.54(a) 所示为理想电压源与任意支路并联,则对外就可以等效为只有一个理想电压源,而忽略并联支路。如图 2.54(b) 所示。

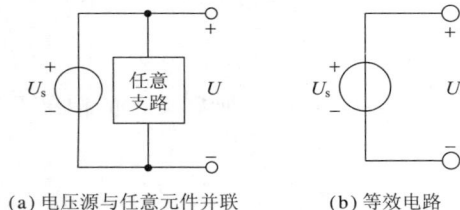

(a) 电压源与任意元件并联　　(b) 等效电路

图 2.54 电压源与任意元件并联及其等效电路

注意:这里的等效只是对外部电路等效,其中的任意支路可以是无源电阻网络,也可以是有源网络。

本小节可归纳为如下四点:

① 电压源与电压源串联可等效为一个电压源,等效的电压源的电压为各个电压源电压的代数和。

② 电压源与多个支路串联可等效为一个电压源与一个电阻串联。

③ 电压源与电压源并联可等效为一个电压源,并且并联的电压源必须极性相同大小相同。

④ 电压源与任意支路并联可等效为一个电压源,但要注意此时的等效只是对外电路是等效的。

2.3.4 含电流源的有源网络等效

1. 电流源串联电路

如图 2.55(a) 所示为电流源的串联,可以用一个电流源来等效替代,如图 2.55

(b)所示。

注意:只有电流相等且方向一致的电流源才允许串联,否则违背了基尔霍夫电流定律。串联后的等效电流源的电流为

$$I = I_{s1} = \cdots = I_{sn} \qquad (2.14)$$

(a) 电流源串联　　　　(b) 等效电路

图 2.55　电流源的串联及等效电路

但要注意的是,串联电流源如何组合向外部提供电压,各个电流源之间如何分配电压输出是无法确定的。

2. 电流源并联电路

如图 2.56(a)所示为电流源的并联,可以用一个电流源来等效替代,如图 2.56(b)所示。

等效的电流源的电流为

$$I = I_{s1} + \cdots + I_{sn} = \sum_{k=1}^{n} I_{sk} \qquad (2.15)$$

如果 I_{sk} 的参考方向与图中 I 的参考方向一致时,式中 I_{sk} 的前面取"+"号,不一致时取"−"号。

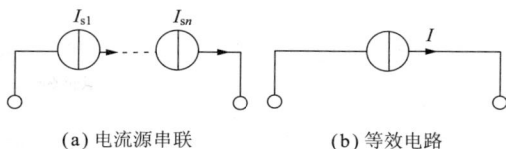

(a) 电流源串联　　　(b) 等效电路

图 2.56　电流源的串联及等效电路

(a) 电流源与任意元件串联　　(b) 等效电路

图 2.57　电流源与任意元件串联及其等效电路

3. 电流源与支路的串、并联等效

如图 2.57(a)所示为理想电流源与任意支路的串联,对外就可等效为只有一个理想的电流源,而可以忽略串联的任意支路,等效电路如图 2.57(b)所示。

注意:这里的等效只是对外部电路等效,其中的任意支路可以是无源电阻网络,也可以是有源网络。

本小节可归纳为如下四点:

① 电流源与电流源串联可等效为一个电流源;并且串联的电流源必须大小相等方向相同。

② 电流源与任意支路的串联可等效为一个电流源,但要注意此时的等效只是对外电路时等效的。

③ 电流源与电流源并联可等效为一个电流源,等效的电流源的电流为各个电

流源电流的代数和。

④ 电流源与多个支路并联可等效为一个电流源与一个电阻并联。

例题 2.9

电路如图 2.58 所示,已知 $U_1=12V$,$U_2=18V$,$R_1=3\Omega$,$R_2=6\Omega$,$R_3=5\Omega$,试用电源等效变换法求 R_3 支路中的电流 I_3 的大小。

解:(1)将电路中的两个电压源等效变换为电流源,如图 2.59(a)所示。

利用实际电流源和实际电压源的变换关系,则 $I_1=\dfrac{U_1}{R_1}=\dfrac{12}{3}=4A$,$I_2=\dfrac{U_2}{R_2}=\dfrac{18}{6}=3A$。

(2)利用电流源并联电路的简化方法。得到图 2.59(b),I_1 与 I_2 方向相同,则等效为一个电流源,这个电流源的电流 $I_s=I_1+I_2=4+3=7A$,$R_s=\dfrac{R_1\times R_2}{R_1+R_2}=\dfrac{3\times6}{3+6}=2\Omega$。

图 2.58

(3)由图 2.59(b)根据并联电路的分流公式可算出 I_3,或者再根据电流源变换为电压源的方法,将电路变为如图 2.59(c)所示,则变换后电压源的电压 $U_s=R_sI_s=2\times7=14V$,则可以直接得到 $I_3=\dfrac{U_s}{R_s+R_3}=\dfrac{14}{2+5}=2A$。

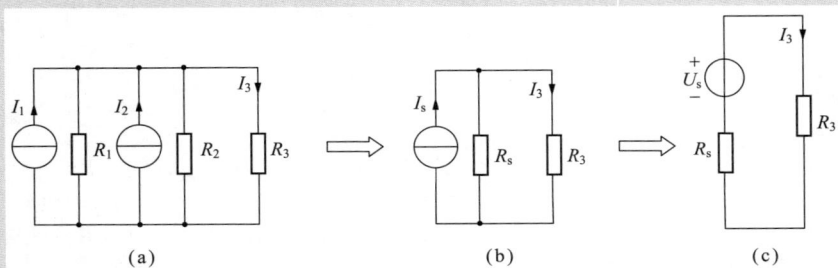

图 2.59

例题 2.10

根据电源的等效变换方法求电路中的电流 I。

解:其等效电路图如图 2.60 所示。

(1)电压源与支路并联可等效为电压源。故 40V 电压源与 2A 电流源并联可等效为 40V 电压源。

(2)电流源与支路串联可等效为电流源,故 2A 电流源与 10Ω 电阻,可等效为 2A 电流源。

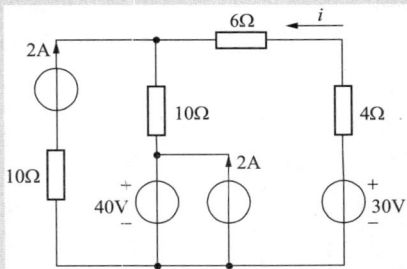

图 2.60

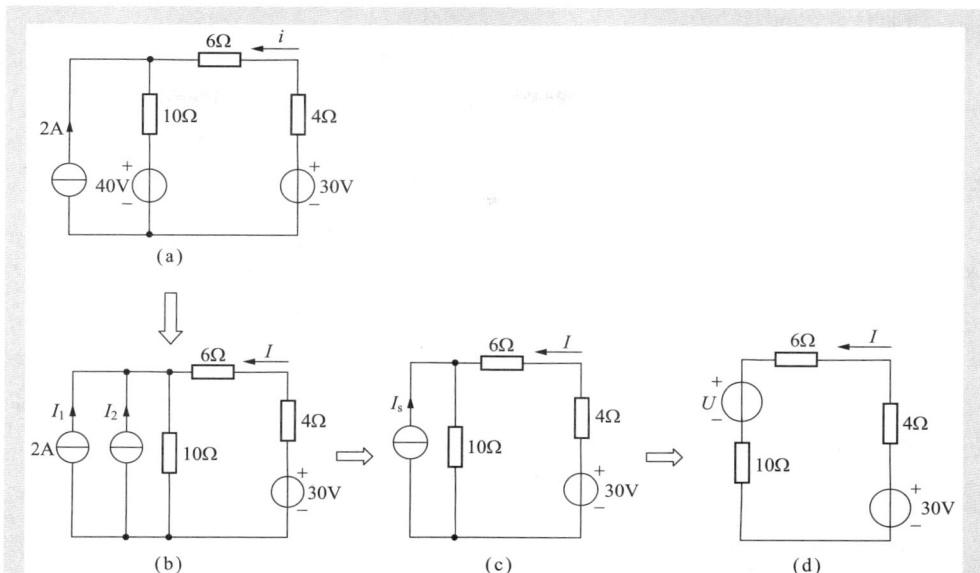

图 2.61

（3）由以上 2 步，电路可等效为如图 2.61(a)所示。根据电压源与电流源的等效变化，将 40V 电压源与 10Ω 电阻串联直流变换为电流源与电阻并联。如图 2.61(b)所示，则电流源的电流 $I_2 = \dfrac{40}{10} = 4\text{A}$。

（4）根据电流源的并联等效，将两个电流源合并为一个电流源，如图 2.61(c)所示，由于 I_1 与 I_2 方向相同，则这个电流源的电流 $I_s = I_1 + I_2 = 2 + 4 = 6\text{A}$。

（5）将电流源与电阻串联支路再转换为电压源与电阻串联。则转换后的电压源的电压为

$$U_s = I_s R = 6 \times 10 = 60\text{V}$$

（6）根据电压源的串联，可计算出电流 $I = \dfrac{30 - 60}{6 + 4 + 10} = -1.5\text{A}$。

2.4 支路电流法

前面几节介绍的等效变换方法，是将电路进行等效化简后求出待求的电压和电流。这种方法简单有效，但也存在一定的缺点。因为在电路等效变换的过程中，电路结构发生了变化，如果只研究某一支路时比较方便，而如果要研究电路中每个支路时则比较困难。

本节和后面两节将要介绍的是网络方程分析法，它是通过列方程来求解电路中各部分的电流和电压，一般不改变电路的结构，只要选取合适的未知量，根据 KCL、KVL 列出未知量的方程来求解即可得出未知量的参数。网络方程分析法更

具有普遍性和一般性。

支路电流法是电路求解的基本方法之一。它是根据基尔霍夫电流定律和电压定律分别对结点列 KCL 方程,对回路列 KVL 方程,从而解出各支路电流的方法。

2.4.1　支路电流法原理

对于一个具有 b 条支路,n 个结点的电路,以 b 条支路电流为未知量,需列出 b 个独立的方程,然后求解出各支路电流,则电流中其他的参数都可计算出来。

一般来说,支路电流法的求解步骤是,先需确定 b 条支路电流为未知量,并设定参考方向,然后对 n 个结点,根据 KCL 列出 $(n-1)$ 个方程,再根据 KVL,选择 $(b-n+1)$ 个独立回路列出 $(b-n+1)$ 个方程。联立这 b 个方程即可求出 b 个未知量,这种方法称为支路电流法。

通常在选择回路时,常取网孔为独立回路。网孔数等于独立回路数。

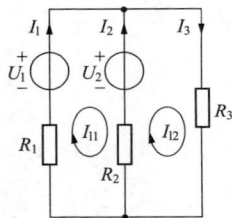

图 2.62　支路电流法举例

如图 2.62 所示电路中,支路数 $b=3$,结点数 $n=2$,支路电流 I_1、I_2、I_3 的参考方向如图 2.62 所示。

首先根据 KCL,列出 $n-1=1$ 个方程:

$$I_1+I_2=I_3$$

然后选取 $(b-n+1)=2$ 个网孔作为回路,选取顺时针作为绕行方向,电压降的方向为正,根据 KVL,列出 2 个方程:

$$U_2-I_2R_2+I_1R_1-U_1=0$$

$$I_3R_3+I_2R_2-U_2=0$$

上述 $b=3$ 个方程联立,将参数代入,即可求解出 I_1、I_2、I_3。

2.4.2　支路电流法的解题步骤

(1) 在电路中标出各支路电流及其参考方向,电路的参考方向可以任意设定,但一旦设定之后,在计算的过程中不能改变。

(2) 根据 KCL 选取 $(n-1)$ 个结点列出电流方程,流入结点的电流之和等于流出该结点的电流之和。

(3) 根据 KVL 选取 $(b-n+1)$ 个网孔,指定回路的绕行方向,列出电压方程。沿着绕行方向电压降的代数和等于电压升的代数和。

(4) 代入已知参数,联立方程求解出 b 个支路电流。

(5) 确定各支路电流的方向。若解出后电流的值为正,则电流的方向与设定的方向相同,若电流的值为负,则电流的方向与设定的方向相反。

例题 2.11

求如图 2.63 所示电路中各支路的电流。

解:(1) 设定各支路电流分别为 I_1、I_2、I_3,参考方向如图 2.63 所示。

(2) 根据 KCL,选取上面的结点,列出电流方程为

$$I_1 + I_2 + I_3 = 0$$

(3) 根据 KVL,选取两个网孔列写 KVL 方程,则方程为

$$-7I_1 + 11I_2 + 6 - 70 = 0$$
$$-11I_2 + 7I_3 - 6 = 0$$

(4) 根据 3 个方程,解出 3 个未知数得,$I_1 = -6A$,$I_2 = 2A$,$I_3 = 4A$。

(5) 根据计算结果知,支路 1 的电流 I_1 的方向与设定的方向相反,大小为 6A,I_2 和 I_3 的方向与图中设定的方向一致。

支路电流法列写的是 KCL 和 KVL 方程,所以方程列写方便、直观,但方程数较多,宜于在支路数不多的情况下使用。

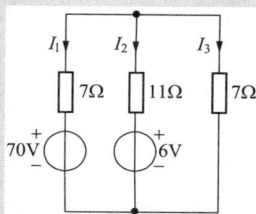

2.5　网孔电流法

网孔电流法也是网络方程分析法中的一种常用方法。当电路的支路较多而网孔较少时,可以使用这种方法求解,方程数较少,方便电路的求解。独立方程的个数等于电路中网孔的个数。

2.5.1　网孔电流法原理

所谓网孔电流是一种假想的电流,假设在每个网孔中都有一个沿着网孔路径的绕行方向进行环形流动的假想电流,这种电路称为网孔电流。如图 2.62 中所示的 I_{11}、I_{12} 都为网孔电流,它们和支路电流有着明显的关系,各支路电流和网孔电流的关系为

$$I_1 = I_{11}, I_2 = I_{12} - I_{11}, I_3 = I_{12}$$

网孔电流法是以网孔电流作为未知量,根据 KVL 来列写网孔的回路电压方程。网孔电流法的独立方程的个数等于电路中网孔的个数$(b-n+1)$。求出网孔电流后,所有支路的电压和电流很容易便可求出。

在用网孔电流法列写 KVL 方程是要注意用网孔电流表示各电阻上的电压。有些电阻中会有几个网孔电流同时流过,列写方程时应该把这些电流在电阻上引起的电压都算进去。通常选取网孔绕行方向和网孔电流方向一致且都为顺时针方向。

如图 2.62 所示的电路中,有$(b-n+1)=2$ 个网孔。对这 2 个网孔列写 KVL 回路方程:

网孔 1：$U_2 - (I_{12} - I_{11})R_2 + I_{11}R_1 - U_1 = 0$

网孔 2：$I_{12}R_3 + (I_{12} - I_{11})R_2 - U_2 = 0$

经过整理后的方程为

$$(R_1 + R_2)I_{l1} - R_2 I_{12} = U_1 - U_2$$
$$-R_2 I_{11} + (R_2 + R_3)I_{12} = U_2$$

这就是网孔方程，上述方程组还可以写成

$$R_{11}I_{11} - R_{12}I_{12} = U_{11}$$
$$-R_{21}I_{11} + R_{22}I_{12} = U_{22}$$

式中的 R_{11} 和 R_{22} 分别代表两个网孔的自电阻，它们为各自网孔中的电阻之和，即 $R_{11} = R_1 + R_2$，$R_{22} = R_2 + R_3$；而 R_{12} 和 R_{21} 称为互电阻，为相邻两个网孔的共有电阻，即 $R_{12} = R_{21} = -R_2$。

自电阻总为正，对于互电阻，当流过互电阻的两个网孔电流的方向相同时，取正号，当流过互电阻的两个网孔电流方向相反时，互电阻取负号。当列方程时的绕行方向选定为与网孔电流的绕行方向一致且均为顺时针时，自电阻恒为正号，互电阻恒为负号。式中的 U_{11} 和 U_{22} 分别代表各个网孔中的电压源的代数和。电压源沿着绕行方向上升时取正号，反之取负号。

有了以上规律，在列写网孔电流方程时可直接根据式子列写方程，不必推导。

2.5.2　网孔电流法的解题步骤

(1) 选定 $(b - n + 1)$ 个网孔，并设定网孔电流及参考方向，通常取顺时针方向。

(2) 以网孔电流为未知量，根据 KVL 列出网孔方程。列写回路方程时绕行方向取网孔电流的参考方向，则自电阻恒为正，互电阻恒为负，等式右边的电压源沿着绕行方向上升时取正，反之取负。

(3) 联立方程，求解各网孔电流。

(4) 根据网孔电流求出各支路电流，注意方向。

(5) 将结果代入电流中检验。

例题 2.12

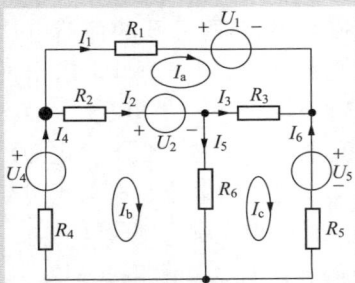

图 2.64

电路如图 2.64 所示，用网孔电流法列些电路方程，并说明各支路电流与网孔电流之间的关系。

解： 该电路有 3 个网孔，首先假定各网孔电流为 I_a、I_b、I_c，并设定它们的方向都为顺时针绕行方向。则网孔方程为

$$\left.\begin{array}{l}(R_1 + R_2 + R_3)I_a - R_2 I_b - R_3 I_c = -U_1 + U_2 \\ -R_2 I_a + (R_2 + R_4 + R_6)I_b - R_6 I_c = U_4 - U_2 \\ -R_3 I_a - R_6 I_b + (R_3 + R_5 + R_6)I_c = -U_5\end{array}\right\}$$

联立方程求解即可解出 I_a、I_b、I_c。各支路电流与网孔电流之间的关系为
$$I_1 = I_a, I_2 = I_b - I_a, I_3 = I_c - I_a, I_4 = I_b, I_5 = -I_c, I_6 = I_b - I_c。$$

2.6 结点电压法

在电路中任选某一结点为参考结点,则其余结点与参考结点之间的电压称为结点电压。结点电压的参考极性是以参考结点为负,其余结点为正。通常取参考结点的电位为零,则其余结点的电压其实就是该结点的电位,故结点电压法也称为结点电位法。

当电路中支路数比较多而结点数较少时,采用结点电压法则可以减少方程个数。当电路中的结点数为 n 时,则结点电压法的方程数为 $n-1$。

2.6.1 结点电压法原理

结点电压法是以结点电压为未知量来列方程的。电路中如果有 n 个结点,则先设定一个参考结点,另外 $(n-1)$ 个结点电压为未知量,根据 KCL,对 $(n-1)$ 个独立结点列写电流方程,而根据欧姆定律,电路中每条支路的电流可以用结点电压表示,然后这 $(n-1)$ 个方程即可由 $(n-1)$ 个结点电压表示,这 $(n-1)$ 个方程称为结点电压方程。最后由这些方程解出结点电压,从而求出所需的各个结点电压和支路电流,这种方法就称为结点电压法。

如图 2.65 所示电路中有 3 个结点,设定结点 0 为参考结点,结点 1 的电压为 U_1,结点 2 的电压为 U_2,则 $U_1 = U_{10}$,$U_2 = U_{20}$。则根据结点电压法所列方程个数为 $n-1=2$。用结点电压法列写 KCL 方程与用支路电流法列写 KCL 方程一样,只不过每条支路的电流都要用结点电压表示出来。对于图中的两个结点列写 KCL 方程有:

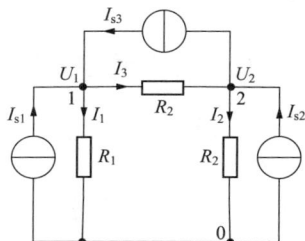

图 2.65 结点电压法举例

结点 1: $I_1 + I_3 - I_{s1} - I_{s3} = 0$

结点 2: $I_2 - I_3 - I_{s2} + I_{s3} = 0$

然后将各个支路电流用结点电压(U_1 和 U_2)表示出来,有

$$I_1 = U_1/R_1 = G_1 U_1, \quad I_2 = U_2/R_2 = G_2 U_2,$$
$$I_3 = U_{12}/R_3 = (U_1 - U_2)/R_3 = G_3(U_1 - U_2)$$

将上面的 I_1, I_2, I_3 代入结点的 KCL 方程中,将电流源移到等式右边,可得

$$\left. \begin{aligned} (G_1 + G_3)U_1 - G_3 U_2 &= I_{s1} + I_{s3} \\ -G_3 U_1 + (G_2 + G_3)U_2 &= I_{s2} - I_{s3} \end{aligned} \right\} \tag{2.16}$$

由式(2.16)可以看出,等式左边都为流过电导的电流之和,等式右边则是流入

该结点的电流源的电流之和。

式(2.16)可进一步写为如下形式：

$$\left.\begin{array}{l} G_{11}U_1 + G_{12}U_2 = I_{s11} \\ G_{21}U_1 + G_{22}U_2 = I_{s22} \end{array}\right\} \tag{2.17}$$

式(2.17)称为结点电压方程的一般形式。其中，等式左边中 G_{11} 为连接结点 1 的所有电导之和，称为结点 1 的自电导；G_{22} 为连接结点 2 的所有电导之和，称为结点 2 的自电导；自电导恒为正值。$G_{12} = G_{21} = -G_3$ 为连接结点 1 和结点 2 的所有电导之和，称为互电导，互电导恒为负。等式右边中，$I_{s11} = I_{s1} + I_{s3}$，$I_{s22} = I_{s2} - I_{s3}$，其中，$I_{s11}$ 为流入结点 1 的电流源电流之和，I_{s22} 为流入结点 2 的电流源电流之和。这里要注意方向，流入结点的电流源电流为正，流出结点的电流源电流为负。另外还需要说明的是：如果理想电流源支路中有串联电阻时，该电阻应忽略，可看做短路。根据 2.3.4 节中所讲的电流源与支路等效可得出。

将上面的结果推广到 n 个结点的电路，则对于第 i 个结点，其结点电压方程为

$$\sum_{j=1}^{n-1} G_{ij} U_j = I_{Sij} \tag{2.18}$$

方程的个数为 $(n-1)$。等式的左边中，当 $i = j$ 时，G_{ij} 为第 i 个结点的自电导，当 $i \neq j$ 时，G_{ij} 为第 i 个结点和第 j 个结点之间的互电导，自电导恒为正，互电导恒为负。等式的右边中，I_{sij} 为流入结点 i 的电流源电流的代数和，其中流入结点的为正，流出结点的为负。在用结点电压法求解电路时，可直接根据式(2.18)列写方程，不需要再推导。

2.6.2 结点电压法的解题步骤

(1)找出 n 个结点，选定一个参考结点，标出其余 $(n-1)$ 个独立结点，将各个独立结点的电压作为未知量，其参考方向为参考结点为负极，独立结点为正极。

(2)如果电路中存在电压源与电阻的串联电路，则根据等效的方法将其变成电流源与电阻的并联电路。

(3)根据结点电压方程的一般形式写出各个结点的电压方程。

(4)求解出各结点电压。

(5)根据结点电压求出各支路电流。

(6)检验计算结果是否正确。

例题 2.13

电路如图 2.66 所示，已知 $R_1 = R_2 = R_3 = 2\Omega$，$R_4 = R_5 = 4\Omega$，$U_{s1} = 4\text{V}$，$U_{s2} = 12\text{V}$，$I_{s2} = 3\text{A}$，试用结点电压法求电流 I_1 和 I_4。

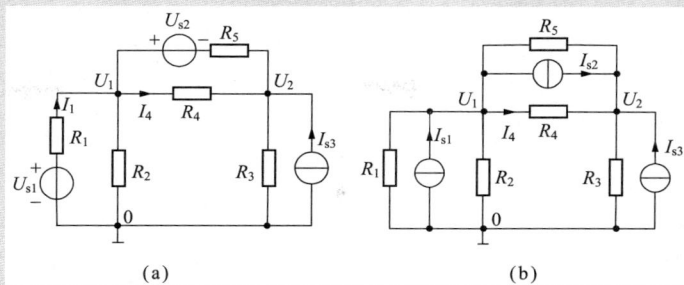

图 2.66

解:选取电路中的 0 结点为参考结点,标出其余两个结点的电压为 U_1 和 U_2,将两个实际电压源变换为电流源,得到图(b)所示电路,则 $I_{s1} = \dfrac{U_{s1}}{R_1} = 2\text{A}$,$I_{s2} = \dfrac{U_{s2}}{R_5} = 3\text{A}$。

以结点电压 U_1 和 U_2 为未知量,列写结点方程:

$$\begin{cases} \left(\dfrac{1}{R_1} + \dfrac{1}{R_2} + \dfrac{1}{R_4} + \dfrac{1}{R_5}\right)U_1 - \left(\dfrac{1}{R_4} + \dfrac{1}{R_5}\right)U_2 = I_{s1} - I_{s2} \\ -\left(\dfrac{1}{R_4} + \dfrac{1}{R_5}\right)U_1 + \left(\dfrac{1}{R_3} + \dfrac{1}{R_4} + \dfrac{1}{R_5}\right)U_2 = I_{s3} + I_{s2} \end{cases}$$

将阻值和电流源的电流代入方程中得

$$\begin{cases} \dfrac{3}{2}U_1 - \dfrac{1}{2}U_2 = -1 \\ -\dfrac{1}{2}U_1 + U_2 = 6 \end{cases}$$

联立求解得

$$U_1 = \frac{8}{5}\text{V}, \quad U_2 = \frac{34}{5}\text{V}$$

$$I_1 = \frac{U_{s1} - U_1}{R_1} = \frac{4 - \dfrac{8}{5}}{2} = \frac{12}{5} \times \frac{1}{2} = \frac{6}{5}\text{A}$$

$$I_4 = \frac{U_1 - U_2}{R_4} = \frac{\dfrac{8}{5} - \dfrac{34}{5}}{4} = -\frac{26}{5} \times \frac{1}{4} = -\frac{13}{10}\text{A}$$

习 题

1. 两个 10W、12V 的电灯泡串联在一个 24V 直流电源电路中,如果一个灯泡的灯丝烧断,另一个灯泡是否仍然会亮? 为什么? 断路电路中,电源和每个灯泡上的电压分别为多少?

2. 一个电路串联了 3 个电阻,电阻 R_2 的阻值为 22Ω,电压降为 88V。通过电阻 R_2 的电流值为多少?

3. 一个串联电路经常被当成一个分压电路,为什么?

4. 假设串联在一起的三个完全相同的电灯泡中的一个短路了,请描述这对另外两个灯泡造成的影响。

5. 一个典型的"AA"电池的额定电压为 1.5V。假设这个电压电源的内阻为零,如果电路被一个 0.001Ω 的负载短路,那么这个电路中的电流为多少?

6. 当把四节 1.5V 的电池装入一个手电筒中,如果不小心将其中一节放反了,那么实际作用于手电筒灯泡的电压值为多少?

7. 两个相同的脚板型取暖器并联在一个 230V 的电源上。如果通过每个取暖器的电流为 6A,那么该电路的输出功率是多少?

8. 如图 2.67 所示电路,在不超过保险丝最大额定电流的情况下,可并联多少个 50Ω 的电阻负载?

9. 如图 2.68 所示电路,求每个支路电流值,以及为了保护该电路至少要使用多大的保险丝?

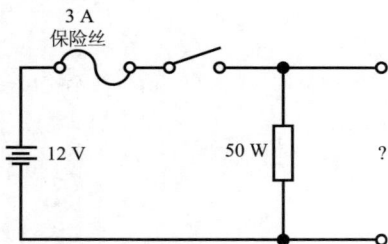

图 2.67

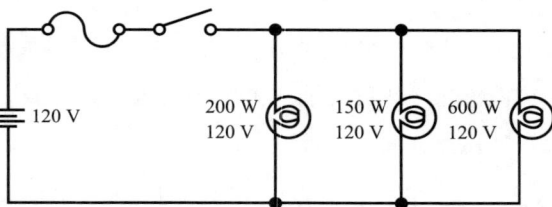

图 2.68

10. 如图 2.69 所示电路,求在以下各组电源开关设置下的总电路电阻。

(a)S1 打开,S2 关闭,S3 关闭。(b)S1 关闭,S2 打开,S3 打开。(c)S1 关闭,S2 关闭,S3 打开。(d)S1 关闭,S2 打开,S3 关闭。(e)S1 关闭,S2 关闭,S3 关闭。

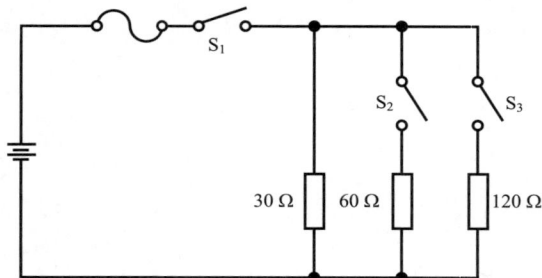

图 2.69

11. 在测量三个并联负载中的某一个负载的电阻时,测得的电阻值为 0。根据描述,你可以说出三个电阻中的哪一个发生了短路吗?为什么?

12. 当外加电压相等时,为什么并联支路中的电流不同?

13. 请说明为什么并联电路的总电阻比串联电路的小,而总电流比串联电路的大。

14. 假设并联电路中的主电路断路器含有六个负载设备跳闸,当断路器重置时它立刻跳闸,那么应该如何检测故障的原因?

15. 10 个并联的等值的电阻与一个 10V 电池连接,如果电路的总功率为 40W,那么每个电阻的阻值为多少?

16. 一个 10Ω 的电阻和一个 5Ω 的电阻并联后,成为一个串并联电路的一部分。学徒 A 说总电流将被平均分开通过两个电阻。学徒 B 说电流会分流,但通过 10Ω 电阻的电流大于通过

5Ω 电阻。这两种说法中是否有正确的? 如果有, 谁的说法正确? 为什么?

17. 一个 50Ω 和一个 2Ω 的电阻并联, 成为一个串并联电路的一部分。学徒 A 说 50Ω 电阻上的电压比 2Ω 电阻上的电压大。学徒 B 说两者的电压相等。这两种说法中是否有正确的? 如果有, 谁的说法正确? 为什么?

18. 确定图 2.70 所示电路中串联及并联关系。

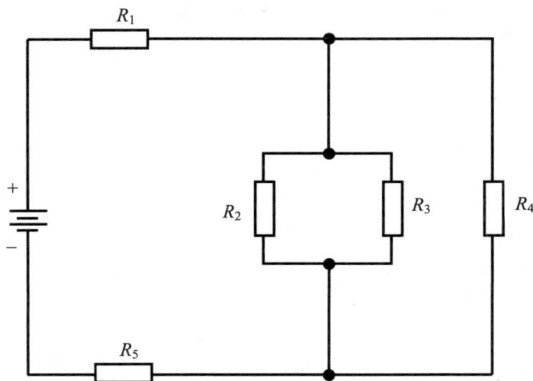

图 2.70

19. 计算如题图 2.71 所示电路中的电流 I_3 和 I_4。

20. 计算如题图 2.72 所示电路中的 I_1, I_4 和 U_4。

21. 有一无源二端电阻网络, 通过实验测得: 当 $U=10V$ 时, $I=2A$; 并已知该电阻网络由四个 3Ω 的电阻构成, 试问这四个电阻是如何连接的?

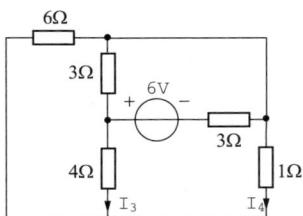

图 2.71

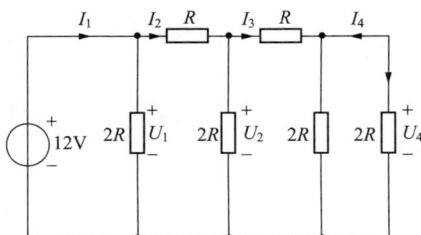

图 2.72

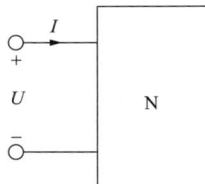

图 2.73

22. 如题图 2.74 所示电路是由电位器组成的分压电路, 电位器的电阻 $R_p=270Ω$, 电阻 $R_1=350Ω$, $R_2=550Ω$, 假设输入电压 $U_1=12V$, 试求输出电压 U_2 的变化范围。

23. 如题图 2.75 所示电路为一衰减电路, 共有 4 档, 试求当输入电压 $U_1=12V$ 时, 各档输出电压 U_2。

24. 如题图 2.76 所示为一直流电机的调速电阻, 它由 4 个固定电阻串联而成。利用几个开关的闭合或断开, 可以得到多种电阻值。假设 4 个电阻的阻值都为 1Ω, 试求在下列三种情况下 a 和 b 之间的电阻值: (1)S_1 和 S_5 闭合, 其他断开; (2)S_2, S_3 和 S_5 闭合, 其他断开; (3)S_1, S_3 和 S_4 闭合, 其他断开。

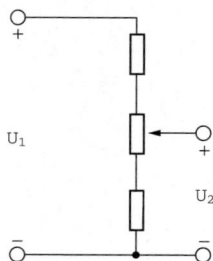

图 2.74

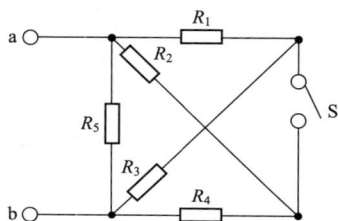

图 2.75

25. 如题图 2.77 所示电路中,$R_1=R_2=R_3=R_4=100\Omega$,$R_5=200\Omega$,试计算开关 S 断开和闭合时 a 和 b 之间的等效电阻。

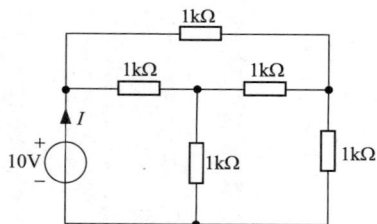

图 2.76

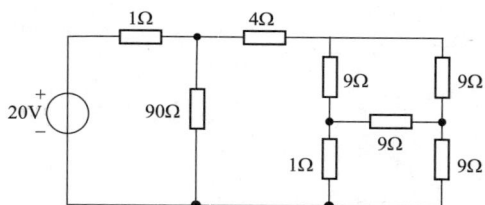

图 2.77

26. 计算如题图 2.78 所示电路中的电流 I。

27. 计算如题图 2.79 所示电路中 90Ω 电阻吸收的功率。

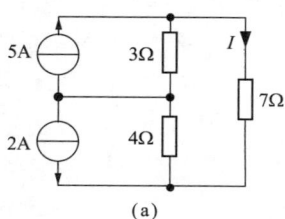

图 2.78

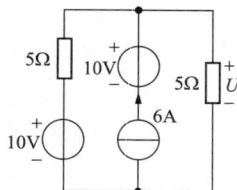

图 2.79

28. 利用电源的等效变换方法简化计算题图 2.80(a)所示电路中的电流 I 和题图 2.80(b)所示电路中的电压 U。

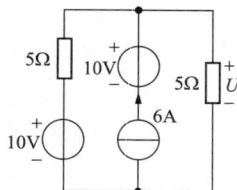

(a)　　　　　(b)

图 2.80

29. 试用电压源与电流源等效变换的方法计算图 2.81 中 9V 理想电压源的输出电流 I_1。

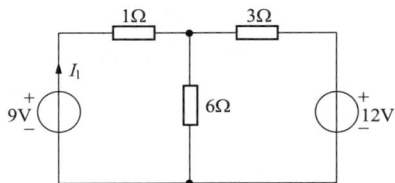

图 2.81

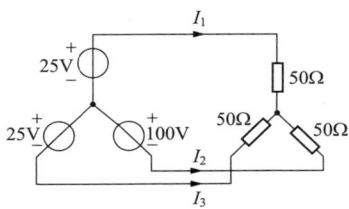

图 2.82

30. 计算题图 2.82 所示电路中的电流 I。

31. 试用支路电流法求题图 2.83 所示电路中的各支路电流。

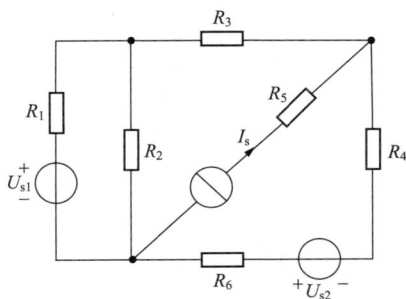

图 2.83

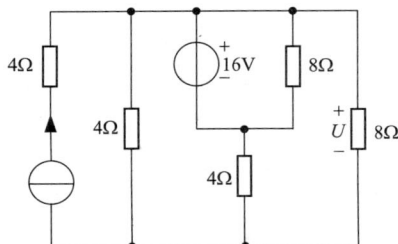

图 2.84

32. 试用支路电流法求题图 2.84 所示电路中的各支路电流。

33. 列写题图 2.85 所示电路用支路电流法求解时所需的独立方程。

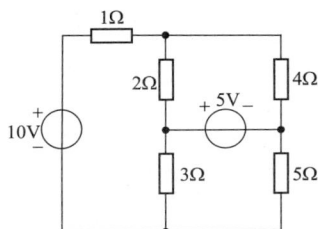

图 2.85

图 2.86

34. 试用结点电压法求题图 2.84 所示电路中的各支路电流。

35. 试用结点电压法求题图 2.86 所示电路中的电压 U。

36. 用网孔电流法求解题图 2.83 所示电流中的各支路电流。

37. 用网孔电流法求解题图 2.87 所示电流中的各支路电流。

图 2.87

第3章

直流线性电路的基本定理

学习目标

- 理解线性电路的概念。
- 学习线性电路的基本定理。
- 学会用叠加定理分析含多个独立源的电路。
- 学会用戴维南定理和诺顿定理进行电路变换和化简。

　　线性电路是指完全由线性元件、独立源或线性受控源构成的电路。本章主要介绍直流电路的等效分析方法中与有源网络的等效变换有关的叠加定理、戴维南定理和诺顿定理。

3.1　叠加定理

　　若干个电压源可以同时作用到同一个电路的元件上。当电路或环路中起作用的电源大于一个时,电流会受到每个电源的影响。叠加定理非常有助于处理这种有多个电压源或电流源作用的电路。叠加定理把每个电源视为相互独立的源,然后把各自的效果结合起来。

　　线性电路包含两个性质,即可加性和齐次性。叠加定理是线性电路中的一个重要的定理,是电路分析中有源网络进行等效变换的有效方法之一。它是线性电路可加性的体现。利用叠加定理可以将多个独立电源的线性电路等效为独立电源单独作用的电路的叠加,从而可以简化电路的分析和计算。

　　在含有多个独立电源的线性电路中,各支路的电流或电压可看作是由电路中各独立电源分别作用时所产生的电流或电压的代数和,这就是叠加定理。

　　应用叠加定理的步骤如下:

　　① 将所有的电压源或电流源归零化,直到只剩下一个。

　　② 当电路中只有一个电源时,按照正确的方向或极性计算出所需的电流或电压。

　　③ 对其他电源重复步骤①、②。

　　④ 将各个电源单独使用所得的电流或电压代数相加就得到需要求出的电流或电压。如果电流方向相同或电压极性相同,就将它们相加。反之,将其相减(大的数减去小的数),合成后的电流方向或者电压极性与合成之前较大数值的电源相同。

　　在应用叠加定理时,需要将除了正在测试的源之外的各个电源移除或归零化。在对电压源归零化时将其用短路代替,因为短路电路两端的电压为 0V。在对电流源归零化时将其用开路代替。因为流经开路电路中的电流为 0A。当电压源或电流源有内阻时,在源移除时必须将其计算在内。

　　下面举例说明。

　　如图所示中以支路电流 I_1 为例,利用支路电流法可以求出,应用基尔霍夫定律列方程如下:

$$\left.\begin{array}{l} I_1 + I_2 - I_3 = 0 \\ U_1 = R_1 I_1 + R_3 I_3 \\ U_2 = R_2 I_2 + R_3 I_3 \end{array}\right\}$$

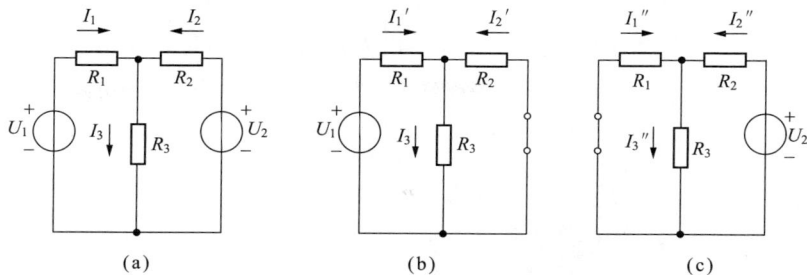

图 3.1 叠加定理举例

利用上面的方程组,可解出 I_1,得:

$$I_1 = \left(\frac{R_2+R_3}{R_1R_2+R_2R_3+R_3R_1}\right)U_1 - \left(\frac{R_3}{R_1R_2+R_2R_3+R_3R_1}\right)U_2$$

如图所示(b)中,有

$$I_1' = \left(\frac{R_2+R_3}{R_1R_2+R_2R_3+R_3R_1}\right)U_1$$

如图所示(c)中,有:

$$I_1'' = -\left(\frac{R_3}{R_1R_2+R_2R_3+R_3R_1}\right)U_2$$

则有 $I_1 = I_1' + I_1''$。

显然 I_1' 为电路中只有 U_1 单独作用时支路 1 中产生的电流,I_1'' 为电路中只有 U_2 单独作用时支路 1 中所产生的电流。对于一个支路来说,当电路中有两个独立电源作用时所产生的支路电流等于两个电源单独作用时所产生的支路电流的代数和。

上例可以推广到一般的情况,即在含有多个独立电源的线性电路中,各支路的电流或电压可看出是由电路中各独立电源分别作用时所产生的电流或电压的代数和。

在应用叠加定理时需要注意的是,在叠加时叠加方式是任意的,可以一次一个独立源单独作用,也可以一次几个独立源同时作用,取决于使分析计算简便。

独立源单独作用时指除去作用的电源之外,其他的电源可以除去,除去的方法为:如果是独立电压源,则可将电压源短路,如果是独立电流源,则可将电流源开路。

叠加定理适用于线性电路的电压和电流计算,但不适用于功率计算。如图所示中 R_3 上的功率为

$$P_3 = R_3 I_3^2 = R_3(I_3' + I_3'')^2 \neq R_3 I_3'^2 + R_3 I_3''^2$$

因为电流与功率不成正比,它们之间不是线性关系。

叠加定理仅适用于那些每次、一个电源单独工作时,可以简化为串并联电路组

合的电路。但是这个方法不适用于某个元件的电阻随着电流或电压的改变而变化的电路。因此,包含有白炽灯之类元件的电路不能用叠加定理来分析。使用叠加定理的另一个条件就是所有元件必须是双向的,即电子在两个方向上均可以流动。迄今为止我们所研究的电阻电路都满足这些标准。

例题 3.1

图 3.1 所示中,$R_1=20\Omega$,$R_2=5\Omega$,$R_3=6\Omega$,$U_1=140\mathrm{V}$,$U_2=90\mathrm{V}$,利用叠加定理计算图中的各个电流。

解:图 3.1(a)所示的电路的电流可以看成是由图 3.1(b)和图 3.1(c)所示两个电路的电流叠加的。各个电流的方向如图所示。

在图 3.1(b)中

$$I_1' = \frac{U_1}{R_1+\dfrac{R_2R_3}{R_2+R_3}} = \frac{140}{20+\dfrac{5\times6}{5+6}}\mathrm{A} = 6.16\mathrm{A}$$

$$I_2' = -\frac{R_3}{R_2+R_3}I_1' = -\frac{6}{5+6}\times6.16\mathrm{A} = -3.36\mathrm{A}$$

$$I_3' = \frac{R_2}{R_2+R_3}I_1' = \frac{5}{5+6}\times6.16\mathrm{A} = 2.8\mathrm{A}$$

在图 3.1(c)中

$$I_2'' = \frac{U_2}{R_2+\dfrac{R_1R_3}{R_1+R_3}} = \frac{90}{5+\dfrac{20\times6}{20+6}}\mathrm{A} = 9.36\mathrm{A}$$

$$I_1'' = -\frac{R_3}{R_1+R_3}I_2'' = -\frac{6}{20+6}\times9.36\mathrm{A} = -2.16\mathrm{A}$$

$$I_1'' = \frac{R_1}{R_1+R_3}I_2'' = \frac{20}{20+6}\times9.36\mathrm{A} = 7.2\mathrm{A}$$

所以有:

$$I_1 = I_1'+I_1'' = (6.16-2.16)\mathrm{A} = 4\mathrm{A}$$

$$I_2 = I_2'+I_2'' = (9.36-3.36)\mathrm{A} = 6\mathrm{A}$$

$$I_3 = I_3'+I_3'' = (2.8+7.2)\mathrm{A} = 10\mathrm{A}$$

例题 3.2

利用叠加定理计算如图 3.2 所示的电压 U。

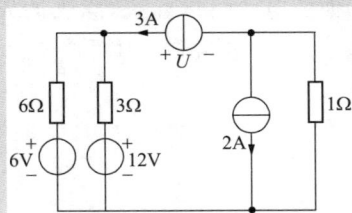

图 3.2

解:如图 3.3 所示,电路中的电压可看成如图 3.3 (a)、(b)所示的两个电路的电压的叠加。在图 3.3(a)中,只有 3A 电流源单独作用时,有

$$U' = [3\times(6\,/\!/\,3+1)]\mathrm{V} = 9\mathrm{V}$$

图 3.3(b)中,除了 3A 电流源之外,其他电源共同作用时,有

$$I'' = \frac{6+12}{6+3}\mathrm{A} = 2\mathrm{A}$$

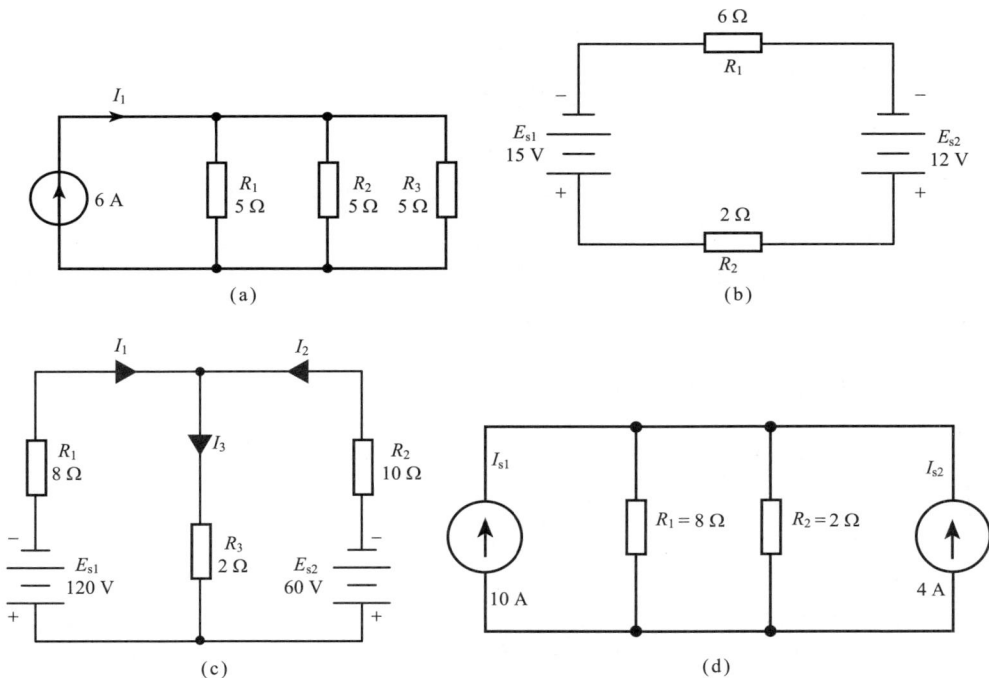

图 3.3

$$U'' = 6i'' - 6 + 2 \times 1 = (6 \times 2 - 6 + 2)V = 8V$$

则 $\quad U = U' + U'' = 9V + 8V = 17V$

思考与练习

1. 比较理想电压源和真实电压源两者的工作特性。

2. 一个给定的电压源在没有负载时电压为 100V,其内阻为 0.5Ω。计算当 20Ω 的负载电阻连接到其输出端时输出电压的值。

3. (a)如图 3.4(a)所示,恒流源的总导线电流和流经各个负载电阻的电流分别为多少?

(b)当负载电阻均改为 2Ω 时,总导线电流和流经各负载电阻的电流分别为多少?

图 3.4

4. 利用叠加定理计算图 3.4(b)所示电路中通过 R_1 和 R_2 的电流及其两端电压。

5. 利用叠加定理计算图 3.4(c)所示电路中的电流 I_1，I_2 和 I_3。

6. 利用叠加定理计算图 3.4(d)所示电路中流经电阻 R_2 的电流值。

7. 利用叠加定理计算图 3.4(e)所示电路中流经电阻 R_1 的电流值。

8. (a)利用叠加原理计算图 3.4(f)所示电路中流经表的电流。(b)将电阻 R_2 值改为 20Ω 重复上述过程。

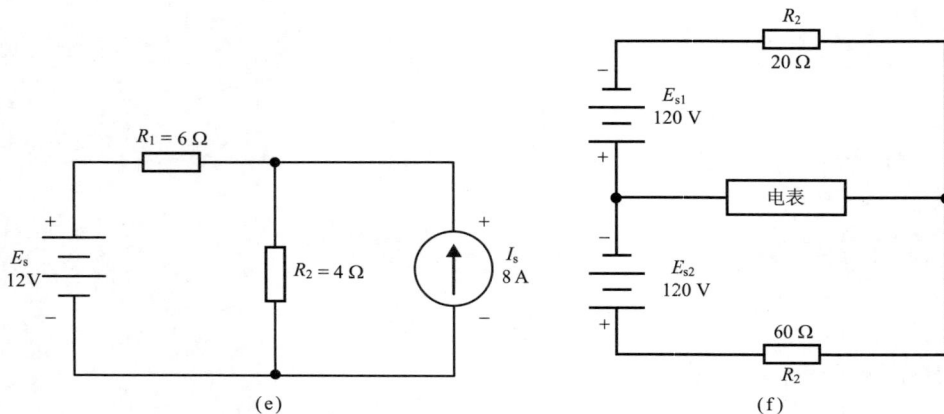

图 3.4(续)

3.2　戴维南定理与诺顿定理

有些情况下，只需要计算某一个支路的电流，如果用前面介绍的一些方法，势必会使计算变得复杂。为了使计算简单，常常用等效电源的方法来实现。

凡是由独立电源和电阻组成的二端网络称为有源二端网络，凡是内部不含独立电源而只含电阻的二端网络称为无源二端网络。一个无源二端网络总可以用一个等效电阻来表示；一个有源二端网络对外电路而言，总可以化简为一个等效电源。

3.2.1　戴维南定理

戴维南定理是最常用的电路定理。这个定理可以用于拥有单个电源或多个电源的电路中，尤其适用于求解复杂电路中通过特定的电阻(一般为负载电阻或 R_L)的电流或电压。

任何一个有源二端网络都可以用一个理想电压源 U_o 和一个内阻 R_o 串联的等效电路来等效代替。等效电路的电压源 U_o 为有源二端网络的开路电压，内阻 R_o 为将有源二端网络中的独立电源除去之后的等效电阻。这就是戴维南定理。注意在求等效电阻时，除去独立电源的方法与叠加定理类似。

任何电阻电路的戴维南等价电路都是一个等效电压源和一个等效电阻串联，与其所替换的原始电路无关。戴维南定理的重要意义在于，等效电路可以替换原始电路，以及与其连接的外部负载。连接在原始电路端的负载电阻和连接在戴维南等价电路端的负载电阻所通过的电流相同，两端的电压也相同。

下面是将一个电路转化为戴维南等效电路的步骤。这些步骤可以通过计算电路中的值，或者测量真实电路中的值完成。

① 选择需要计算出所通过电流的电阻（R_L）并将其从电路中移去。

② 测量或计算该电阻所连接的端点间的电压值，这个电压值就是戴维南等效电压 U_o。

③ 将各个电压源移去并用短路电路替换。注意不要将当前正在工作的电源短路。

④ 测量或计算电阻 R_L 所连接的端点间的电阻值，该电阻值就是戴维南电阻 R_o。

⑤ 用戴维南电压 U_o 作为电源和已移去电阻（R_L）的戴维南电阻 R_o 串联，创建串联电路。

⑥ 最后，利用欧姆定理，在戴维南等价电路中计算通过负载电阻 R_L 的电流及其两端电压。

如图 3.5 所示是简单的等效电路，其中电流可以由下式计算：

$$I = \frac{U}{R_o + R_L}$$

应用戴维南定理的关键是要求出有源二端网络的开路电压 U_o 和等效电阻 R_o。

U_o 的求法是：如果要求出某一个支路的电流或电压，先将这条支路从

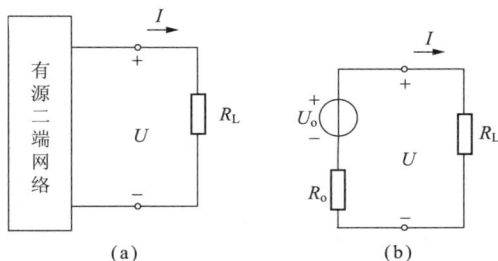

图 3.5 戴维南定理的描述

电路中去掉，留出两个开路端，然后计算这两个开路端的电压。工程上常常可以直接测量开路电压。

R_o 的求法有三种：

① 根据定理中的方法，将有源二端网络中的独立电源都除去之后得到一个无源二端网络，然后根据电阻的串、并联及丫-△变换计算无源二端网络的等效电阻即为 R_o。

② 采用电压/电流的方法。即在开路端外加电压源 U 或电流源 I，求出端口处的电流或电压，得到的 $\frac{U}{I}$ 即为 R_o。

③ 求出开路电压 U_o 后，将开路端短路，求出短路支路的电流称为短路电流 I_{sc}，则有 $R_o = U_o / I_{sc}$，因为对于一个实际的电源来说，开路电压除以短路电流即为内阻。

例题 3.3

用戴维南定理计算图 3.6(a)所示电路中的电流 I_3。已知 $U_1=140\text{V}$，$U_2=90\text{V}$，$R_1=20\Omega$，$R_2=5\Omega$，$R_3=6\Omega$。

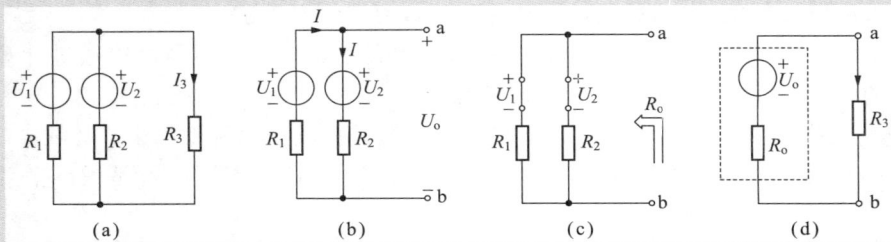

图 3.6

解：(1)如图 3.5(a)所示电路中先除去 R_3 支路，得如图 3.5(b)所示的有源二端网络。

(2)求开路电压。

在如图 3.6(b)所示电路中，回路中的电流 $I=\dfrac{U_1-U_2}{R_1+R_2}=\dfrac{140-90}{20+5}=2\text{A}$。

则 ab 两端的开路电压 $U_o=U_1-IR_1=140-2\times20=100\text{V}$。

(3)求等效电源的内阻。

如图 3.6(c)所示为除去独立电源之后的无源二端网络。其电阻

$$R_o=R_1\mathbin{/\!/}R_2=\frac{R_1R_2}{R_1+R_2}=\frac{20\times5}{20+5}=4\Omega$$

(4)根据戴维南定理得出等效电路如图 3.6(d)所示。

则电流 $I_3=\dfrac{U_o}{R_o+R_3}=\dfrac{100}{4+6}=10\text{A}$

例题 3.4

计算图 3.7(a)所示电路中的电流 I_3。其中 $U_1=52\text{V}$，$U_2=40\text{V}$，$U_3=60\text{V}$。

解：(1)如图 3.7 所示电路中先除去 R_3 支路，得如图 3.7(b)所示的有源二端网络。

(2)求开路电压。

在如图 3.7(b)所示电路中，回路 1 中的电流 $I_1=\dfrac{U_1-U_2}{R_1+R_2}=\dfrac{52-40}{4+2}=2\text{A}$。

回路 2 中的电流 $I_2=\dfrac{U_3}{R_4+R_5}=\dfrac{60}{10+10}=3\text{A}$。

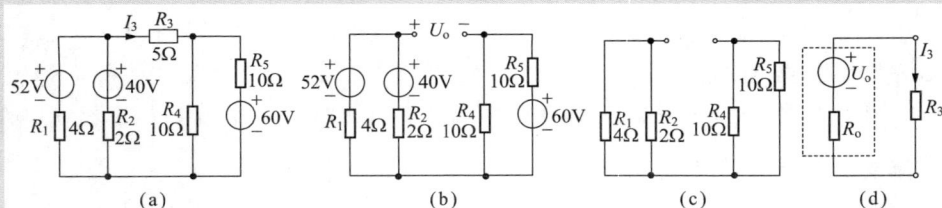

图 3.7

则开路电压 $U_o = U_2 + I_1 R_2 - I_2 R_4 = 40 + 2 \times 2 - 3 \times 10 = 14\text{V}$。

（3）求等效电源的内阻。

如图 3.7(c) 所示为除去独立电源之后的无源二端网络。其电阻

$$R_o = (R_1 /\!/ R_2) + (R_4 /\!/ R_5)$$

$$= \frac{4 \times 2}{4 + 2} + \frac{10 \times 10}{10 + 10}$$

$$= 6.33(\Omega)$$

（4）根据戴维南定理得出等效电路如图 3.7(d) 所示。

则电流 $I_3 = \dfrac{U_o}{R_o + R_3} = \dfrac{14}{6.33 + 5} = 1.24\text{A}$

3.2.2　诺顿定理

诺顿定理是按照电流而不是电压来简化电路的。此定理在单电源电路和多电源电路中均可以运用。在特定的情况下，电流的分流分析要比电压分析更简单。

任何一个有源二端网络，对外电路来说，总可以等效为一个理想电流源 I_s 与一个电阻 R_o 并联所构成的电路。其中 I_s 等于有源二端网络的短路电流，R_o 为有源二端网络中除去独立电源后所对应的无源二端网络的等效电阻。如图 3.8 所示为诺顿定理描述的等效电路。求等效电阻的方法与戴维南定理相同。

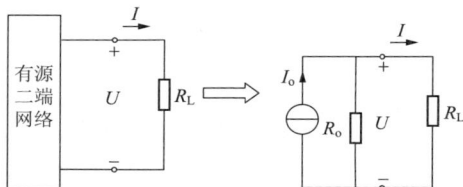

图 3.8　诺顿定理的描述

无论用什么定理，都有确定的步骤将其转化为等效电路。下面是将一个电路转化为诺顿等效电路的步骤：

① 计算诺顿等效电流。该电流源等价于将负载电阻删除并用短路替换后流经两端点间的电流。

② 计算诺顿等效电阻。该电阻等价于将电压源删除并用短路替换后两端点间的电阻。

例题 3.5

用诺顿定理计算图 3.6(a) 所示电路中的电流 I_3。

解：（1）如图 3.9 所示电路中先除去 R_3 支路，得如图 3.9(a) 所示的有源二端网络。

（2）求短路电流。

在如图 3.9(a) 所示电路中，电流 $I_s = \dfrac{U_1}{R_1} + \dfrac{U_2}{R_2} = \dfrac{140}{20} + \dfrac{90}{5} = 25\text{A}$。

（3）求等效电源的内阻。

如图 3.9(b) 所示为除去独立电源之后的无源二端网络。其电阻

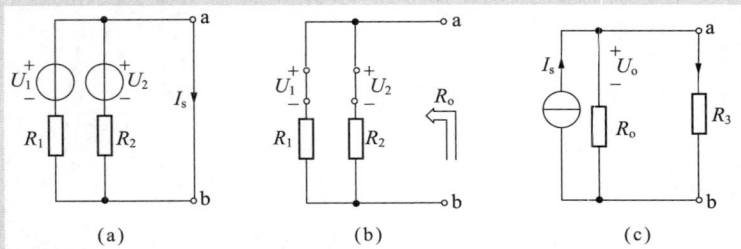

图 3.9

$$R_o = R_1 \mathbin{/\mkern-5mu/} R_2 = \frac{R_1 R_2}{R_1 + R_2} = \frac{20 \times 5}{20 + 5} = 4(\Omega)$$

（4）根据诺顿定理得出等效电路如图 3.9(c)所示。

则电流 $I_3 = \dfrac{R_o}{R_o + R_3} I_s = \dfrac{4}{4+6} \times 25 = 10\text{A}$

3.2.3 戴维南定理与诺顿定理的相互转化

读者可能已经注意到计算戴维南等效电阻的方法和计算诺顿等效电阻的方法相同：移去所有的电源，然后计算负载开路后端点间的电阻。因此，基于同样的原始电路，所得的戴维南等效电阻必然和诺顿等效电阻相等。诺顿等效电路也可以直接从戴维南等效电路算出。反之亦然。这里要用到第 2 章 2.3.2 介绍过的电压源与电流源的转化方法。下面的公式可用来将两种等效电路互相转化。

戴维南等效电路转化为诺顿等效电路：$I_s = \dfrac{U_o}{R_o}$

诺顿等效电路转化为戴维南等效电路：$U_o = I_s R_o$

诺顿等效电路尤其利于分析并联电阻电路。诺顿定理同样具备戴维南定理的优点：如果要分析不同负载电阻值的负载电流和负载电压，可以多次运用诺顿等效电路，而不必用复杂的分析，只用简单的并联电路计算来获得各个负载的情况。

习 题

1. 利用叠加定理求如题图 3.10 所示的电路中电压源的电流和功率。

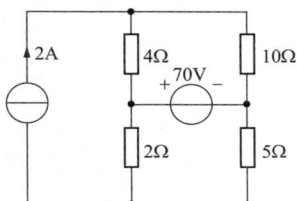

图 3.10　　　　　　图 3.11

2. 如题图 3.11 所示电路中,求(1)当开关 S 闭合在 a 点时,求电流 I_1,I_2 和 I_3;(2)当开关 S 闭合在 b 点时,利用叠加定理计算电流 I_1,I_2 和 I_3。

3. (a)利用戴维南定理,计算图 3.12 所示电路中流过负载电阻 R_L 的电流及其两端电压。(b)当负载电阻为 9Ω 时,重复上述过程。

4. 如图 3.13 所示双电压源电路,利用戴维南定理计算流过电阻 R_L 的电流及其两端电压。

5. 利用戴维南定理,计算如图 3.14 所示桥式电阻电路中,流过电阻 R_L 的电流及其两端电压。

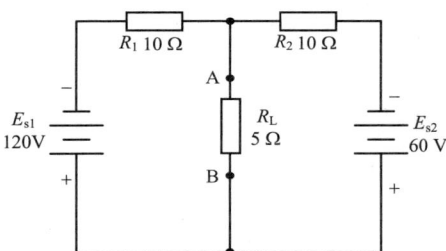

图 3.12

6. (a)求如图 3.15 所示的小电阻电路的诺顿等效电路。计算当负载电阻为 12Ω 时的负载电流和负载电压。(b)当负载电阻为 8Ω 时,重复上述过程。

7. 求如图 3.16 中所示电阻电路的诺顿等效电路。

8. 将图 3.17 中所示的戴维南等效电路转化为诺顿等效电路。

9. 求出如图 3.18 所示电路的戴维南等价电路。

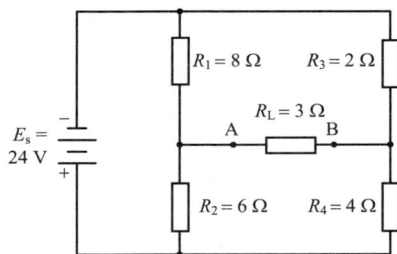

图 3.14

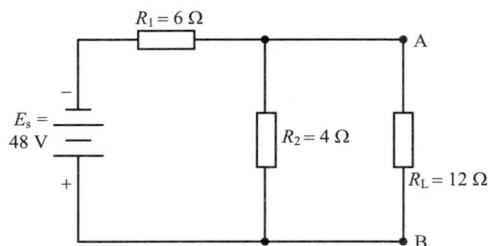

图 3.13

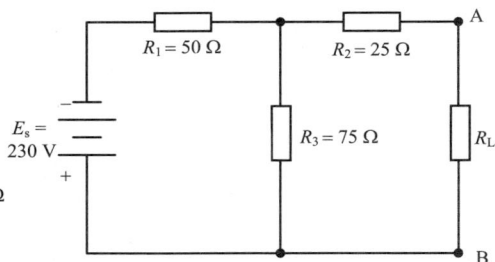

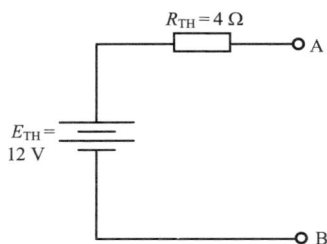

图 3.15

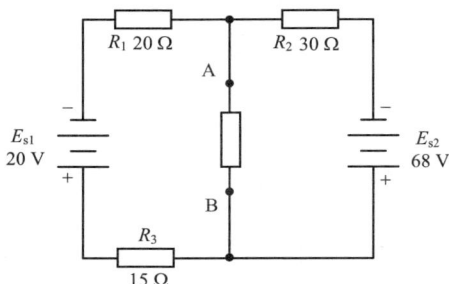

图 3.16

图 3.17

图 3.18

第4章

电路的暂态分析

学习目标

- 论述直流暂态电路中电感和电容的效应。
- 定义并计算阻容（RC）时间常数，RL时间常数。
- 理解换路定则，并利用换路定则求解一阶电路。
- 求解RC串联电路中的未知量。
- 求解RL串联电路中的未知量。
- 会利用一阶电路的三要素法求解一阶电路。

前面讨论的都是电阻元件电路,当接通或断开电源时,电路立即达到稳定状态,简称稳态。但如果电路中含有电感元件或电容元件时,一般需要经过一定的短暂过程才能达到稳态,这个过程就叫做暂态过程。例如,电阻和电容元件串联的 RC 电路接在直流电源上时,电流为零,电容元件上的电压等于电源电压,这是稳态时的情况。而实际上,当电源接通后,电容元件被充电,其上的电压是逐渐达到稳定值的,电路中也有充电电流,这个电流是逐渐趋为零的。

研究暂态过程的目的是为了认识和掌握这种客观存在的物理现象和规律。既要利用暂态过程的特性,又要预防它所产生的危害。如:电子技术中常利用暂态过程来改善或产生波形;但在某些电路中,当电源接通或断开的暂态过程中,会产生过电压或过电流,从而使电气设备遭到破坏。

本章首先讨论电容和电感的特性及引起暂态过程的原因,然后讨论暂态过程中电压与电流随时间变化的规律和影响暂态过程的时间常数。

4.1　储能元件与换路定则

电阻、电感和电容是用来控制交流电路中电压和电流的三种基本物质。每种物质的表现形式都不一样。电阻阻碍电流流动,电感阻碍电流的变化,电容阻碍电压的变化。电阻以热量的形式散耗能量,而电感和电容均储存能量。

4.1.1　电容元件

电容(C)是电路或元件通过静电场储存电能的能力。电容就是基于这个目的设计的电子器件。电容可以储存电子然后再释放。电容由两个金属板(导体)相互靠近放置,并用绝缘材料(称为电解质)隔开(图 4.1)。电解质可以是空气或不导电的材料,比如纸、云母或陶瓷。

电容的运行依赖于两个互相平行的金属板上充以极性相反的电压所建立的静电场。当电容中两个板之间有电势差或电压时,称为电容充电。将电容的两个板

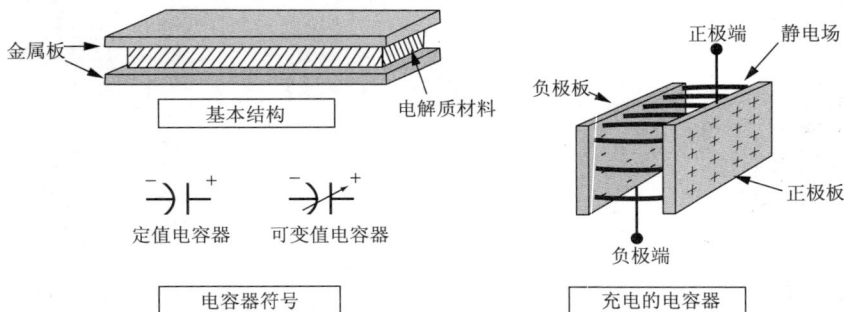

图 4.1　电容器

的引线与直流电压源连接就可以给电容充电(图 4.2)。电压源的正极端吸引电子离开所连接的极板,同时电压源的负极端排斥相同数量的电子到另一极板。充电过程或电子流动过程持续到通电极板之间的电压等于外施电压。注意没有通过介质流动的电子,电子仅仅通过所连接的电路由一个极板移出并且储存在另一个极板上。一个极板(一)上的电子过量,而另一个极板(十)上的电子短缺。因为两个极板间的电解质绝缘,电子不能从内部由一个极板流向另一个。然而在两个极板之间有电力线存在,这种力称为静电场。

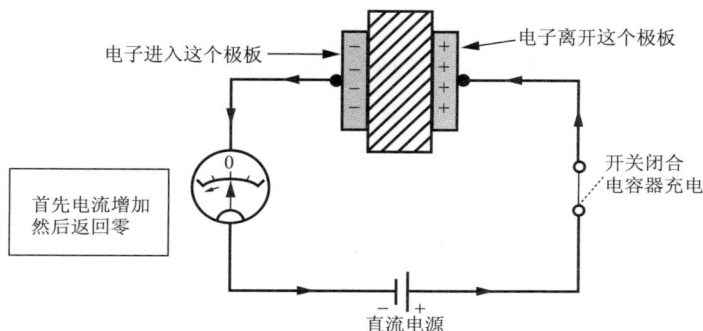

图 4.2 电容充电电路

一旦充电后,电容就可以和电压源断开并且能量仍然储存在两个极板之间的静电场中。如图 4.3 中所示,将电容两个充电极板的引线相连就可以对充电的电容放电。此时电子向相反方向流动,从负的充电极板流向正的充电极板。对充电的电容放电时,电流流动仅仅持续很短一段时间。当两个极板均变为中性时电流流动停止,这时称电容被放电。

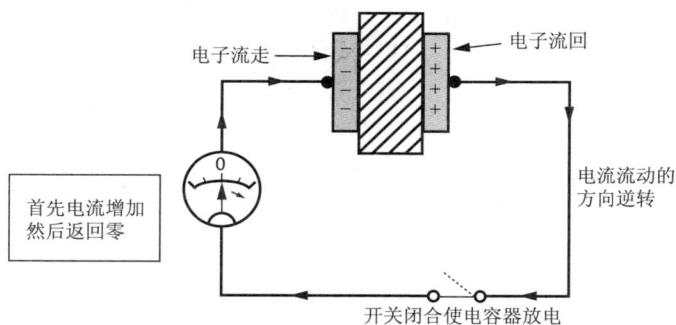

图 4.3 电容器放电电路

电气工程中电容的应用包括电力系统的功率因数校正,提升电动机的转矩,交流电路中的滤波器,控制电路中的同步等。电容的经典应用是增加电容用于功率因数的校正和电动机电路中辅助电容的使用。在安全方面,要注意电容在设备切断电源时的放电。当电源关闭时电容会储存一定量的电荷。如果这部分电荷没有从电容中移去,在某些情况下尽管电源断开也会造成严重的电气事故。储存电荷的电容对人的伤害可能是致命的。在去除电路电压时,必须给电路提供电容放电设施。

在任意两个由绝缘电介质隔开的导体之间都存在电容。导体不必是金属板,它们可以是导线或任意形状的导体。电介质可以是空气或其他任何材料的绝缘体。在双线电缆中,两根线之间就存在电容。在电路配线和金属机壳之间,印刷电路板的导体之间,电路元件引线之间都存在电容。由以上和其他不需要的原因引起的电容称为寄生电容。

1. 电容的额定值、连接和类型

电容可以储存的电子数量是电容值的一种计量。电容的基本单位是 F。当外加电压为 1V 时,电容可储存 1C 的电荷,则其电容为 1F。电容的单位为法拉,简称法,用字母 F 表示。在实际工程中,F 的单位比较大,故常用微法(μF)、纳法(nF)或皮法(pF)表示。换算关系为:

$$1\mu F = 10^{-6} F$$
$$1nF = 10^{-9} F$$
$$1pF = 10^{-12} F \tag{4.1}$$

电容受它们可以储存的电荷的量所限制。如果外加电压和电容的电容已知,可以计算出电容中储存的电量,公式表示为:

$$q = Cu \tag{4.2}$$

其中,q 为电量,单位库[仑](C);C 为电容,单位法[拉](F);U 为电压,单位伏[特](V)。

例题 4.1

一个 $500\mu F$ 的电容用 100V 的直流电源充电,计算电容中储存的电荷量。

解:$q = Cu = 500 \times 10^{-6} \times 100C = 0.05C$

电容有额定电容和额定电压。电容的电容值取决于(图 4.4):

(1) 极板面积,极板面积越大,电容值越高。

(2) 电介质材料,电介质材料越好,电容值越高。材料的介电常数(K)用来计量材料作为电容电介质时的效用。假设空气的介电常数为 1,其他材料的介电常数就以此为基数与空气比较。例如,当空气电容的空气介质用云母电介质代替时,电容增加 6 倍,云母的介电常数就是 6。

(3) 极板间距离,极板靠得越近,电容值越高。在极板面积、介电常数、极板间距离已知的情况下,以下公式可用来计算电容的电容值:

$$C = \frac{K \times A}{4.45 \times D} \tag{4.3}$$

其中,C 为电容,单位 pF(皮法);K 为介电常数;A 为极板的面积,单位平方

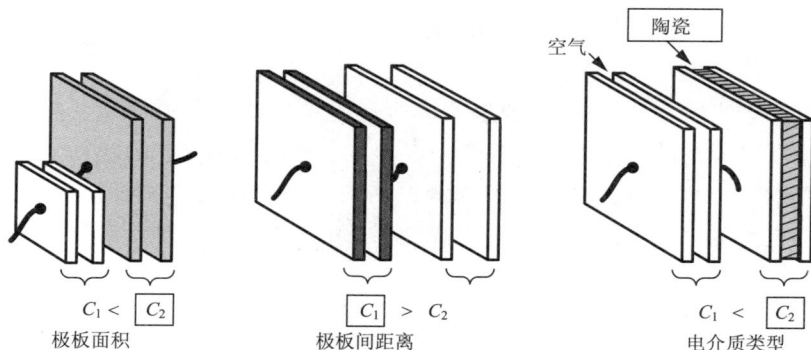

图 4.4 决定电容器电容的因素

米;D 为极板间距离,单位米。

　　电容的额定电压给出了可以安全地加在电容两极板间的电压值(图 4.5),它依赖于电介质的绝缘强度。超过额定值的电压会击穿绝缘的电介质材料并永久性损坏电容。一般是使用额定电压高于电路电压的电容。50V 的电容可以用在 10V 或 25V 的电路,但额定电压 25V 的电容却不能用在 50V 的电路。

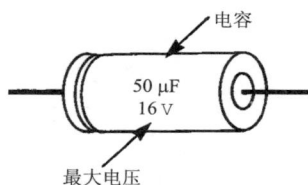

图 4.5 电容器额定值

　　当电容并联时有效极板面积增加,而且因为电容正比于极板面积,所以电容值也会增加。电容通过并联得到比单独一个电容时更大的总电容,总电容为各自电容的总和。总并联电容的公式与串联电阻的总电阻公式类似,并联电容的总电容等于所有各个电容的总和:

$$C = C_1 + C_2 + C_3 \cdots$$

　　施加在并联电容上的最大电压等于在有最低额定电压的电容上可施加的安全电压。

例题 4.2

计算图 4.6 并联电容电路中的总电容以及最大额定电压。

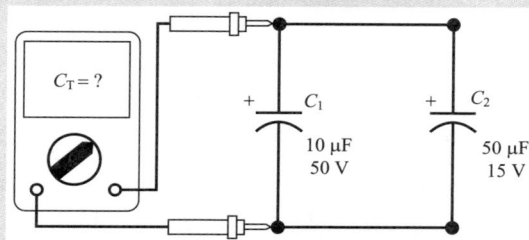

图 4.6

解：$C=C_1+C_2=10\mu F+50\mu F=60\mu F$

最大额定电压＝15V

电容可以串联在一起，使一组串联电容比起单独的电容可以承受更高的额定电压。串联电容组的额定电压是各个电容额定电压的总和。电容额定电压的增加以总电容的减小为代价。总电容减小的原因是串联有效地增大了极板间的距离，因此使得电路的总电容减小。计算串联电容总电容的公式类似于计算并联总电阻的公式：

$$C_T=\frac{C_1\times C_2}{C_1+C_2}\qquad\qquad(4.4)$$

例题 4.3

计算图 4.7 串联电容电路的总电容和最大额定电压。

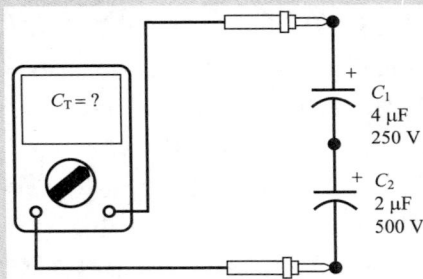

图 4.7

解：$C=\frac{C_1\times C_2}{C_1+C_2}=\frac{4\mu F\times 2\mu F}{4\mu F+2\mu F}=1.3\mu F$

最大额定电压＝250V＋500V＝750V

电容的电容可以使用带电容功能的数字万用表直接在电路外测量。用模拟欧姆表可以将两个电容相比得到相对电容。指针的偏转可以指示出电容的相对值。如图 4.8 将欧姆表连接到电容。欧姆表的指针在电容充电时最初先偏转然后又转回无穷大处。

电容有各种各样的形状、尺寸和不同类型应用中的额定值。电容的值可以是固定的也可以是可调的。电容一般按极板间使用的电介质分类。

可变电容是将一组极板（连接于旋转轴）旋转到另一组极板进而改变电容做成的。在每对极板之间有电介质、空气或聚酯薄膜。随着可动端转向固定端，极板间距离减少，距离减少处的极板面积也增加，于是电容增加（图 4.9）。

可变电容适用于需要手动或自动调整电容的电路，例如在过程控制模块中。

图 4.10 所示的油浸电容用于交流电路中提升转矩，如空调、发动机、制冷机、

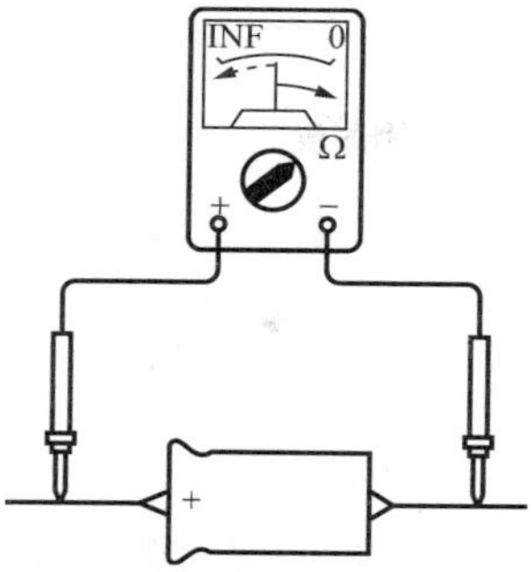

图 4.8 用模拟欧姆表测电容的相对值

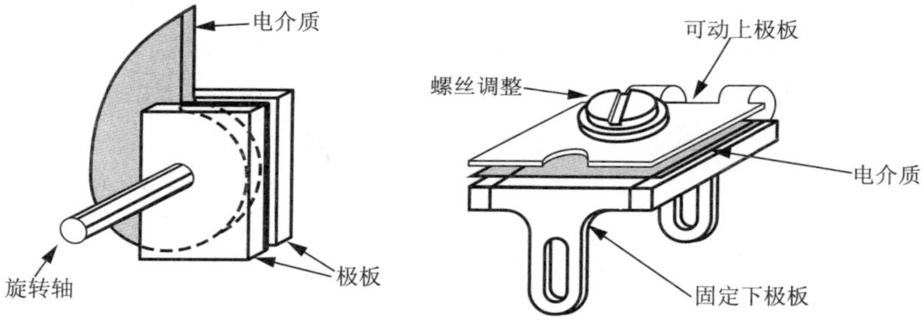

图 4.9 可变电容器

照明设备和压缩机。在交流电路中应用电容时,要确保电容的峰值电压不能超过电容的额定击穿电压。当额定电压是有效值时,切记波形的峰值的电压是有效值的 1.414 倍。因此,必须永远确保给定电容的额定击穿电压大于电容的峰值电压。

电解电容只能连接到直流电路。它是低频电路如直流电源电路中非常常见的元件。电解电容中包含电解液,它可以产生体积相对较小的高容量电容。电解电容很好区分,因为它上面一般都标有正负号来标明极性。电容的电极必须和电源的电极匹配,电容的正极要连接到电路中电压的正极。如果极化电解电容反方向装在电路中,会产生很高的热量并爆炸。

图 4.10 交流电动机电路中所用的油浸电容器

仅仅在充电或放电时,电流才会流经电容。图 4.11 直流电路说明了此规律的一种效应。当开关最初闭合时,电流流向电容对它充电。一旦充满电、电容电压等于电源的电压,于是这将阻止任何其他的电流流经电路。其结果是,负载两端将没有电压。在这种应用中(电容充电),电容的作用是阻止或隔离电源和负载之间的直流电。

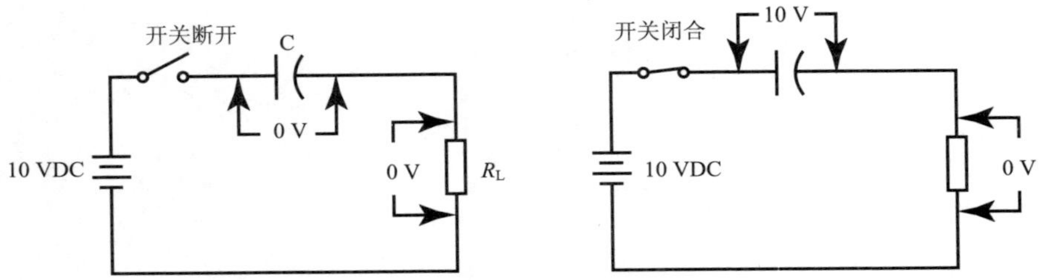

图 4.11　电容器阻止直流电的动作

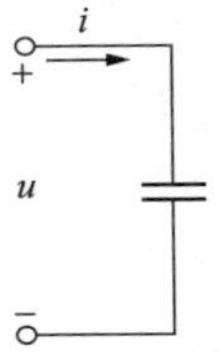

图 4.12　电容元件

电容上储存的电荷量与电容两端的电压在直角坐标系中表示的曲线叫电容的库伏特性曲线。如果它是一条通过坐标原点的直线,则称该电容为线性电容。本书中讨论的电容都为线性电容。对于线性电容,其特性方程为:$q = Cu$。对于如图 4.12 所示的电容元件有电容上的电流:

$$i = \frac{\mathrm{d}q}{\mathrm{d}t} = C\frac{\mathrm{d}u}{\mathrm{d}t} \tag{4.5}$$

当电容两端加恒定电压时,电流为零,这时电容元件可以看作开路。

考虑电容在时间 t 内的能量为

$$\int_0^t ui\,\mathrm{d}t = \int_0^t Cu\,\mathrm{d}u = \frac{1}{2}Cu^2 \tag{4.6}$$

表明电容上的电压增高时,电场能增大,此时电容充电;当电容上的电压减小时,电场能减小,电容放电。可见,电容是储能元件。

2. 电容器的故障检修

在检修电容器故障时,一个重要的考虑就是电介质漏电。既然不存在理想的绝缘体,即使在最好的电容器中都会有一定量的电流经电介质泄漏。一般泄漏电流很小很难测量,并且对电路的工作没有影响。然而,随着电容器老化,其电介质电阻将会减小并导致很高的泄漏电流值。高的泄漏电流会影响电路的正常工作,因为有图 4.13 电容器的安全放电缺陷的电容器将提供一个直流电流的通路而不是无穷大的电阻。检测电容器是否短路或电介质是否损坏的快速方法是用欧姆表测量其直流电阻。如果电容器短路或电介质漏电,欧姆表的读数接近于零欧姆。如果用电容计测量其电容,电容值也会由于电介质损坏而改变。

在用欧姆表检测电容器之前,电容器应该连接一根跳线放电(图 4.13)。泄漏电流是电容器不能一直保持电量的原因。然而,某些电容器在电源移走之后可以保持电量数天或数周。

当用欧姆表检测电解电容器时,在将欧姆表连接于电容器前要观察以确保极性的正确。欧姆表负的一端要和电容器的负端连接。如果极性接反,电阻读数会

不要用身体放电   用绝缘的跳线探针放电

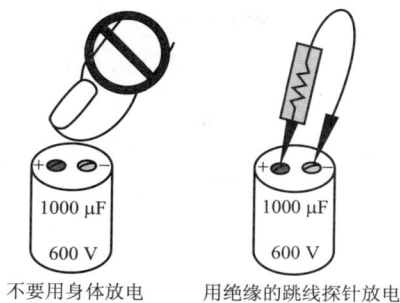

图 4.13 电容器的安全放电

出错。而且对于低电压的电容器,施加极性相反的电压可能会损坏电容器。

4.1.2 电感元件

1. 电感的类型

电感就是一个简单的线圈,有时称为扼流圈、阻抗线圈或感应电抗器。电感的一种分类方法是按照感应线圈心使用的材料来划分。图 4.14 中给出了空心电感的结构和符号。空心电感基本上由线圈缠绕做成,它的中央除了空气什么都没有。空心电感用于高频通信电路。因为在无线电中最早使用高频电感,所以也被称为射频线圈或 RF 线圈。

图 4.14 空心电感器

图 4.15 中给出了铁心电感的结构和符号。铁心电感由线圈缠绕叠状的外铁型铁心制成。近期工业频率(如 60 Hz)下使用的大型电感都是叠片铁心型。铁心电感有时用于电源的滤波电路,并被称为滤波扼流圈。电源一般是指将交流电转化为直流电的装置部分。包含电感的滤波电路,有助于消除直流电的波动或脉冲、直至电流接近于纯的直流电。

电感也按固定或可变分类。图 4.16 中是一个可调的铁氧体心电感。在这种电感中心的材料是铁氧体或铁粉。通过调整心材料的位置可以改变电感。铁氧体心电感用在高于音频的频率范围,并能调整可移动的铁氧体心以适应不同的回路调谐应用。在一些原理图中,将铁心符号中的两条实线用两条虚线替代来表示铁氧体或铁粉心。

图 4.15　铁心电感器

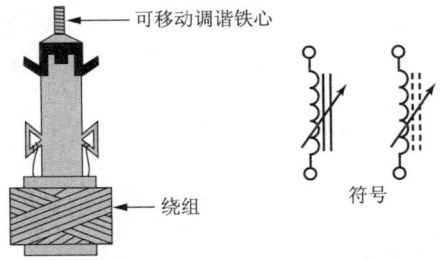

图 4.16　可变铁氧体心电感器

2. 电　感

电感(L)是电路或元件阻碍电流任何变化的能力。电感电路或电感元件有阻碍电流变化的能力是因为它可以在磁场中储存和释放能量。图 4.17 说明了直流电路中第一次通电时电感的效应。直流电路最初使用线圈或电感时,在电路通电时产生一个磁场。磁场切割线圈绕组在线圈中感应产生一个反向电压。这个反向电压将会阻碍最初的外加电压。一旦电流达到其欧姆法则值,磁场将保持恒定并且电感效应也停止。

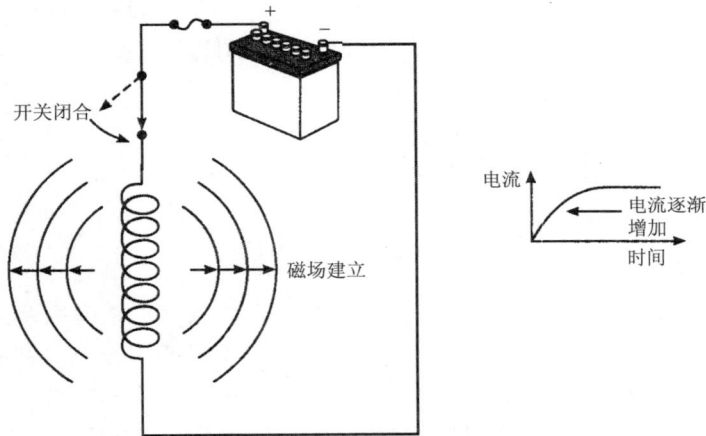

图 4.17　对线圈使用直流电压

图 4.18 说明线圈中直流电被移去时发生的情况。当作用于线圈的直流电压关闭时,再次出现电感。当开关断开时,在开关触点有一个显著的电弧。随着电流降到零点值,衰落的磁场在线圈中感应产生一个高电压。触点处的电弧就是因为感应电压试图保持电路中的电流。

只有电流改变时才产生电感。在直流电路中,每次电路连通(ON)或断开(OFF)的时候都会发生这种情况。这种感应效应产生于线圈自身,称为自感。如果一个二级线圈通过磁力连接于一级线圈,在二级线圈中同样会发生感应效应。

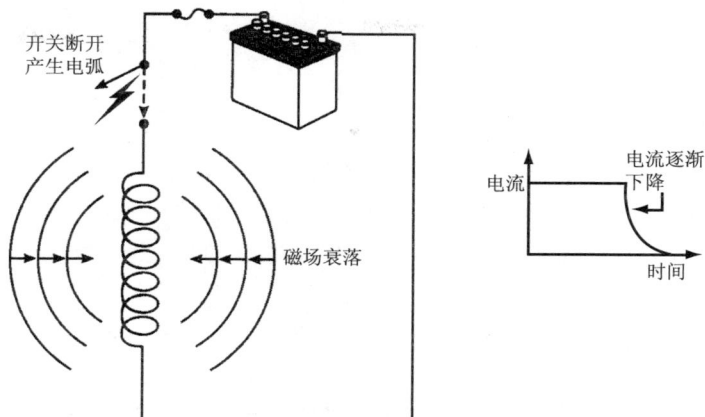

图 4.18 移去线圈上的直流电压

互感应是指一个电路中电流的改变在另一个电路中产生的感应电压效应(图 4.19)。变压器的工作原理就是互感应,在后面章节将全面讨论变压器。

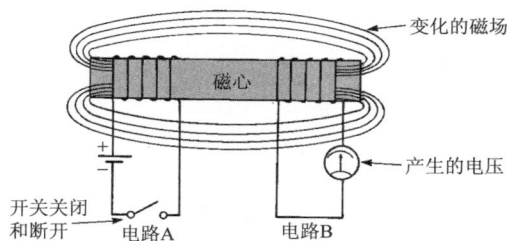

图 4.19 互感应

电感的额定电感代表它产生阻碍电流流动的反向电压的能力。线圈的电感值用单位亨(H)来度量。1 亨(1H)的电感说明线圈中电流每秒变化 1A 产生 1V 的反向电压,可用以下公式表达:

$$u = L \frac{\mathrm{d}i}{\mathrm{d}t} \tag{4.7}$$

其中,L 为电感(H),$\mathrm{d}i$ 为电流的变化,$\mathrm{d}t$ 为时间的变化。

注意:电感值越大,感应产生的反电动势就越大。

同样,如果电流随时间变化的比率增加,感应电压也增加。因此当直流电路断开时,电感产生的反电动势会远大于直流源的电压。

例题 4.4

当电流按以下比率变化时,4H 的电感中感应生成的电压是多少?

(a) 1A/s

(b) 10A/s

91

解：(a) $u = L \dfrac{\mathrm{d}i}{\mathrm{d}t} = 4\mathrm{H} \times 1\mathrm{A/s} = 4\mathrm{V}$

(b) $u = L \dfrac{\mathrm{d}i}{\mathrm{d}t} = 4\mathrm{H} \times 10\mathrm{A/s} = 40\mathrm{V}$

图 4.20　电感元件

通过电感的磁通链与产生该磁通链的电流在直角坐标系中表示的曲线如果是一条通过坐标原点的直线,则称该电感为线性电感。本书中讨论的电感都为线性电感。如图 4.20 所示,对于线性电感,其特性方程为：$\psi = N\varphi = Li$。其中,N 为线圈的匝数,φ 为线圈中的有效磁通,i 为通过线圈的电流,L 为线圈的自感系数。

电感又可定义为通过电感的磁通链与产生该磁通链的电流的比值,即

$$L = \frac{\psi}{i} \tag{4.8}$$

电容的单位为亨利,简称亨,用字母 H 表示。在实际工程中,H 的单位比较大,故常用毫亨(mH)或微亨(μF)表示。换算关系为：

$$1\mathrm{H} = 10^3 \, \mathrm{mH}$$
$$1\mathrm{mH} = 10^3 \, \mu\mathrm{H} \tag{4.9}$$

考虑电感在时间 t 内的能量为

$$\int_0^t ui \, \mathrm{d}t = \int_0^t Li \, \mathrm{d}i = \frac{1}{2}Li^2 \tag{4.10}$$

表明电感上的电流增大时,磁场能增大;当电感上的电流减小时,磁场能减小。可见,电感也是储能元件。

除了有额定电感外,电感还有以下额定值：直流电阻、额定电流、额定电压、品质因数、公差,分别定义如下：

直流电阻规定了电感中绕组线圈的电阻。

额定电流表明了电感可以持续工作而不会导致过热的电流。

额定电压表明了电感绕组的绝缘可以持续承受的工作电压。

品质因数代表电感电抗和电阻的比值。

电感公差规定为电感的百分比。

电感可以用特定的仪表来测量,它取决于铁心及围绕铁心的绕组的物理结构(图 4.21)。绕组圈数越多,铁心材料越好,铁心截面越大,线圈长度越短,电感值越大。许多不同结构的线圈可以有相同的电感,每个电感在电路中的作用一样。一些特定的半导体电路可以模拟电感的电特性而无须庞大的电感。

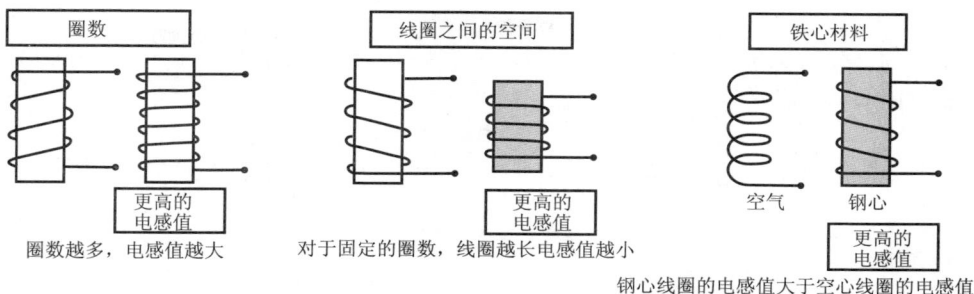

圈数越多,电感值越大　　　　对于固定的圈数,线圈越长电感值越小

钢心线圈的电感值大于空心线圈的电感值

图 4.21 决定一个电感器所产生电感值的因素

4.1.3 换路定则

电路的接通、断开、短路、电压改变或参数改变时称为换路。由于换路,使得电路中的能量发生变化,但能量不能跃变,否则功率 $p=\dfrac{\mathrm{d}W}{\mathrm{d}t}$ 将达到无穷大,这在实际中是不可能发生的。因此对于电容来说,其电场能量 $\dfrac{1}{2}Cu^2$ 不能跃变,表现在电容两端的电压不能跃变,对于电感来说,其磁场能量 $\dfrac{1}{2}Li^2$ 不能跃变,表现在电感中流过的电流不能跃变。

设 $t=0$ 为换路时刻,$t=0-$ 表示换路前的瞬间,$t=0+$ 表示换路后的瞬间,即前者表示 t 从负值趋近于零,后者表示 t 从正值趋近于零。从 $t=0-$ 到 $t=0+$ 的瞬间,电容两端的电压、电感中流过的电流都不能发生跃变,称为换路定则。用公式表示为:

$$\left.\begin{aligned} u_C(0-)&=u_C(0+)\\ i_L(0-)&=i_L(0+) \end{aligned}\right\} \tag{4.11}$$

换路定则仅用于在换路瞬间确定暂态过程的初始值,通过换路前求出 $t=0-$ 时刻电容两端的电压和电感中流过的电流来确定 $t=0+$ 时刻电容两端的电压和电感中流过的电流,从而可以求出电路其他元件的电压和电流在 $t=0+$ 时刻的初始值。

顺便指出,换路定则只说明电容两端的电压在电流不会达到无穷大时不能跃变,流过电感的电流在电压不会达到无穷大时不能跃变,否则这些量也是可以跃变的。另外,除了这两个物理量之外,其他物理量是可以跃变的。

求初始值的一般步骤如下:

(1) 由 $t=0-$ 时的电路求出 $u_C(0-)$、$i_L(0-)$;

(2) 画出 $t=0+$ 时的等效电路;

(3) 根据换路定则和 $t=0+$ 的等效电路求出其他各电压和电流的初始值。

例 4.5

确定图 4.22(a)所示电路中开关闭合后各元件的电压和电流的初始值,设开关闭合前电感和电容均未储能。

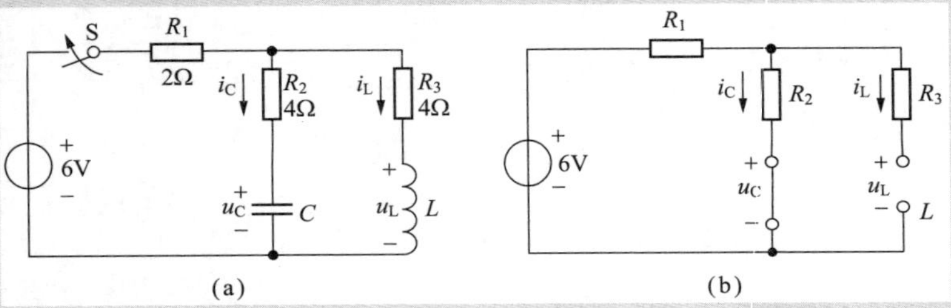

图 4.22

解:由 $t=0-$ 时的电路可知,$u_C(0-)=0$,$i_L(0-)=0$

因此 $t=0+$ 时,$u_C(0+)=0$,$i_L(0+)=0$

故 $t=0+$ 时刻,可将电路中的电容看作短路,电感看作开路。等效电路如图 4.22(b)所示,则可得出其他各个初始值

$$i(0+)=i_C(0+)=\frac{U}{R_1+R_2}=\frac{6}{2+4}\text{A}=1\text{A}$$

$$u_L(0+)=R_2 i_C(0+)=4\times1\text{V}=4\text{V}$$

4.2　一阶电路动态过程分析

只含有一个储能元件或多个储能元件可等效为一个储能元件的线性电路,不论是简单的还是复杂的,它的微分方程都是一阶常系数线性微分方程,这种电路称为一阶线性电路。

用经典法分析电路的暂态过程,就是根据激励,通过求解电路的微分方程得出电路的响应的过程。所谓激励,是指给电路施加的输入信号,可以是独立的电压源或电流源;所谓响应是指电路在激励的作用下所产生的电压或电流等。由于电路的激励和响应都是时间的函数,所以这种分析方法是时域分析方法。

4.2.1　RC 电路的分析

1. RC 电路的零输入响应

所谓 RC 电路的零输入,是指无电源激励,输入信号为零,在此条件下,由电容元件的初始状态 $u_C(0+)$ 所产生的电路的响应,称为零输入响应。

分析 RC 电路的零输入响应实际上是分析电容的放电过程。如图 4.23 所示为一 RC 串联电路。

电源电压是 U。在换路前,开关 S 是合在位置 2 上的,电源对电容元件充电。

在 $t=0$ 时刻将开关从位置 2 合到位置 1,使电路脱离电源,输入信号为零,此时电容上已经储有能量,其上的电压为换路前的电压 $u_C(0-)=U$。换路后电容经过电阻开始放电。

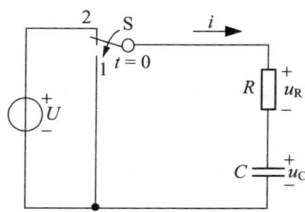

图 4.23 RC 放电电路

根据 KVL 列出 $t \geqslant 0$ 时刻的电路方程:

$$u_R + u_C = 0$$

由于 $u_R = i \cdot R$,而 $i = C \dfrac{du_C}{dt}$,则有 $u_R = RC \dfrac{du_C}{dt}$,代入上式有:

$$RC \frac{du_C}{dt} + u_C = 0$$

这是齐次一阶微分方程,令上式的通解为:$u_C = Ae^{pt}$,将其代入上式,求得特征方程为:$RCp + 1 = 0$,得出特征根 $p = -\dfrac{1}{RC}$,则通解为 $u_C = Ae^{-\frac{1}{RC}t}$,根据换路定则 $u_C(0+) = u_C(0-) = U$,将其代入通解,则有通解:

$$u_C = Ue^{-\frac{1}{RC}t} = u_C(0+)e^{-\frac{1}{RC}t} = u_C(0+)e^{-\frac{1}{\tau}t}$$

可见电容上的电压是按指数规律变化的,它的初值为 U,按指数规律变化最后趋近于零。

2. RC 时间常数

当电容连接到直流电路中,电容充电至电源电压的值(图 4.24)。电容充电的时间可以通过串联一个电阻到电容来控制。越高的阻值将会使充电时间越长。同样的电容连接阻值较低的电阻时,充电时间也相对较短。

电阻和电容串联电路中的充电率称为阻容(RC)时间常数。

$$\tau = RC \tag{4.12}$$

其中:τ 为时间常数,单位是秒;R 为电阻,单位是欧(Ω);C 为电容,单位是法(F)。

τ 因为有时间的量纲,电压 u_C 衰减的快慢取决于该电路常数。

电容以指数比率充电、放电。RC 时间常数代表将电容充电至外加电压的 63.2% 所需要的时间。电容中的存储电压要达到外加电压值大约需要 5 倍于 RC 时间常数的时间。与电阻串联的电容的放电时间同样可以估算得到。

图 4.25 说明了电容从 0V 充电至 100V 与从 10V 放电至 0V 时的电压波形。该例子中使用 0.5MΩ 的电阻和 10μF 的电容。这说明时间常数等于:$\tau = 0.5MΩ \times 10μF = 5s$

波形分为 5 个时间常数。在充电部分,在每个时间常数周期结束的电容两端电压值,被表示为直流电源电压的百分数列出如下表 4.1 所示。

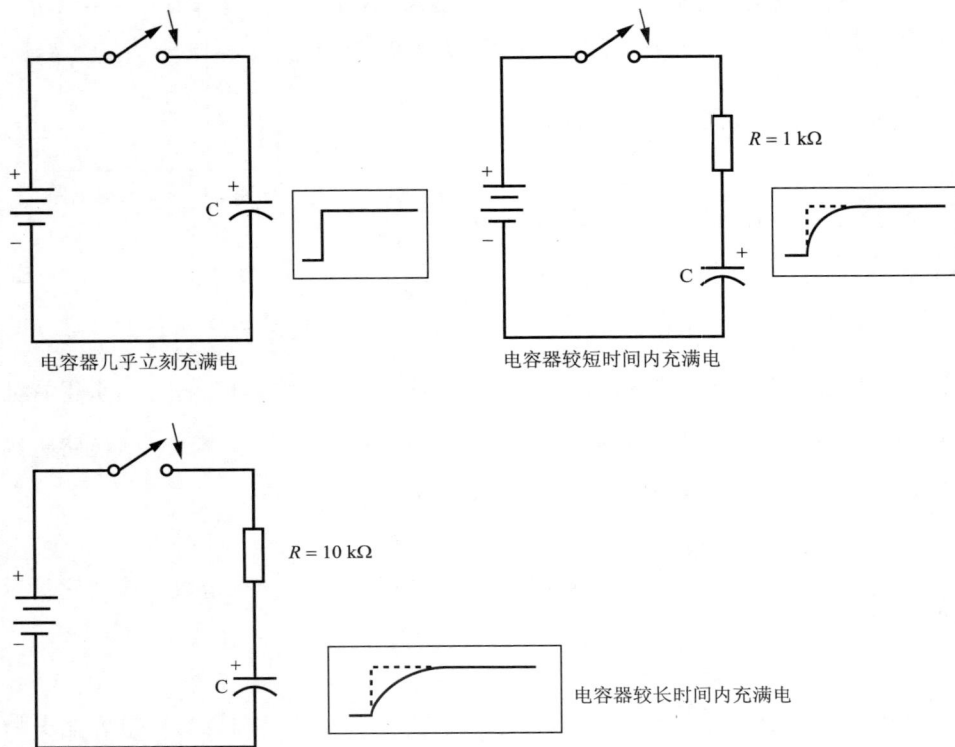

电容器几乎立刻充满电　　　　　　　　　电容器较短时间内充满电

$R = 1\ \text{k}\Omega$

$R = 10\ \text{k}\Omega$

电容器较长时间内充满电

图 4.24　电容器不同的充电速率

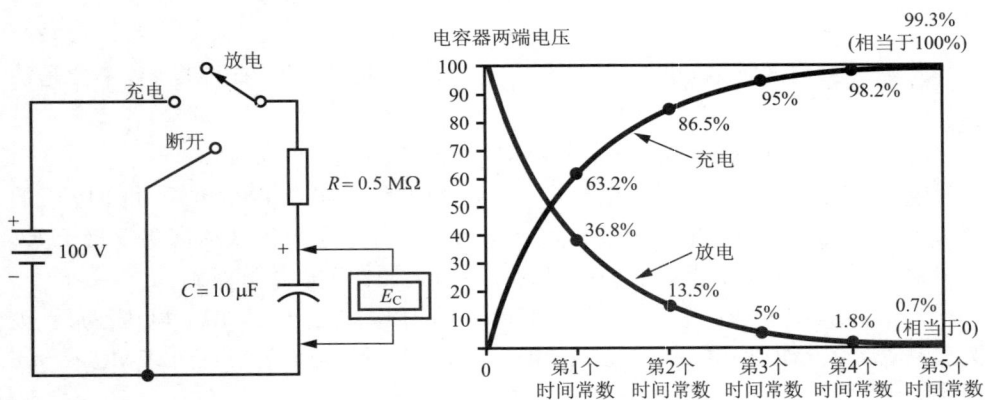

放电

充电

断开

$R = 0.5\ \text{M}\Omega$

100 V

$C = 10\ \mu\text{F}$

E_C

电容器两端电压

99.3%
(相当于100%)

98.2%

95%

86.5%

充电

63.2%

36.8%

放电

13.5%

5%

1.8%

0.7%
(相当于0)

0　　第1个　　第2个　　第3个　　第4个　　第5个
　　时间常数　时间常数　时间常数　时间常数　时间常数

图 4.25　充电和放电时间常数

表 4.1 电容充电随时间常数的变化规律

τ	2τ	3τ	4τ	5τ	6τ
$1-e^{-1}$	$1-e^{-2}$	$1-e^{-3}$	$1-e^{-4}$	$1-e^{-5}$	$1-e^{-6}$
63.2%	86.5%	95%	98.2%	99.3%	99.8%

同样,电容放电的过程类似。

从理论上讲,电路只有经过 $t=\infty$ 的时间才能达到稳定,但由于指数曲线开始变化较快,而后逐渐缓慢。

当 $t=\tau$ 时,$u_C = Ue^{-1} = (36.8\%)U$

当 $t=3\tau$ 时,$u_C = Ue^{-3} = (5\%)U$

当 $t=5\tau$ 时,$u_C = Ue^{-5} = (0.7\%)U$,这时,电路基本达到稳态。

电容放电的快慢与时间常数的关系如表 4.2 所列。

表 4.2 电容放电随时间常数的变化规律

τ	2τ	3τ	4τ	5τ	6τ
e^{-1}	e^{-2}	e^{-3}	e^{-4*}	e^{-5}	e^{-6}
36.8%	13.5%	5%	1.8%	0.7%	0.2%

工程上一般认为,经过了 $3\sim5\tau$ 的时间之后,电容放电基本完成。

例如对于一个 $10\mu F$ 的电容,在 25s(5 倍时间常数)充电到 100V,它从 100V 降到 0 需要同样的时间。如果一个电容不是有意直接放电或通过一个负载放电,充过电的电容是不可能永远保持充电状态的。因为没有电介质是完全绝缘的,电子最终将由负极板移动到正极板,使得电容放电。

例题 4.6

(a) $20\mu F$ 的电容和 $100k\Omega$ 的电阻串联,并工作于 12V 直流电源,计算 RC 时间常数。

(b) 电容充满电到 12V 大约需要多长时间?

(c) 如果充满电的电容通过 $100k\Omega$ 的电阻放电,在第 2 个时间常数结束时,电容两端电压是多少?

解:(a) $\tau = RC = 100 \times 10^3 \Omega \times 20 \times 10^{-6} F = 2s$

(b) 完全充电:$\tau = 5$ 倍时间常数 $= 5 \times 2s = 10s$

(c) $U_C = 13.5\% \times 12V = 1.62V$

时间常数 τ 越大,则 u_C 衰减越慢,因为初始电压一定时,电容 C 越大,则储存的电荷越多,电阻 R 越大,放电电流越小,这都会使得放电变慢。因此改变 R 或 C 的值就可以改变时间常数,从而改变电容放电的快慢。

3. 求解 RC 电路的零输入响应

求解零输入响应时,只需要求解出 $u_C(0+)$ 和 τ 即可。其中 $\tau=RC$,R 为从电容两端往输入端看进去,除去电源(即电压源短路,电流源开路)之后的等效电阻。

例题 4.7

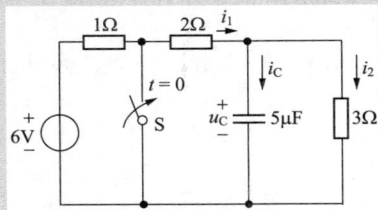

图 4.26

电路如图 4.26 所示,开关 S 闭合前电路已处于稳态。在 $t=0$ 时将开关闭合,试求 $t \geqslant 0$ 时电压 u_C 和电流 i_C,i_1 及 i_2。

解:在 $t=0-$ 时刻,电路处于稳态。

电容相当于开路,则电容两端的电压即为 3Ω 电阻两端的电压。

$$u_C(0-)=\frac{6}{1+2+3} \times 3\mathrm{V}=3\mathrm{V}$$

当开关闭合后,即 $t \geqslant 0$ 时刻,电源和 1Ω 电阻串联的支路被短路,这条支路对右边电路不起作用,这是电容经两支路放电,时间常数为

$$\tau=RC=(2/\!/3) \times 5 \times 10^{-6}\mathrm{s}=\frac{2 \times 3}{2+3} \times 5 \times 10^{-6}\mathrm{s}=6 \times 10^{-6}\mathrm{s}$$

则可直接写出电容上电压的表达式:

$$u_C=3e^{-\frac{1}{6 \times 10^{-6}}t}\mathrm{V}=3e^{-1.7 \times 10^5 t}\mathrm{V}$$

由此可得到流过电容的电流

$$i_C=C\frac{\mathrm{d}u}{\mathrm{d}t}=-2.5e^{-1.7 \times 10^5 t}\mathrm{A}$$

$$i_2=\frac{u_C}{3}=e^{-1.7 \times 10^5 t}\mathrm{A}$$

$$i_1=i_2+i_C=-1.5e^{-1.7 \times 10^5 t}\mathrm{A}$$

4. RC 电路的零状态响应

所谓 RC 电路的零状态响应时指换路前电容未储能,电路由电源激励所产生的响应称为零状态响应。

分析 RC 电路的零状态响应实际上就是分析电容的充电过程。如图 4.27 所示为一 RC 串联电路。

在 $t=0$ 时将开关 S 合上,电路即与一恒定电压为 U 的电源接通,对电容进行充电。

根据 KVL,列出 $t \geqslant 0$ 时的方程为:

$$RC\frac{\mathrm{d}u_C}{\mathrm{d}t}+u_C=U$$

这是一个非齐次的一阶微分方程。其通解由两部分组成:齐次方程的通解和非齐次方程的特解。

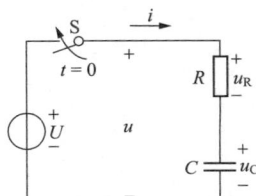

图 4.27　RC 充电电路

由于电容充电完成后,其两端的电压即为电源电压,故 U 即为此方程的一个特解。设其对应的齐次方程的通解为 $u_C = Ae^{-\frac{1}{RC}t}$,则有

$$u_C = Ae^{-\frac{1}{RC}t} + U$$

根据换路定则,换路前电容两端的电压为0,则换路后其两端电压也为0,即 $u_C(0+) = 0$,将其代入上式中,则有 $A = -U$。

则 RC 电路的零状态响应为:

$$u_C = U - Ue^{-\frac{1}{RC}t} = U(1 - e^{-\frac{1}{RC}t}) = U(1 - e^{-\frac{1}{\tau}t}) = u_C(\infty)(1 - e^{-\frac{1}{\tau}t}) \quad (4.13)$$

求解零输入响应时,只需要求解出 $u_C(\infty)$ 和 τ 即可。其中 $\tau = RC$,R 为从电容两端往输入端看进去,除去电源(即电压源短路,电流源开路)之后的等效电阻。求解零状态响应时,如果知道电源电压 U,则只需要求出 τ 即可。

例题 4.8

在图 4.28 所示电路中,$U = 9V$,$R_1 = 6k\Omega$,$R_2 = 3k\Omega$,$C = 1000pF$,$u_C(0) = 0$。试求 $t \geqslant 0$ 时的电压 u_C。

解:电路合上开关达到稳定状态时,电容相当于开路。此时电容两端的电压即为电阻 R_2 两端的电压。

则 $\quad U_C = \dfrac{R_2}{R_1 + R_2}U = \dfrac{3}{6+3} \times 9V = 3V$

计算电路的时间常识,首先计算等效电阻

$$R = R_1 /\!/ R_2 = \frac{R_1 R_2}{R_1 + R_2} = \frac{3 \times 6}{3 + 6}k\Omega = 2k\Omega$$

则时间常数:

$$\tau = RC = 2 \times 10^3 \times 1000 \times 10^{-12}s = 2 \times 10^{-6}s$$

根据 RC 电路的零输入响应规律,则 $t \geqslant 0$ 时的电压 u_C 为:

$$u_C = U_C(1 - e^{-\frac{1}{\tau}t}) = 3(1 - e^{-\frac{1}{2 \times 10^{-6}}t})V = 3(1 - e^{-5 \times 10^5 t})V$$

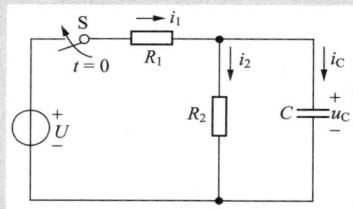

图 4.28

5. RC 电路的全响应

所谓 RC 电路的全响应,是指有电源激励且电容的初始状态均不为零时产生的电路的响应,也就是零输入响应和零状态响应的叠加。

如图 4.27 所示,电源的值为 U,电容上的电压初值为 $u_C(0-) = U$。当 $t \geqslant 0$ 时,电路的微分方程为:

$$RC \frac{du_C}{dt} + u_C = U$$

其通解同样由两部分组成:对应齐次方程的通解和非齐次方程的特解。

由于电容充电完成后,其两端的电压即为电源电压,故 U 即为此方程的一个特解。设其对应的齐次方程的通解为 $u_C = Ae^{-\frac{1}{RC}t}$,则有

$$u_C = Ae^{-\frac{1}{RC}t} + U$$

由于 $u_C(0+)=u_C(0-)=U_0$，将其代入，有 $A+U=U_0$，则有 $A=U-U_0$，将其代入 u_C 的表达式中有：

$$u_C=Ae^{-\frac{1}{RC}t}+U=(U-U_0)e^{-\frac{1}{RC}t}+U=U_0e^{-\frac{1}{RC}t}+U(1-e^{-\frac{1}{RC}t})$$

$$=u_C(0+)e^{-\frac{1}{\tau}t}+U(1-e^{-\frac{1}{\tau}t}) \tag{4.14}$$

显然上式中，第一项为零输入响应，第二项为零状态响应。

即有：

全响应＝零输入响应＋零状态响应

这也是叠加定理在暂态分析中的体现。

同时，式中还可以看出 u_C 也有另两部分组成：U 为稳态分量；$(U-U_0)e^{-\frac{1}{RC}t}$ 为暂态分量。于是全响应又可以表示为：

全响应＝稳态分量＋暂态分量

求出 u_C 后就可以求出 i 和 u_R。

求解全响应时，如果知道电源电压 U，则只需要求出 $u_C(0+)$ 和 τ 即可。

例题 4.9

在图 4.29 中，开关长期合在位置 1 上，如果在 $t=0$ 时将其合到位置 2 后，试求电容上的电压 u_C。已知 $R_1=1\text{k}\Omega,R_2=2\text{k}\Omega,C=3\mu\text{F}$，电压源 $U_1=3\text{V},U_2=5\text{V}$。

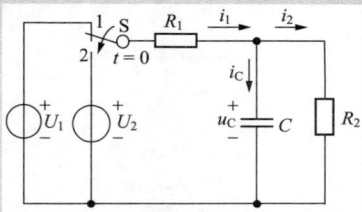

图 4.29

解：（1）当开关在位置 1 达到稳态后，电容两端的电压不变，为 R_2 两端的电压，即

$$u_C(0+)=\frac{U_1}{R_1+R_2}\cdot R_2=\frac{3}{(1+2)\times10^3}\times$$
$$(2\times10^3)\text{V}=2\text{V}$$

（2）求出 τ。先求等效电阻 R，由电容两端向输入端看进去的等效电阻为 R_1 和 R_2 的并联电阻。即等效电阻

$$R=\frac{R_1R_2}{R_1+R_2}=\frac{1\times10^3\times2\times10^3}{(1+2)\times10^3}\Omega=\frac{2}{3}\times10^3\Omega$$

则　$\tau=RC=\frac{2}{3}\times10^3\times3\times10^{-6}\text{s}=2\times10^{-3}\text{s}$

（3）列出微分方程

根据 KCL 有：$i_1-i_2-i_C=0$，即 $\dfrac{U_2-u_C}{R_1}-\dfrac{u_C}{R_2}-C\dfrac{du_C}{dt}=0$

整理后有：$R_1C\dfrac{du_C}{dt}+\left(1+\dfrac{R_1}{R_2}\right)u_C=U_2$

化为 RC 电路的微分方程形式有

$$\frac{R_1C}{\left(1+\dfrac{R_1}{R_2}\right)}\frac{du_C}{dt}+u_C=\frac{U_2}{\left(1+\dfrac{R_1}{R_2}\right)}$$

则有电源的电压 $U = \dfrac{U_2}{\left(1 + \dfrac{R_1}{R_2}\right)} = \dfrac{5}{1 + \dfrac{1}{2}}\text{V} = \dfrac{10}{3}\text{V}$

将 $u_\mathrm{C}(0+)$、τ 和 U 代入全响应公式中，则有

$$u_\mathrm{C} = u_\mathrm{C}(0+)\mathrm{e}^{-\frac{1}{\tau}t} + U(1 - \mathrm{e}^{-\frac{1}{\tau}t})$$
$$= \left[2 \times e^{-\frac{1}{2 \times 10^{-3}}t} + \frac{10}{3}(1 - e^{-\frac{1}{2 \times 10^{-3}}t})\right]\text{V} = \left(\frac{10}{3} - \frac{4}{3}e^{500t}\right)\text{V}$$

4.2.2 *RL* 电路的分析

1. *RL* 电路的零输入响应

如图 4.30 所示为一 *RL* 串联电路。

在换路前，开关 S 是合在位置 2 上的，电感元件中通有电流。在 $t = 0$ 时将开关从位置 2 合到位置 1，使电路脱离电源，则此时 L 中已储有能量。

因为电感的基本行为是产生一个阻碍电流变化的电压，则其结果就是电感中电流不会瞬时改变。电流从一个值变化到另一个值时需要一定的时间。电流变化的比率由时间常数决定：

$$\tau = \frac{L}{R} \tag{4.15}$$

图 4.30 *RL* 电路的短路

其中，τ 为时间常数，以秒为单位（s）；L 为电感值，以亨为单位（H）；R 为电阻，以欧［姆］为单位（Ω）（电阻作为线圈电阻或外部电阻和 L 串联）。

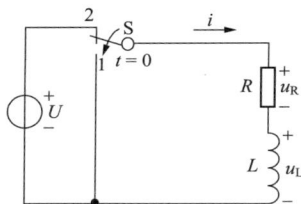

例题 4.10

如果一个 20H 的线圈串联电阻为 100Ω，它的时间常数是多少？

解：$\tau = \dfrac{L}{R} = 20\text{H}/100\Omega = 0.2\text{s}$

时间常数用来衡量电流变化 63.2% 或者近似 63% 所需要的时间。图 4.31 表明了直流电路中的电感第一次通电时，时间常数所起的作用。开关关闭后，电流在一个时间常数周期内大约能上升到全电流值的 63%。电流的建立过程遵循指数曲线，大约在 5 个时间常数周期后达到最大值。正如开关闭合后，电路中要经过 5 倍时间常数的时间后才达到电流的最大值。同样开关断开时，电流也需要 5 个时间常数周期降到零点。

其中 τ 也有时间的量纲，它是 *RL* 电路的时间常数。τ 越小，则暂态过程越快。因为 L 越小，则阻碍电流变化的作用就越小；R 越大，则在同样电压下的电感上的电流初值 $\dfrac{U}{R}$ 就越小，使得暂态过程也越快。可见，改变 R 和 L 可以改变 *RL* 电路的

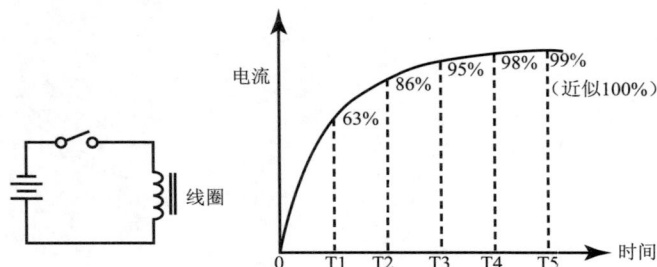

图 4.31　位于各时间常数的电流值

暂态过程的快慢。

$i_L(0-)=\dfrac{U}{R}=I_0$。换路后，根据 KVL 有

$$u_R+u_L=0$$

其中 $u_R=i\cdot R,u_L=L\cdot\dfrac{\mathrm{d}i}{\mathrm{d}t}$，将其代入有

$iR+L\cdot\dfrac{\mathrm{d}i}{\mathrm{d}t}=0$，整理后有：

$$\dfrac{L}{R}\dfrac{\mathrm{d}i}{\mathrm{d}t}+i=0$$

对比 RC 电路的微分形式，很容易可得出，RL 电路的零输入响应为：
$i=i_L(0+)e^{-\frac{1}{\tau}t}$，由换路定则知：$i_L(0+)=i_L(0-)=I_0$

其中 $\tau=\dfrac{L}{R}$，将其代入有

$$i=i_L(0+)e^{-\frac{1}{\tau}t}=I_0e^{-\frac{L}{R}t}$$

2. RL 电路的零状态响应

如图 4.32 所示为一 RL 串联电路。

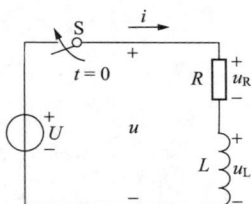

图 4.32　RL 电路与恒定
电压接通

在 $t=0$ 时将开关合上，电路即与一恒定电压为 U 的电压源接通，开关合上之前，电感的电路 $i_L(0-)=0$。开关合上后，电路的微分方程为：

$$iR+L\cdot\dfrac{\mathrm{d}i}{\mathrm{d}t}=U$$

整理后有：$\dfrac{L}{R}\dfrac{\mathrm{d}i}{\mathrm{d}t}+i=\dfrac{U}{R}$

对比 RC 电路的零状态响应，当电路处于稳态时，流过电感的电流为 $\dfrac{U}{R}$，故 $\dfrac{U}{R}$ 为微分方程的一个特解。设电流的通解为：$i=Ae^{-\frac{t}{\tau}}+\dfrac{U}{R}$，将根据换路定则，$i_L(0+)=i_L(0-)=0$，将其代入通解中，可解得 $A=-\dfrac{U}{R}$。

则 RL 电路的零状态响应为：$i = Ae^{-\frac{t}{\tau}} + \dfrac{U}{R} = \dfrac{U}{R}(1 - e^{-\frac{t}{\tau}})$，其中 τ 为 RL 电路的时间常数。 (4.16)

由上式电流公式可得出，当 $t \geqslant 0$ 时，电阻和电感两端的电压分别为：

$$u_R = Ri = U(1 - e^{-\frac{t}{\tau}})$$

$$u_L = L\frac{\mathrm{d}i}{\mathrm{d}t} = Ue^{-\frac{t}{\tau}}$$

3. RL 电路的全响应

如图 4.33 所示的电路中，电源电压为 U，电流的初始值为 I_0，即 $i(0-) = I_0$。

当将开关闭合时，即和图 4.33 一样是一 RL 串联电路。参照 RL 电路的零状态响应，可知电流的通解为：

$$i = Ae^{-\frac{t}{\tau}} + \frac{U}{R}$$

根据换路定则，知 $i(0+) = i(0-) = I_0$，将其代入上式，得出 $A = I_0 - \dfrac{U}{R}$

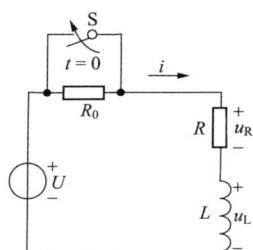

图 4.33 RL 电路的全响应

则电流的通解为：

$$i = (I_0 - \frac{U}{R})e^{-\frac{t}{\tau}} + \frac{U}{R}，\text{其中 } \tau \text{ 为 } RL \text{ 电路的时间常数}，\tau = \frac{L}{R}。 \quad (4.17)$$

可见，上式中第一项为暂态分量，第二项为稳态分量，两者相加即为全响应。

上式还可写为：

$$i = I_0 e^{-\frac{t}{\tau}} + \frac{U}{R}(1 - e^{-\frac{t}{\tau}})$$

其中第一项为零输入响应，第二项为零状态响应。两者叠加即为全响应。

例题 4.11

在图 4.34 所示电路中，如在稳定状态下 R_1 被短路，试问短路后经过多少时间电流才达到 15A？

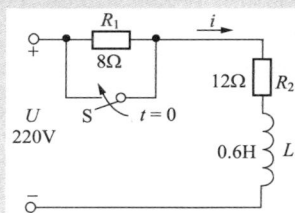

图 4.34

解：如图所示，当 R_1 没被短路时，电路达到稳定状态后，电路中的电流为：

$$i_0 = \frac{U}{R_1 + R_2} = \frac{220}{8 + 12}\text{A} = 11\text{A}$$

当 R_1 被短路后，电路处于稳定状态时，电路中的电流：

$$i_L = \frac{U}{R_2} = \frac{220}{12}\text{A} = 18.3\text{A}$$

电路的时间常数为：$\tau = \dfrac{L}{R_2} = \dfrac{0.6}{12}\text{s} = 0.05\text{s}$

103

则 R_1 被短路后的暂态过程时,电流的表达式为:

$$i = i_0 e^{-\frac{t}{\tau}} + i_L(1 - e^{-\frac{t}{\tau}}) = 11e^{-200t} + 18.3(1 - e^{-200t}) = (18.3 - 7.3e^{-200t})\,\text{A}$$

则要使 $i = 15\text{A}$,则代入上式中求解出:

$$t = 0.039\text{s}$$

4.3　一阶线性电路暂态分析的三要素法

4.3.1　一阶线性电路的三要素

上节讨论了 RC 电路和 RL 电路的全响应。它是由稳态分量和暂态分量两部分相加而得。写成一般式则有:

$$f(t) = f(t)' + f(t)'' = f(\infty) + Ae^{-\frac{t}{\tau}} \tag{4.18}$$

式中,$f(t)$ 为电流或电压,$f(\infty)$ 为稳态分量,$Ae^{-\frac{t}{\tau}}$ 是暂态分量,若 $f(t)$ 的初始值为 $f(0+)$,则得 $A = f(0+) - f(\infty)$,将其代入 $f(t)$ 一般式中有:

$$f(t) = f(\infty) + [f(0+) - f(\infty)]e^{-\frac{t}{\tau}} \tag{4.19}$$

这就是分析一般一阶线性电路暂态过程的一般公式。其中,只要求得 $f(0+)$、$f(\infty)$ 和 τ 这三个要素,就能直接写出电路的响应。这种方法就叫做一阶线性电路暂态分析的三要素法。

4.3.2　时间常数

时间常数 τ 的大小反映了暂态过程进行的快慢。

对于一阶 RC 电路,$\tau = RC$;

对于一阶 RL 电路,$\tau = \dfrac{L}{R}$。

R 的计算方法如下:

(1) 对于简单的一阶电路,R 即为换路后的电路从储能元件两端看进去的等效电阻;

(2) 对于较复杂的一阶电路,R 为换路后的电路在除去电源和储能元件后,在储能元件两端所求得的无源二端网络的等效电阻,即戴维南等效电阻。

例题 4.12

应用三要素法,求图 4.29 中的 u_C。

解:(1) 求初始值

$$u_C(0+) = \frac{U_1}{R_1 + R_2} \cdot R_2 = \frac{3}{(1+2) \times 10^3} \times (2 \times 10^3)\,\text{V} = 2\text{V}$$

（2）求稳态值

$$u_C(\infty)=\frac{U_2}{R_1+R_2}\cdot R_2=\frac{5}{(1+2)\times10^3}\times(2\times10^3)\text{V}=\frac{10}{3}\text{V}$$

（3）求时间常数

先求等效电阻 R，由电容两端向输入端看进去的等效电阻为 R_1 和 R_2 的并联电阻。即等效电阻

$$R=\frac{R_1R_2}{R_1+R_2}=\frac{1\times10^3\times2\times10^3}{(1+2)\times10^3}\Omega=\frac{2}{3}\times10^3\Omega$$

则　$\tau=RC=\frac{2}{3}\times10^3\times3\times10^{-6}\text{s}=2\times10^{-3}\text{s}$

最后根据三要素法写出全响应的表达式：

$$u_C=u_C(\infty)+[u_C(0+)-u_C(\infty)]e^{-\frac{t}{\tau}}=\frac{10}{3}+\left(2-\frac{10}{3}\right)e^{\frac{1}{2\times10^{-3}}t}\text{V}$$

$$=\left(\frac{10}{3}-\frac{4}{3}e^{500t}\right)\text{V}$$

例题 4.13

在图 4.35 所示电路中，$U=20\text{V}$，$C=4\mu\text{F}$，$R=50\text{k}\Omega$。在 $t=0$ 时闭合 S_1，在 $t=0.1\text{s}$ 时闭合 S_2，求闭合 S_2 后的电压 u_R。设 $u_C(0-)=0$。

解：在 $t=0$ 时闭合 S_1 后 $u_C=u_C(\infty)+[u_C(0+)-u_C(\infty)]e^{-\frac{t}{\tau}}$

由于 $u_C(0+)=u_C(0-)=0$，$u_C(\infty)=U$，代入上式中有：

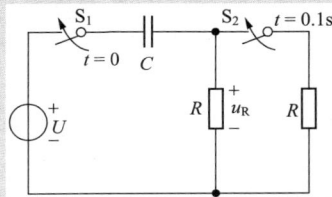

图 4.35

$$u_C=u_C(\infty)+[u_C(0+)-u_C(\infty)]e^{-\frac{t}{\tau}}=U-Ue^{-\frac{t}{\tau}}$$

则 $u_R=U-u_C=Ue^{-\frac{t}{\tau}}\text{V}$

其中 $\tau_1=RC=50\times10^3\times4\times10^{-6}\text{s}=0.2\text{s}$

代入上式得 $u_R=U-u_C=Ue^{-\frac{t}{\tau}}=20e^{-\frac{t}{0.2}}\text{V}=20e^{-5t}\text{V}$

则 $t=0.1\text{s}$ 时，$u_R(0.1\text{s})=20\times e^{-5\times0.1}\text{V}=12.14\text{V}$

$t=0.1\text{s}$ 时闭合开关 S_2，应用三要素法求 u_R。

（1）求初值。

$$u_R(0.1\text{s})=12.14\text{V}$$

（2）求稳态值

$$u_R(\infty)=0$$

（3）求时间常数

$$\tau_2=(R//R)C=\frac{R}{2}C=\frac{1}{2}\tau_1=\frac{1}{2}\times0.2\text{s}=0.1\text{s}$$

最后写出 u_R 的表达式为：

$$u_R=u_R(\infty)+[u_R(0.1\text{s})-u_R(\infty)]e^{-\frac{t-0.1}{\tau_2}}$$

$$=0+(12.14-0)\times e^{-\frac{t-0.1}{0.1}}\text{V}=12.14e^{-10(t-0.1)}\text{V}$$

4.4　微分电路和积分电路

　　本节所讲的微分电路与积分电路是指电容充放电的 RC 电路,但与前面不同的是,激励电源是矩形脉冲,并且可以根据选取不同的电路参数得到不同的时间常数从而构成输出波形和输入波形有特定关系的电路。

4.4.1　微分电路

　　图 4.36 所示是 RC 微分电路(设电流处于零状态),输入的电压激励是矩形脉冲 u_1。

　　电阻 R 两端输出的电压是 u_2。设 $R=20\text{k}\Omega,C=100\text{pF},u_1$ 的幅值 $U=6\text{V}$,脉冲宽度 $t_p=50\mu\text{s}$。电路的时间常数 $\tau=RC=20\times10^3\times100\times10^{-12}\text{s}=2\times10^{-6}\text{s}=2\mu\text{s}$

　　因此有 $\tau\ll t_p$。

　　在 $t=0$ 时,u_1 从零突然上升到 6V,即 $u_1=U=6\text{V}$,电容开始充电。由于电容两端电压 u_C 不能突变,在这瞬间,电容相当于短路,此时电阻两端电压 $u_2=6\text{V}$。由于 $\tau\ll t_p$,故对于脉冲宽度 t_p 而言,充电很快就完成,u_C 很快增长到 U,此时电阻两端的电压为 0。这样在电阻两端就输出一个正尖脉冲。

　　在 $t=t_1$ 时,u_1 突然下降到零,由于 u_C 不能突变,故在这瞬间,$u_2=-u_C=-U=6\text{V}$,然后电容很快向电阻放电,u_2 很快衰减到零。这样在电阻两端就输出一个负尖脉冲。

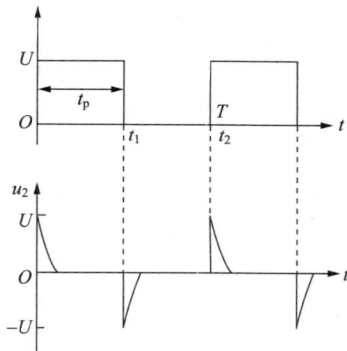

图 4.36　微分电路　　　　　图 4.37　微分电路的输入电压和输出电压波形

　　比较 u_1 和 u_2 的波形,可看出输出尖脉冲反映了输入矩形脉冲的跃变部分,是对矩形脉冲进行微分的结果。因此称这种电路为微分电路。

　　RC 电路作为微分电路有两个条件:

　　(1) $\tau\ll t_p$;

　　(2) 从电阻端输出。

微分电路常用在脉冲电路中用于将矩形脉冲变换为尖脉冲,作为触发信号。

4.4.2 积分电路

微分电路和积分电路是两个相对的电路。积分电路也是一种 RC 串联电路,但是当条件不同时,所得结果却相反。当微分电路中的条件变为:(1) $\tau \gg t_p$ (2)从电容两端输出时,电路就转化为积分电路了。

如图 4.38 所示是积分电路。

由于电容缓慢充电,其上的电压在整个脉冲持续时间内缓慢增长,当还未增长到趋近于稳定值时,脉冲已经终止,然后电容又通过电阻缓慢放电,电容上的电压慢慢衰减。输出端输出一个锯齿波电压。时间常数 τ 越大,则充放电越缓慢,所得锯齿波电压的线性度就越好。

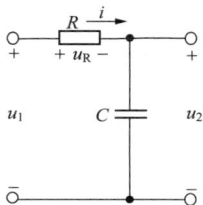

图 4.38 积分电路

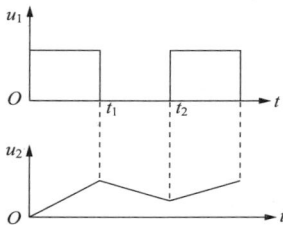

图 4.39 积分电路的输入电压和输出电压波形

比较波形,输出电压 u_2 是对输入电压 u_1 积分的结果,因此这种电路称为积分电路。

积分电路的应用很广,它是模拟电子计算机的基本组成单元。在控制和测量系统中也常常用到。此外积分电路还可用于延时和定时。在各种波形发生电路中,积分电路也是重要的组成部分。它还常用作在脉冲电路中将矩形脉冲变换为锯齿波作扫描用。

习　题

1. 电容中的能量是如何储存和释放的?

2. 电容连接到直流电源,什么时候电容电路中有电流流动? 为什么?

3. 列举电容四种常见的应用。

4. 双线电缆中导线之间存在的电容是什么电容?

6. 当电容由 450V 直流电源充电时,计算电容中储存的电量。

7. 列举决定电容大小的三个因素。

8. (a)电容的额定电压表示什么? (b)额定电压的决定因素是什么?

9. 两个 $50\mu F$ 的电容如何连接可使其总电容为 $100\mu F$?

10. 两个 $220\mu F$、300V 的电容串联,计算它们的总电容和最大的额定电压。

11. (a)有极化电解电容的主要优点是什么? (b)当极化电解电容连接到直流电路时,电极需要遵从什么法则? (c)如果一个极化电解电容反向连接于电路中会发生什么情况?

12. (a)RC 时间常数的定义是什么? (b)25kΩ 的电阻器串联于 $1\,000\mu F$ 的电容器并工作于 12V 直流电源,计算 RC 时间常数。(c)当电压第一次外施于此电路时,大约需要多长时间电容器两端电压会达到 12V? (d)如果充满电的电容器通过 25kΩ 的电阻器放电,放电 25s 后电容器两端的电压是多少?

13. 空心电感和铁心电感有什么不同?

14. 电感中能量是如何储存和释放的?

15. 当电感运用于直流电路时,电路在什么情况下会发生感应效应?

16. 为什么电感运用于交流电路时,一直都会有感应效应发生?

17. 解释自感现象和互感现象的区别。

18. 运用楞次定理解释线圈中电流方向改变和感应电压。

19. (a)解释线圈中反电动势(CEMF)的含义。(b)电路中外施电压和 CEMF 的相位关系如何?

20. 比较纯电阻负载和纯电感负载的能量转换。

21. (a)阐述线圈电感值和它产生的 CEMF 值的关系。(b)阐述线圈中电流变化的比率和它产生的 CEMF 的关系。

22. 列举电感中规定的六个额定值。

23. 下列情况会对线圈的电感产生什么效应(增加或减小)?

(a)增加线圈圈数。(b)移去铁心。(c)增大线圈之间的空间。

24. (a)计算一个电感为 5H,电阻为 10Ω 的线圈的时间常数。(b)如果对这个线圈施加电压,大约多久电流会达到其最大值?

25. 试说明电容元件和电感元件什么时候可以看成开路,什么时候可以看成短路。

26. 什么是零输入响应、零状态响应和全响应? 一阶电路的零输入响应、零状态响应和全响应各具有哪些特点?

27. 一阶电路的三要素是什么? 如何求取?

28. 如图 4.40 所示电路中,在 $t<0$ 时电路处于稳定状态,在 $t=0$ 时开关 S 打开,试求打开开关 S 瞬间 $i_L(0+)$ 和 $u_L(0+)$ 的值。

29. 如图 4.41 所示电路中,在 $t<0$ 时电路处于稳定状态,$t=0$ 时,开关从 1 打向 2,求初始值 $i_1(0+)$、$i_2(0+)$、$u_L(0+)$ 和稳态值 $i_1(\infty)$、$i_2(\infty)$、$u_L(\infty)$。

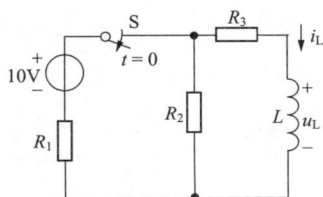

图 4.40

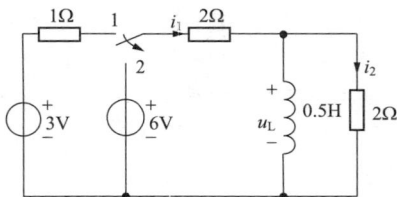

图 4.41

30. 如图 4.42 所示电路中,在开关 S 闭合前电容上无存储电荷,在 $t=0$ 时开关闭合,求 $t \geqslant 0$ 时的 $i_C(t)$,并画出波形图。

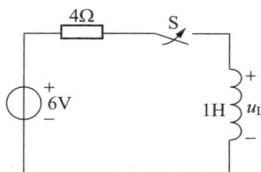

图 4.42　　　　　　　图 4.43

31. 如图 4.43 所示电路中,开关 S 闭合前电感上无能量存储,在 $t=0$ 时开关闭合,求 $t \geqslant 0$ 时的 $u_L(t)$。

32. 如图 4.44 所示电路中,S 闭合前电容上已存储了 10^{-4} C 的电荷,在 $t=0$ 时开关闭合,求:

(1) 电路的时间常数 τ;

(2) 电容上的电压的表达式 $u_C(t)$;

(3) 经过多长时间后电容的放电电流下降到 0.1mA?

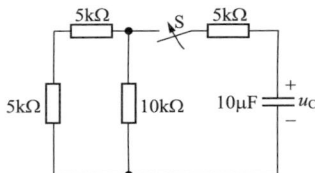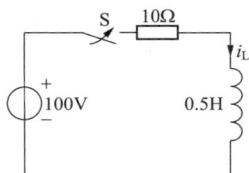

图 4.44　　　　　　　图 4.45

33. 如图 4.45 所示电路中,求:

(1) 时间常数 τ、电流的初始值和稳态值;

(2) 开关 S 闭合后经过 0.03s 和 0.1s 时的电流值;

(3) 电流增大到 10A 时所需的时间。

34. 如图 4.46 所示电路中,开关 S 打开前电路处于稳态,$t=0$ 时刻开关打开。求

(1) $t \geqslant 0$ 时的电流 $i(t)$,并画出波形图;

(2) 计算 $t=1$ms 时的 $i(t)$ 值。

35. 已知如图 4.47 所示电路中,$t<0$ 时开关 S 闭合,电路处于稳态。$t=0$ 时开关打开,试用三要素法极端电流 $i(t)$ 的零输入响应、零状态响应、稳态响应和暂态响应。

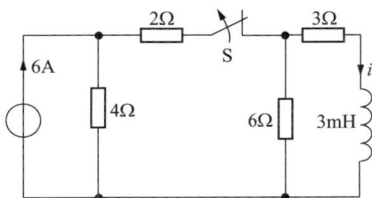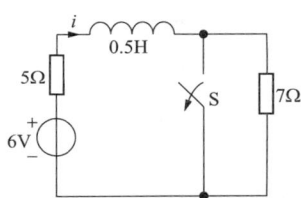

图 4.46　　　　　　　图 4.47

第5章

正弦交流电路

学习目标

- ∽ 识别交流电的波形。
- ∽ 了解交流电是如何产生的。
- ∽ 根据瞬时值表达式计算正弦交流电的三要素。
- ∽ 相量法表示正弦交流电。
- ∽ 计算复阻抗和复导纳。
- ∽ 学会用相量法分析和计算RLC串并联电路。
- ∽ 利用相量法分析复杂正弦交流电路。
- ∽ 明白功率因数提高的意义,会计算有功功率,无功功率和视在功率。
- ∽ 分析RLC串联和并联谐振电路。

正弦交流电路是指含有正弦电源且电路各部分所产生的电压和电流均按正弦规律变化的电路。交流发电机中所产生的电动势和正弦信号发生器所输出的信号都是随时间按正弦规律变化的,这些都是常用的正弦电源。日常生活和生产中所用的交流电,一般都是指正弦交流电,因此本章所讨论的基本概念、理论和分析方法应很好地掌握,为学习其他专业课打好理论基础。

发电机是利用磁力将机械能转化为电能的一种装置。现实中发电机产生的电分为两种:直流电(DC)和交流电(AC)。直流电是由不改变终端极性的发电机所产生。交流电则是由终端极性一直在换向的交流电发电机产生。本节将介绍交流电压的产生。

5.1　交流电及交流电的产生

5.1.1　交流电

交流电(AC)电路中,电流的方向和振幅都会在一定的时间间隔内变化。这种类型电路里的电流由 AC 电压源提供。AC 电压源的极性(负极和正极)在规律的时间间隔内改变,从而导致电路中电流流动的反转。

通常交流电的值和方向会随时间变化。交流电沿着某个方向流动时,电流从零升至一个最大值,然后再降回零点。接着在相反的方向上,再做相同模式的变化。交流电的波形或其电流增加减少的方式取决于所用的 AC 电压源(图 5.1)。正弦波是最常用的交流电波形。

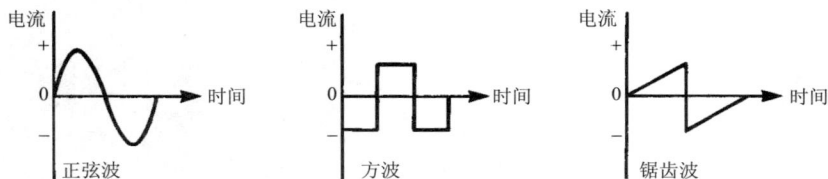

图 5.1　AC 波形

世界上产生的绝大部分电能都是交流电。住宅里安装的插座与工业设备提供的电流都是正弦波形的交流电。因此,连接在插座上的各种设备在工作时都必须依赖交流电流和交流电压。利用交流电工作的电子设备在设计上都不受持续变化方向的电流的影响。例如,当交流电通过电阻时,无论电流方向如何,所产生的热量值都相同。

5.1.2　交流电的产生

交流电最大的一个优点是能够"变压",而直流电却不能。交流电的产生和传输都是在高压状态下进行的,然后通过使用变压器,可以很方便地把电压降低到能够实际使用的电压。因为没有直流变压器,所以直流电产生和传输的电压和实际使用的电压相同。为了避免过多的昂贵的传输线以及过大的能量损耗,直流电的传输只能限制在相对较短的距离内。

获得交流电的基本方法是使用交流发电机(又称同步发电机)。发电机是利用磁力将机械能转化为电能的机械装置。交流发电机的工作原理是基于电磁感应理论。简而言之,发电机的原理就是:只要导体在磁场中运动、切割磁力线,在导体中就会产生感应电压。

图 5.2 说明了发电机的基本原理。之前已经学过,运动的电子在导体周围产生磁场。相反,导体周围的磁场变化也会使电子运动。仅仅有磁场存在还不够,还必须有某种形式的磁场变化。如果在磁场中移动导体,磁场就会对导体中每一个自由电子施加一个力。这些力加起来的结果就是在导体中产生感应电压。

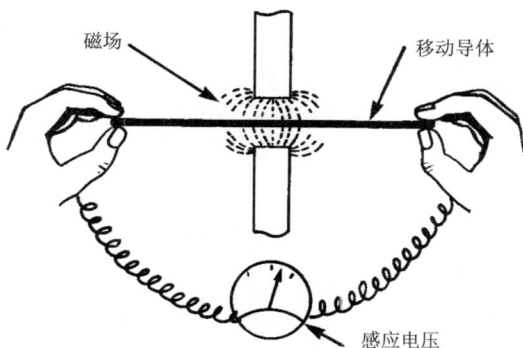

图 5.2 发电原理

对发电机使用右手法则说明了导体移动方向、磁场方向和所得感应电流方向三者之间的关系。使大拇指跟其余四个手指垂直并且都跟手掌在一个平面内,把右手放入磁场中,让磁感线垂直穿入手心,大拇指指向导体运动方向,则其余四指指向感应电流的方向。当磁场代替导体运动时,此法则依然成立。这种情况下,拇指应该指向导体的相对运动方向。

导体在磁场中运动所产生的电压值依赖于:

· 磁场强度——磁场强度越强,所得感应电压值越高。

· 导体切割磁场的速度——导体移动速度增加,所得到的感应电压值增加。

· 导体切割磁场的方向——当导体沿着与磁场成 90°方向切割磁场时,所得到的感应电压值最高;当切割方向角度小于 90°时,所得到的感应电压较少。

· 磁场中的导体长度——如果导体有效长度增加,则感应电压也增加。

交流发电机通过将线圈在磁场中转动产生交流电。线圈和磁场间的相对运动在线圈两端产生了感应电压。随着线圈在磁场中旋转,该电压的幅度和极性都在变化(图 5.3)。所有的发电机,大型小型、直流交流,都需要一个能产生机械能的能源来驱动转子。这种机械能源称为"原动力",发电机使用的原动力可以是蒸汽机、柴油机,或者是水力发电站使用的水力。同样,单匝线圈所产生的电压太弱而不能实际使用。在实际应用中,发电机线圈的匝数很多并且有强大的电磁场。

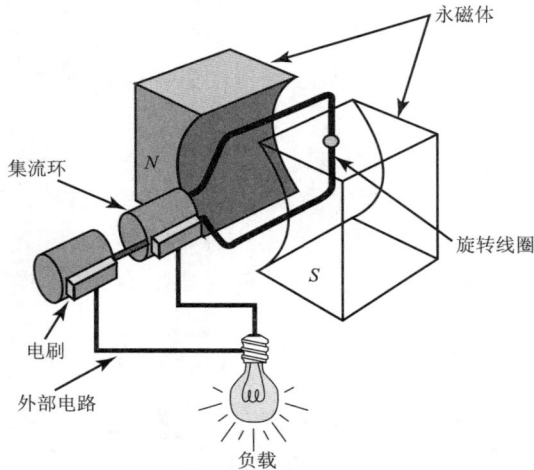

图 5.3　简化的交流发电机

交流发电机有两种基本形式:旋转电枢型和旋转磁场型。在旋转电枢型中,电枢是可动部分,它由大量线圈缠绕在铁心上构成(图 5.4)。电枢线圈感应而生的交流电压连接到一组集流环上,外部电路通过一组电刷从集流环上接收交流电压。电磁铁用来为发电机产生强大的电磁场,称为磁化线圈或励磁线圈。旋转电枢发电机在很有限的范围内使用,这是因为从发电机上转移电能的电刷和集流环只能工作于相对比较低的电压和较小的功率。

图 5.4　旋转电枢型发电机

旋转磁场型或同步式发电机是动力系统中运用最广泛的一种交流发电机。在旋转磁场型发电机中,首先给转子线圈(取代定子线圈)提供直流电产生一个转子磁场(图5.5)。然后原动力转动转子,从而在机器中产生一个旋转的磁场。旋转的磁场依次在发电机的定子线圈中产生一个三相电压。这样的设计允许较高的电压和额定功率(kW),这是因为外部负载直接连到定子上,不用经过集流环和电刷。

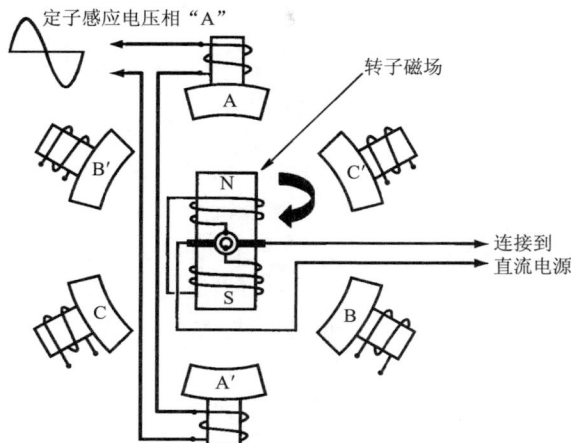

图5.5 旋转磁场型或同步式交流发电机

交流发电机的线圈分为励磁线圈和电枢线圈。一般情况下,励磁线圈代表机器中产生主磁场的线圈,而电枢线圈代表产生主电压的线圈。对于旋转磁场同步发电机,励磁线圈在转子上,所以励磁线圈和转子线圈可以互换使用。同样,定子线圈和电枢线圈也可以互换使用。世界上大部分电能都是由旋转磁场型三相交流发电机产生。旋转磁场型交流发电机的主要优点是有一个固定的电枢线圈。它可以产生高达18 000到24 000V的电压,这是因为电枢线圈是固定的不会受到震动应力和离心应力。同样,这种类型交流发电机的额定电流也相对高,因为发电机的输出是直接从三相定子线圈利用高度绝缘的电缆传输到外部电路,无须使用集流环。

旋转磁场型交流发电机实质上是一个很大的电磁场,其励磁电压一般在100到500V范围内,传输到磁场电路的功率相对较小。

用于使转子励磁线圈转动的直流电称为激励电流。如果转子不转动,交流发电机将无法产生电压。激励电流由电刷和集流环提供,或者由无电刷激励系统提供。

转子按磁极分有凸极式转子或圆柱极形转子。凸极的意思由转子表面突出的或外伸的磁极(图5.6)。凸极转子通常由一些独立的绕线极芯组成,它们螺栓固定在转子的框架上,一般用于每分钟12 000转或更低的低速交流发电机。直流电源的电流从电刷流到集流环和转子极芯的线圈上。励磁线圈之间相互串联并缠绕

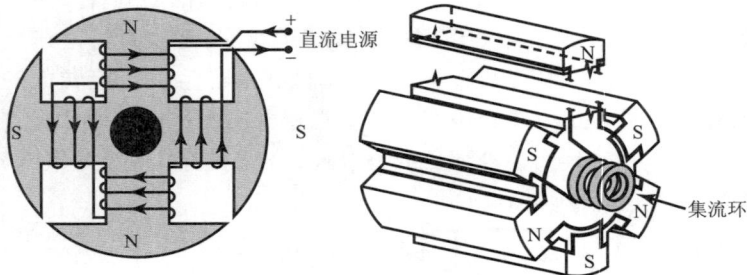

图 5.6　低速凸极式转子

在极芯上，这样当电流流过线圈时会产生交替的磁极。

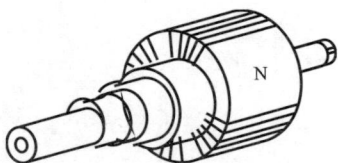

图 5.7　高速圆柱极形转子

圆柱极形转子大都用于蒸汽机驱动的发电机中，它可以产生更高的转速。圆柱极形转子的磁极直接由转子的表面构成（图 5.7）。在圆柱极形转子中，线圈位于叠片式转子铁芯上的开槽中。绕线严密地嵌入这些开槽中，用来抵抗高速下产生的巨大的离心应力。如果对比这两种类型转子的尺寸，将会发现凸极式转子的直径更大。

对于旋转磁场型交流发电机，已经开发出不同的场激励的方法并应用于实践。大部分大型交流发电机使用一种无电刷励磁系统（图 5.8），这种系统中一个小型的交流发电机作为励磁机安装在与主发电机相同的轴上。励磁机有一个旋转的电枢，它输出的交流电被一个同样安装在主轴上的三相桥式整流器整流。交流励磁机输出的、经过整流后的直流电绝缘后连接到旋转磁场型发电机的轴上。励磁机的磁场是固定的，它是由一个独立的直流电源提供。通过调整励磁变阻器可以改变交流励磁机的磁场强度，从而控制所产生的电压。

相对较小的交流发电机一般是空气冷却的。空气冷却机有一个风扇接到发电

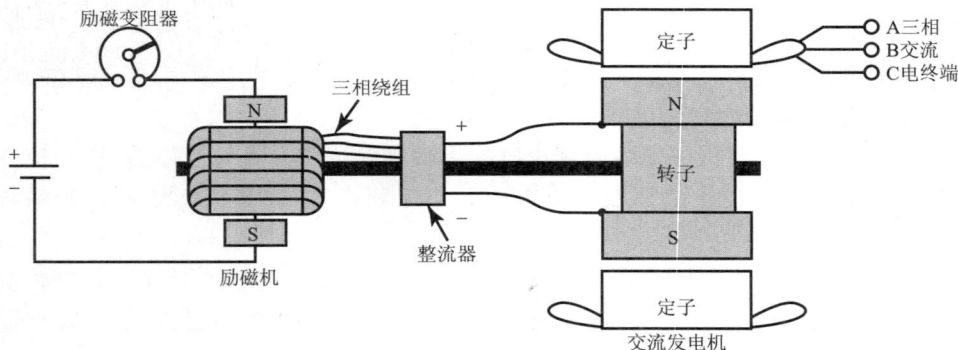

图 5.8　无电刷励磁系统

机轴的一端,使空气在整个装置之间流通,它们被安置在芯型材料的开阔空间上以利于空气的流通。在使用凸极式转子时,转子像风扇一样使空气在发电机中流通。在大型的交流发电机中有精心制作的冷却通道,而且整个发电机被密封在一个气密容器中。氢气作为冷却媒介也经常用于大型发电机中,这是因为它的吸热和转移热量能力比空气高。氢气以稍高于大气压的低压保持在发电机中,出现任何泄漏它都将流向出口方向。这样就不会在发电机内部产生氢气和空气的混合物,从而防止发生爆炸。氢气压强的改变,也会使得发电机产生的功率改变。当氢气处于高压时,冷却效果增强的同时发电机的功率也会增加。

总的来说,交流发电机的输出电压值取决于:电枢导体的长度,磁场强度,转子转动速度。因为电枢导体的长度是固定的,而且大部分交流发电机都以一个恒定的速度工作,所以发电机所产生的电压值就通过增强或减弱磁场强度加以控制。在一般情况下,激励作用将自动变化以响应负载的变化,从而保持电路应用系统中恒定的线电压。应用系统的严重扰动将会引起发电机输出电压的骤降,这就要求励磁机必须反应迅速以保证交流电压恒定。

5.1.3 电量的标识

由于交流电路中的电量都是随时间变化的量,所以通常使用符号 u、i 和 p 分别表示交流电路中的电压、电流和功率的瞬时值。

5.2 正弦交流电的三要素

当交流发电机的电枢转完完整的一个回转时,在其输出端产生一个正弦波电压。这个正弦波电压的电压值和极性都在变化。

如果线圈以一个恒定的速度旋转,则每秒切割磁力线的数量随线圈的位置变化。当线圈平行于磁场运动时,它不切割磁力线,因此这时不产生电压。当线圈垂直于磁场运动时,所切割的磁力线达到最大数,因此这时产生电压的最大值或峰值。在这两点间,电压按线圈切割磁力线的角度的正弦值变化。

图 5.9 给出了线圈的四个特殊位置,这些位置都处于线圈运动一个完整回转的中间位置。图中表明了在线圈一个旋转循环中电压是如何增加和减少。注意每半周电压方向反转,这是因为每一回转中线圈各个边必定先向下然后向上穿过磁场。当线圈以 90° 切割磁场时将会感应得到最大的电压。当导体平行于磁场方向运动时,线圈与磁场成 0° 或 180° 时,此时导体中感应产生零电压。

正弦电压和电流都是按照正弦规律周期变化的,其特征表现在变化的快慢、大小和初始值三个方面,而它们分别有频率(或周期)、幅值(或有效值)和初相位来确定的。因此,频率、幅值和初相位就称为确定正弦量的三要素。

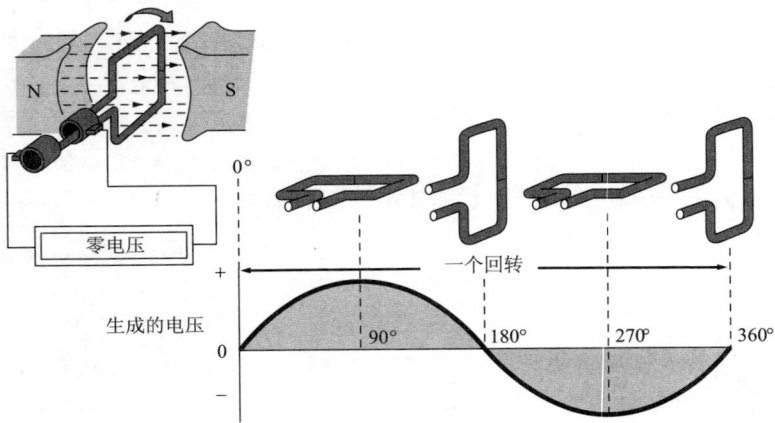

图 5.9　正弦波的产生

5.2.1　周期和频率

正弦波是最基本也是应用最广泛的交流波形。涉及交流正弦波电压或电流的一些重要的特性及术语列出如下。

周（或循环）。周是交替电压或交替电流的一个完整波（图 5.10）。在产生一个输出电压周时，电压的极性改变或交替两次。这些大小相等但方向相反的半周被看做是更迭，分别用正更迭和负更迭区分二者。

周期。用来产生一个完整周所需的时间称为周期 T（图 5.11）。周期一般用秒（s）来度量，或者使用更小的时间单位如毫秒（ms）或微秒（μs）。

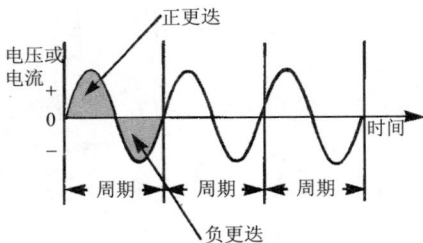

图 5.10　正弦波的周期

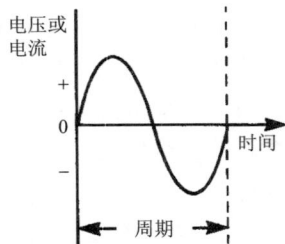

图 5.11　正弦波的周期

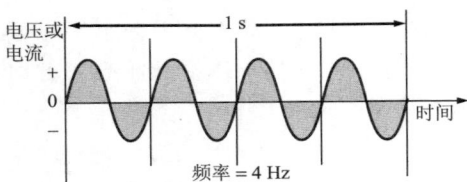

图 5.12　正弦波的频率

频率。每秒所产生的电压周的数量就是正弦波的频率（图 5.12）。

频率和周期的关系是互为倒数的。即

$$f = \frac{1}{T} \text{ 或 } T = \frac{1}{f} \tag{5.1}$$

我国和大多数国家都采用 50Hz 作为电力的标准频率,有些国家(如美国、日本等)采用 60Hz,如北美地区的交流电标准频率为 60Hz。这种频率在工业上被广泛应用,通常习惯上称为工频。交流电动机和照明设备使用的都是这种频率。

在其他领域还有各种不同的频率,如收音机中波段的频率是 530—1600Hz,短波段是 2.3—23MHz;移动通信的频率是 900MHz 和 1800MHz;无线通信中使用的频率可高达 300GHz。

正弦量变化的快慢除了用周期和频率表示外,还可以用角频率 ω 来表示。一个周期内正弦量经过了 2π 弧度,则角频率为:

$$\omega = \frac{2\pi}{T} = 2\pi f \tag{5.2}$$

角频率的单位是弧度每秒(rad/s)。

由上式可知,ω、T、f 只要知道其中一个,另两个都可知道。因此,有的书也把角频率 ω 叫做正弦量的三要素之一。

如图 5.13 所示为一个周期的正弦波形,表示的为正弦电流 i,当 i 的方向与参考方向一致时,i 为正值,对应波形的上半周;当 i 的方向与参考方向相反时,i 为负值,对应波形的下半周。

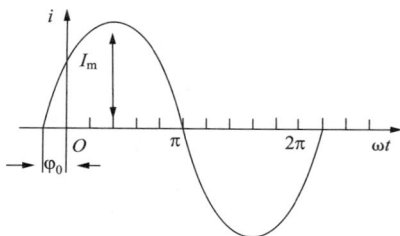

图 5.13 正弦波形

例题 5.1

我国电力系统的工业标准频率(工频)为 50Hz,求其周期和角频率。

解:周期

$$T = \frac{1}{f} = \frac{1}{50}s = 0.02s = 20ms$$

角频率

$$\omega = 2\pi f = 2 \times 3.14 \times 50 \text{rad/s} = 314 \text{rad/s}$$

5.2.2 幅值与有效值

正弦量在任一瞬间的值称为瞬时值,用小写字母表示,如 i,u 分别表示电流和电压的瞬时值。瞬时值中的最大值称为幅值或最大值,用带下标 m 的大写字母表示,如 I_m 和 U_m 分别表示电流和电压的幅值。以电流为例,电流瞬时值的表达式为:

$$i = I_m \sin(\omega t + \varphi) \tag{5.3}$$

上式中 i 为电流的瞬时值,I_m 为电流的幅值,即最大值,ω 为角频率,φ 为初相位,将在下节介绍。有的书中将表达式中的正弦写成余弦的形式,本质上是一样的,本书中都以正弦形式来讨论。

通常,周期性电流、电压的瞬时值随时间而变,为了衡量其平均效果,工程上采用有效值来表示。电气或电子设备上标定的额定电压或电流都不是指的幅值,而是有效值。

有效值是从热效应来规定的。交流电流 i 通过电阻 R 在一个周期内所产生的热量和直流电流 I 通过同一电阻 R 在相同时间内所产生的热量相等,则这个直流电流 I 的数值叫做交流电流 i 的有效值,用大写字母表示,如 I、U 等。

根据定义,交流电流 i 通过电阻 R 在一个周期内所产生的热量为 $\int_0^T Ri^2\,\mathrm{d}t$,直流电流 I 通过同一电阻 R 在相同时间内所产生的热量为 I^2RT,二者相等,则有:

$$\int_0^T Ri^2\,\mathrm{d}t = I^2RT$$

由此得出周期电流的有效值为

$$I = \sqrt{\frac{1}{T}\int_0^T i^2\,\mathrm{d}t}$$

此式适用于周期性变化的量,不能用于计算非周期量。

为方便起见,设电流 $i = I_\mathrm{m}\sin\omega t$,不影响最终结果。则电流

$$I = \sqrt{\frac{1}{T}\int_0^T I_\mathrm{m}^2\sin^2\omega t\,\mathrm{d}t}$$

由于

$$\int_0^T \sin^2\omega t\,\mathrm{d}t = \int_0^T \frac{1-\cos 2\omega t}{2}\,\mathrm{d}t = \frac{1}{2}\int_0^T \mathrm{d}t - \frac{1}{2}\int_0^T \cos 2\omega t\,\mathrm{d}t$$

$$= \frac{T}{2} - 0 = \frac{T}{2}$$

所以

$$I = \sqrt{\frac{1}{T}I_\mathrm{m}^2\,\frac{T}{2}} = \frac{I_\mathrm{m}}{\sqrt{2}} \tag{5.4}$$

同理可以得到周期电压的有效值为

$$U = \sqrt{\frac{1}{T}\int_0^T u^2\,\mathrm{d}t}$$

当周期电压为正弦量时,则有

$$U = \frac{U_\mathrm{m}}{\sqrt{2}} \tag{5.5}$$

一般所讲的正弦交流电的大小如 220V 和 380V,都指的是有效值,一般的交流电压表电流表测定也都是电压和电流的有效值。

例题 5.2

电容的耐压值为 250V，问能否用在 220V 的单相交流电源上？

解：因为 220V 的单相交流电源为正弦电压，其振幅值为 311V，大于其耐压值 250V，电容可能被击穿，所以不能接在 220V 的单相电源上。各种电器件和电气设备的绝缘水平（耐压值），要按最大值考虑。

5.2.3 初相位和相位差

正弦是随时间变化的，要确定一个正弦量须从计时起点（$t=0$）开始。计时起点不同，正弦量的初始值也不相同。

以电流为例，电流瞬时值的表达式为：

$$i=I_m \sin(\omega t + \varphi)$$

式中的（$\omega t + \varphi$）成为正弦量的相位，它随时间变化，正是因为相位在随时间不但变化才使得正弦量也随时间变化。

$t=0$ 时的相位称为正弦量的初相位，显然 $t=0$ 时的相位为 φ，它即为初相位。

在一个正弦交流电路中，电压 u 和电流 i 的频率是相同的，但初相位不一定相同。如图 5.14 所示中，电压 u 和电流 i 的表达式为：

$$\left. \begin{array}{l} u=U_m \sin(\omega t + \varphi_1) \\ i=I_m \sin(\omega t + \varphi_2) \end{array} \right\}$$

它们的初相位分别为 φ_1、φ_2。

初相位可以为正，也可以为负，规定初相位的绝对值 $|\varphi|$ 必须小于或等于 π，即必须小于或等于 180°。

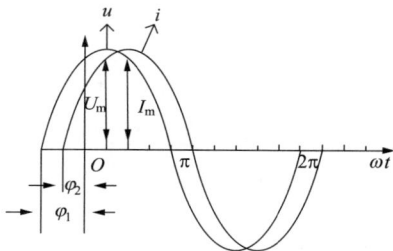

图 5.14 同频率不同相位的正弦交流电压和电流

我们把正弦量中负值向正值变化之间的零点称为正弦量的零点，判断初相位是正还是负，原则是：如果零点在坐标原点的左边，则初相位为正；如果零点在坐标原点的右边，则初相位为负。

两个同频率的正弦量的相位之差也即初相位之差称为相位差，用 θ 表示，如图 5.14 所示电路中的 u 和 i 的相位差为

$$\theta=(\omega t + \varphi_1)-(\omega t + \varphi_2)=\varphi_1-\varphi_2 \tag{5.6}$$

当计时点不同时，二者的初相位会改变，但相位差不会变。注意相位差只对同频率的信号而言的，对不同频率的信号求相位差是没有意义的。

规定相位差的绝对值 $|\theta|$ 也必须小于或等于 π，即 180°。假设如图 5.14 所示电路中的 u 和 i 的相位差为 θ_{12}，则相位差有以下几种情况：

(1) $\theta_{12}=\varphi_1-\varphi_2>0$ 时，称 u 超前于电流 i，如图 5.15(a)所示；

(2) $\theta_{12}=\varphi_1-\varphi_2<0$，称 u 滞后于电流 i，如图 5.15(b)所示；

121

（3）$\theta_{12}=\varphi_1-\varphi_2=0$，称 u 和 i 同相，如图 5.15(c)所示；

（4）$\theta_{12}=\varphi_1-\varphi_2=\pm\pi$，称 u 和 i 反相，如图 5.15(d)所示；

（5）$\theta_{12}=\varphi_1-\varphi_2=\pm\dfrac{\pi}{2}$，称 u 和 i 正交，如图 5.15(e)所示。

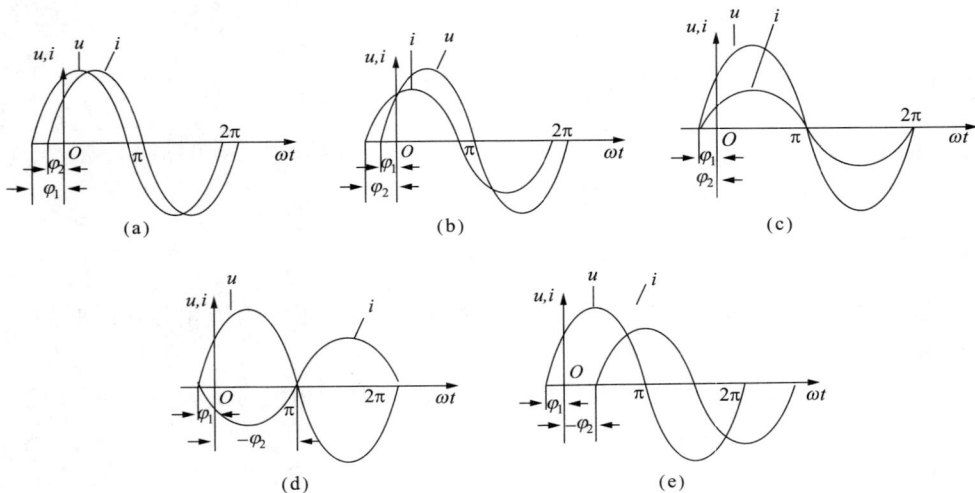

图 5.15　几种相位差的波形图

特别需要注意的是：两个正弦量进行相位比较时应满足同频率、同函数、同符号，且在主值范围比较。

例题 5.3

计算下列两正弦量的相位差：

(1) $\begin{cases} i_1(t)=10\sin(100\pi t+3\pi/4) \\ i_2(t)=10\sin(100\pi t-\pi/2) \end{cases}$　　(2) $\begin{cases} i_1(t)=10\cos(100\pi t+30°) \\ i_2(t)=10\sin(100\pi t-15°) \end{cases}$

(3) $\begin{cases} u_1(t)=10\sin(100\pi t+30°) \\ u_2(t)=10\sin(200\pi t+45°) \end{cases}$　　(4) $\begin{cases} i_1(t)=5\sin(100\pi t-30°) \\ i_2(t)=-3\sin(100\pi t+30°) \end{cases}$

解：(1) 相位差 $\varphi=\dfrac{3}{4}\pi-\left(-\dfrac{\pi}{2}\right)=\dfrac{5}{4}\pi$，由于 $|\varphi|$ 必须小于或等于 π，

$\therefore \varphi=\dfrac{5}{4}\pi-2\pi=-\dfrac{3}{4}\pi$

(2) 由于 $i_1(t)$ 不是标准正弦量的形式，所以将其转化为标准正弦形式为：

$i_1(t)=10\sin(100\pi t+120°)$

$\therefore \varphi=120°-(-15°)=135°$

(3) 由于 $u_1(t)$ 和 $u_2(t)$ 频率不同，所以无法比较相位差。

(4) 由于 $i_2(t)$ 不是标准正弦量的形式，所以将其转化为标准正弦形式为：

$i_2(t)=3\sin(100\pi t+210°)$

$\therefore \varphi = -30° - 210° = -240°$

由于 $|\varphi|$ 必须小于或等于 π

$\therefore \varphi = -240° + 360° = 120°$

5.3 正弦交流电路的相量表示法

5.3.1 正弦交流电路的相量表示

前面介绍过正弦量的两种表示方法,一种是三角函数表示 $i = I_m \sin(\omega t + \varphi)$,另一种是用波形来表示。除了这两种表示方法之外,正弦量还可以用相量来表示。相量法表示的基础是复数,即用复数来表示正弦量。

复数 A 可以有 4 种表示:

$$\begin{cases} A = a + jb \\ A = r\cos\varphi + j\sin\varphi \\ A = re^{j\varphi} \\ A = r\angle\varphi \end{cases} \tag{5.7}$$

第一种为直角坐标式,即代数式,第二种为三角函数式,第三种为指数式,第四种为极坐标形式,这 4 种表示形式可以互相转化。图 5.16 所示为复数 A 的矢量表示。

复数的加减运算用代数式计算较方便,复数的乘除运算用指数式或极坐标式较方便。

设两个复数

$A_1 = a_1 + jb_1 = r_1\angle\varphi_1$

$A_2 = a_2 + jb_2 = r_2\angle\varphi_2$

则加减运算用代数式计算较方便

$A_1 \pm A_2 = a_1 \pm a_2 + j(b_1 \pm b_2)$

乘除运算用指数式或极坐标式较方便

$A_1 A_2 = r_1 r_2 e^{j(\varphi_1+\varphi_2)} = r_1 r_2 \angle(\varphi_1 + \varphi_2)$

$\dfrac{A_1}{A_2} = \dfrac{r_1}{r_2} e^{j(\varphi_1-\varphi_2)} = \dfrac{r_1}{r_2} \angle(\varphi_1 - \varphi_2)$

图 5.16 复平面和复数的矢量表示

现在来讲正弦量如何表示成相量。以电压为例:

由于

$$U_m e^{j\varphi} \cdot e^{j\omega t} = U_m e^{j(\omega t+\varphi)} = U_m \cos(\omega t + \varphi) + jU_m \sin(\omega t + \varphi)$$

通常讨论的正弦量为 $U_m \sin(\omega t + \varphi)$,而 $U_m \sin(\omega t + \varphi)$ 为 $U_m e^{j(\omega t+\varphi)}$ 的虚部,则如果知道了 $U_m e^{j(\omega t+\varphi)}$ 就可以知道 $U_m \sin(\omega t + \varphi)$,它们之间是一一对应的关系。而

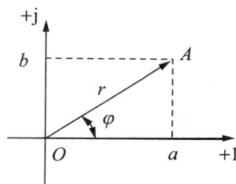

$U_m e^{j(\omega t+\varphi)}=U_m e^{j\varphi}\cdot e^{j\omega t}$。一般的正弦交流电路中讨论的电压和电流都为同频率的正弦量,且为已知的,所以 $e^{j\omega t}$ 为已知的,则如果要知道 $U_m e^{j(\omega t+\varphi)}$,只需要知道 $U_m e^{j\varphi}$ 即可。这样一来,要知道 $U_m \sin(\omega t+\varphi)$,就只需要知道 $U_m e^{j\varphi}$ 即可,它们之间也是一一对应的关系。故在研究正弦交流电路时通常将 $U_m e^{j\varphi}$ 定义为 $U_m \sin(\omega t+\varphi)$ 的幅值相量形式。写成极坐标的形式为:$\dot{U}=U_m\angle\varphi$。由于实际中使用有效值较多,故通常写成有效值相量形式:$\dot{U}=U\angle\varphi$。没有特殊说明,本书中的分析都采用这种相量形式。

注意,相量和正弦量是一一对应的关系,知道了相量,就知道正弦量的有效值和初相位,而一般频率是已知的,因此也就可以知道正弦量,但相量不等于正弦量。

为了与一般的复数相区别,把表示正弦量的复数称为相量,并在大写字母上打"·"。

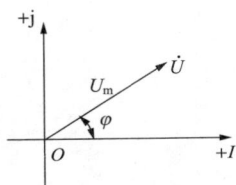

图 5.17　相量图

在复平面上用矢量表示的相量称为相量图,就是按照各个正弦量的大小和相位关系,用有向线段表示的图形。如图 5.17 所示为相量 $\dot{U}$ 的相量图表示。

j 是复数的虚数单位,即 $j=\sqrt{-1}$,$j^2=-1$。表示成指数形式为 $e^{j90°}$,表示成极坐标为 $\angle90°$,任意一个复数乘以 j,其模不变,辐角增加 $90°$,相当于在复平面逆时针旋转 $90°$,任意一个复数乘以 $-j$,其模不变,辐角减少 $90°$,相当于在复平面顺时针旋转 $90°$。所以 j 也被称为旋转因子。

只有同频率的正弦量才能画在同一相量图上,不同频率的正弦量不能画在一个相量图上,否则则无法比较和计算。

因此,表示正弦量的相量形式有两种:相量和相量图。

例题 5.4

已知同频率的正弦量的解析式为 $i=10\sin(\omega t+30°)$ A,$u=220\sqrt{2}\sin(\omega t-45°)$ V,写出电流和电压的相量 $\dot{I}$ 和 $\dot{U}$,并绘出相量图。

解:电流和电压的最大值分别为 10A 和 $220\sqrt{2}$ V,则它们的有效值分别为 $5\sqrt{2}$ A 和 220V,则电流和电压的相量分别为:$\dot{I}=5\sqrt{2}\angle30°$A,$\dot{U}=220\angle(-45°)$V。相量图如图 5.18 所示。

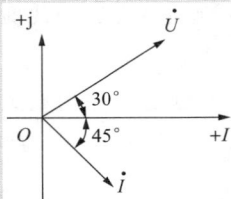

图 5.18

例题 5.5

已知在工频条件下,两电压的相量形式为 $\dot{U}_1=10\sqrt{2}\angle60°$V,$\dot{U}_2=20\sqrt{2}\angle-30°$V,试求两正弦电压的解析式。

解:设 $u_1=A_1\sin(\omega_1 t+\varphi_1)\text{V}$,$u_2=A_2\sin(\omega_2 t+\varphi_2)\text{V}$,则由其相量形式可知,$u_1$ 的有效值为 $10\sqrt{2}\text{V}$,则最大值为 $A_1=10\sqrt{2}\times\sqrt{2}\text{V}=20\text{V}$,同理 $A_2=20\sqrt{2}\times\sqrt{2}\text{V}=40\text{V}$。

而由工频条件可知 $\omega_1=\omega_2=2\pi f=2\times3.14\times50\text{rad/s}=314\text{rad/s}$,

另 $\varphi_1=60°$,$\varphi_2=-30°$,将其代入解析式则有:

$u_1=20\sin(314t+60°)\text{V}$,$u_1=40\sin(314t-30°)\text{V}$。

5.3.2 基尔霍夫定律的相量表示形式

1. 基尔霍夫电流定律(KCL)的相量形式

由基尔霍夫电流定律可知:在任意时刻,对于正弦电路的任一结点而言,流入(或流出)该结点的电流的瞬时值的代数和为零,即:

$$\sum i=0 \tag{5.8}$$

如图 5.19 所示,对于结点 A 来说,有:$i_1-i_2+i_3=0$

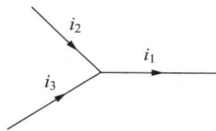

在正弦交流电路中,各个电流都是同频率的正弦量,只有初相位和幅值不同,根据正弦量的和差和相量的和差的对应关系可以得出:在任意时刻,对于正弦电路的任一结点而言,流入(或流出)该结点的电流的相量的代数和为零,即

图 5.19 结点 A 的电流

$$\sum \dot{I}=0 \tag{5.9}$$

这就是基尔霍夫电流定律(KCL)的相量形式。

例题 5.6

已知 $i_A+i_B+i_C=0$,$i_A=5\sqrt{2}\sin(\omega t+120°)\text{A}$,$i_B=4\sqrt{2}\sin(\omega t-120°)\text{A}$,求 i_C。

解:由于 $i_A+i_B+i_C=0$,则其相量式也满足此关系:$\dot{I}_A+\dot{I}_B+\dot{I}_C=0$。

而 $\dot{I}_A=5\angle120°\text{A}=5\cos120°+\text{j}5\sin120°=(-2.5+\text{j}4.33)\text{A}$,

$\dot{I}_B=4\angle(-120°)\text{A}=4\cos(-120°)+\text{j}4\sin(-120°)=(-2-\text{j}3.464)\text{A}$,则

$\dot{I}_C=-(\dot{I}_A+\dot{I}_B)=(-2.5+\text{j}4.33)+(-2-\text{j}3.464)=(4.5-\text{j}0.866)\text{A}$

$=4.58\angle(-10.9°)\text{A}$

---

2. 基尔霍夫电压定律(KVL)的相量形式

由基尔霍夫电流定律可知:在任意时刻,对于正弦电路的任一回路而言,沿着回路绕行一周,各元件的电压的瞬时值的代数和为零,即:

$$\sum u=0 \tag{5.10}$$

同理可以得出:在任意时刻,对于正弦电路的任一回路而言,沿着回路绕行一周,各元件的电压的相量的代数和为零,即

$$\sum \dot{U} = 0 \tag{5.11}$$

这就是基尔霍夫电压定律(KVL)的相量形式。

因此基尔霍夫定律在正弦电路的相量分析中也适用。

5.4　正弦交流电路中的元件分析

分析各种正弦交流电路,不外乎是要确定电路中各元件的电压和电流之间的关系以及讨论功率的问题。因此,首先掌握正弦交流电路中各个元件的电压和电流的关系,就可以分析复杂电路,因为复杂电路都是由元件组合起来的。

5.4.1　正弦交流电路中的电阻元件

元件两端的电压与流过它的电流在直角坐标系中表示的曲线称为伏安特性曲线。如果电阻的伏安特性是一条过坐标原点的支线,则称这种电阻为线性电阻。线性电阻满足欧姆定律。即:$u = iR$。

1. 电压和电流关系

在正弦交流电路中,任意瞬间,电阻两端的电压和流过它的电流同样满足欧姆定律。在图 5.20(a)中,电阻两端的电压和流过它的电流的参考方向如图所示。

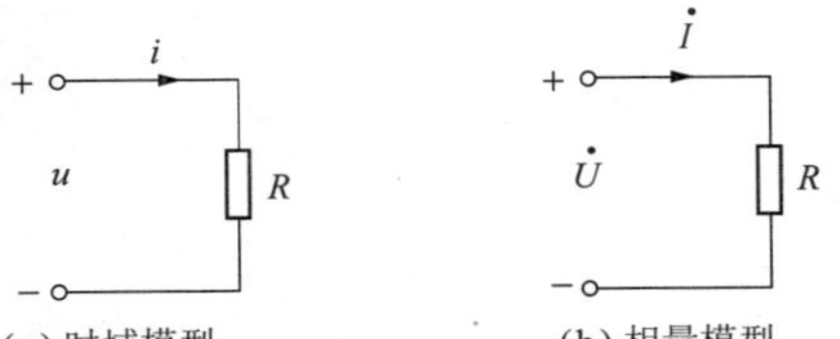

(a) 时域模型　　　　　　　(b) 相量模型

图 5.20　正弦交流电路中电阻元件上的电压电流关系

为讨论方便,假设电阻两端的电压的瞬时值为:

$$u = U_m \sin\omega t = \sqrt{2}\, U \sin\omega t$$

则根据欧姆定律,流过它的电流为:

$$i = \frac{u}{R} = \frac{U_m}{R}\sin\omega t = \frac{\sqrt{2}\, U}{R}\sin\omega t = I_m \sin\omega t = \sqrt{2}\, I \sin\omega t$$

上式说明,流过电阻的电流与电阻两端的电压是同频率的正弦量。并且有如下的关系式:

$$I = \frac{U}{R}, \quad I_m = \frac{U_m}{R} \tag{5.12}$$

并且,电压和电流的初相位相同,即 $\varphi_u = \varphi_i$,相位差为 0。

由上可知,电阻两端的电压和流过它的电流的相量关系为:

$$\dot{U} = \dot{I} R \tag{5.13}$$

即相量形式同样满足欧姆定律。

综上所述有:电阻电阻两端的电压和流过它的电流的相量形式满足欧姆定律,有效值和最大值也满足欧姆定律,电阻两端的电压和流过它的电流是同相位的,即相位差为 0。

例题 5.7

将一个 $1k\Omega$ 的电阻元件接入电压有效值为 220V 的正弦工频交流电源上,则电流是多少? 如果正弦交流电源的频率为 500Hz,则电流又为多少?

解: 电阻元件与频率无关,其两端的电压和电流与电阻之间保持欧姆定律关系,则无论频率如何变化,电流都为:

$$I = \frac{U}{R} = \frac{220}{1000}A = 0.22A$$

---

2. 功 率

在正弦交流电路中,电阻两端的电压和流过它的电流是随时间变化的,因此它吸收的功率也是随时间变化的。我们把任一时刻电阻所吸收的功率称为瞬时功率。用小写字母 p 表示,当电压 u 和电流 i 是关联参考方向时,瞬时功率为:

$$p = ui = U_m\sin\omega t \times I_m\sin\omega t = U_m I_m\sin^2\omega t = UI(1-\cos\omega t)$$
$$= UI - UI\cos^2\omega t \tag{5.14}$$

由此可见,p 是由两部分组成的,第一部分是常数 UI,第二部分是幅值为 UI,但以角频率 2ω 变化的正弦量 $UI\sin2\omega t$,p 随时间变化的波形图如图 5.21 所示。由于电阻的电压和电流是同相的,他们的瞬时值总是同正同负,故瞬时功率 p 总为正值,说明电阻元件在每一瞬间都是在吸收功率,因此电阻是耗能元件。

由于瞬时功率总是随时间变化,因此工程中常用瞬时功率在一个周期内的平均值来衡量电阻消耗的功率,称为平均功率,用大写字母 P 来表示。平均功率又称为有功功率,单位为瓦(W),还有千瓦(kW),兆瓦(MW)等。

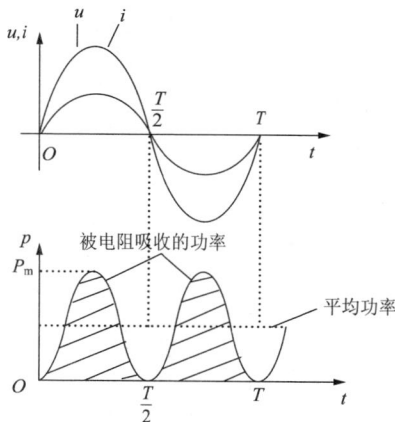

图 5.21 电阻元件的瞬时功率波形图

根据定义,得出平均功率

$$P = \frac{1}{T}\int_0^T p\,\mathrm{d}t = \frac{1}{T}\int_0^T UI(1-\cos^2\omega t)\mathrm{d}t = UI = I^2R = \frac{U^2}{R} \tag{5.15}$$

上式与直流电路中计算电阻的功率形式是一样的,注意这里的 U、I 为电压和电流的有效值。

例题 5.8

一盏 220V、100W 的白炽灯,两端电压为 $u=311\sin(314t+30°)$V。

求(1)通过白炽灯的电流的瞬时值表达式和相量;(2)假设每天使用 5h,每度电收费 0.5 元,则每月(按 30 天计)应该付多少电费?

解:(1)由于白炽灯属于纯电阻负载,故其满足欧姆定律

则其电阻 $R=\dfrac{U^2}{P}=\dfrac{220^2}{100}\Omega=484\Omega$

电压的相量表达式为:$\dot{U}=U\angle\varphi=\dfrac{311}{\sqrt{2}}\angle30°=220\angle30°$V

则电流的相量为:$\dot{I}=\dfrac{\dot{U}}{R}=\dfrac{220\angle30°}{484}=0.45\angle30°$A

则电流的瞬时值表示式为:$\dot{I}=0.45\sqrt{2}\sin(314t+30°)$A

(2)每月消耗的电能为:

$$W=Pt=UIt=100\times5\times30=15\text{kW}\cdot\text{h}$$

则电费为:$15\times0.5=7.5$ 元

5.4.2　正弦交流电路中的电容元件

1.电压和电流的关系

当电容连接于交流电路时,极板上的电荷随着外施电压极性的变化而反转。极板交替地充电和放电,结果是形成稳定的交流电电流(图 5.22)。电子通过外部电路从极板上流进和流出。电路中的电流仅仅看起来像是通过电介质,实际上并没有通过电介质。这就是人们通常说的电容能使交流通过,但阻隔直流。

如图 5.23 所示是只含有电容的交流电路。

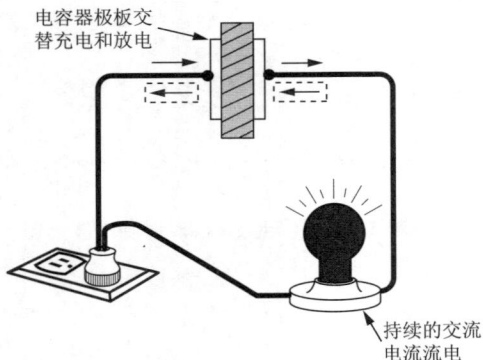

图 5.22　交流电路中电容的效应

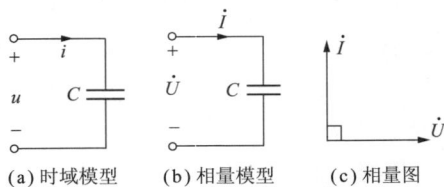

(a) 时域模型　　　(b) 相量模型　　　(c) 相量图

图 5.23　电容元件上的电压和电流关系

假设电容两端的电压为 $u = U_m \sin\omega t = \sqrt{2}\,U\sin\omega t$

则流过电容的电流为

$$i = C\frac{\mathrm{d}u}{\mathrm{d}t} = \omega C U_m \cos\omega t = I_m \sin(\omega t + 90°) \qquad (5.16)$$

说明,电容两端的电压和流过它的电流是同频率的正弦量。

2. 电容的相移

电容会引起电压和电流的相移。然而,在电容引起的相位变化中,电流领先于电压。这可以解释为,当直流电压刚外施于电容时,电流为最大值,然后随着电容两端电压的增加,电流逐渐变小。也就是说,电流领先于电压。

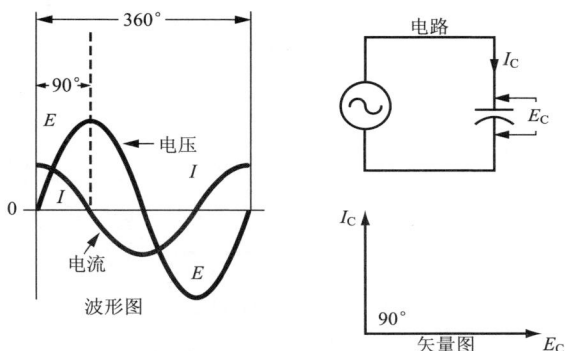

图 5.24 理想电容中电流领先电压 90°

图 5.24 说明,当外施交流电源时外部电路中电流和电容两端电压之间的相位关系。理想电容中,电流整整领先电压 90°。这是因为电流的最大值对应于电容完全充电的时刻(两端电压为零伏)。当电容充满电时,电流停止或变为零。因为使用交流源,施于电容的电压一直引起电容在一个方向充电,再在另一个方向放电。

$\varphi_u - \varphi_i = -90°$,即电压的相位比电流的相位滞后 90°。规定:电压比电流的相位超前时,相位差 θ 为正,否则为负。因此,电容的相位差为负。

3. 容抗

电容阻碍交流电路中的电流。不同规格的电容的阻碍量也不同。由电容带来的对交流电路电流流动的阻碍作用称为"容抗"。容抗用欧姆计量并用符号 X_c 表示。电容的容抗和它的电容成反比。也就是说,电容的电容(C)越大,它的容抗(X_c)或对电流的阻碍作用就越小。图 5.25 说明了这一事实,图中 $10\mu F$ 和 $50\mu F$ 的电容分别串联于一个电灯并工作于相同电压和频率的交流电源。较大的 $50\mu F$ 的电容可以储存和释放更多的电量。结果,相比于 $10\mu F$ 的电路,$50\mu F$ 的电路中电流更大,电灯的亮度更高。

电容的容抗也同样和交流电源的频率成反比。对于给定的电容,电压源频率

129

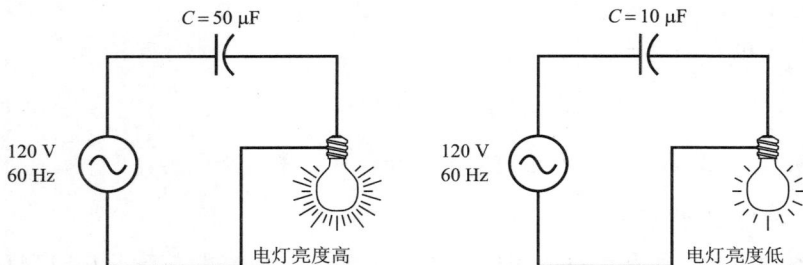

图 5.25　相比于 $10\mu\text{F}$ 的电路，$50\mu\text{F}$ 的电路中电流更大电灯的亮度更高

的增加使得它的充电率和放电率也增加。其结果是容抗更小，交流电流更大。图 5.26 说明了这一事实，图中电容和电灯串联并分别工作于 60Hz 和 600Hz 的交流电源。当频率由 60Hz 增至 600Hz，在相同的电容条件下，电流增大，电灯的亮度增加。

图 5.26　相比于 60Hz 的电路，600Hz 的电路中电流更大电灯的亮度更高

容抗是表示电容对电流阻碍作用大小的物理量，它与 ωC 成反比。

电容两端的电压和流过它的电流的最大值、有效值之间的关系为：

$$I_\text{m}=\omega C U_\text{m} \text{ 或 } U_\text{m}=\frac{I_\text{m}}{\omega C}$$

$$I=\omega C U \text{ 或 } U=\frac{I}{\omega C}$$

令　$X_\text{C}=\dfrac{1}{\omega C}=\dfrac{1}{2\pi fC}$

则有：

$$I_\text{m}=\frac{U_\text{m}}{X_\text{C}} \text{ 或 } I=\frac{U}{X_\text{C}} \tag{5.17}$$

这叫电容元件的欧姆定律。

电容的容抗可由下式计算：

$$X_\text{C}=\frac{1}{2\pi fC} \tag{5.18}$$

其中，X_C 为容抗，单位欧姆（Ω）；f 为频率，单位赫兹（Hz）；C 为电容，单位法

拉(F)。

在只包含电容的交流电路中,容抗是唯一阻碍电流的因素。欧姆定律公式中电阻由容抗代替:$I=\dfrac{U}{X_C}$。

例题 5.9

$100\mu F$ 的电容连接于 $120V$、$60Hz$ 的电源。

(a) 计算电容的容抗。

(b) 电路中的电流为多少?

解:(a) $X_C=\dfrac{1}{2\pi fC}=\dfrac{1}{2\times3.14\times60\times100\times10^{-6}}=26.5\Omega$

(b) $I=\dfrac{U}{X_C}=120V/26.5\Omega=4.53A$

对于电容来说,频率越高,它的容抗越小;反之,频率越低,容抗越大。也就是说,电容对低频电流呈现的阻力大,对高频电流呈现的阻力小。直流时,频率 $f=0$,故 $X_C=\infty$,电容相当于开路。故电容有"隔直流,通交流"的作用。在电子电路应用中,通常用于信号耦合、隔直流、旁路和滤波等。

注意,电容的电压和电流的瞬时值不满足欧姆定律,容抗也不等于瞬时电压和电流的比值。只是电容上的电压和电流的有效值或最大值满足欧姆定律。

由于电容上的电压和电流在有效值上满足欧姆定律,在相位上电压滞后电流 $90°$,则用相量表示电容上的电压和电流的关系如下:

$$\frac{\dot{U}}{\dot{I}}=\frac{U}{I}e^{j(\varphi_u-\varphi_i)}=\frac{U}{I}e^{-j90°}=-jX_C$$

或写成:$\dot{U}=-jX_C\dot{I}$ \hfill (5.19)

这就是电容上的电压和电流的相量关系式。

4. 功 率

(1) 瞬时功率

电容的瞬时功率

$$p=ui=U_mI_m\sin\omega t\sin(\omega t+90°)=U_mI_m\sin\omega t\cos\omega t$$

$$=\frac{U_mI_m}{2}\sin2\omega t=UI\sin2\omega t \tag{5.20}$$

由上式可知,p 是一个以 2ω 的角频率随时间变化的正弦量。它的幅值为 UI,波形如图 5.27 所示。

在第一和第三个 $\dfrac{1}{4}$ 周期内,电容在充电,这时电容从电源处取得电能存储在电场中,即它吸收功率,故 p 是正的,在第二和第四个 $\dfrac{1}{4}$ 周期,电容放电,这时电容将

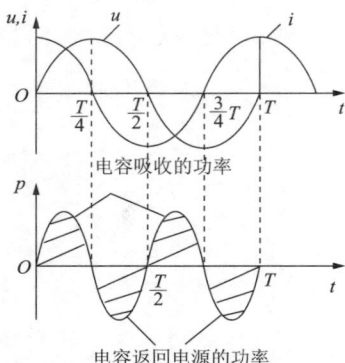

图 5.27　电容元件上的瞬时
功率波形图

能量归还给电源,它释放功率,故 p 是负的。

（2）平均功率

电容的平均功率

$$P = \frac{1}{T}\int_0^T p\,\mathrm{d}t = \frac{1}{T}\int_0^T UI\sin2\omega t\,\mathrm{d}t = 0$$

（5.21）

说明电容是不消耗能量的,电容只与电源之间发生能量交换。

（3）无功功率

电容不消耗能量,它只暂时储存能量。因为 90°的相移,电压和电流在半周时间内极性相同,在另外半周时间内极性相反（图 5.28）。当电压和电流有相同的极性时,能量储存于电容的静电场中。当电压和电流极性相反时,储存的能量释放回电路。尽管纯电容电路中存在电压和电流,但是事实上并没有有功功率产生。

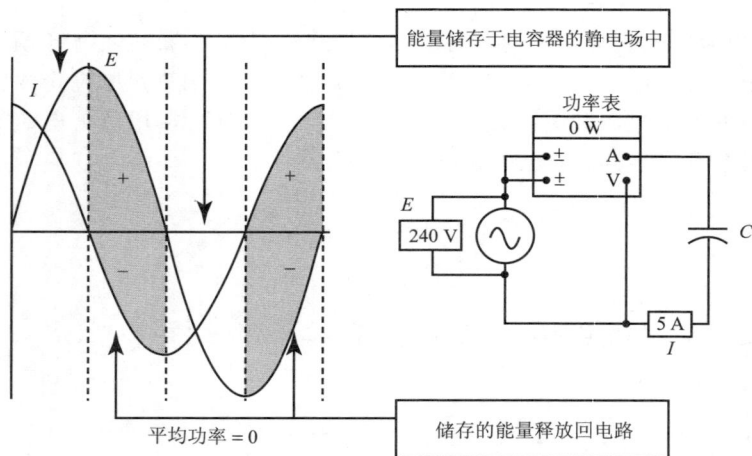

图 5.28　纯电容电路中的功率为零

与电容有关能量交换的大小用无功功率来衡量。无功功率用大写字母 Q 来表示。定义电容元件的无功功率为电压和电流有效值的乘积的负值,即

$$Q_C = -UI = -X_C I^2$$

（5.22）

其中,Q_C 为电容上的无功功率,单位为乏（Var）,U 为电容上外加电压的有效值,单位为伏（V）,I 为流经电容的电流的有效值,单位为安（A）,X_C 为容抗,单位为欧（Ω）。

例题 5.10

电容的电阻可忽略，当连接于 120V、60Hz 的交流电源时，电流为 2.5A，计算：

(a) 电容的容抗。

(b) 电容的无功功率。

(c) 有功功率。

解：(a) $X_C = \dfrac{U}{I} = 120\text{V}/2.5\text{A} = 48\Omega$

(b) $Q_C = -UI = -120 \times 2.5 = -300\text{Var}$

(c) 有功功率为零。

例题 5.11

已知一个电容元件的电容 $C = 4.7\mu\text{F}$，流过的电流为 $i = 5\sqrt{2}\sin(200t + 60°)$。

求：(1)电容元件的容抗；(2)关联参考方向下的电压 u；(3)电容元件的无功功率。

解：(1) 电容元件的容抗为

$$X_C = \frac{1}{\omega C} = \frac{1}{200 \times 4.7 \times 10^{-6}} = 1.06\text{k}\Omega$$

(2) 由电流的解析式，可得到电流的相量为

$\dot{I} = 5\angle 60°\text{A}$，则电压的相量

$$\dot{U} = -\text{j}X_C\dot{I} = -\text{j} \times 1.06 \times 10^3 \times 5\angle 60° = 5.3 \times 10^3 \angle(-30°)\text{V}$$

则电压的瞬时值表达式为：

$$u = 5.3\sqrt{2} \times 10^3 \sin(200t - 30°)\text{V}$$

(3) 无功功率为：$Q_C = -UI = -5.3 \times 10^3 \times 5 = -2.65 \times 10^4\text{Var}$

5.4.3　正弦交流电路中的电感元件

1. 电压和电流的关系

在交流电路中，导线中变化的电流产生的磁场随着电流的扩展和衰落，产生持续的感应效应。一些电感存在于所有交流电路中，但在交流负载中更加显著的电感是诸如包含线圈的电动机和变压器。因此，电感是交流电路中基本的负载类型。

在任意类型的电感电路中，电流改变的方向和感应电压的方向之间有着重要的关系。这个关系由楞次定律表述，如下：

感应电压作用的方向总是阻碍产生它的电流变化。

楞次定律与感应电压的极性和电流的方向有关。整个法则就是电感总是阻碍电流的改变。变化的磁场感应产生的电流的自身磁场将阻碍产生它的磁场的变化（图 5.29）。反向的磁场在相同时间和空间产生一对相差为 180°的力。在打开发电机并产生电的时候将会感到这两个场力的作用。产生的电流越大，阻碍力就越大。

导线或线圈自身磁场所感应生成的电压称为反电动势（CEMF）。因为电动势

图 5.29　变化磁场感应产生的电流所产生的自身磁场将阻碍产生它的磁场

总是 180°不同相,并将电流往另一个相反方向推动。这个概念在图 5.30 中说明。当电源电压增长时,反电动势的极性将阻碍电源电压的增长。当电源电压减小时,反电动势将帮助电源电压使其电流保持恒定。

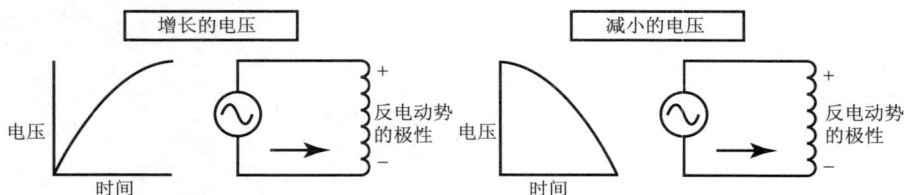

图 5.30　电源电压和感应生成电压相互阻挠

也可以从能量的转化和储存的角度观察电感。流经电感的电流产生磁场,该磁场储存能量。磁场中所储存能量的值是电流和电感的函数。理想的电感(假设没有绕组电阻)不消耗能量,只储存能量。当交流电压施加于电感时,在周期中的某一阶段能量被储存,在周期中的另一阶段所储存的能量被返回电源。理想的电感没有将能量转化为热量的净损失。这个与交流电路中的纯电阻负载将所有能量转化为热量形成了对比。

如图 5.31 所示是只含有电感的交流电路。

(a) 时域模型　　　　(b) 相量模型　　　　(c) 相量图

图 5.31　电感元件上的电压和电流关系

假设流过线圈的电流为 $i = I_m \sin\omega t = \sqrt{2}\, I \sin\omega t$

则电感两端的电压为

$$u = L\frac{\mathrm{d}i}{\mathrm{d}t} = \omega L I_m \sin(\omega t + 90°) = U_m \sin(\omega t + 90°) \tag{5.23}$$

说明,电感两端的电压和流过它的电流是同频率的正弦量。

2. 感　抗

在直流电路中,电流只有在电路关闭开启电流和电路开启断开电流时变化。然而,交流电路中电压每次交替时,电流都在持续变化。因为电路中的电感阻碍电流的改变,而交流电流又一直在变化,电感对交流电流所表现的这种阻碍作用,称为感抗。

感抗以欧姆(Ω)计量,并且用符号 X_L 表示。连接于直流电源的线圈中的电流仅由线圈电阻所决定。而连接于交流电源的线圈中的电流取决于线圈的线电阻和感抗。图 5.32 电路说明了这一事实。在直流电路中,线圈的电阻低而且没有感抗(X_L)。在交流电路中,线圈的电阻低,但是感抗很高。因此比起交流电路,直流电路中的电流更大,作为负载的灯的亮度也更高。

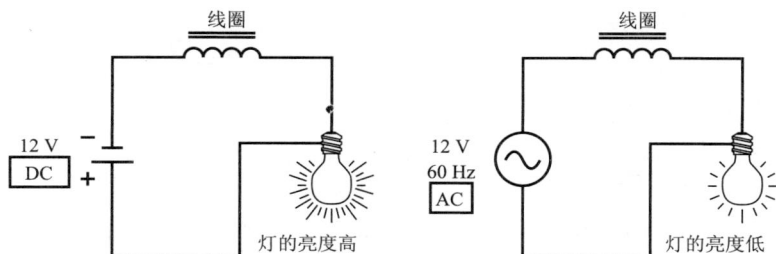

图 5.32　与交流电路相比,直流电路中的电流更大而且灯的亮度也更高

线圈的感抗和电感值成正比。也就是电感值(L)越高,感抗值(X_L)越大。图 5.33 电路图说明了这一现象,图中 5mH 和 10mH 的电感均与电灯和相同频率以及相同电压的交流电源串联。比较大的 10mH 电感所产生感抗的值大于 5mH 电感产生的感抗值。图中的结果是,与 10mH 的电路相比,5mH 电路中电流更大且电灯亮度也更高。

图 5.33　与 10mH 的电路相比,5mH 电路中电流更大而且电灯亮度也更高

线圈的感抗同样和交流电源的频率成正比。对于任何给定的线圈,电压源频率的增加使电流在线圈中的变化率增加。这导致变化的电流产生的磁力线以更大的速度切割线圈,因此反向电压增强。图 5.34 电路说明了这一现象,图中的电感和电灯串联,分别工作于 60Hz 和 300Hz 的交流电源。更高的频率产生了更大的感抗,即更大阻碍电流的欧姆值。图中结果是,工作于 60Hz 的电路比起工作于

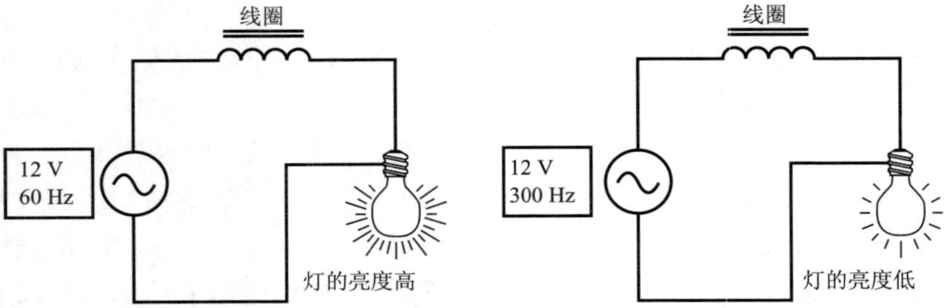

图 5.34　电路工作于 60 Hz 比起工作于 300 Hz 时,电流值更大而且电灯亮度更高

300 Hz 的电路,电流值更大且电灯亮度更高。

交流电路中的感抗依赖于电感的值和电路中电流的频率。电感尺寸的增加和/或频率的增加都会引起对电流更大的阻碍。感抗是表示电感对电流阻碍作用大小的物理量,它与 ωL 成正比。

计算感抗的公式为

$$X_L = \omega L = 2\pi f L \qquad\qquad (5.24)$$

其中,X_L 称为电感的感抗,单位欧[姆](Ω);f 为交流电的频率,单位赫[兹](Hz);L 为电感,单位亨(H);2π 等于 6.28(代表 2π 弧度,360°或一周)。

一个纯的或理想的电感的电阻应该为零。它不会把电能转化为热量。理论上的交流电路只包含纯电感,感抗为限制电流的唯一因素。电流通过欧姆定理用 X_L 代替 R 得到:

$$U = X_L I \qquad\qquad (5.25)$$

基本上,相比于感抗,继电器和螺线管中交流线圈的直流电阻对电流的阻碍很小。当感抗大于直流电阻十倍以上时,线电阻可以忽略不计。

例题 5.12

频率为 60 Hz 时,5 亨电感的感抗为多少?

解:$X_L = 2\pi f L = 2\pi \times 60\,\text{Hz} \times 5\,\text{H} = 6.28 \times 60 \times 5 = 1884\,\Omega$

例题 5.13

100 mH(0.1 H)的线圈连接于 48 V、60 Hz 的交流电源,计算其中的电流。假设线圈中导线的电阻可以忽略。

解:$X_L = 2\pi f L = 2\pi \times 60\,\text{Hz} \times 0.1\,\text{H} = 6.28 \times 60 \times 0.1 = 37.7\,\Omega$

$$I = \frac{U}{X_L} = \frac{48\,\text{V}}{37.7\,\Omega} = 1.27\,\text{A}$$

3. 电感中的相移

在仅包含电阻的交流电路中,电压正弦波和电流正弦波同相。这表明电压达到峰值时,电流也达到峰值(图 5.35)。当电压为零时,电流也为零。

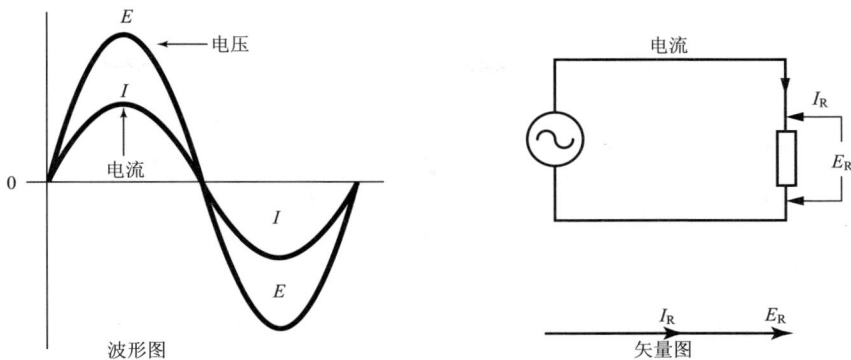

图 5.35 在交流电阻电路中电压和电流同相

在交流电感电路中,电流不能立刻随着外施电源电压增加,因为电流被电感感应生成的反向电压所阻碍。在纯电感电路中,电流在时间上稍慢于电压达到峰值。图 5.36 说明了这一相位关系。由图可见,电流峰落后于电压峰 1/4 周期。这是因为交流电在电感中产生一个自感电压,它的相位与电感中电流差 90°。因此电流比电压延迟 90°。

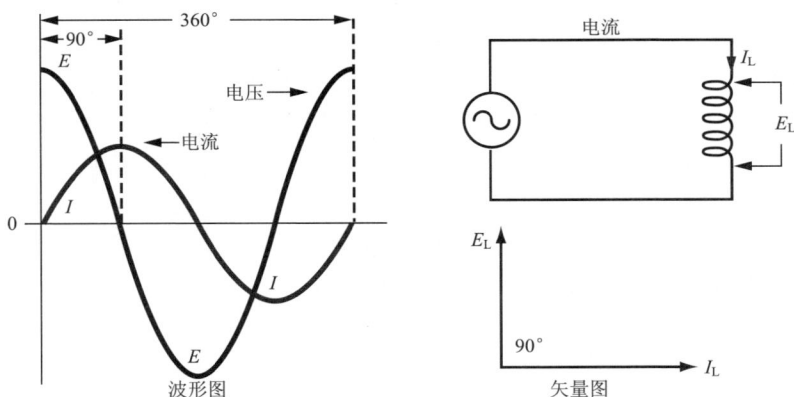

图 5.36 在纯电感电路中,电流比电压延迟 90°

电容中的相移恰好和电感中的相移相反。电容中电流领先于电压 90°,而在电感中则电流落后于电压 90°。在串联电路中,电容和电感的电压相位差是 180°;而在并联电路中电容和电感的电流相位差是 180°。在串联电路中,电感和电容的电压互为反向(图 5.37)。在并联电路中,电感和电容的电流互为反向(图 5.38)。

对于电感来说没,$\varphi_u - \varphi_i = 90°$,即电压的相位比电流的相位超前 90°。

电压和电流的最大值、有效值之间的关系为:

$$U_m = \omega L I_m \text{ 或 } I_m = \frac{U_m}{\omega L}$$

137

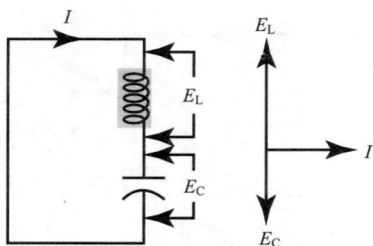

图 5.37　串联电路中电感和
电容的电压互为反向

图 5.38　并联电路中电感和电容的
电流互为反向

$$U = \omega L I \text{ 或 } I = \frac{U}{\omega L}$$

令　$X_L = \omega L = 2\pi f L$

则有：

$$I_m = \frac{U_m}{X_L} \text{ 或 } I = \frac{U}{X_L} \tag{5.26}$$

由上式可知：对于电感来说，频率越高，它的感抗越大；反之，频率越低，感抗越小。也就是说，电感对低频电流呈现的阻力小，对高频电流呈现的阻力大。直流时，频率 $f=0$，故 $X_L=0$，电感相当于短路。故电感有"通直流，隔交流"的作用。在电子电路应用中，通常用于信号耦合、滤波和制作高频扼流圈等。

注意，电感的电压和电流的瞬时值不满足欧姆定律，感抗也不等于瞬时电压和电流的比值。只是电感上的电压和电流的有效值或最大值满足欧姆定律。

由于电感上的电压和电流在有效值上满足欧姆定律，在相位上电压超前电流90°，故用相量表示电感上的电压和电流的关系如下：

$$\frac{\dot{U}}{\dot{I}} = \frac{U}{I} e^{j(\varphi_u - \varphi_i)} = \frac{U}{I} e^{j90°} = j X_L$$

或写成：$\dot{U} = j X_L \dot{I}$ (5.27)

这就是电感上的电压和电流的相量关系式。

4. 电感的功率

(1) 瞬时功率

在前面的章节中已经说明，交流纯电阻电路中的功率（瓦特）等于电压乘以电流。这是因为纯电阻电路中电压和电流是同相的。于是电压和电流的乘积永远是正值。这种正功率一般称为有功功率并用瓦特计量，如图 5.39。

在交流纯电感电路中，根据本章前面的介绍电流延迟于电压90°。功率波形由360°内各个时刻电压和电流的乘积得出。当电压和电流的极性相同时功率为正，

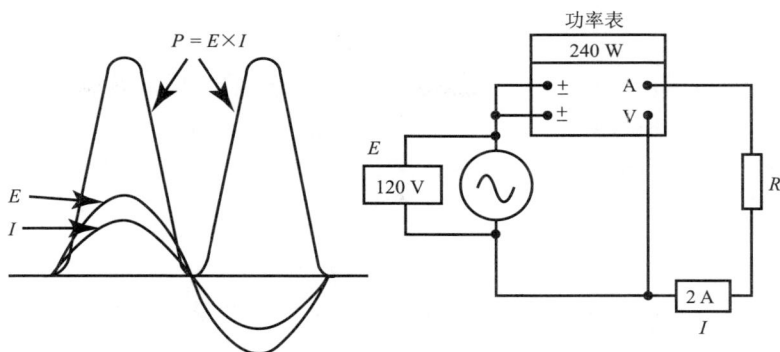

图 5.39 纯电阻电路中的有功功率

当电压和电流极性相反时功率为负。这样得到的功率波形既有正值又有负值。

电感的瞬时功率

$$p = ui = U_m I_m \sin\omega t \sin(\omega t + 90°) = U_m I_m \sin\omega t \cos\omega t$$
$$= \frac{U_m I_m}{2} \sin 2\omega t = UI \sin 2\omega t \tag{5.28}$$

由上式可知，p 是一个以 2ω 的角频率随时间变化的正弦量。它的幅值为 UI，波形如图 5.40 所示。

（2）平均功率

电感的平均功率

$$P = \frac{1}{T}\int_0^T p\mathrm{d}t = \frac{1}{T}\int_0^T UI\sin 2\omega t\,\mathrm{d}t = 0 \tag{5.29}$$

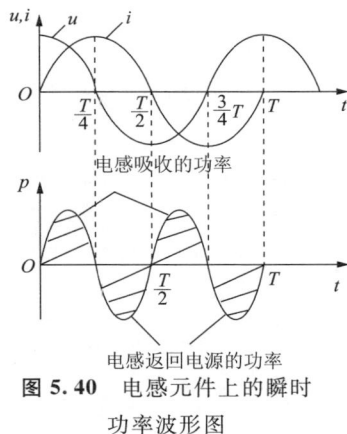

如图 5.40 所示，功率为正值说明电感储存能量，功率为负值说明能量由电感返回电源。由计算得出平均功率为零。这说明纯电感电路中没有能量消耗。尽管有电压和电流存在，纯电感电路的功率一直为零。说明电感和电容一样，是不消耗能量的，电感只与电源之间发生能量交换。

图 5.40 电感元件上的瞬时功率波形图

（3）无功功率

既然纯电感电路中电压和电流的乘积不是算术为零，纯电感电路的这一乘积必然代表其他不同类型的功率。与电感相关联的功率是一种"磁功率"，也被称为电感无功功率。

能量交换的大小用无功功率来衡量。定义电感元件的无功功率为电压和电流有效值的乘积。即

$$Q = UI = X_L I^2 \tag{5.30}$$

其中 Q 为无功功率,单位为乏(VAR),U 为电压的有效值,单位为伏(V),I 为电流的有效值,单位为安(A)。

由于无功功率是交换瞬时功率的幅值,本身不消耗能量,但考虑到电感和电容上的功率具有相互抵消的性质,故工程上规定:电感吸收无功功率,电容发出无功功率。因此当电路为感性时,则电路吸收无功功率,$Q>0$;当电路为容性时,电路发出无功功率,$Q<0$。

5. 电感的故障检修

电感经常因为开路或短路的情况损坏。一个检测电感是否断开或短路的简单方法是用欧姆表测量其直流电阻。一般电阻值和组成电感导线的尺寸(直径)、圈数(长度)有关。一些细金属丝和圈数多的线圈电阻为几百欧姆;大直径的、优质绕线和圈数少的大型线圈电阻为十几欧姆。如果根本没有测到电阻,说明电感断开。

例题 5.14

可忽略电阻的电感中电流为 2A,当它连接于一个 120V、60Hz 交流电源时,计算:

(a)电感的感抗。

(b)无功功率。

(c)有功功率。

解:(a) $X_L I = \dfrac{U}{I} = 120V/2A = 60\Omega$

(b) $Q = UI = 120V \times 2A = 240VARs$ 或 $VARs = I2L \times XL = 2 \times 2 \times 60 = 240VARs$

(c)有功功率为零。

例题 5.15

已知一电感元件的电感 $L=10mH$,电感两端的电压为 $u = 220\sqrt{2}\sin(314t+60°)V$。

求:(1)电感元件的感抗;(2)关联参考方向下的电流 i;(3)电感元件的无功功率。

解:(1)电感元件的感抗为

$$X_L = \omega L = 314 \times 10 \times 10^{-3} = 3.14\Omega$$

(2)由电压的解析式,可得到电压的相量为 $\dot{U} = 220\angle 60°V$,则电流的相量 $\dot{I} = \dfrac{\dot{U}}{jX_L} =$

$\dfrac{220\angle 60°}{j3.14} = \dfrac{220\angle 60°}{3.14\angle 90°} = 70.06\angle(-30°)A$

得出电压的瞬时值表达式为:$i = 70.06\sqrt{2}\sin(314t-30°)A$

(3)无功功率为:$Q_L = UI = 220 \times 70.06 = 1.54 \times 10^4 Var$

现将几种正弦交流电路中各元件的电压和电流关系列入表 5.1 中。

表 5.1　正弦交流电路中各元件的电压和电流关系

电路	一般关系	相位关系	大小关系	功率	阻抗	相量关系
（电阻电路图）	$u=Ri$	（相量图 $\dot{U}$、$\dot{I}$ 同相）	$I=\dfrac{U}{R}$	$P=I^2R$ $=\dfrac{U^2}{R}$	R	$\dot{U}=\dot{I}R$
（电感电路图 L）	$u=L\dfrac{\mathrm{d}i}{\mathrm{d}t}$	（相量图 $\dot{U}$ 超前 $\dot{I}$）	$I=\dfrac{U}{X_L}$	$P=0$ $Q=I^2X_L$ $=\dfrac{U^2}{X_L}$	$X_L=\omega L$	$\dot{U}=\mathrm{j}X_L\dot{I}$
（电容电路图 C）	$i=C\dfrac{\mathrm{d}u}{\mathrm{d}t}$	（相量图 $\dot{I}$ 超前 $\dot{U}$）	$I=\dfrac{U}{X_C}$	$P=0$ $Q=-I^2X_C$ $=-\dfrac{U^2}{X_C}$	$X_C=\dfrac{1}{\omega C}$	$\dot{U}=-\mathrm{j}X_C\dot{I}$

5.5　复阻抗和复导纳

相量法是正弦交流电路中的一个重要的分析方法。在正弦交流电路中,当电压用相量 $\dot{U}$ 表示,电流用相量 $\dot{I}$ 表示,各元件的阻抗用复阻抗表示时,则正弦交流电路的分析方法与直流电路的分析方法相同。

通过引出一对端钮与外电路连接的网络常称为二端网络,通常分为两类即无源二端网络和有源二端网络。二端网络中电流从一个端钮流入,从另一个端钮流出,这样一对端钮形成了网络的一个端口,故二端网络也称为单口网络。二端网络内部不含有电源的叫做无源二端网络。

在正弦交流电路中,一个无源二端网络的特性可以用复阻抗来表示,也可以用复导纳来表示,它们互为倒数,并且有相应的转换关系。还可以将复阻抗的串联电路模型与复导纳的并联电路模型进行相互等效。

5.5.1　复阻抗

1. 复阻抗的概念

在正弦交流电路中,对于一个由 R、L、C 组合构成的无源二端网络,其端口电压相量与电流相量之比定义为该电路的复阻抗,用大写的字母 Z 表示,单位为欧姆(Ω)。由于复阻抗为两个相量的比值,不是正弦量,所以不写成相量的形式,字母 Z 上也不标注"·"。

根据复阻抗的定义,有

$$Z = \frac{\dot{U}}{\dot{I}} \tag{5.31}$$

复阻抗 Z 为一个复数,表示成极坐标的形式为 $Z = |Z| \angle \theta$,因为

$$Z = \frac{\dot{U}}{\dot{I}} = \frac{U \angle \varphi_u}{I \angle \varphi_i} = \frac{U}{I} \angle (\varphi_u - \varphi_i) = |Z| \angle \theta \tag{5.32}$$

则有:

$$|Z| = \frac{U}{I}, \theta = \varphi_u - \varphi_i \tag{5.33}$$

式中,$|Z|$ 为复阻抗 Z 的摸,θ 为复阻抗的辐角,称为阻抗角,它等于电压和电流的相位差。

R、L、C 的复阻抗分别为:

$$Z_R = R, Z_L = j\omega L = jX_L, Z_C = -j\frac{1}{\omega C} = -jX_C \tag{5.34}$$

如果用代数式来表示复阻抗,则有 $Z = R + jX$,其中实部 R 称为复阻抗的电阻分量,虚部 X 称为复阻抗的电抗分量,它们的单位都为欧姆(Ω)。R 一般为正值,X 可为正也可为负。这样复阻抗 Z 就可以用 R 和 jX 串联电路表示。如图 5.41 所示:

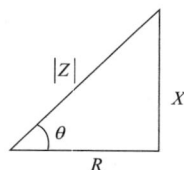

图 5.41　电路的复阻抗模型　　　　图 5.42　阻抗三角形

$|Z|$ 与 R 和 X 构成阻抗三角形,如图所示。则 $|Z|$ 与 R 和 X 有如下关系:

$$|Z| = \sqrt{R^2 + X^2}, \theta = \mathrm{arctg}\frac{X}{R}。 \tag{5.35}$$

2. 阻抗的串联

如图 5.43 所示为阻抗的串联电路。

串联电路中的电流相等,根据 KVL 和欧姆定律的相量形式,有:

$$\dot{U} = \dot{U}_1 + \dot{U}_2 = Z_1 \dot{I} + Z_2 \dot{I} = (Z_1 + Z_2) \dot{I} \tag{5.36}$$

则等效阻抗为 $Z = \dfrac{\dot{U}}{\dot{I}} = Z_1 + Z_2$

同理可推论到多个阻抗串联,由此可得出:串联后的总等效阻抗等于各个阻抗之和。

3. 阻抗的并联

如图 5.44 所示为阻抗的并联电路。

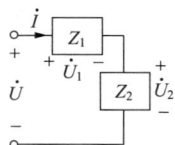

图 5.43 阻抗的串联电路

图 5.44 阻抗的并联电路

并联电路中元件两端的电压相等,根据 KCL 和欧姆定律的相量形式,有:

$$\dot{I} = \dot{I}_1 + \dot{I}_2 = \frac{\dot{U}}{Z_1} + \frac{\dot{U}}{Z_2} = \left(\frac{1}{Z_1} + \frac{1}{Z_2} \right) \dot{U}$$

则等效阻抗为 $Z = \dfrac{\dot{U}}{\dot{I}} = \dfrac{Z_1 Z_2}{Z_1 + Z_2}$,也即 $\dfrac{1}{Z} = \dfrac{1}{Z_1} + \dfrac{1}{Z_2}$ (5.37)

同理可推论到多个阻抗并联,由此可得出:并联后的总等效阻抗的倒数,等于各个阻抗的倒数之和。

5.5.2 复导纳

复阻抗的倒数称为复导纳,用 Y 表示,单位是西门子(S)。

根据复导纳的定义有:

$$Y = \frac{1}{Z} = \frac{\dot{I}}{\dot{U}} = \frac{I \angle \varphi_i}{U \angle \varphi_u} = \frac{I}{U} \angle (\varphi_i - \varphi_u) \tag{5.38}$$

Y 是一个复数,可以表示成代数式,也可表示为极坐标形式。

设 Y 的极坐标形式为:$Y = |Y| \angle \theta'$,则有 $|Y| = \dfrac{I}{U}$,$\theta' = \varphi_i - \varphi_u$ (5.39)

$|Y|$ 称为复导纳 Y 的模,θ' 称为导纳角。

则 R、L、C 的复导纳分别为:

$$Y_R = \frac{1}{R} = G, \quad Y_L = \frac{1}{j\omega L} = -j \frac{1}{\omega L} = -jB_L, \quad Y_C = j\omega C = jB_C \tag{5.40}$$

如果用代数式来表示 Y,则有 $Y = G + jB$,实部 G 称为复导纳的电导分量,虚部 B 称为复导纳的电纳分量。上式中的 B_L 称为电感的感纳,B_C 称为电容的容纳。G 一般为正,B 可为正也可为负。复导纳可以用 G 与 jB 的并联电路表示。$|Y|$、G、B 之间构成导纳三角形,如图 5.45 所示,则有关系:$|Y| = \sqrt{G^2 + B^2}$,$\theta' = \operatorname{arctg} \dfrac{B}{G}$。

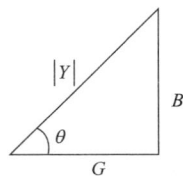

图 5.45 导纳三角形

5.5.3　复阻抗和复导纳的相互等效

比较复阻抗和复导纳,则可以得出复阻抗和复导纳相互等效的关系式为:

极坐标:$|Y| = \dfrac{1}{|Z|}$,$\theta' = -\theta$

即它们的模互为倒数,阻抗角和导纳角互为负数。

代数式:$Y = G + jB = \dfrac{1}{Z} = \dfrac{1}{R + jX} = \dfrac{R - jX}{\sqrt{R^2 + X^2}}$

则有将复阻抗等效为复导纳时的计算公式:$G = \dfrac{R}{\sqrt{R^2 + X^2}}$,$B = -\dfrac{X}{\sqrt{R^2 + X^2}}$

$$(5.41)$$

同理有将复导纳等效为复阻抗时的计算公式:$R = \dfrac{G}{\sqrt{G^2 + B^2}}$,$X = -\dfrac{B}{\sqrt{G^2 + B^2}}$

$$(5.42)$$

上式说明:R 和 jX 串联电路可以等效为 G 与 jB 的并联电路。

5.6　*RLC* 串并联电路分析

5.6.1　*RLC* 串联电路分析

如图 5.46 所示为 R、L、C 的串联电路。

电路中各元件上流过的电流相等。根据 KVL 的相量形式得出总的电压:

$$\dot{U} = \dot{U}_R + \dot{U}_L + \dot{U}_C = R\dot{I} + jX_L\dot{I} - jX_C\dot{I} = [R + j(X_L - X_C)]\dot{I}$$

则 *RLC* 串联电路的阻抗

$$Z = \frac{\dot{U}}{\dot{I}} = R + j(X_L - X_C) = R + j\left(\omega L - \frac{1}{\omega C}\right)$$

由于 $Z = |Z| \angle \theta$,则 $|Z| = \sqrt{R^2 + (X_L - X_C)^2}$,$\theta = \text{arctg}\dfrac{X_L - X_C}{R}$,$\theta$ 为阻抗角,为电压和电流的相位差。

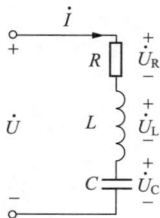

图 5.46　*RLC* 串联电路　　　图 5.47　*RLC* 串联电路的各相量关系

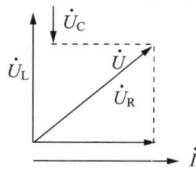

设电流为 $i=I_\mathrm{m}\sin\omega t$，则电压 $u=U_\mathrm{m}\sin(\omega t+\theta)$，如图 5.47 所示为 *RLC* 串联电路的相量图。

当 $X_\mathrm{L}>X_\mathrm{C}$ 时，$\theta>0$，电路呈感性；当 $X_\mathrm{L}<X_\mathrm{C}$ 时，$\theta<0$，电路呈容性；当 $X_\mathrm{L}=X_\mathrm{C}$ 时，$\theta=0$，电路呈阻性。因此电路的阻抗角和性质是由电路的参数决定的。

5.6.2　*RLC* 并联电路分析

如图 5.48 所示为 R、L、C 的并联电路。

电路中各元件两端的电压相等。各元件上的电压和电流的参考方向如图 5.48，根据 KCL 的相量形式得出总的电流：

$$\dot{I}=\dot{I}_\mathrm{R}+\dot{I}_\mathrm{L}+\dot{I}_\mathrm{C}=\frac{\dot{U}}{R}+\frac{\dot{U}}{\mathrm{j}X_\mathrm{L}}+\frac{\dot{U}}{-\mathrm{j}X_\mathrm{C}}=\left[\frac{1}{R}+\mathrm{j}\left(\frac{1}{X_\mathrm{C}}-\frac{1}{X_\mathrm{L}}\right)\right]\dot{U}$$

则 *RLC* 并联电路的阻抗

$$Z=\frac{\dot{U}}{\dot{I}}=\frac{1}{\left[\dfrac{1}{R}+\mathrm{j}\left(\dfrac{1}{X_\mathrm{C}}-\dfrac{1}{X_\mathrm{L}}\right)\right]}$$

这里用复阻抗讨论就不太方便，用复导纳计算较简单。

则导纳 $Y=\left[\dfrac{1}{R}+\mathrm{j}\left(\dfrac{1}{X_\mathrm{C}}-\dfrac{1}{X_\mathrm{L}}\right)\right]=Y_\mathrm{R}+Y_\mathrm{L}+Y_\mathrm{C}$

由于 $Y=|Y|\angle\theta'$，则 $|Y|=\sqrt{G_\mathrm{R}^2+(B_\mathrm{C}-B_\mathrm{L})^2}$，$\theta'=\operatorname{arctg}\dfrac{B_\mathrm{C}-B_\mathrm{L}}{G_\mathrm{R}}$，$\theta'$ 为导纳角，为电流和电压的相位差。

设电流为 $i=I_\mathrm{m}\sin\omega t$，则电压 $u=U_\mathrm{m}\sin(\omega t-\theta)$，如图 5.49 所示为 *RLC* 并联电路的相量图。

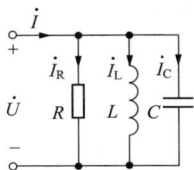

图 5.48　*RLC* 并联电路　　图 5.49　*RLC* 并联电路的各相量关系

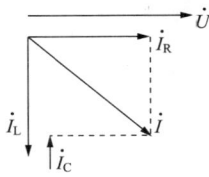

当 $B_\mathrm{L}>B_\mathrm{C}$ 时，$\theta'<0$，电路呈感性；当 $B_\mathrm{L}<B_\mathrm{C}$ 时，$\theta'>0$，电路呈容性；当 $B_\mathrm{L}=B_\mathrm{C}$ 时，$\theta'=0$，电路呈阻性。

由复阻抗和复导纳的相互等效可知，*RLC* 串联电路可等效为 *RLC* 并联电路。

例题 5.16

有一 *RLC* 串联电路，其中 $R=30\Omega$，$L=382\mathrm{mH}$，$C=39.8\mu\mathrm{F}$，外加电压为：$u=220\sqrt{2}\sin(314t+60°)$，试求：

(1) 复阻抗 Z,并确定电路的性质;

(2) 电流的相量 $\dot{I}$ 和各元件上的电压相量 $\dot{U}_R$、$\dot{U}_L$ 和 $\dot{U}_C$;

(3) 画出相量图。

解:(1) $Z = R + j(X_L - X_C) = R + j\left(\omega L - \dfrac{1}{\omega C}\right)$

$$= 30 + j\left(314 \times 0.382 - \frac{1}{314 \times 39.8 \times 10^{-6}}\right)$$

$$= 30 + j(120 - 80) = 30 + j40 = 50 \angle 53.1° \,\Omega$$

则 $\theta = \angle 60°$

(2) $\dot{U} = 220 \angle 60°\,\text{V}$,则 $\dot{I} = \dfrac{\dot{U}}{Z} = \dfrac{220 \angle 60°}{50 \angle 53.1°} = 4.4 \angle 6.9°\,\text{A}$

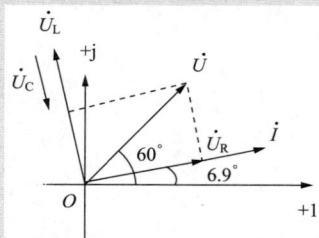

图 5.50

$\dot{U}_R = \dot{I}R = 4.4 \angle 6.9° \times 30 = 132 \angle 6.9°\,\text{V}$

$\dot{U}_L = j\omega L\dot{I} = \angle 90° \times 314 \times 0.382 \times 4.4 \angle 6.9°$
$\quad = 528 \angle 96.9°\,\text{V}$

$\dot{U}_C = -j\dfrac{1}{\omega C}\dot{I} = \angle(-90°) \times \dfrac{1}{314 \times 39.8 \times 10^{-6}} \times$
$\quad 4.4 \angle 6.9° = 352 \angle (-83.1°)\,\text{V}$

(3) 相量图如图 5.50 所示:

5.6.3　相量图法求解电路

相量图法是一种十分有用的方法。当电路为 RLC 串联电路或 RLC 并联电路时,用相量图对其进行定性或定量的分析计算,通过电路中各电流相量图及各电压相量图直观地反映出相互之间的关系,可以使电路的计算变得非常简便。相量图法求解的依据就是相量形式的欧姆定律和基尔霍夫定律。

1. 参考相量的选择

用相量图法求解电路时,首先应该选择参考相量。可以设定参考相量的初相位为 0°,那么其他相量可以以参考相量为基准。参考相量的选择应以使电路的求解变得简单为原则。对于一般电路有以下原则:

(1) 串联电路,常选择电流作为参考相量。

(2) 并联电路,常选择电压为参考相量。

(3) 混联电路,参考相量的选择较灵活,可以选择某条串联支路的电流为参考相量,也可选择某并联部分的电压作为参考相量。

2. 用相量图法求解电路的步骤

(1) 选择参考相量。

(2) 以参考相量为基准,画出电路中其他元件的电压和电流的相量图。

（3）运用基尔霍夫定律和三角函数关系来求解。

例题 5.17

应用相量图法求解图 5.51(a)所示电路中电压表的读数，其中用电压表测得各元件两端的电压值标注在图中。

解：由相量图法，先设定电流相量的初相位为 0，则根据 RLC 串联电路的相量关系画出相量图如图 5.51(b)所示。由于电压表读数都为有效值，则由图 5.51(b)可知：

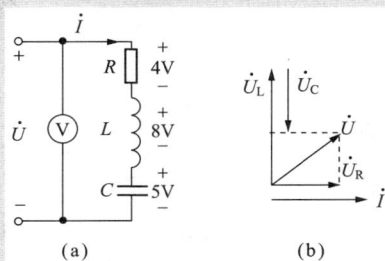

图 5.51

$$U = \sqrt{(U_L - U_C)^2 + U_R^2}$$
$$= \sqrt{(8-5)^2 + 4^2} = 5\text{V}$$

例题 5.18

应用相量图法求解图 5.52(a)所示电路中流过电阻直路的电流的，其中用电流表测得流过各元件的电流值标注在图中。

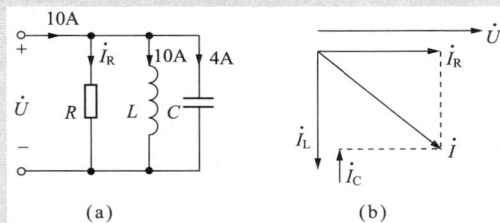

图 5.52

解：由相量图法，先设定电压相量的初相位为 0，则根据 RLC 并联电路的相量关系画出相量图如图 5.52(b)所示。则由图 5.52(b)可知：

$$I_R = \sqrt{I^2 - (I_L - I_C)^2} = \sqrt{10^2 - (10-4)^2} = 8\text{A}$$

5.7 复杂正弦电路的相量分析法

当正弦交流电路既非 RLC 串联电路，也非 RLC 并联电路，而是比较复杂的电路时，就不能用以上方法分析了。如果在正弦交流电路中的各电压和电流都用相量表示，阻抗都用复阻抗或复导纳表示，则直流电流中的一套分析方法，如无源网络的等效变换、电流源与电压源的等效变换、叠加定理、戴维南定理和诺顿定理、支路电流法、网孔电流法和结点电压法等都可以直接运用到正弦交流电路中，不同的是直流电路的计算为实数运算，而正弦交流电路的运算为复数运算。

5.7.1　支路电流法

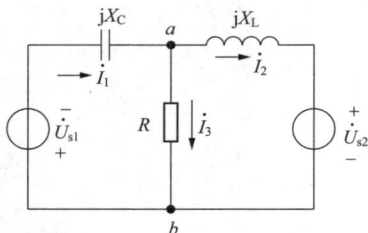

图 5.53　支路电流法求解电路的电路图

如图 5.53 所示电路中有 3 条支路。

各支路电流的参考方向如图 5.53 所示，根据支路电流法，可列出 3 个方程：

$$\begin{cases} \dot{I}_1 - \dot{I}_2 - \dot{I}_3 = 0 \\ \dot{U}_{s1} + \dot{I}_1 \cdot (-jX_C) + \dot{I}_3 R = 0 \\ \dot{I}_2 \cdot jX_L + \dot{U}_{s2} - \dot{I}_3 R = 0 \end{cases}$$

例题 5.19

在如图 5.53 电路中，$\dot{U}_{s1} = 100\angle 0° \text{V}$，$\dot{U}_{s2} = 100\angle 90° \text{V}$，$R = 6\Omega$，$X_L = 8\Omega$，$X_C = 8\Omega$，试用支路电流法求解 $\dot{I}_1$、$\dot{I}_2$、$\dot{I}_3$。

解：由支路电流法，将参数代入方程中有：

$$\begin{cases} \dot{I}_1 - \dot{I}_2 - \dot{I}_3 = 0 \\ 100\angle 0° + \dot{I}_1 \cdot (-j8) + 6\dot{I}_3 = 0 \\ \dot{I}_2 \cdot j8 + 100\angle 90° - 6\dot{I}_3 = 0 \end{cases}$$

解得：$\dot{I}_1 = \dot{I}_2 + \dot{I}_3 = \dfrac{25}{2}(1+j) - \dfrac{25}{8}(1+3j) = \dfrac{25}{8}(3+j) = 9.9\angle 18.44° \text{A}$

$$\dot{I}_2 = \frac{\dot{U}_{s2} - \dot{U}_a}{jX_L} = \frac{100j - 75(1+j)}{j8} = -\frac{25}{8}(1+3j) = 9.9\angle(-108.44°) \text{A}$$

$$\dot{I}_3 = \frac{\dot{U}_a}{R} = \frac{75(1+j)}{6} = \frac{25}{2}(1+j) = 12.5\sqrt{2}\angle 45° \text{A}$$

5.7.2　网孔电流法

如图 5.54 所示，用网孔电流法求解可以减少方程的个数。

电路中有 2 个网孔，则只需列 2 个网孔电路方程：

网孔 1：$Z_{11}\dot{I}_{m1} + Z_{12}\dot{I}_{m2} = \dot{U}_{s11}$

网孔 2：$Z_{21}\dot{I}_{m1} + Z_{22}\dot{I}_{m2} = \dot{U}_{s22}$

其中，Z_{11} 为网孔 1 的自阻抗，$Z_{11} = R - jX_C$，Z_{12} 和 Z_{21} 为互阻抗，$Z_{12} = Z_{21} = -R$，Z_{22} 为网孔 2 的自阻抗，$Z_{22} = R + jX_L$。

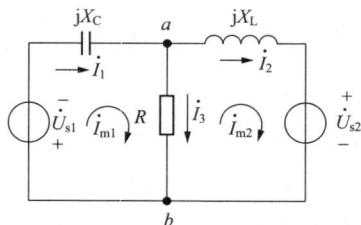

图 5.54　网孔电流法求解电路的电路图

5.7.3 结点电压法

如图 5.54 所示,用结点电压法求解又可以减少方程的个数,电路中有 2 个结点,选择结点 b 作为参考结点,则只需列出结点 a 的方程即可,方程如下:

$$Y_{11}\dot{U}_a = \dot{I}_{s11}$$

其中 Y_{11} 为与结点 a 连接的所有元件的复导纳。

$$Y_{11} = \frac{1}{R} + \frac{1}{-j\dfrac{1}{\omega C}} + \frac{1}{j\omega L}$$

$\dot{I}_{s11}$ 为流入结点 a 的所有电流之和。由于支路 1 和支路 3 都是由一个电压源和一个阻抗串联,可以将其变换为一个电流源和一个阻抗的并联。电流源的方向都为流入结点 a 的方向。则 $\dot{I}_{s11} = \dfrac{\dot{U}_{s1}}{-j\dfrac{1}{\omega C}} + \dfrac{\dot{U}_{s2}}{j\omega L}$,将 Y_{11} 和 $\dot{I}_{s11}$ 代入方程,即可求出 $\dot{U}_a$。然后根据结点电压求出各个支路电流。

例题 5.20

在如图 5.54 电路中,$\dot{U}_{s1} = 100\angle 0°\text{V}$,$\dot{U}_{s2} = 100\angle 90°\text{V}$,$R = 6\Omega$,$X_L = 8\Omega$,$X_C = 8\Omega$,试用结点电压法求解 $\dot{I}_1$、$\dot{I}_2$、$\dot{I}_3$。

解:将参数代入结点电压法方程中,有:

$$Y_{11} = \frac{1}{R} + \frac{1}{-j\dfrac{1}{\omega C}} + \frac{1}{j\omega L} = \frac{1}{6} + \frac{1}{-j8} + \frac{1}{j8} = \frac{1}{6}$$

$$\dot{I}_{s11} = \frac{\dot{U}_{s1}}{-j\dfrac{1}{\omega C}} + \frac{\dot{U}_{s2}}{j\omega L} = \frac{100}{-j8} + \frac{100j}{j8} = \frac{25}{2}(1+j)$$

则由 $Y_{11}\dot{U}_a = \dot{I}_{s11}$ 得:

$$\dot{U}_a = \frac{\dot{I}_{s11}}{Y_{11}} = \frac{\dfrac{25}{2}(1+j)}{\dfrac{1}{6}} = 75(1+j)\text{V}$$

则 $\dot{I}_3 = \dfrac{\dot{U}_a}{R} = \dfrac{75(1+j)}{6} = \dfrac{25}{2}(1+j) = 12.5\sqrt{2}\angle 45°\text{A}$

$$\dot{I}_2 = \frac{\dot{U}_{s2} - \dot{U}_a}{jX_L} = \frac{100j - 75(1+j)}{j8} = -\frac{25}{8}(1+3j) = 9.9\angle(-108.44°)\text{A}$$

$$\dot{I}_1 = \dot{I}_2 + \dot{I}_3 = \frac{25}{2}(1+j) - \frac{25}{8}(1+3j) = \frac{25}{8}(3+j) = 9.9\angle 18.44°\text{A}$$

由此可以看出,求解正弦交流电路时,其求解方法与直流电路一样。

5.8　正弦交流电路的功率及功率因数的提高

在 5.4 节中讨论过 R、L、C 各元件的功率,这里再对正弦交流电路中的功率作一般性讨论。

5.8.1　有功功率、无功功率、视在功率

对任意一个无源二端网络,该网络端口电压和端口电流的瞬时表达式分别为:$u=U_m\sin(\omega t+\varphi_u)$ 和 $i=I_m\sin(\omega t+\varphi_i)$,则瞬时功率为:

$$p=ui=U_m\sin(\omega t+\varphi_u)\cdot I_m\sin(\omega t+\varphi_i)$$

$$=\frac{1}{2}U_mI_m[\cos(\varphi_u-\varphi_i)-\cos(2\omega t+\varphi_u+\varphi_i)]$$

$$=UI\cos\theta-UI\cos(2\omega t+\varphi_u+\varphi_i)=UI\cos\theta-UI\cos(2\omega t+2\varphi_u-\theta)$$

$$=UI\cos\theta-UI\cos\theta\cos(2\omega t+2\varphi_u)-UI\sin\theta\sin(2\omega t+2\varphi_u)$$

$$=UI\cos\theta[1-\cos(2\omega t+2\varphi_u)]-UI\sin\theta\sin(2\omega t+2\varphi_u) \tag{5.43}$$

其中 θ 为电压和电流的相位差,$\theta=\varphi_u-\varphi_i$。可见瞬时功率 p 是一个以角频率为 2ω 变化的正弦量。瞬时功率的波形如图 5.55 所示。

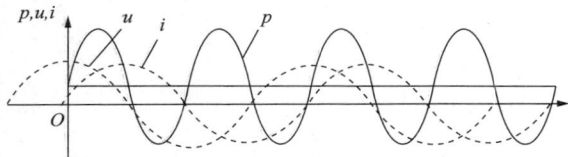

图 5.55　正弦交流电流中的瞬时功率波形图

1. 有功功率

有功功率又叫平均功率,是瞬时功率 p 在一个周期内的平均值,即

$$P=\frac{1}{T}\int_0^T p\mathrm{d}t=UI\cos\theta \tag{5.44}$$

在正弦交流电路中,电感和电容都为储能元件,只进行能量交换,不消耗功率,因为电感和电容的平均功率为 0。则有功功率实际上是电阻上消耗的功率。

$\cos\theta$ 称为功率因数,有功功率的大小跟电压和电流的相位差有关。当电路为纯电阻性质时,即电压和电流相位差为 0,电压和电流同相,此时 $\theta=0$,则功率因数 $\cos\theta=1$,这时有功功率最大,$P=UI$;当电路为纯电容性质或纯电感性质时,$\theta=\pm90°$,此时 $\cos\theta=0$,则有功功率最小,$P=0$。这说明电容和电感是不消耗有功功率的。

2. 无功功率

由瞬时功率的表达式可以看出,瞬时功率 p 的第二部分分量是随时间变化的。

将第二部分的最大值称为无功功率,用大写字母 Q 表示,它是表示电路中电感或电容与电源进行能量交换的量值。即

$$Q = UI\sin\theta \tag{5.45}$$

上式表明,无功功率 Q 也与电压和电流的相位差 θ 有关。当电路为电阻性质时,$\theta = 0°$,$\sin\theta = 0$,此时无功功率最小,$Q = 0$;当电路为纯电感或纯电容性质时,$\theta = \pm90°$,$\sin\theta = \pm1$,这时无功功率最大。

对于纯电感,电流落后于电压 $90°$,而且其无功功率视为正值。然而对于纯电容,电流领先于电压 90 度,因此纯电容的无功功率将和纯电感的无功功率相反,纯电容的无功功率视为负值。因此经常认为电感消耗无功功率,而电容产生无功功率。后面的章节将说明电容的这一效应怎样用来消除交流电路的电感效应(功率因数补偿)。

3. 视在功率

很多电气或电力设备铭牌上标注的容量指的是额定电压和额定电流的乘积。这就引进了视在功率的概念。视在功率即为电压和电路的有效值的乘积,用大写字母 S 表示。单位是伏安(V·A)。即

$$S = UI \tag{5.46}$$

则有功功率、无功功率、视在功率的相互关系为:

$$\begin{cases} P = S\cos\theta \\ Q = S\sin\theta \end{cases} \tag{5.47}$$

$$\begin{cases} S = \sqrt{P^2 + Q^2} \\ \theta = \text{arctg}\,\dfrac{Q}{P} \end{cases} \tag{5.48}$$

有功功率、无功功率、视在功率三者构成一个功率三角形。

4. 复功率

正弦交流电路中为了方便相量计算,引入了一个复功率的概念。复功率用 $\overline{S}$ 表示,定义为:

$$\overline{S} = P + jQ \tag{5.48}$$

即复功率 $\overline{S}$ 的实部为有功功率 P,虚部为无功功率 Q,它们三者之间构成一个功率三角形。如图 5.56 所示。

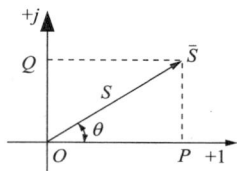

图 5.56 复功率的表示

例题 5.21

已知 $P = 40W$ 的日光灯电路如图 5.57 所示,在 220V 的电压之下,电路中的电流值为 $I = 0.36A$,求该日光灯的功率因数 $\cos\theta$ 及所需的无功功率 Q。

解:由于 $P = UI\cos\theta$,而 $P = 40W$,$U = 220V$,$I = 0.36A$,则有

$$\cos\theta=\frac{P}{UI}=\frac{40}{220\times0.36}=0.5, \theta=59.7°, 则$$

$$Q=UI\sin\theta=220\times0.36\times0.86=68.1\text{Var}。$$

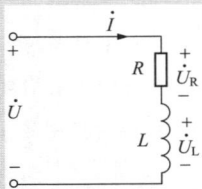

图 5.57

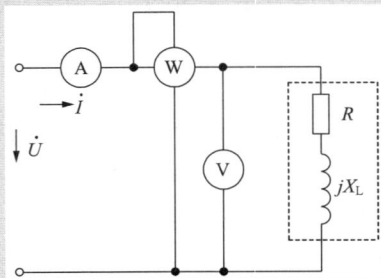

图 5.58

例题 5.22

用三表法测量一个线圈的参数,如图 5.58 所示,得到下列数据:电压表的读数为 50V,电流表的读数为 1A,功率表的读数为 30W,试求该线圈的参数 R 和 L。(电源的频率为 50Hz)。

解: 由 $P=UI\cos\theta$,而 $P=30\text{W}, U=50\text{V}, I=1\text{A}$,则可得功率因数为:

$$\cos\theta=\frac{P}{UI}=\frac{30}{50\times1}=0.6,则进一步可得:\sin\theta=0.8$$

而 $|Z|=\dfrac{U}{I}=\dfrac{50}{1}=50\Omega$

又 $Z=R+j\omega L=|Z|\cos\theta+j|Z|\sin\theta$

则可得电阻 $R=|Z|\cos\theta=50\times0.6=30\Omega$,电感 $L=\dfrac{|Z|\sin\theta}{\omega}=\dfrac{50\times0.8}{2\pi\times50}=127.4\text{mH}。$

5.8.2　功率因数的提高

在电力系统中,发电厂发出的功率是总容量,包括有功功率和无功功率。在总容量中,有功功率的比例是由负载的功率因数决定的。当负载的功率因数过低时,则有功功率的比例下降,无功功率的比例增加。由于有功功率才是负载真正吸收的功率,而无功功率只是用于储能元件与电源之间进行能量交换,造成电能的浪费。因此,必须提高功率因数,提高功率因数有两方面的意义:

1. 使发电设备的容量得到充分利用

由于有功功率 $P=S\cdot\cos\theta$,发电设备的容量一定时,功率因数越低,有功功率就越低,反过来,当有功功率一定时,功率因数越低,所需的发电容量就会越高。例如,当一个发电厂发出的电的容量为 100KVA 时,如果负载的功率因数为 0.5,则只有 50KVA 用于负载吸收,发电容量得不到充分利用。如果功率因数为 0.9,则有 90KVA 的电可以在负载上真正使用,这样发电设备的容量就能得到充分利用。

2. 减小线路上的功率损耗

当有功功率一定时,提高功率因数可减小线路电流,减小线路上的压降,从而减小线路上的功率损耗。

由上述可知,提高功率因数能使发电设备的容量得到充分利用,从而可以节约电能。为此,国家公布的电力行政法规中对用户的功率因数有明确的规定。按照供用电规则,高压供电的工业企业的平均功率因数不低于 0.95,其他单位不低于 0.9。

实际应用中,大部分的负载为电动机,属于感性负载,功率因数不高,为了提高功率因数,常用的方法是在感性负载两端并联电容,这种方法称为无功功率补偿。

如图 5.59 所示为感性负载,负载的模型为电阻和电感串联。负载两端的电压和流过的电流分别为 $\dot{U}$ 和 $\dot{I}_1$。

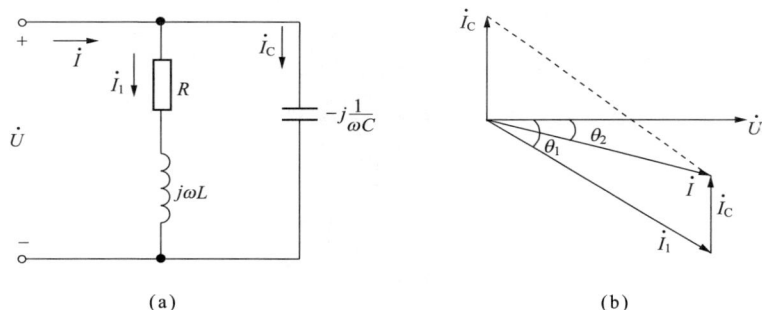

图 5.59 功率因数的提高

两端并上电容之后,负载两端电压不变。负载上的电流为 $\dot{I}_1$,电容两端的电流为 $\dot{I}_C$,电路中的总电流为 $\dot{I}$,选取电压为参考相量,则相量图如图 5.59(b)所示。由图可见,负载两端并上电容后,电路中的总电流减小了,电压不变。负载上的电流不变,有功功率不变。功率因数角减小,功率因数增大。假设已知有功功率和电压,则根据相量图得知:

$I_C = I_1 \sin\theta_1 - I \sin\theta_2$,又因为 $P = UI_1 \cos\theta_1 = UI \cos\theta_2$,则 $I_1 = \dfrac{P}{U\cos\theta_1}$,$I = \dfrac{P}{U\cos\theta_2}$,代入前式中,则有

$$I_C = \frac{P}{U\cos\theta_1}\sin\theta_1 - \frac{P}{U\cos\theta_2}\sin\theta_2 = \frac{P}{U}(\text{tg}\theta_1 - \text{tg}\theta_2),$$

由于 $I_C = \dfrac{U}{X_C} = \dfrac{U}{\dfrac{1}{\omega C}} = U\omega C$,故有

$$I_C = \frac{P}{U}(\text{tg}\theta_1 - \text{tg}\theta_2) = U\omega C$$

则根据上式得出所并电容的大小为：

$$C = \frac{P}{U^2 \omega}(\mathrm{tg}\theta_1 - \mathrm{tg}\theta_2)$$

需要提供给电容的无功功率为：

$$Q_\mathrm{C} = \frac{U^2}{X_\mathrm{C}} = U^2 \omega C = U^2 \cdot \frac{P}{U^2 \omega}(\mathrm{tg}\theta_1 - \mathrm{tg}\theta_2) = P(\mathrm{tg}\theta_1 - \mathrm{tg}\theta_2)$$

例题 5.23

如图 5.60 所示为一日光灯装置等效电路，已知 $P = 40\mathrm{W}, U = 220\mathrm{V}, I = 0.4\mathrm{A}, f = 50\mathrm{Hz}$，求：(1) 此日光灯的功率因数；

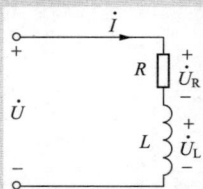

(2) 若要把功率因数提高到 0.9，需补偿的无功功率 Q_C 及电容量 C 各为多少？

解：(1) 由 $P = UI\cos\theta$，而 $P = 40\mathrm{W}, U = 220\mathrm{V}, I = 0.4\mathrm{A}$，则可得功率因数为：

$$\cos\theta = \frac{P}{UI} = \frac{40}{220 \times 0.4} = 0.455$$

(2) 由功率因数可得 $\theta = 63°$，而 $\cos\theta_2 = 0.9$，得 $\theta_2 = 25.8°$

则根据 $C = \frac{P}{U^2 \omega}(\mathrm{tg}\theta_1 - \mathrm{tg}\theta_2)$ 得，需并联的电容为：

$$C = \frac{40}{220^2 \times 314} \times (\mathrm{tg}63° - \mathrm{tg}25.8°) = 3.9\mu\mathrm{F}$$

图 5.60

无功功率为：$Q_\mathrm{C} = P(\mathrm{tg}\theta_1 - \mathrm{tg}\theta_2) = 40 \times (\mathrm{tg}63° - \mathrm{tg}25.8°) = 58.9\mathrm{Var}$

5.9　谐振电路

在具有电感和电容的电路中，电路两端的电压和其中的电流一般是不同相的。如果调节电路的参数或电源的频率而使它们同相，这时电路中就会发生谐振现象。研究谐振的目的是要认识这种客观现象，并在实际中既要充分利用谐振的特征，又要预防它所产生的危害。谐振现象可以分为串联谐振和并联谐振。

5.9.1　RLC 串联谐振

1. 串联谐振发生的条件

在 R、L、C 的串联电路中，电源电压与电路中的电流同相时，发生谐振现象，这种谐振称为串联谐振。

如图 5.61 所示，R、L、C 的串联电路中，复阻抗

$$Z = R + j\omega L - j\frac{1}{\omega C} = R + j\left(\omega L - \frac{1}{\omega C}\right)$$

当电路发生谐振时，电压和电流同相，则电路为

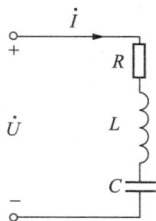

图 5.61　RLC 串联谐振电路

纯电阻性质,则复阻抗的虚部为 0。即 $\omega L-\dfrac{1}{\omega C}=0$,若将谐振时的角频率定义为 ω_0,则有 $\omega_0 L-\dfrac{1}{\omega_0 C}=0$,由此可以得出谐振时的角频率:$\omega_0=\dfrac{1}{\sqrt{LC}}$,此时的频率为 $f_0=\dfrac{1}{2\pi\sqrt{LC}}$。这就是串联谐振发生的条件。

可见,只要电路的频率及 L、C 元件的参数满足上述关系式,R、L、C 串联电路就发生谐振。在电路中,无论改变频率还是改变 L、C,都可以使电路发生谐振。也就是说,可以采用两种办法来实现谐振:一是在电源频率固定的情况下,改变 L、C 的参数使电路满足谐振条件;二是在固定 L、C 参数的情况下,改变电源频率可以使电路产生谐振。

2. 串联谐振的特征

(1)谐振时的阻抗

谐振时,电路的总复阻抗 $Z=R$,阻抗达到最小。电感的感抗与电容的容抗相等,它们为:

$$X_{L0}=\omega_0 L=\frac{1}{\sqrt{LC}}L=\sqrt{\frac{L}{C}}$$

$$X_{C0}=\frac{1}{\omega_0 C}=\frac{\sqrt{LC}}{C}=\sqrt{\frac{L}{C}}$$

这个值称为特性阻抗 ρ,它只与 L 和 C 有关。

(2)谐振时的电流

谐振时由于电路的阻抗最小,故谐振时的电流最大。谐振时的电流为:

$$\dot{I}_0=\frac{\dot{U}_s}{R}$$

谐振时的电流与电源电压同相位。

(3)谐振时的电压

谐振时,由于电感的感抗和电容的容抗相等,故电感上的电压的有效值和电容上的电压的有效值大小相等。有:

$$U_{C0}=I_0 X_C=\frac{U_s}{R}\cdot\frac{1}{\omega_0 C}=\frac{1}{\omega_0 RC}U_s=QU_s$$

$$U_{L0}=I_0 X_L=\frac{U_s}{R}\cdot\omega_0 L=\frac{\omega_0 L}{R}U_s=QU_s$$

即电感和电容上的电压有效值是电源有效值的 Q 倍,其中 Q 称为品质因数。$Q=\dfrac{1}{\omega_0 RC}=\dfrac{\omega_0 L}{R}$。$Q$ 一般取值较大,则电感和电容上的电压相当于将电源电压放大了 Q 倍,因此也称串联谐振为电压谐振。

这一性质可以应用在收音机中。收音机就是通过调节可变电容来使信号接受到某一电台频率时产生谐振,从而将该频率的信号选择出来放大,从而达到接收该电台节目的目的。

但同时也要注意,在电力系统中,电压谐振现象将造成局部过电压现象,从而危及到系统安全,应该避免这种情况发生。

谐振时电阻上的电压有效值为:

$$U_{R0} = I_0 R = \frac{U_s}{R} R = U_s$$

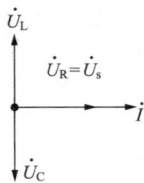

相量 $\dot{U}_{L0}$ 和 $\dot{U}_{C0}$ 大小相等,方向相反。以电流为参考相量,则谐振时的电压相量图如图 5.62 所示。

(4)谐振时的功率

由于谐振时电压和电流的相位差为 0,则电压和电流的相位差 $\theta = 0$。电路中的无功功率 $Q = Q_L + Q_C = U_s I_0 \cdot \sin\theta = 0$,说明谐振时电感和电容之间进行着能量的相互交换,而与电源之间无能量交换,电源只向电阻提供有功功率 P。有功功率为:$P = U_s I_0$。

图 5.62 RLC 串联谐振电路相量图

例题 5.24

RLC 串联谐振电路,已知输入电压 $U_s = 100\text{mV}$,角频率 $\omega = 10^5\text{rad/s}$,调节电容 C 使电路谐振,谐振时回路电流 $I_0 = 10\text{mA}$,$U_{C0} = 10\text{V}$,求电路元件参数 R、L、C 的值,并计算回路的品质因数 Q。

解:谐振时,电阻上的电压 $U_R = U_s = 0.1\text{V}$,则电阻 $R = \frac{U_R}{I_0} = \frac{100}{10} = 10\Omega$

由 $U_{C0} = I_0 X_C = \frac{I_0}{\omega C}$ 得 $C = \frac{I_0}{U_{C0}\omega} = \frac{0.01}{10 \times 10^5} = 0.01\mu\text{F}$

又由谐振频率 $\omega_0 = \frac{1}{\sqrt{LC}}$ 得 $L = \frac{1}{\omega_0^2 C} = \frac{1}{(10^5)^2 \times 0.01 \times 10^{-6}} = 10\text{mH}$

再由 $U_{C0} = Q U_s$ 得品质因数 $Q = \frac{U_{C0}}{U_s} = \frac{10}{0.01} = 100$

5.9.2 RLC 并联谐振电路

1. 并联谐振发生的条件

在 L、C 的并联电路中,电源电压与电路中的电流同相时,发生谐振现象,这种谐振称为并联谐振。

如图 5.63 所示,C 串联电路中,由于电感一般存在内阻 R,故电路模型如图 5.63 所示,R 和 L 分别是电感线圈的电阻和电感,电容损耗较小,故电容

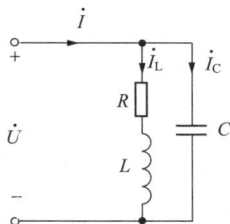

图 5.63 RLC 并联电路谐振图

支路认为只有纯电容。

由于是并联电路,故求复导纳为:

$$Y = \frac{1}{R + j\omega L} + \frac{1}{-j\frac{1}{\omega C}}$$

$$= \frac{R}{R^2 + (\omega L)^2} + j\left[\omega C - \frac{\omega L}{R^2 + (\omega L)^2}\right]$$

当电路发生谐振时,电压和电流同相,则电路为纯电阻性质,则复阻抗的虚部为 0。即 $\omega C - \frac{\omega L}{R^2 + (\omega L)^2}$,若将谐振时的角频率定义为 ω_0,则有 $\omega_0 C - \frac{\omega_0 L}{R^2 + (\omega_0 L)^2} = 0$。在实际电路中,由于 $Q = \frac{\omega_0 L}{R} \gg 1$,即 $\omega_0 L \gg R$,因此可以近似得出 $\omega_0 C - \frac{1}{\omega_0 L} = 0$,则谐振时的角频率:$\omega_0 = \frac{1}{\sqrt{LC}}$,此时的频率为 $f_0 = \frac{1}{2\pi\sqrt{LC}}$。这就是并联谐振发生的条件。

2. 并联谐振的特征

(1) 谐振时的阻抗

谐振时,电路的总复导纳:

$$Y = \frac{R}{R^2 + (\omega_0 L)^2}$$

导纳达到最小,则阻抗最大。阻抗的模

$$|Z| = \frac{R^2 + (\omega_0 L)^2}{R},由于 \omega_0 L \gg R,则有$$

$|Z| = \frac{(\omega_0 L)^2}{R} = Q\omega_0 L = Q^2 R$,即并联谐振时电路的阻抗为 R 的 Q^2 倍。Q 值一般较大,故并联谐振时的阻抗也很大。

与串联谐振时一样,电感的感抗与电容的容抗相等,它们为:

$$X_{L0} = X_{C0} = \sqrt{\frac{L}{C}}$$

(2) 谐振时的电流

谐振时由于电路的阻抗最大,故谐振时的电流最小。谐振时电路的总电流为:

$$\dot{I}_0 = \frac{\dot{U}_s}{(\omega_0 L)^2/R} = \frac{\dot{U}_s R}{(\omega_0 L)^2} = \dot{U}_s R(\omega_0 C)^2$$

谐振时的总电流与电源电压同相位。

电感和电容上的电流分别为:

$$I_{C0} = \frac{U_s}{X_C} = U_s \omega_0 C = \frac{1}{\omega_0 CR} \cdot U_s R(\omega_0 C)^2 = QI_0$$

$$I_{L0} \approx \frac{U_s}{\omega_0 L} = \frac{U_s R}{(\omega_0 L)^2} \cdot \frac{\omega_0 L}{R} = QI_0$$

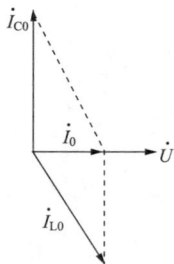

由上可知,谐振时电感和电容上的电流都几乎是电路总电流的 Q 倍,因此也常把并联谐振称为电流谐振。并联谐振时的相量图如图 5.64 所示。

（3）谐振时的电压

谐振时,电感和电容上的电压都等于电源电压。

图 5.64　RLC 并联谐振相量图

（4）谐振时的功率

由于谐振时电压和电流的相位差为 0,则电压和电流的相位差 $\theta = 0$。则电路中的无功功率 $Q = Q_L + Q_C = U_s I_0 \cdot \sin\theta = 0$,说明谐振时电感和电容之间进行着能量的相互交换,而与电源之间无能量交换,电源只向电阻提供有功功率 P。有功功率为:$P = U_s I_0$。

综合来看,不管是串联谐振还是并联谐振,我们可以利用它的性质实现一些有用的功能,同时也要注意它可能产生的过压或过流现象而破坏系统,这种情况应该避免发生。

例题 5.25

电感线圈和电容并联回路,已知 $R = 10\Omega$,$L = 0.1\text{mH}$,$C = 100\text{pF}$,求谐振频率 f_0 和谐振阻抗。

解:$f_0 = \dfrac{1}{2\pi\sqrt{LC}} = \dfrac{1}{2\pi\sqrt{0.1\times10^{-3}\times100\times10^{-12}}} = 1.59\times10^6\,\text{Hz}$

$Q = \dfrac{\omega_0 L}{R} = \dfrac{\frac{1}{\sqrt{LC}}L}{R} = \dfrac{\sqrt{\frac{L}{C}}}{R} = \dfrac{\sqrt{\frac{0.1\times10^{-3}}{100\times10^{-12}}}}{10} = 100 \gg 1$,证明满足谐振的条件。

谐振阻抗为:$Z = Q^2 R = 100^2 \times 10 = 10^5\,\Omega$

习　题

1. 定义交流电(AC)的特征是什么?

2. 比较交流电压源和直流电压源的极性。

3. 导体在磁场中运动的感应产生电压值,列举四条决定此电压值的因素。

4. 说出两种交流发电机的基本形式。

5. 一般来说,交流发电机的输出电压怎么控制?

6. 解释交流发电机的电枢电路的工作原理。

7. 叙述正弦波中以下术语的定义:(a)周期。(b)频率。(c)初相位

8. 电力设备产生和使用的交流电压的标准频率是多少?

9.（a）20A 的纯直流电流经给定电阻产生一定的热量。产生相同热量的交流电的峰值电流是多少？

（b）产生相同热量所需交流电流的均方根值或有效值是多少？

10.（a）利用交流电压表测得交流正弦波电压的值为 10V，它的峰值电压是多少？

（b）均方根值是多少？

11. 在选定的参考方向下，已知两正弦量的解析式为 $u=200\sin(1000t+200°)$V，$i=-5\sin(314t+30°)$A，试求两个正弦量的三要素。

12. 已知选定参考方向下正弦量的波形图如图 5.65 所示，试写出正弦量的解析式。

13. 已知 $u=220\sqrt{2}\sin(\omega t+235°)$V，$i=10\sqrt{2}\sin(\omega t+45°)$A，求 u 和 i 的初相及两者之间的相位差。

14. 分别写出如图 5.66 所示中各电流 i_1、i_2 的相位差，并说明 i_1 与 i_2 的相位关系。

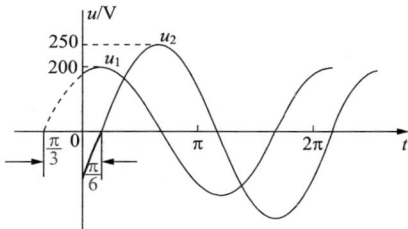

图 5.65

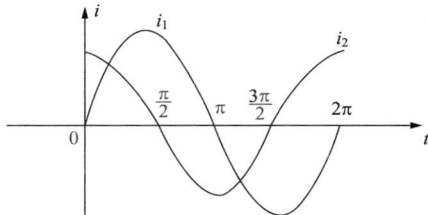

(a)

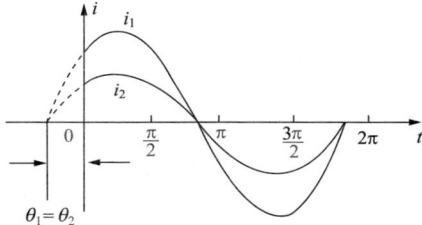

(b)

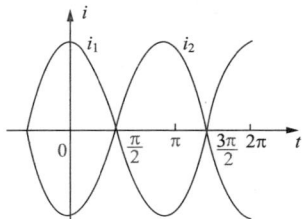

(c)

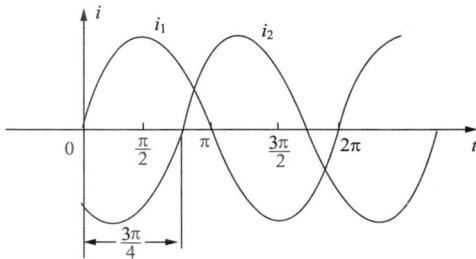

(d)

图 5.66

15. 写出复数 $A_1=4-j3$，$A_2=-3+j4$ 的极坐标形式。

16. 写出复数 $A=100\angle 30°$的三角形式和代数形式。

17. 求复数 $A=8+j6$，$B=6-j8$ 之和 $A+B$ 及积 $A\cdot B$。

18. 一正弦电压的初相位为 $60°$，有效值为 100V，试求它的解析式，并写出其相量形式，画出相量图。

19. 一电阻 $R=100\Omega$，R 两端的电压 $u_R=100\sqrt{2}\sin(\omega t-30°)$V，试计算下列几种电量值：

（1）通过电阻 R 的电流 I_R 和 i_R；

159

(2) 电阻 R 吸收的功率 P_R；

(3) 作 $\dot{U}_R$，$\dot{I}_R$ 的相量图。

20. 一只额定电压为 220V，功率为 100W 的电烙铁，误接在 380V 的交流电源上，问此时它吸收的功率为多少？是否安全？若接到 110V 的交流电源上，它的功率又为多少？

21. 试比较在交流电路和直流电路中，电容影响电流的方式。

22. (a) 什么是容抗？

(b) 计量容抗的基本单位是什么？

(c) 电容以何种方式影响容抗？

(d) 频率以何种方式影响容抗？

23. 当 240V、60Hz 的交流电压施于 50μF 的电容，计算电路中的交流电流值。

24. (a) 120V、60Hz 的电路中包含串联连接的 60μF 和 90μF 两个电容。电路中电流为多少？

(b) 如果两个电容为并联连接，总电流是多少？

25. 串联的 10μF(C_1) 和 15μF(C_2) 两个电容连接于 230V、60Hz 的电源。计算每个电容两端的电压降。

26. 串联的 20μF(C_1) 和 40μF(C_2) 两个电容连接于 480V、60Hz 的电源。

计算：(a) C_1 的容抗和电流。(b) C_2 的容抗和电流。

27. 理想电容两端电压和流经它的电流之间的相位关系如何？

28. (a) 串联连接的电感和电容连接于交流电压源，它们电压之间的相位关系是什么？

(b) 并联连接的电感和电容连接于交流电压源，它们电流之间的相位关系是什么？

29. 解释为什么尽管纯电容电路中存在电压和电流，但是事实上并没有有功功率产生。

30. 功率因数校准电容电路连接于 480V、60Hz 的交流电源，电流为 625A，电容的电阻可忽略。计算电容的无功功率。

31. 已知一电容 $C = 50\mu$F，接到 220V，50Hz 的正弦交流电源上，求：

(1) X_C。

(2) 电路中的电流 I_C 和无功功率 Q_C。

(3) 电源频率变为 1000Hz 时的容抗。

32. 一电容 $C = 100\mu$F，接于 $u_R = 220\sqrt{2}\sin(1000t - 45°)$V 的电源上。求：

(1) 流过电容的电流 I_C。

(2) 电容元件的有功功率 P_C 和无功功率 Q_C。

(3) 绘出电流和电压的相量图。

33. 在检修电容时，应该考虑的最重要的事是什么？

34. 下列情况下，线圈的感抗是增加还是减少？

(a) 交流供电源频率的增加。(b) 线圈电感的减少。

35. 当频率为 50Hz 时，计算 2.5H 电感的感抗。

36. 一个 6H 的电感连接于 12V 的直流电源，其感抗为多少？

37. 当 240V、60Hz 的交流电压外施于一个 0.5H 的电感，电流为多少？假设所使用的是纯电感或理想电感（没有电阻，只有感抗）。

38. (a) 一个 6H 的线圈和 4H 的线圈串联，总电感为多少？

(b) 当同样的两个线圈并联时，总电感为多少？

39. (a) 相互串联的 1H 和 2H 电感连接于 440V、60Hz 的电源,电路中电流为多少?

(b) 如果同样的两线圈并联于同样的电源,电路中总电流为多少?

40. 比较纯电阻负载和纯电感负载中电压和电流的相位关系。

41. (a) 一个 6Ω 的纯电阻负载连接于 208V、60Hz 的电源,计算其电流、电压、无功功率。

(b) 一个 4Ω 的纯电感负载连接于 230V、60Hz 的电源,计算其电流、电压、无功功率。

42. 已知一个电感 $L=2H$,接在 $u_L=220\sqrt{2}\sin(314t-60°)V$ 的电源上,求:

(1) X_L;(2) 通过电感的电流 i_L。

43. 已知流过电感元件中的电流为 $i_L=10\sqrt{2}\sin(314t+30°)A$,求:$X_L$ 和 L。

44. 概述检测线圈是否断开或短路的步骤。

45. 如图 5.67(a)、(b)所示电路中,已知电流表 A1、A2、A3 都是 10A,求电路中电流表 A 的读数。

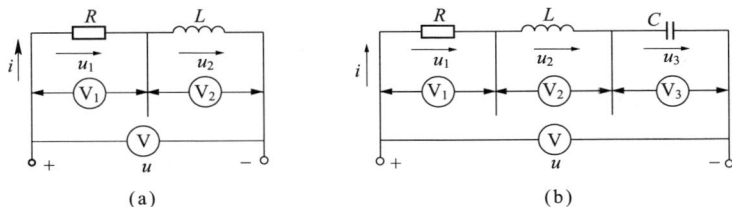

图 5.67

46. 如图 5.68(a)、(b)所示电路中,电压表 V_1、V_2、V_3 的读数都是 50V,试分别求各电路中 V 表的读数。

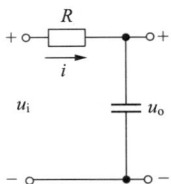

图 5.68

47. 已知加在电路上的端电压为 $u=311\sin(\omega t+60°)V$,通过电路中的电流为 $\dot{I}=10\angle(-30°)A$,求 $|Z|$、阻抗角 θ 和导纳角 θ'。

48. 如图 5.69 所示的 RC 串联电路中,已知 $X_C=10\sqrt{3}\ \Omega$,要使输出电压滞后于输入电压 30°,求电阻 R。

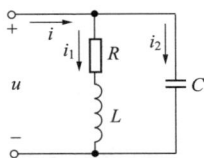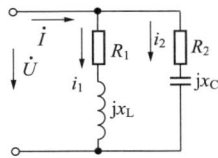

图 5.69   图 5.70   图 5.71

49. 两条支路并联的电路如图 5.70 所示。已知 $R=8\Omega$，$X_L=6\Omega$，$X_C=10\Omega$，端电压 $u=220\sqrt{2}\sin(\omega t+60°)$V，求各支路电流 $\dot{I}_1$、$\dot{I}_2$ 及总电流 $\dot{I}$，并画出相量图。

50. 如图 5.71 所示并联电路中，已知端电压 $u=220\sqrt{2}\sin(314t-30°)$V，$X_L=X_C=8\Omega$ 求：

(1) 总导纳 Y；

(2) 各支路电流 $\dot{I}_1$、$\dot{I}_2$ 总电流 $\dot{I}$。

51. 有一 RLC 并联电路，已知端电压为 $u=220\sqrt{2}\sin(314t+30°)$V，$R=10\Omega$，$L=127$mH，$C=159\mu$F，求：

(1) 并联电路的复导纳 Y；

(2) 各支路的电流 $\dot{I}_R$、$\dot{I}_L$、$\dot{I}_R$ 和总电流 $\dot{I}$；

(3) 绘出相量图。

52. 用相量图求解法计算图 5.72 所示各电路中电表的读数，并画出有关电流、电压的相量图。

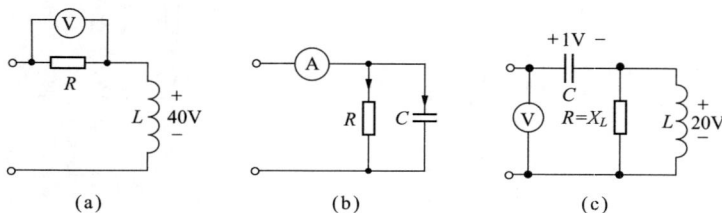

图 5.72

53. 电路如图 5.73 所示，已知 $\dot{U}$ 与 $\dot{I}$ 同相，$I=3$A，电路吸收的有功功率为 $P=34$W，试求 I_1 和 I_2。

54. 电路如图 5.74 所示，已知 $U=20$V，电感支路消耗的功率 $P_1=16$W，功率因数 $\cos\varphi_1=0.8$；电容支路消耗的功率为 $P_2=24$W，功率因数为 $\cos\varphi_2=0.6$。求总电流 I 和电路的复功率 $\overline{S}$。

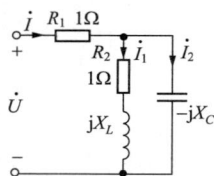

图 5.73

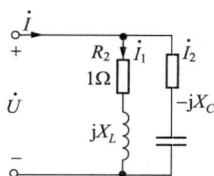

图 5.74

55. 在 RLC 串联电路中，已知端口电压 $U=25$V，$R=20\Omega$，$L=400$mH，$C=200\mu$F，求：

(1) 谐振频率 f_0，特性阻抗 ρ，品质因数 Q；

(2) 谐振时的电路总电流 I，电阻电压 U_R，电感电压 U_L 和电容电压 U_C；

(3) 画出电流与各电压的相量图。

56. 在 RLC 并联电路中，已知总电流 $I=1$A，$R=5\Omega$，$L=2\mu$H，$C=500\mu$F，求：

(1) 电路的谐振角频率 ω_0，特性阻抗 ρ，品质因数 Q；

(2) 谐振时的电压 U，流过电阻的电流 I_R，流过电感的电流 I_L 和流过电容的电流 I_C；

(3) 画出电压与各电流的相量图。

第6章

三相电路

学习目标

- ☞ 了解三相电源的产生过程、三相电路的连接方式，三-三制、三-四制的特性及使用等问题。
- ☞ 掌握三相电路的分析方法，掌握相量图及位形图的画法。
- ☞ 掌握三相电路的各种计算。
- ☞ 掌握三相电路的功率概念及相关计算。

在电力系统中广泛采用三相供电系统,此系统也叫三相制。这是因为三相供电系统比单相供电系统有较多的优点。例如,发电方面,相同尺寸的三相发电机比单相发电机发出的功率大,效率高;输电方面,在相同的电气技术指标下,三相供电系统比单相供电系统可以节约大量的金属材料,提高了传输效率;用电方面,三相电动机性能比单相电动机性能好,运行平稳,结构简单,价格低廉等。

三相供电系统简称三相电路,它是一种在电气上和结构上具有特点的正弦电路。三相电路由三相电源、三相负载和三相输电线路三部分组成。三相电源是由三个具有相同频率但相位不同的电压,按照特定方式连接而成的电源系统,其中每个电源叫做三相电源的一个相;三相负载是由三个按照特定方式连接而成的负载,其中每个部分叫做三相负载的一相。由于三相电路是正弦电路,因此正弦稳态电路分析的各种方法,均适用于三相电路。

6.1　三相电压的产生及特点

三相电压是由三相交流发电机产生的,它的主要组成部分包括电枢和磁极。图 6.1 给出了产生三相交流电压的三相交流发电机原理图及 A 相电枢绕组示意图。

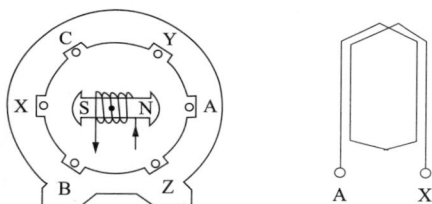

图 6.1　三相交流发电机的原理图及 A 相电枢绕组

其中,电枢是固定的,亦称定子。定子铁心的内圆周表面冲有槽,用以放置三相电枢绕组,定子线圈提供输出电压或电流。磁极是转动的,亦称转子。转子铁心上绕有励磁绕组,用直流激励。选择合适的极面形状和励磁绕组的布置情况,可使空气隙中的磁感应强度按正弦规律分布。电枢或转子实际上是一个旋转着的电磁铁,它同时提供磁场和相关的运动。图 6.2 给出了电源绕组的表示图。AX 为 A 相线圈,BY 为 B 相线圈,CZ 为 C 相线圈。图(a)为绕组表示法,(b)是通常使用的电源符号。

当转子由原动机带动,并以匀速按顺时针方向转动时,每相绕组依次切割磁通,会产生频率相同、幅值相等、相位互差 120° 的三相对称正弦电压。在电力系统中,凡最大值相等、角频率相同、相位彼此相差相同角度的三相电压,均称为对称三相电压。我们通常用 A、B、C 表示该三相电压,它们分别为 u_A、u_B、u_C,假设 A 相为参考正弦量,即其初相角为 0,则有:

$$u_A = U_m \sin\omega t$$

$$u_B = U_m \sin(\omega t - 120°)$$

$$u_C = U_m \sin(\omega t - 240°) = U_m \sin(\omega t + 120°)$$

也可用相量表示

$$\dot{U}_A = U\angle\underline{0°} = U$$

$$\dot{U}_B = U\angle\underline{-120°} = U\left(-\frac{1}{2} - j\frac{\sqrt{3}}{2}\right)$$

$$\dot{U}_C = U\angle\underline{120°} = U\left(-\frac{1}{2} + j\frac{\sqrt{3}}{2}\right)$$

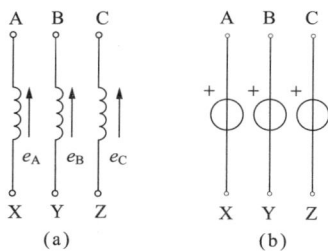

图 6.2 电源绕组表示法

式中 $U = \frac{\sqrt{2}}{2}U_m$，（$U$ 为电压有效值，U_m 为电压最大值）。

如果用相量图和正弦波形来表示，则如图 6.3 所示。

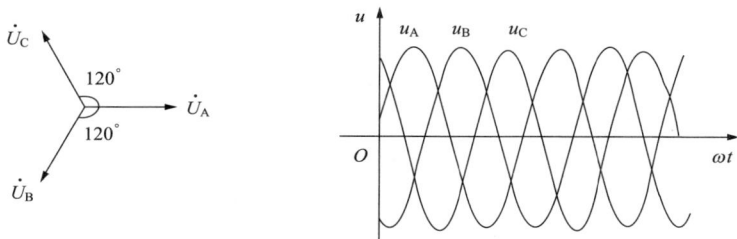

图 6.3 表示三相电压的相量图和正弦波形

显然，三相对称正弦电压的瞬时值或相量之和为零，即

$$u_A + u_B + u_C = 0$$

$$\dot{U}_A + \dot{U}_B + \dot{U}_C = 0$$

三相交流电压出现正幅值（或相应零值）的顺序称为相序。当转子顺时针旋转时，各相电压达到最大值的顺序是 A、B、C，这样顺着 A-B-C 的相序，称为顺序。若转子逆时针旋转，相序变为 A-C-B，称为逆序。通常，如无特殊说明，三相电压的相序均为顺序。

思考与练习

1. 三相电路由哪几个主要部分组成？

2. 三相电路在电力系统得到广泛应用的原因是什么？

3. 三相电压主要由什么设备产生？它主要由哪两个部分组成？

4. 三相电源的特点有哪些？有哪几种相序？

6.2　三相电路的连接方式

三相电路的连接方式包括三相电源的连接方式和三相负载的连接方式,两者连接方式的不同可以决定不同的工作状态,特性各异,因此我们应该根据不同的适用场合,选择相应的三相电路连接方式。

6.2.1　电源的连接方式

三相电源有两种对称连接方式,三角形(△)接法和星形(丫)接法。低压系统中电源三角形接法用得很少。本章只讲星形连接的电源,如图 6.4 所示。所谓星形连接就是将三个绕组的末端 X、Y、Z 联在一个公共点 O 上,这个公共端点 O 称为电源的中点或零点,由始端 A、B、C 和中点 O 四个端点给外电路输出电源。从电源的始端 A、B、C 引向负载的三根导线,称为相线(俗称火线),从电源中点引至负载中点的导线称为中线或零线。如果中线接地,则又称为地线。

配电线上常用黄、绿、红三种颜色分别表示 A、B、C 三相的相线,用黑色表示中线,电源作星形连接时,若只用 A、B、C 三根相线向负载输送电能,供电线路称为三相三线制(简称三-三制)。用 A、B、C 三根相线和地线 O 四根线向负载输送电能,供电线路称为三相四线制(简称三-四制)。也就是说,三-四制比三-三制多一根地线。

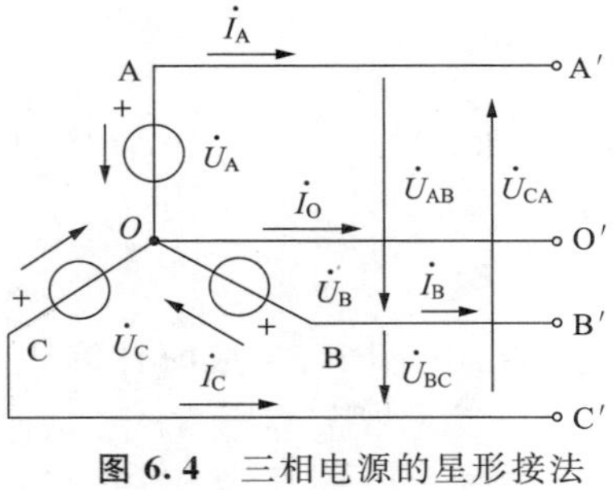

图 6.4　三相电源的星形接法

在三相电路中,通常会用到相电压和线电压这两个概念。所谓相电压是指电源每相绕组始端与末端之间的电压,亦即火线与中线之间的电压。如图 6.4 中的 $\dot{U}_A$、$\dot{U}_B$、$\dot{U}_C$。其有效值用大写字母 U_A、U_B、U_C 或一般地用 U_p 表示。而任意两始端间的电压,亦即两相线间的电压,称为线电压,其有效值用 U_{AB}、U_{BC}、U_{CA} 或一般地用 U_l 表示。相电压和线电压的参考方向如图 6.4 所示。

图中的 A′、B′、C′ 分别对应负载端的 A、B、C 三相,O′ 为负载中性点。

由 KVL 可得

$$\dot{U}_{AB}=\dot{U}_A-\dot{U}_B$$

$$\dot{U}_{BC}=\dot{U}_B-\dot{U}_C$$

$$\dot{U}_{CA}=\dot{U}_C-\dot{U}_A$$

取 A 相电压 $\dot{U}_A$ 为参考相量,相序依次是 A-B-C,则有

$$\dot{U}_A=U_p\angle\underline{0^\circ}$$

$$\dot{U}_B = U_p \angle -120°$$

$$\dot{U}_C = U_p \angle 120°$$

电压相量图如图 6.5(a)所示。从图中可知线电压也是一组对称的三相电压。图 6.5(b)也称为三相电路的电压位形图。

很容易地从相量图中得出线电压与相电压在大小上的关系为

$$U_l = \sqrt{3}\,U_p$$

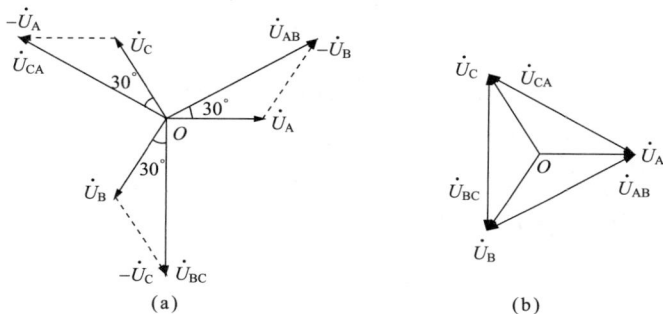

图 6.5 三相电路的相量图及位形图

在我国,低压配电系统中相电压为 220V,线电压为 380V。

6.2.2 三相负载的连接方式

三相负载也有星形连接(丫)和三角形(△)两种连接方式。

1. 星形连接方式

三相负载的星形连接有两种方式,三相四线制和三相三线制。两者的区别是:三相四线制有中线,而三相三线制没有中线。

(1)三相四线制电路

三相四线制电路如图 6.6 所示。设每相负载的复阻抗分别为 Z_a、Z_b、Z_c。每相负载的一端 a、b、c 分别接到三相电源的 A、B、C 三根火线上,而三相负载的另一

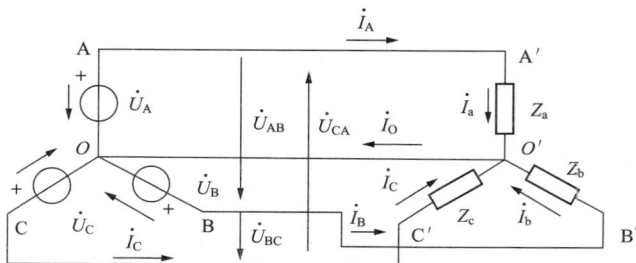

图 6.6 负载星形连接的三相四线制电路图

端 x′、y′、z′则连在一起以 O' 表示,并接到三相电源的中线 O 上。这种电源和负载都是星形连接且有中线的电路叫三相四线制电路。电压和电流的参考方向都已在图中标出。

三相电路中的电流也有相电流和线电流之分。每相负载中的电流称为相电流,如图中的 $\dot{I}_a$、$\dot{I}_b$、$\dot{I}_c$,他们的有效值一般用 I_P 表示。

相线(或火线)上流过的电流称为线电流,如图中的 $\dot{I}_A$、$\dot{I}_B$、$\dot{I}_C$,它们的有效值一般用 I_l 表示。当负载为星形连接时,线电流即是相电流,即

$$I_p = I_l$$

中线上流经的电流称为中线电流。常用 $\dot{I}_O$ 表示,如图 6.6 所示。

设电源相电压 $\dot{U}_A$ 为参考正弦量,则得

$$\dot{U}_A = U_A \angle 0°, \dot{U}_B = U_B \angle -120°, \dot{U}_C = U_C \angle 120°$$

在图 6.6 中,设每相负载的复阻抗分别为

$$Z_a = R_a + jX_a = |Z_a| \angle \phi_a$$
$$Z_b = R_b + jX_b = |Z_b| \angle \phi_b$$
$$Z_c = R_c + jX_c = |Z_c| \angle \phi_c$$

由于电源相电压即为每相负载电压,所以每相负载中的电流可分别求出。

$$\dot{I}_a = \frac{\dot{U}_A}{\dot{Z}_a} = \frac{U_A \angle 0°}{|Z_a| \angle \phi_a} = I_a \angle -\phi_a$$

$$\dot{I}_b = \frac{\dot{U}_B}{\dot{Z}_b} = \frac{U_B \angle -120°}{|Z_b| \angle \phi_b} = I_b \angle -120° - \phi_b$$

$$\dot{I}_c = \frac{\dot{U}_C}{\dot{Z}_c} = \frac{U_C \angle 120°}{|Z_c| \angle \phi_c} = I_c \angle 120° - \phi_c$$

式中,每相负载中电流的有效值分别为

$$\dot{I}_a = \frac{U_A}{|Z_a|}, \dot{I}_b = \frac{U_B}{|Z_b|}, \dot{I}_c = \frac{U_C}{|Z_c|}$$

各相负载的电压与电流之间的相位差分别为

$$\phi_a = \arctan \frac{X_a}{R_a}, \phi_b = \arctan \frac{X_b}{R_b}, \phi_c = \arctan \frac{X_c}{R_c}$$

中线电流为:$\dot{I}_O = \dot{I}_A + \dot{I}_B + \dot{I}_C = \dot{I}_a + \dot{I}_b + \dot{I}_c$

电压和电流的相量图如图 6.7 所示。

现在来讨论图 6.6 所示电路中负载对称的情况。所谓负载对称,就是指各相阻抗相等,即

$$Z_a = Z_b = Z_c = Z$$

或者阻抗模和相位角相等,即

$$|Z_a| = |Z_b| = |Z_c| = |Z|$$ 和 $\phi_a = \phi_b = \phi_c = \phi$

由于电源电压是对称的,所以负载相电流也是对称的,即

$$I_a = I_b = I_c = I_p = \frac{U_p}{|Z|}$$

$$\phi_a = \phi_b = \phi_c = \phi = \arctan \frac{X}{R}$$

因此,这时中线电流等于零,即 $\dot{I}_O = \dot{I}_a + \dot{I}_b + \dot{I}_c = 0$

电压和电流的相量图如图 6.8 所示。

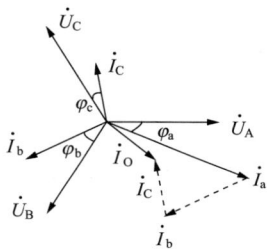

图 6.7 负载星形连接时电压和
电流的相量图

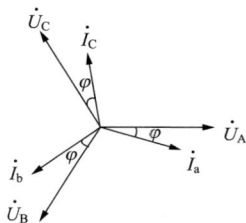

图 6.8 对称负载星形连接时电压和
电流的相量图

(2) 三相三线制

中线电流为 0,此时中线不起作用,可以去掉,图 6.6 所示电路就变为图 6.9 所示电路。这就是三相三线制电路。也就是说,在三相负载对称的情况下,可以采用三相三线制电路,例如,通常所见的三相电动机的三相负载就是对称的。在三相负载不对称的情况下,一定要用三相四线制电路,因为中线可以起到平衡负载端三相电压的作用(保证负载相电压为额定值 220V),这一点非常重要(后面例 6.3 可以说明)。

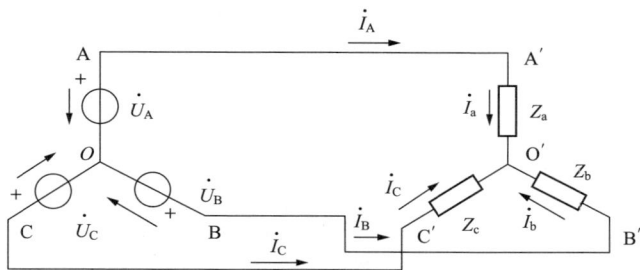

图 6.9 三相三线制星形连接的电路

例题 6.1

对称三相四线制的电压 $U_L = 380V$,对称负载星形连接,每组负载的复阻抗 $Z = 38 + 32j\Omega$。求各相负载的相电流。

169

解：因为　　$U_l = 380V$

所以　$U_p = \dfrac{380V}{\sqrt{3}} = 220V$

而　　$Z = 38 + 32j = 50\angle 40° (\Omega)$

设　$\dot{U}_A = 220\angle 0°$

则各相电流为　$\dot{I}_a = \dfrac{\dot{U}_A}{Z} = \dfrac{\dot{U}_a}{Z} = \dfrac{220\angle 0°}{50\angle 40°}A = 4.4\angle -40°A$

$\dot{I}_b = \dfrac{\dot{U}_B}{Z} = \dfrac{\dot{U}_b}{Z} = \dfrac{220\angle -120°}{50\angle 40°}A = 4.4\angle -160°A$

$\dot{I}_c = \dfrac{\dot{U}_C}{Z} = \dfrac{\dot{U}_c}{Z} = \dfrac{220\angle 120°}{50\angle 40°}A = 4.4\angle 80°A$

如果不需要考虑各相电流的相位，只要求其有效值的话，可以直接求得其相电流为：

$$I_p = \dfrac{U_p}{|Z|} = \dfrac{220}{50}A = 4.4A$$

例题 6.2

有一台三相异步电动机作星形连接在线电压为 380V 的三相对称电源上，如图 6.9 所示。电动机每相绕组的电阻 $R = 50\Omega$，感抗 $X_L = 35\Omega$。求每相绕组的电流、功率因数。

解：因为三相负载对称，所以只计算一相即可。根据给定的条件，负载的相电压为

$$U_p = \dfrac{U_l}{\sqrt{3}} = \dfrac{380V}{\sqrt{3}} = 220V$$

又　$|Z| = |Z_a| = |Z_b| = |Z_c| = \sqrt{50^2 + 35^2}\Omega = 61\Omega$

则每相绕组的相电流为

$$I_p = I_a = I_b = I_c = \dfrac{U_p}{|Z|} = \dfrac{220}{61}A = 3.6A$$

各相的功率因数也相等，即

$$\cos\phi = \cos\phi_a = \cos\phi_b = \cos\phi_c = \dfrac{R}{|Z|} = \dfrac{50}{61} = 0.82$$

所以　$\phi = \arccos 0.82 = 35°$

　　实际上，许多用电设备，如家用电器、照明灯、电子仪器等，都只需要单相电源。它们分别挂靠在三相电源的任何一相上，这些用电设备的数量、功率以及用电时间的不同，势必会造成三相负载的不对称情况出现。

例题 6.3

如图 6.10 所示的三-三制电路中，A 相电灯全关掉，B 相电灯全接通，C 相只开一盏灯。电源线电压为 380V，若每盏灯泡的功率为 40W，额定电压是 220V。求负载端的三相电压。

解：40W 灯泡的电阻为

$$R = \dfrac{U^2}{P} = \dfrac{220^2}{40}\Omega = 1210\Omega$$

A 相负载全断开，$R_A = \infty$

B 相负载电阻为

$$R_B = \frac{1210}{3}\Omega = 403\Omega$$

C 相负载电阻为

$$R_C = 1210\Omega$$

由于中线断开，这时流过 B 相负载的电流等于流过 C 相负载的电流，即

$$I = \frac{U_L}{R_B + R_C} = \frac{380}{403 + 1210}A = 0.24A$$

于是 B 相负载两端的电压 $U_B = IR_B = 0.24A \times 403\Omega = 96.7V$

C 相负载两端的电压 $U_C = IR_C = 0.24A \times 1210\Omega = 290.4V$

可见这时 B 相电压过低，而 C 相电压过高，超过其额定电压 220V，会导致 C 相灯泡烧毁，造成事故。因此，当三相负载不对称星形连接时一定要用三-四制电路，因为中线可以平衡负载端的相电压，让你固定为 220V。

2. 三角形连接方式

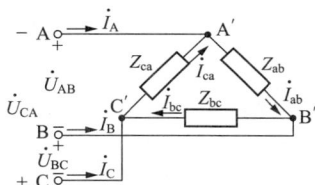

图 6.11　三相负载的三角形电路

当三相负载的相电压等于电源的线电压时，三相负载必须作三角形连接。负载作三角形连接的三相电路一般用图 6.11 所示电路来表示。

负载作三角形连接时，因为各相负载都直接接在电源的线电压上，所以负载的相电压等于电源的线电压。也就是说，无论负载对称与否，其相电压总是对称的，即

$$U_{AB} = U_{BC} = U_{CA} = U_l = U_p$$

而相电流和线电流是不相同的，它们有如下的关系：

$$\dot{I}_A = \dot{I}_{ab} - \dot{I}_{ca}$$

$$\dot{I}_B = \dot{I}_{bc} - \dot{I}_{ab}$$

$$\dot{I}_C = \dot{I}_{ca} - \dot{I}_{bc}$$

各相负载的相电流的有效值分别为

$$I_{ab} = \frac{U_{AB}}{|Z_{ab}|},\ I_{bc} = \frac{U_{BC}}{|Z_{bc}|},\ I_{ca} = \frac{U_{CA}}{|Z_{ca}|}$$

各相负载的电压与电流之间的相位差分别为

$$\phi_{ab} = \arctan\frac{X_{ab}}{R_{ab}},\ \phi_{bc} = \arctan\frac{X_{bc}}{R_{bc}},\ \phi_{ca} = \arctan\frac{X_{ca}}{R_{ca}}$$

图 6.10

171

如果负载对称，即

$$|Z_{ab}| = |Z_{bc}| = |Z_{ca}| = |Z| \text{ 和 } \phi_{ab} = \phi_{bc} = \phi_{ca} = \phi$$

则负载的相电流也是对称的，即

$$I_{ab} = I_{bc} = I_{ca} = I_p = \frac{U_p}{|Z|}$$

$$\phi_{ab} = \phi_{bc} = \phi_{ca} = \phi = \arctan \frac{X}{R}$$

于是三相对称负载的相电流与线电流的关系可以变换为

$$I_A = 2I_{ab}\cos 30° = \sqrt{3} I_{ab}$$

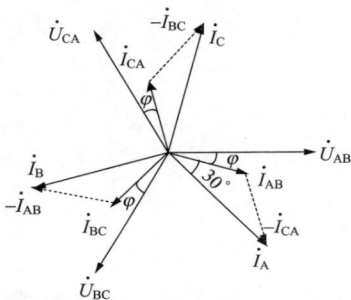

**图 6.12 三角形连接时对称负载的
电压和电流的相量图**

$$I_B = 2I_{bc}\cos 30° = \sqrt{3} I_{bc}$$

$$I_C = 2I_{ca}\cos 30° = \sqrt{3} I_{ca}$$

写出一般形式就是：$I_1 = \sqrt{3} I_p$

即线电流是相电流的 $\sqrt{3}$ 倍，在相位上线电流滞后对应相电流 30°。

三相对称负载作三角形连接时的电压和电流的相量图如图 6.12 所示。

三相电动机的绕组可以接成星形，也可以接成三角形，而照明负载一般都应该连接成星形（具有中性线）。

思考与练习

1. 三相电路通常有哪两种连接方式？并简述它们各自的特点。

2. 采用三相四线制时，中线上是否允许安装保险丝？简述理由。

3. 为什么电灯开关一定要接到相线（火线）上？

4. 有 220V/40W 的日光灯管 24 个，应如何接入线电压为 380V 的三相四线制电路？求负载在对称情况下的线电流。

6.3 三相电路的功率

无论负载是星形连接或是三角形连接，三相总的有功功率必定等于各相有功功率之和。三相功率的计算可按单相电路计算功率的方法逐相计算。

当负载对称时，每相的有功功率是相等的，因此三相总功率是

$$P = 3P_A = 3P_B = 3P_C = 3P_p = 3U_p I_p \cos\phi$$

式中 φ 角是相电压与相电流之间的相角差。

在三相电路中，测量线电压线电流较之相电压相电流方便，因此在计算三相电

路功率时,常采用线电压线电流表达式。

如果对称负载进行星形连接时,则有 $U_1=\sqrt{3}U_p$,$I_1=I_p$

如果对称负载是三角形连接,则为 $U_1=U_p$,$I_1=\sqrt{3}I_p$

因此无论对称负载是星形连接还是三角形连接,都有

$$P=\sqrt{3}U_1I_1\cos\phi$$

注意,式中的 φ 角仍是相电压与相电流之间的相角差。

同样的,可以得到三相无功功率 Q 和视在功率 S,分别为:

$$Q=3U_pI_p\sin\phi=\sqrt{3}U_1I_1\sin\phi$$

$$S=3U_pI_p=\sqrt{3}U_1I_1$$

例题 6.4

线电压为380V的三相电源上接有两组对称三相负载:一组是三角形连接的电感性负载,每相阻抗 $Z=50\angle24°\Omega$;另一组是星形连接的电阻性负载,每相电阻 $R=35\Omega$,如图 6.13 所示。试求:(1)各组负载的相电流;(2)电路的线电流;(3)三相有功功率。

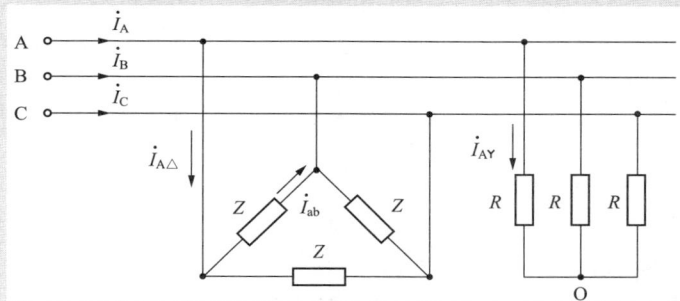

图 6.13

解:设 AB 线电压初相角为零,即 $\dot{U}_{AB}=380\angle0°$V,则相电压 $\dot{U}_A=220\angle-30°$V

(1)由于是对称三相负载,所以计算一相即可,其他相类推。

对于三角形连接的负载,其相电流为 $\dot{I}_{AB\triangle}=\dfrac{\dot{U}_{AB}}{Z}=\dfrac{380\angle0°}{50\angle24°}A=7.6\angle-27°$A

类推出,$\dot{I}_{BC\triangle}=\dfrac{\dot{U}_{BC}}{Z}=\dfrac{380\angle-120°}{50\angle24°}A=7.6\angle-147°$A

对于星形连接的负载,其相电流等于线电流,有 $\dot{I}_{AY}=\dfrac{\dot{U}_A}{R}=\dfrac{220\angle-30°}{35}A=6.3\angle-30°$A

(2)先求三角形连接的电感性负载的线电流 $\dot{I}_{A\triangle}$。由图 6.12 可知,$I_{A\triangle}=\sqrt{3}I_{AB\triangle}$,且 $\dot{I}_{A\triangle}$ 比 $\dot{I}_{AB\triangle}$ 滞后 $30°$,于是可以得出

$$\dot{I}_{A\triangle}=7.6\sqrt{3}\angle-27°-30°\text{A}=13.2\angle-57°\text{A}$$

$\dot{I}_{AY}$ 与 $\dot{I}_{A\triangle}$ 相位不同,不能错误地将其模值相加作为电路线电流。应该是两者相量相加,

即　　$\dot{I}_A = \dot{I}_{A\triangle} + \dot{I}_{AY} = 13.2\angle -57° + 6.3\angle -30°(A) = 19\angle -48.3°A$

电路线电流也是对称的,即幅值相等,相角互差 $120°$。

(3) 三相电路的有功功率为

$$P = P_\triangle + P_Y$$
$$= \sqrt{3}U_l I_{l\triangle}\cos\phi_\triangle + \sqrt{3}U_l I_{lY}$$
$$= \sqrt{3}\times 380\times 13.2\times 0.89 + \sqrt{3}\times 380\times 6.3 \text{(W)}$$
$$= 11878.8\text{W} \approx 12\text{kW}$$

习　题

1. 已知线电压为 380V 的对称三相电源,接有每相阻抗 $Z=(18+\text{j}24)\Omega$ 的对称星形负载,求负载各相的电压、电流和三相功率,并作出其位形图和电流相量图。

2. 对于上述 1 题的电路,在有中线和无中线两种情况下,当 A 相断路时,试求负载各相的电压、电流和三相功率,并作出其位形图和电流相量图。

3. 已知在上述 1 题的电路中无中线,当 A 相短路时,求负载各相的电压、电流和三相功率,并作出其位形图和电流相量图。

4. 当每相阻抗 $Z=(8+\text{j}6)\Omega$ 的三角形负载接到线电压为 380V 的对称三相电源上时,求负载每相的电流,各线电流和三相总功率,并作出其电流相量图。

5. 有一台感应电动机,额定输出功率 $P=10\text{kW}$,额定电压 $U_l=380\text{V}$,在额定功率下的功率因数 $\cos\phi=0.8$,效率(输出功率 P_2 与输入功率 P_1 之比)$\eta=0.7$,求在额定功率下的线电流 I_l。

6. 图 6.14 中,对称负载连成三角形,已知电源电压线电压 $U_l=220\text{V}$,电流表读数 $I_l=17.3\text{A}$,三相功率 $P=4.5\text{kW}$,求每相负载的电阻和感抗。

7. 如图 6.15 所示,电源线电压 $U_l=380\text{V}$。

(1) 如果图中各相负载的阻抗都是 10Ω,是否可以说负载是对称的? 为什么?

(2) 试求用相量表示的各相电流和中线电流,并画出相量图。

(3) 如果中线电流的正方向选定的与电路图上所示的方向相反,则结果有何不同?

(4) 试求三相有功功率。

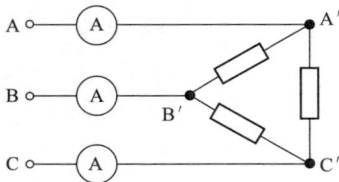

图 6.14

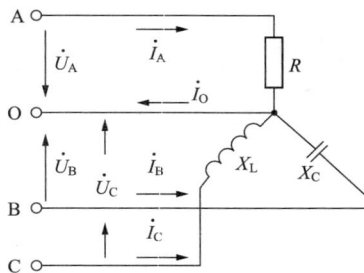

图 6.15

8. 如图 6.16 所示的某车间电源是三相四线制供电,线电压为 380V,车间内有一台三相异步电动机,作三角形连接从电源上取用的功率 $P=11.43kW$,功率因数 $\cos\phi=0.87$;另有照明负载为 220V、100W 的电灯 33 盏对称地接在电源上。求上述两种负载的相电流、相应的线电流及总线上的线电流。

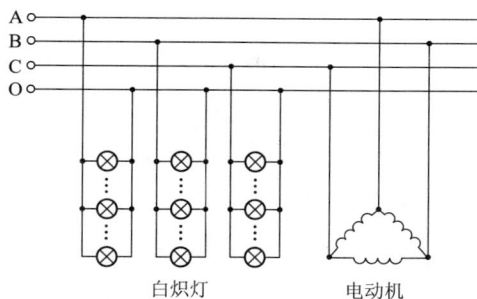

图 6.16

9. 如图 6.17 所示为一相序指示器,其中 A 相接入电容器,B、C 相接入相同规格的灯泡。若使 $\frac{1}{\omega C}=R$,在线电压对称的情况下,试分析电源的相序与两灯泡亮度的关系。

10. 在图 6.18 中,若三相负载的复阻抗相同,串联在电路中安培计 A_1 的读数是 17.3A,问安培计 A_2 的读数是多少,并说明 A_1 和 A_2 的相位关系。

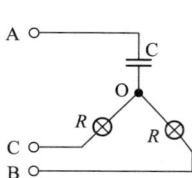

图 6.17

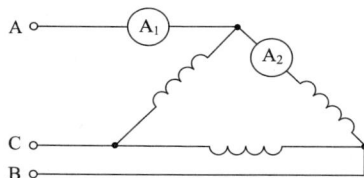

图 6.18

11. 有一三相电动机,每相阻抗 $Z=(29+j36)\Omega$,绕组为星形连接接于线电压 380V 的三相电源上。试求电动机的相电流、线电流以及从电源输入的功率。

12. 某发电厂发电机组额定运行数据为:线电压 10.5kV,三相总有功功率为 $10^5\,kW$,功率因数 0.8。试计算其线电流、三相视在功率和三相无功功率。

第7章

电与磁

学习目标

- ⤷ 定义常用的磁的术语。
- ⤷ 陈述磁极的定律。
- ⤷ 描述磁力线的特性。
- ⤷ 正确应用导体和右手螺旋法则。
- ⤷ 解释影响电磁强度的因素。
- ⤷ 了解欧姆定律如何应用于磁场电路。

　　虽然电和磁从表面上看是两个完全不同的领域,但事实上两者之间有着密不可分的联系。磁铁是一块氧化铁或特殊的合金,能对铁、镍或钴等物质产生无形的吸引力。

　　这种无形的作用力就称为磁性或磁力。电磁学就是当导体中有电流通过时导体附近所产生的磁性。本章将讨论有关电和磁的现象。

7.1　磁铁的性质

　　某些物质能吸引铁制品或铁合金制品的能力与磁效应相关。一种物质能吸引铁或钢的性质就称为磁性。

　　磁性物质是一些有磁吸引力的物质。常见的磁性物质有铁、钢、镍和钴(图7.1)。磁性物质都可以被磁化。非磁性物质是一些没有磁吸引力的物质,例如铜、铝、铅、银、黄铜、木材、玻璃、液体和气体。非磁性物质不能被磁化。

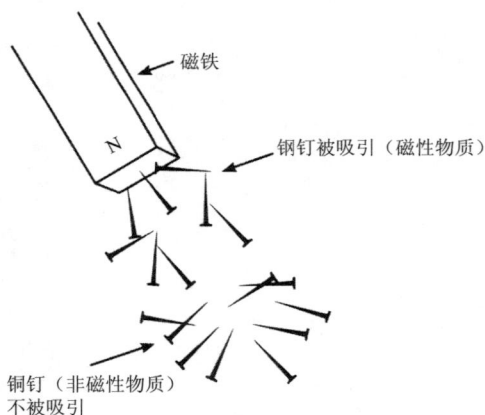

图 7.1　磁性物质和非磁性物质

7.2　磁铁的类型

7.2.1　天然磁铁和人工磁铁

　　人们首先在称为天然磁石或磁铁矿的铁矿石中发现了磁效应。天然磁石之所以被称为天然磁铁是因为在天然状态下它具有磁的性质。天然磁铁很少在实际中应用,因为我们可以通过人工方法制造出磁性更强的磁铁。人工磁铁是由普通的未磁化的磁性物质制成。条形磁铁、马蹄形磁铁和指南针都属于人工磁铁(图7.2)。

　　大多数人工磁铁都是通过电的方法制成,过程很简单。要用电来磁化磁性物

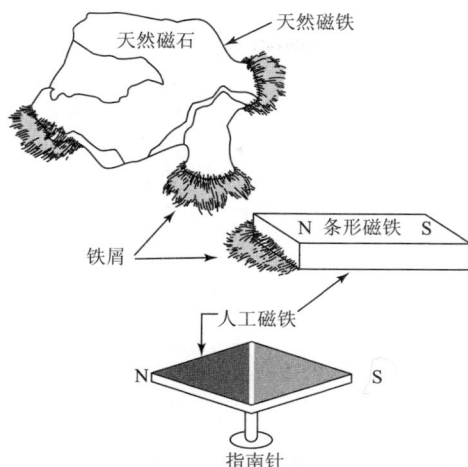

图 7.2　天然磁铁和人工磁铁

质,就要先把该物质放入绝缘导线的线圈中让它磁化。然后立即把直流电源电压加在线圈导线上(图 7.3(a))。要将人工磁铁消磁,只需重复这个过程,只是把电源电压换成交流电即可(图 7.3(b))。

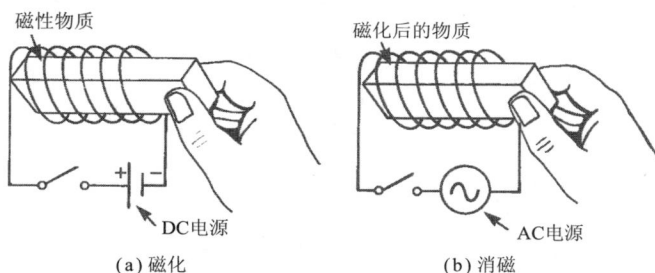

图 7.3　磁化和消磁过程

7.2.2　临时磁铁和永久磁铁

如果一种物质很容易被磁化,那么说明这个物质具有很高的磁导率。不同的磁性物质当它们被磁化后具有不同的磁性保留能力。物质的磁性保留能力取决于物质的顽磁性。临时磁铁的顽磁性较低(图 7.4(a)),当磁化力移走后它们就失去了绝大部分的磁能力。永久磁铁是由硬的铁和钢制成(图 7.4(b)),要磁化它们就需要更多的能量;然而它们只要被磁化后,就能够长时间的保留磁性。

磁性合金是某些磁性物质和非磁性物质的组合。例如铝镍钴磁合金,它就是一种非磁性金属(铝),是两种弱磁性金属(镍和钴)和一种强磁性金属(铁)的组合。任何磁性合金都可以被磁化。

在永久磁铁中有一种特殊的类型称为陶瓷磁铁,就是常说的铁氧体。陶瓷磁

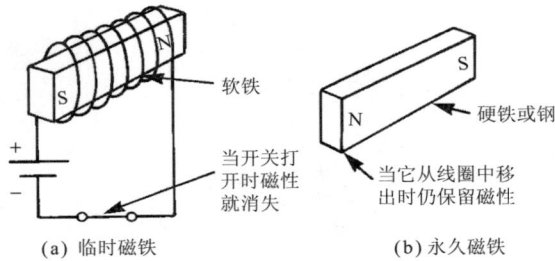

图 7.4　临时磁铁和永久磁铁

铁是由铁氧颗粒和陶瓷混合物结合而制成的。陶瓷磁体可以做成任何形状而且具有很高的电阻。

当磁力消失后仍保留在磁性物质中的磁性称为残留磁性。这个术语一般只用在临时磁铁中。残留磁性在某些类型的发电机中有很重要的应用,因为它可以为发电机达到额定电压提供所需要的初始电压。

7.3　磁极定律

磁效应在磁铁的末端很强而在磁铁的中间较弱。磁铁的末端是吸引力最强的地方,这个末端称为磁铁的磁极。每个磁铁都有两个这样的磁极。这些磁极被认为是磁铁的南极和北极(图 7.5)。

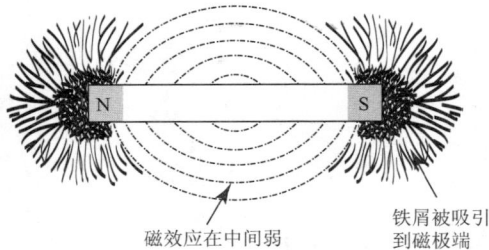

图 7.5　磁　极

磁极定律表述为,同性相斥异性相吸。将一个悬挂磁铁的北极靠近另一块磁铁的南极,结果这两个磁极末端就会吸引在一起或互相吸引(图 7.6(a))。用两个北极重复这个实验,结果两个磁极会分开或产生一股排斥作用(图 7.6(b))。磁铁之间的吸引力或排斥力随着它们磁力强度的变化而改变。

如果有个条形磁铁放在桌子上,另一个磁铁缓慢地向它移动,就会发现随着磁铁两极之间距离的缩短,二者之间的吸引或排斥力在逐渐增加。事实上,这种磁力随着两极之间距离平方的变化而以相反的方式改变。举例来说,如果两个不同的磁极之间的距离是原来距离的两倍,则吸引力就会减小至原来吸引力的四分之一

(a) 不同磁极吸引

(b) 相同磁极排斥

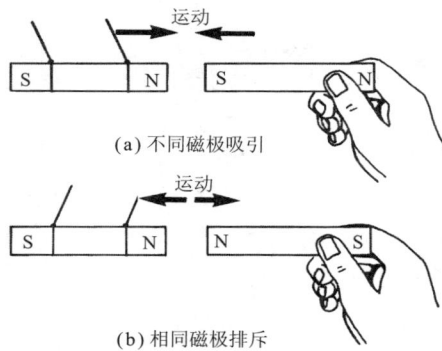

图 7.6 磁极定律

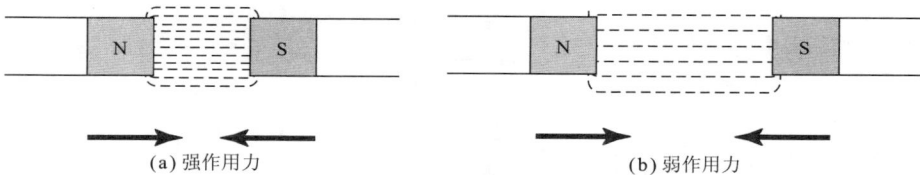

(a) 强作用力 　　　　　　　　　　　(b) 弱作用力

图 7.7 两磁极间的距离和作用力

(图 7.7)。

　　马蹄形磁铁实际上是由一个条形磁铁弯成了马蹄形而得到。这样就使两个磁极之间的距离比直的条形磁铁拉近了许多。由于两个不同磁极间的距离减少,因此产生了更强的磁力(图 7.8)。

　　环形磁铁(图 7.9)实际上像两个马蹄形磁铁以相反的磁极接触在一起而得到的。这样就形成了中间有空洞的封闭的环形磁铁。由于环路没有开口端,因此就没有空隙也没有指定的磁极。

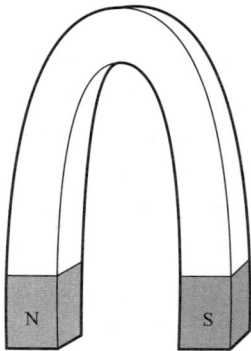

铁氧体磁芯

等同于两个同样的马蹄形磁铁放在一起

图 7.8 马蹄形磁铁　　　　**图 7.9 环形磁铁**

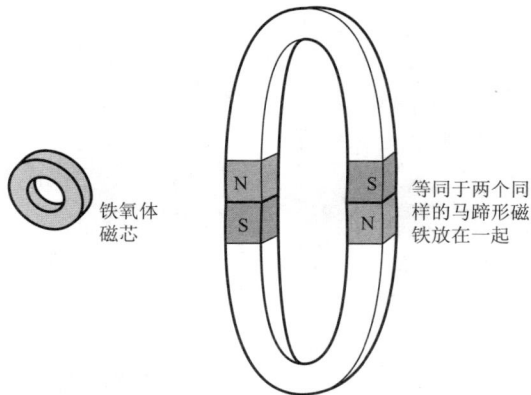

7.4　磁极性

像直流电源用正负极来表示电极性一样,磁源用北极(N)和南极(S)来表示磁的极性。

地球本身就是一个天然磁铁,它的磁极位于地理位置上的北极和南极(图7.10)。地球的地磁南极在地理北极附近,地磁北极在地理南极附近。指南针是一种简单的永久性磁铁,它以中点为轴旋转,从而能够自由地在水平面上转动。由于两极之间的磁吸引力,指南针的末端总是指向北极后停止转动。指南针的指针末端总是指向地理位置上的北极是由于指南针的指北极而决定的。因此,指南针的指北极端就是指南针的北极,而另一端就是指南针的南极。

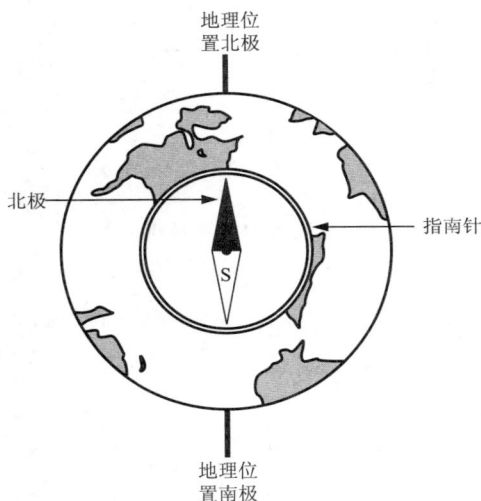

图 7.10　地球是一个天然磁铁

如果将小的指南针放在条形磁铁末端附近,磁铁磁极和指南针磁铁之间的作用力就会使指南针的指针偏离它通常的南北极位置。只要指南针指针与条形磁铁相比足够小,指南针就会指向条形磁铁给指南针磁极所施加的作用力的方向。指南针可以用来确定磁铁磁极的极性(图 7.11)。首先,确定指南针的北极和南极,并记住指南针的北极总是指向地理北极。下一步,将指南针放在磁铁磁极的附近,应用磁极定律判断未标记的磁铁磁极。如果指南针的指北极受到吸引,那么这个磁极就是磁铁的南极。如果指南针的南极被吸引,那么这个磁极就是磁铁的北极。

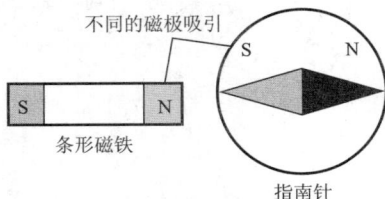

图 7.11　用指南针标记磁铁的极性

7.5 磁 场

在磁铁周围的区域明显存在着无形的磁力,这个区域就称为磁铁的磁场。将铁屑撒在磁铁的周围区域,就能够观察到磁场的模型(图 7.12)。当把不同磁极放在一起时,作用力线就会连接起来产生两个独立磁场合成在一起的磁场。

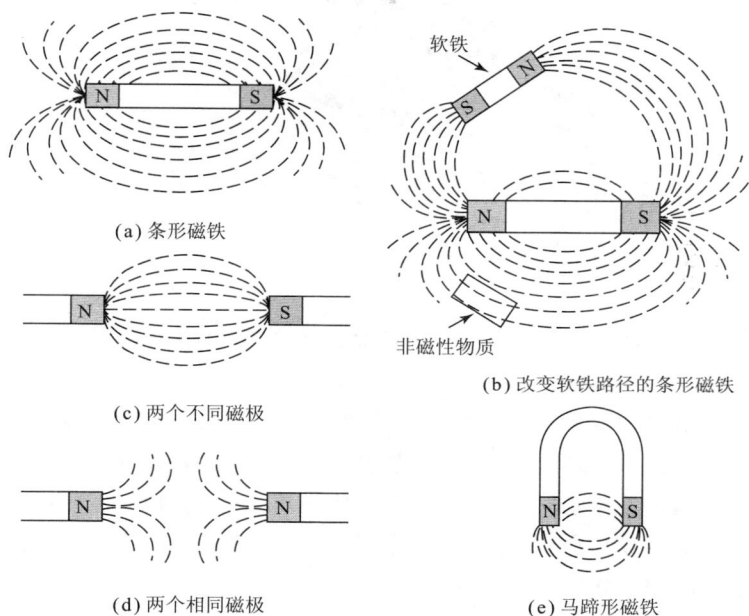

(a) 条形磁铁

(b) 改变软铁路径的条形磁铁

(c) 两个不同磁极

(d) 两个相同磁极

(e) 马蹄形磁铁

图 7.12 磁场模型

有时候还需要图解出磁场模型的方向和强度。一个常用的表示磁场磁力的方法是利用磁力线。整个一组磁场线称为磁通量或简称磁通。

尽管磁力线不可见,但它们还是具有某些特性。这些特性总结如下:

- 磁力线从不互相交叉。
- 磁力线形成封闭的环路。
- 磁力线在磁铁外部由北极指向南极,在磁铁内部由南极指向北极。
- 磁力线按照最简单的路径分布,通过软铁时最容易。
- 磁性越强,磁通量密度越大(单位面积内的磁力线)。
- 磁力线之间互相排斥。
- 磁力线间并没有已知的绝缘体。

不用铁屑,还可以用指南针更精确地研究磁场的性质。将指南针放入磁场中时,指南针的北极就会指向磁力线的方向(图 7.13)。

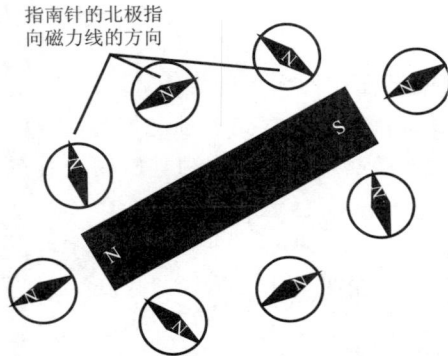

图 7.13　用指南针来定位磁场方向

7.6　磁屏蔽

杂散的磁力线会给某些电动、电子设备的操作和精确度带来一定的影响。如上所述,磁力线的一个特性就是磁力线间没有已知的绝缘体,这样带来的问题就是如何在杂散的磁场中保护设备(图 7.14(a))。但磁力线的其他特性能够解决这个问题,那就是磁力线可以很容易地绕过软铁。举例来说,需要被保护的仪表周围充满了低电阻软磁铁的磁场,而任何杂散的磁力线都是绕过而不是穿越这个仪表(图7.14(b))。同样的设计原理也可以应用于电动机和变压器,从而最大限度地减小来自这些设备的磁场磁力线的辐射。

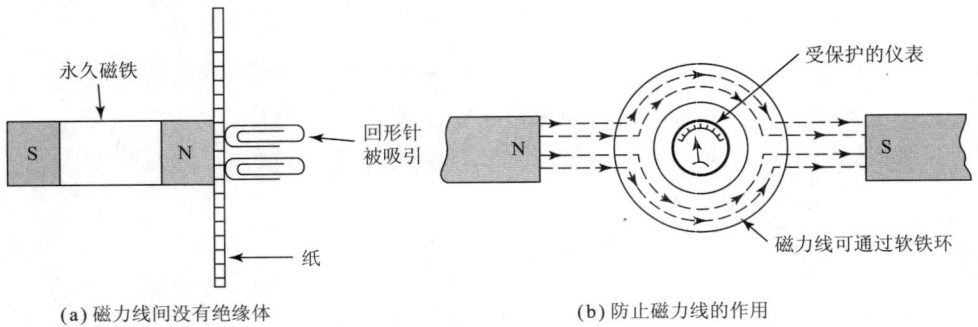

(a) 磁力线间没有绝缘体　　　　　　　　**(b) 防止磁力线的作用**

图 7.14　屏蔽磁力线

7.7　磁学理论

长期以来为了解释产生磁性的原因形成了很多不同的理论。磁性分子理论假设物质的每个分子(一组原子)事实上是一种小的磁体。当物质没有被磁化时,它的分子磁体是以随机方式分布的(图 7.15(a)),其结果是使磁效应消失。在已磁化的条形磁体中,分子磁体的分布方式是使其磁场按照相同的方向排列(图7.15(b))。

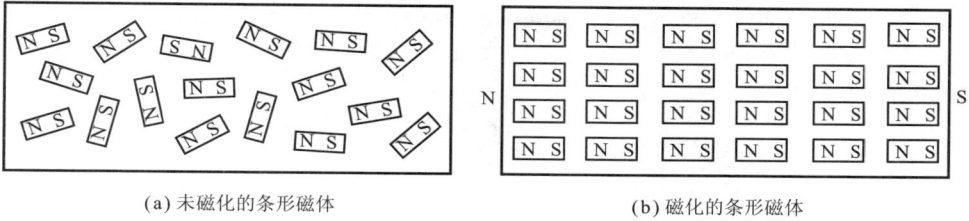

(a) 未磁化的条形磁体　　　　　　　　(b) 磁化的条形磁体

图 7.15 磁性分子理论

如果一个磁铁从中间断开,该分子理论仍然适用,因为每个一半仍具有北极和南极。

磁性电子理论是磁学中更现代的一种理论。人们认为,电子以自己的轴为中心做自旋运动,就像地球绕着自己的轴心转动一样,它绕着原子核作轨道运动。电子的自旋效应就会产生磁场。磁场的极性取决于电子自旋的方向。非磁性物质的电子按照不同的方向做自旋运动,因此导致磁效应消失(图7.16(a))。而磁性物质的大部分或所有电子都是以相同的方向做自旋运动(图7.16(b))。

物质所具有的磁性是有一定限度的。当所有的分子磁体排列好或所有电子以相同方向自旋时就达到了这个限度。当物质的磁性强度达到最大值时,也就是说物质达到了磁饱和。

处理永久性磁铁必须小心。如果磁铁有了任何碰撞或跌落都会破坏其中分子磁体的排列情况。同样,如果把磁铁加热,热能就会导致磁铁中分子强烈振动并使得分子重新排列。

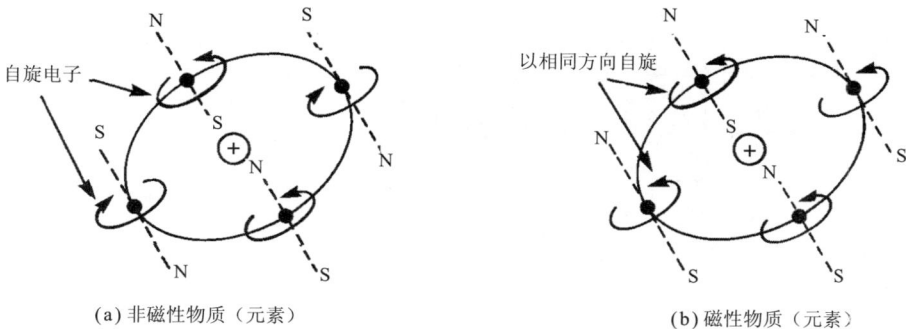

自旋电子

(a) 非磁性物质（元素）　　　　　　以相同方向自旋　　　(b) 磁性物质（元素）

图 7.16 磁性电子理论

7.8　永久磁铁的应用

各种形状的永久性磁铁在电动和电子设备中有很广泛的应用。马蹄形磁铁常用于构建模拟型测量装置(图 7.17)。

作为发电过程的一部分,永久性磁铁发电机常用在风涡轮机中。风能用来驱动发电机的轴转动并给发电机工作提供所需的机械作用力或运动。内部永久磁铁可以提供所需的磁力(图 7.18)。

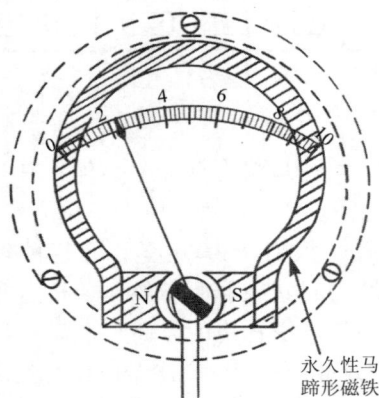

图 7.17　模拟型测量装置

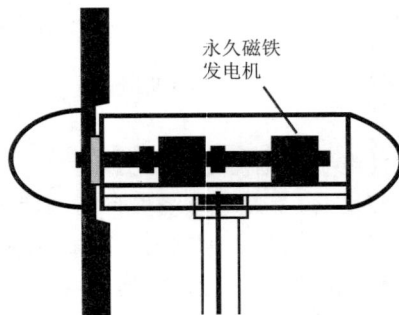

图 7.18　永久磁铁风力发电机

永久性磁铁直流(DC)电动机可以将电能转化成机械能。电动机的工作取决于两个磁场的相互作用。其中一个磁场是由固定的永久磁铁产生的,另一个是由缠绕在一个活动的电枢上的电磁铁产生的(图 7.19)。

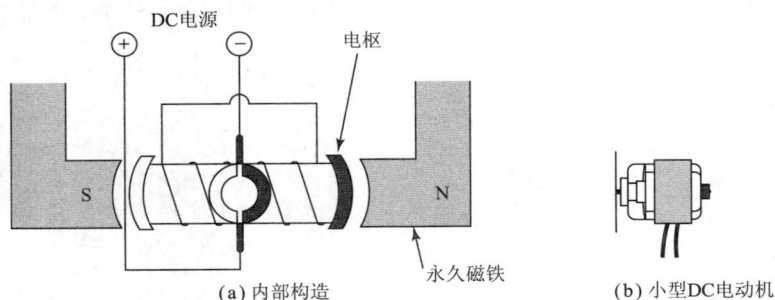

(a) 内部构造

(b) 小型DC电动机

图 7.19　永久磁铁 DC 电动机

永久磁铁扬声器是所有扬声器中最常见的一种。它们被设计用来将电能转化为声能。声音线圈悬挂在空气中并装有一个永久性磁铁。当电流流过线圈时,就会产生第二种磁场,从而导致线圈震动(图 7.20)。

磁力开关常用于报警系统中检测门或窗户被打开的情况(图 7.21)。将一个永久性磁铁安装在门或窗户上,并将一个特殊开关装在门框或窗户框上。当门或窗户关闭时,这两个部件都正常排列而且磁场吸住金属杆使得开关闭合。如果门或窗户被打开,磁铁会发生移动且开关打开从而激活电路拉响警报。

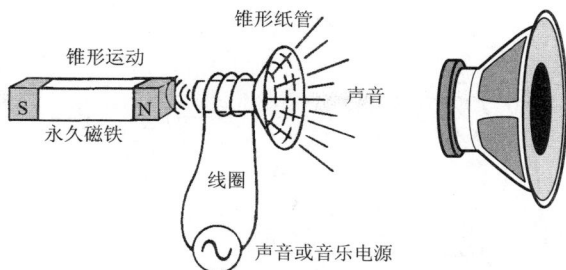

图 7. 20　永久磁铁扬声器

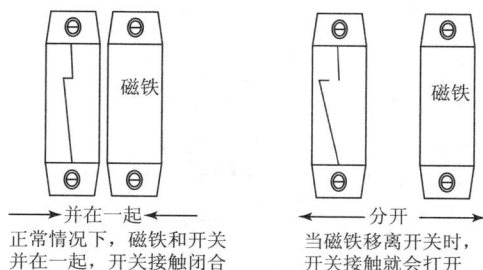

并在一起

正常情况下，磁铁和开关
并在一起，开关接触闭合

分开

当磁铁移离开关时，
开关接触就会打开

图 7. 21　永久磁铁开关

7.9　载流导体周围的磁场

当电子流通过导体时就会在导体附近产生磁场（图 7.22）。电和磁之间的重要关系即所谓的电磁学，或电流的磁效应。如果是直流电通过，导体周围的磁场就只有一个方向，顺时针方向或逆时针方向。而交流电所产生磁场的方向是随着电子流动方向的改变而改变。

单个导体周围的磁场强度通常比较弱，因此有时候检测不到。指南针就可以标识这类磁场的存在和方向（图 7.23）。当把指南针靠近一个载有 DC 电流的导体时，指南针的指北极指针就会指向磁力线通过的方向。随着指南针在导体周围的转动，就会显示一个明确的环形。

通过单个导体电流的量决定了导体周围所产生的磁场强度。电流量越大，产生的磁场强度越强。将一段单独的导线连接在普通的 1.5V 的 DC 电池上形成短路可以产生短暂的 2A 到 3A 的电流。短路导体周围存在的磁场可以通过将导线伸入到大量铁屑中来检测（图 7.24）。铁屑会被吸引到导线上，而且只要能保持电

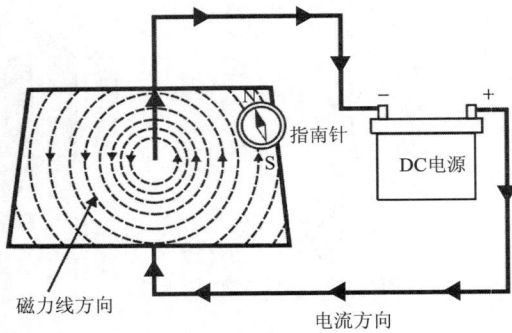

图 7.22 载流导体周围的磁场图

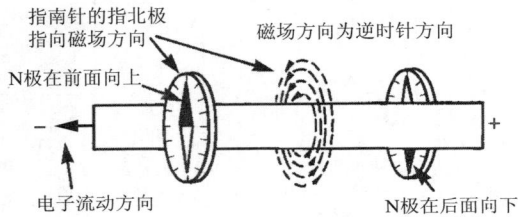

图 7.23 用指南针来定位磁场方向

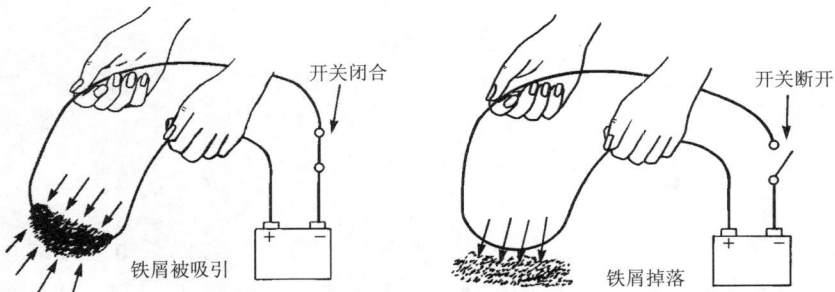

图 7.24 用铁屑来检测磁场的存在

路完整产生电子流动,铁屑就会一直吸在上面。

7.10 右手法则

在流过导体的电流的方向和所产生的磁场方向之间有着明确的关系。当已知电子流动方向时,可以通过一个简单的规则来确定磁场的方向。这个规则就是右手法则。法则的表述如下:

伸出右手,拇指指向电流流动的方向,其余四根弯曲的手指所指的方向就是围绕着导体的磁力线方向。

应用这个法则,只要知道磁力线方向或电流方向其中之一,另一个也就可以确定了。

导线的端视图有时可以使载流导体的视图简化(图 7.25)。圆圈代表导线的一端,电流流入导体可以用十字交叉表示,即显示远离你的方向(例如,进入页面内)。而电流从导体中流出可以用一个点来表示,即显示指向你的那个方向(例如,从页面中出来)。

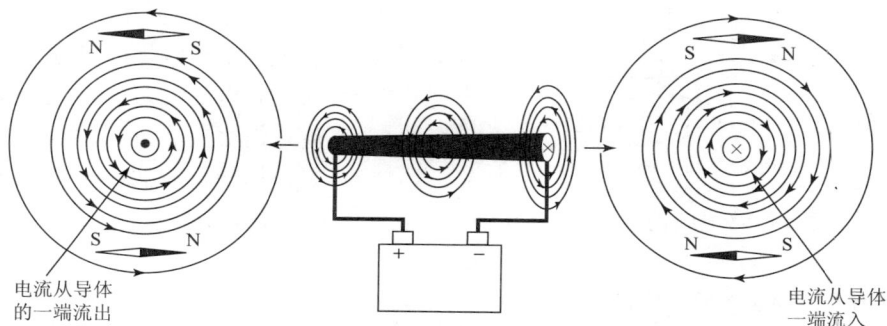

电流从导体的一端流出

电流从导体一端流入

图 7.25 导体的端视图和磁场

7.11 并行导体的磁场

电流流经两个相邻的导体就会产生合成磁场,从而导致两个导体之间互相吸引或相互排斥。如果这两个并行的导体所载的电流方向相反,那么其中一个导体周围的磁场方向是顺时针方向而另一个导体的磁场方向为逆时针方向(图 7.26)。这样就在两个独立的磁场之间形成了排斥作用,而且使两个导体各自分开。

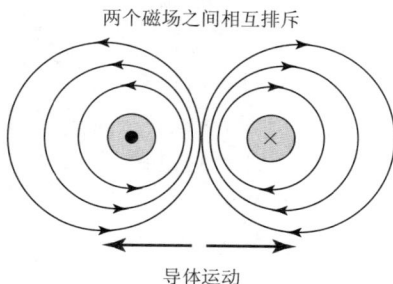

两个磁场之间相互排斥

导体运动

图 7.26 两个并行的导体所载的电流方向相反

当两个并行的导体所载的电流方向相同时,那么所产生的两个磁场方向也相同(图 7.27),导体之间的磁力线相互抵消使得导体之间的这片区域事实上没有磁场。而在导体的上面和下面,磁力线的方向相同并连接在一起,围绕在两个导体周围。这样在两个单独的磁场间就形成了吸引作用,而且使两个导体靠近。在这种

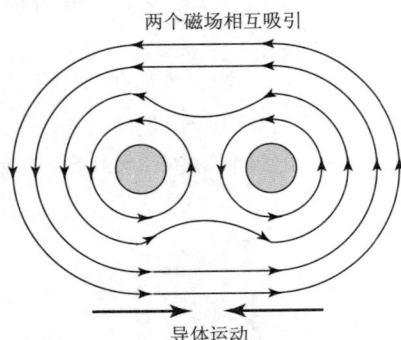

两个磁场相互吸引

导体运动

图 7.27　两个并行的导体所载的电流方向相同

情况下,两个导体所产生的磁场就相当于一个导体所载两倍电流所产生的磁场。

磁场的相互作用可以产生排斥或吸引作用力,它是将电能转化为运动或机械功的一种手段。这样就使得电动机的工作成为可能。

当涉及处理大电流的大型电力装置时,就必须考虑两个并行导体之间的磁力。举个例子来说,载有高电流的母线必需可靠地固定起来,以免它们之间相互吸引而发生短路。同样地,如果母线没有实施恰当的安全和保护措施,短路电流也会增加应力从而导致导体和电槽板损坏。

7.12　线圈的磁场

如前所述,两个载有相同方向电流的并行靠近的导体产生的磁场强度是一个导体所产生磁场强度的两倍。如果一根导线绕成很多圈就会形成线圈,这样就相当于形成了若干个载有相同方向电流的并行导体(图 7.28)。总的合成磁场就是所有单圈磁场的总和。这样形成的线圈所产生的磁场模型与一个具有确定北极和南极的条形磁铁的磁场类似。

在流过线圈的电流方向、缠绕成线圈的导线方向和磁场北极和南极的位置这三者之间有着明确的关系。如果改变流过线圈的电流方向,那么磁场的北极和南极方向也发生改变。同样也可以通过改变线圈缠绕的方向来改变线圈的磁极。

如果电磁铁在直流电条件下工作,则电磁铁的磁极极性不变。如果电磁铁在交流电条件下工作,那么它的磁极极性会随着每次电流方向的改变而改变。

当已知其他两个因素时,右手螺旋法则就能够用来确定三个因素(极性、电流方向和线圈缠绕方向)中的任何一个因素。电流方向是指电子从负极流向正极的反方向。法则的表述如下:

如果用右手握住线圈,用弯曲的四根手指指向电流流过的方向,那么拇指所指

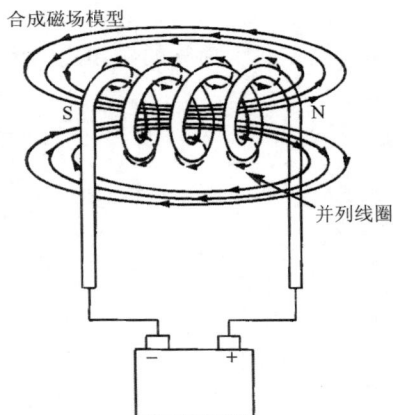

合成磁场模型

S　　　N

并列线圈

图 7.28　载流线圈所产生的磁场

的方向就是磁铁的北极(图7.29)。

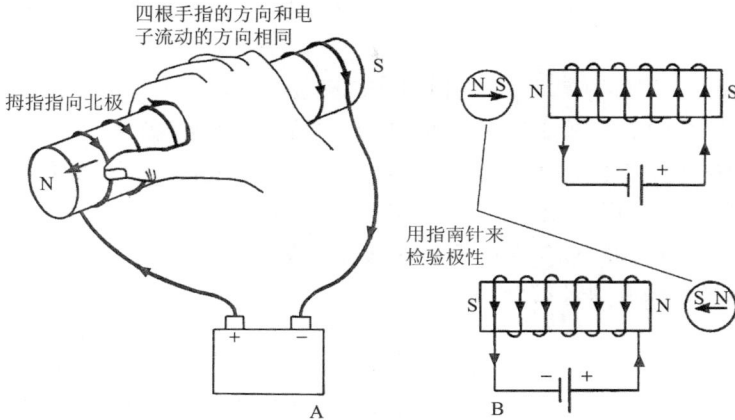

图7.29 右手螺旋法则

7.13 电磁铁

绝缘导线以磁性物质(例如软铁等)为核心缠绕在其上构成线圈,就形成了常见的实用电磁铁(图7.30)。加入铁心后磁场强度会极大地增加。所增加的磁场强度是铁心磁性感应造成的结果。当电流流过线圈时,铁心通过感应被磁化。磁化核心所产生的磁力线沿着线圈方向排列并产生强大的磁场。一旦流过线圈的电流停止,线圈和铁心就都会失去磁性,不管铁心存在与否磁场的极性都不会发生改变。如果流经线圈的电流方向发生了改变,线圈和铁芯的极性也会随之改变。

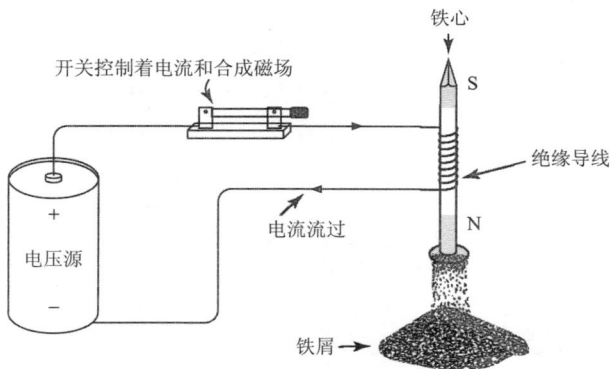

图7.30 基本的电磁铁

有若干因素影响到由线圈形成的电磁铁的磁场强度(图7.31),这些因素包括:

191

- 芯的材料、长度和面积。例如,芯的面积越大,磁场强度越强。
- 线圈的圈数和线圈之间的空间。圈数越多且线圈之间距离越近,磁场强度越强。
- 流过每一圈的电流量。电流量越大,磁场强度越强。

环形线圈电磁铁所形成的磁场模型与环形磁铁类似(图 7.32)。由线圈所产生的全部的磁力线都包含在环形芯内,不会外散到空气中。由于这个原因,我们称环形线圈电磁铁是自我屏蔽的。

物质的磁导率是通过物质的磁力线的一种度量标准。铁和钢比起空气和其他非磁性物质来说具有很高的磁导率。

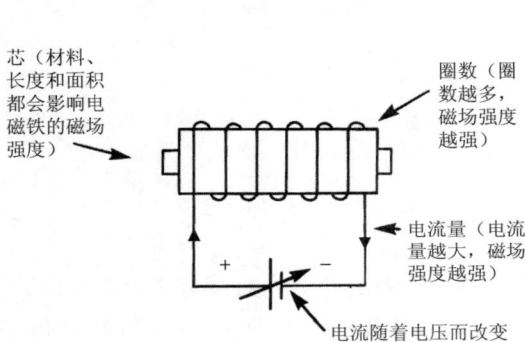

图 7.31　决定电磁铁磁场强度的因素

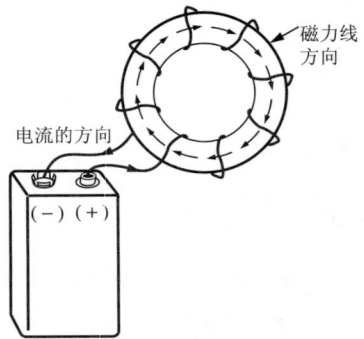

图 7.32　环形线圈电磁铁

7.14　磁　路

磁路和电路类似,基本上磁路就是磁力线的闭合回路,如同电路是电子流动的闭合回路一样。在电路中,电子从电源的负极流向正极(图 7.33(a)),在磁路中,磁力线从电磁铁的北极指向南极(图 7.33(b))。电路中电子流动的速率称为电流(I)以安[培](A)来度量。磁路中总的磁力线的数量称为磁通量(Φ)。一般用来度

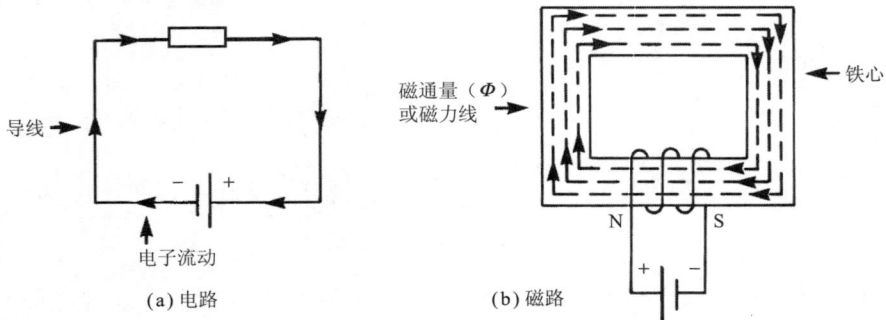

(a) 电路

(b) 磁路

图 7.33　电路中的电流与磁路中的磁通量类似

量磁通量的单位是韦[伯](Wb)。

电路中,电流(I)是作用在电路中的电动势(emf)所产生的结果。类似地,磁路中的磁通量($\varPhi$)是作用在磁路中的磁动势(mmf)所产生的结果(图7.34)。磁动势是线圈中的电流安培数(A)和线圈的匝数(N)的乘积。通常用来度量磁动势的单位是安匝(At)。

例题 7.1

当50A的电流流过4匝的线圈时会产生多少磁动势(见图7.34)?

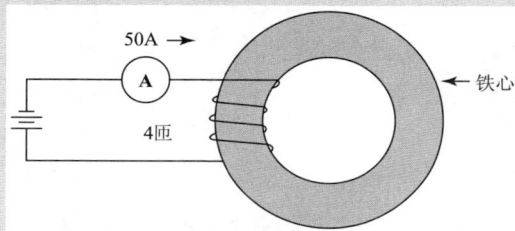

图 7.34

解: $\varPhi = I(电流) \times N(匝数) = 50A \times 4t = 200At(安匝)$

磁路中与电路中的电阻相对应的是磁阻(图7.35)。磁阻(R)是磁路对磁通量所产生的阻抗,如同电路中的电阻是对电流的阻抗一样。磁路中的磁阻取决于磁路材料的类型、磁路的长度以及横截面积。在某些实际应用中磁心是不连续的。例如,磁路中可能存在着空气间隙。有时候会使磁路中保留空隙从而增加磁阻。通过增加总的磁阻可以控制磁心的磁饱和度。

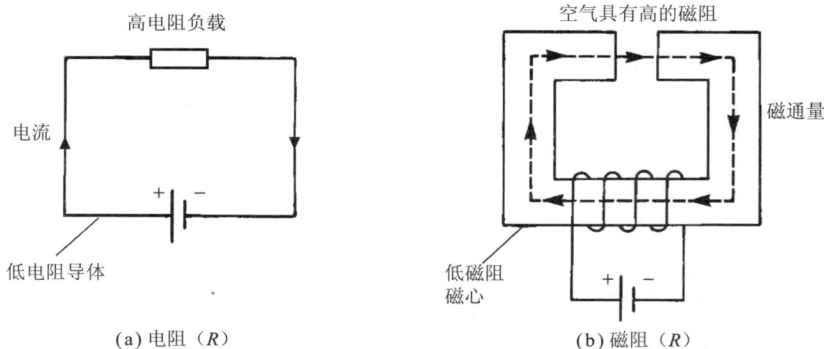

图 7.35　电路中的电阻与磁路中的磁阻类似

磁导率是用来描述磁力线通过的难易程度的参数。因此拥有高磁导率的物质磁阻较低,反之则较高。

磁路和电路的相似性还可以扩展到欧姆定律。就像电动势(E)必须通过做功来抵消电阻(R)从而产生电流(I)一样,磁路中的磁动势(mmf)也要做功来抵消磁阻(R)从而产生磁通量(Φ)(图 7.36)。磁路欧姆定律描述如下:磁路的磁通量直接与磁动势成正比而与磁阻成反比,公式为:

$$\Phi = \text{mmf}/R$$

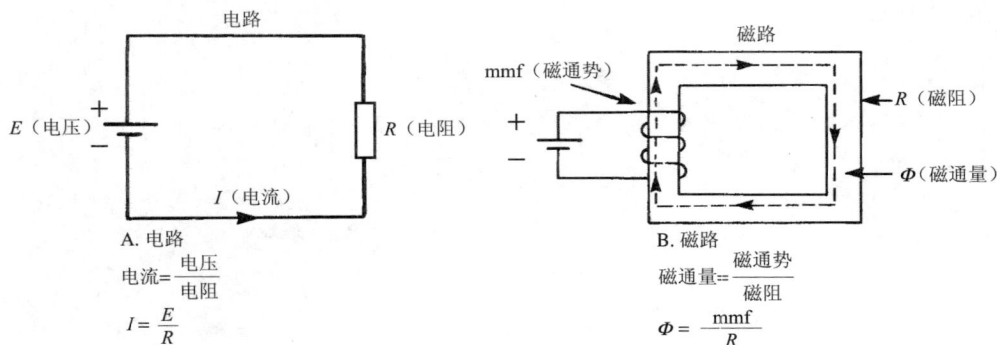

图 7.36 电路欧姆定律和磁路欧姆定律

电路中电流、电压和电阻的计算和测量相对来说比较简单而且对故障处理很有帮助。而在磁路中所对应的量却不尽相同。众所周知,磁路定律对设备的设计者来说非常重要,为了能够在实际工作中应用,我们仍需要学习这个定律以更好地了解设备的操作情况。

7.15 电磁铁的应用

电磁铁的磁性比永久性磁铁的磁性更强。另外,电磁铁的强度也可以通过控制流过线圈的电流而将其控制在零到最大值之间。由于这些原因,电磁铁比永久磁铁有更广泛的应用。

电磁铁应用最突出的例子就是用来移动废金属的起重机。起重机的电磁铁是一大块被流过线圈的电流所磁化的软铁。这种类型的电磁铁具有能举起磁性废金属这样重的负载能力(图 7.37)。升降控制可以很容易地通过给电磁铁提供电压的连接和断开来完成。

所有的电动机和发电机都要利用电磁铁。在这些机器中,电磁铁的强度会随着产生的电压或电动机的转速而发生改变。在一个典型的发电机电路中,流过激磁线圈的电流通过串联在线圈上的不同的电阻器或变阻器和 DC 电源来不断地进行调整适应(图 7.38)。电流的改变会导致磁场强度的改变。

螺线管是一种具有活动的铁芯或活塞的电磁铁。提供电源时,产生的磁场会将活塞拉或推进线圈中去(图 7.39)。螺线管广泛地应用于机械设备的开关和控制器中,例如阀门就可以与负载连接从而可以拉动或推动活塞。

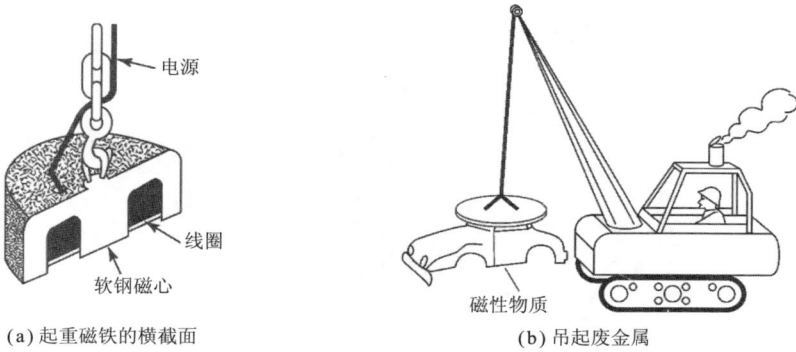

(a) 起重磁铁的横截面　　　　　(b) 吊起废金属

图 7.37　起重机电磁铁

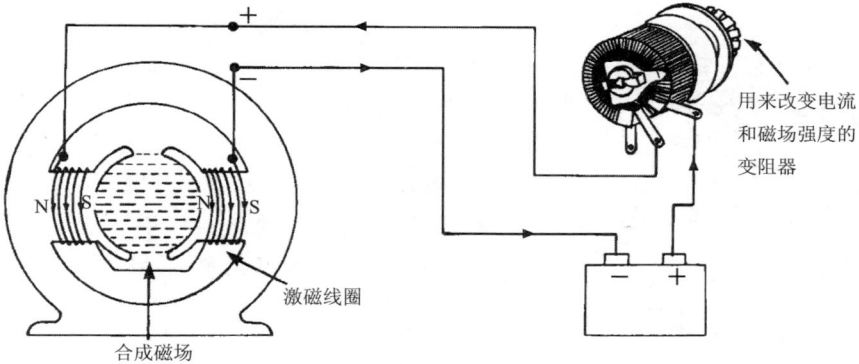

图 7.38　发电机磁场电路

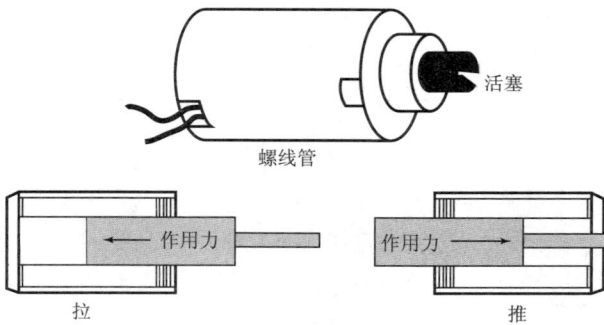

图 7.39　螺线管

　　变压器是一种电力设备,可以用来升高或降低 AC 电压(图 7.40)。该设备中用了两个电磁线圈来转换或改变 AC 电压的级别。输入电压进入缠绕在铁芯上的初级线圈,输出电压由同样缠绕在铁芯上的二级线圈中形成。待转换的输入电压所产生的磁场不断地在开和关之间转化,铁芯将该磁场传递到能产生输出电压的

图 7.40 变压器电路

二级线圈中。电压的变化取决于初级线圈和二级线圈匝数的比例。

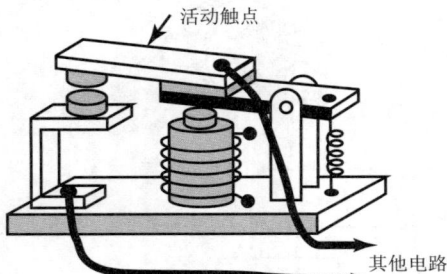

图 7.41 电磁继电器

电磁继电器是一种具有开关功能的设备(图 7.41)。这种继电器与开关的功能相同,只是用电子操作取代了人工操作而已。它利用磁场的作用使活动触点与固定触点吸合从而控制另一个电路。当电流流过线圈时产生磁场,磁场会吸引活动触点并将其拉下与固定触点端紧紧地吸合。触点闭合就像开关一样控制着其他电路中的电流。

思考与练习

1. 定义磁力。

2. 将下面的一些物质按磁性物质或非磁性物质进行分类:

铜＿＿＿＿＿＿＿＿＿＿＿　　　　铝＿＿＿＿＿＿＿＿＿＿＿＿＿

铁＿＿＿＿＿＿＿＿＿＿＿　　　　黄铜＿＿＿＿＿＿＿＿＿＿＿＿

镍＿＿＿＿＿＿＿＿＿＿＿　　　　钢＿＿＿＿＿＿＿＿＿＿＿＿＿

3. 解释一下如何利用绝缘线圈对铁棒进行磁化和消磁。

4. 什么是磁性合金?

5. 定义残留磁性。

6. 比较临时磁铁和永久磁铁的顽磁性。

7. 陈述磁极定律。

8. 两个不同磁极间的距离和它们之间磁吸引的量有什么关系?

9. 条形磁铁一端的磁极可以用指南针来判定。如果指南针的北极被一端吸引,那么这个磁极是什么极?

10. 列出磁力线的六个特性。

11. 解释一下仪器是怎样屏蔽杂散磁场的。

12. 比较根据磁分子理论和磁电子理论分别解释磁效应的不同之处。

13. 解释磁饱和的含义。

14. 哪两种情况会导致永久性磁铁消磁？

15. 列出五种需要利用永久性磁铁来进行工作的电力装置。

16. 说明电和磁之间的关系。

17. 哪两种方法可以表明载有 DC 电流的导体周围是否存在磁场？

18. 载有 DC 电流导体周围的磁场方向和载有 AC 电流导体周围的磁场方向有什么不同？

19. 单一导体周围的磁场强度由什么决定？

20. 如果有两个并行的导体载有相同方向相同大小的电流：

(a) 磁力将会以什么方向来移动导体？(b) 所产生的磁场强度的等效量是多少？

21. 描述实用电磁铁的构造。

22. 哪两个因素会决定电磁铁的北极和南极的位置？

23. 列出影响电磁铁磁场强度的三个主要因素。

24. 磁导率代表什么？

25. 确定下面列出的一些名词在磁路中的关系：

(a) 磁通量。(b) 磁动势(mmf)。(c) 磁阻。

26. 磁路中的欧姆定律公式是什么？

27. 电磁铁较永久性磁铁有哪两方面的优势？

28. 移动废金属起重机是如何操作重磁铁完成对起重放下的控制？

29. 在有关电的操作上,电磁铁的磁场强度的改变会产生怎样的影响？

(a) 发电机。(b) 电动机。

30. (a) 描述一下螺线管的基本结构。(b) 螺线管为什么会有广泛的应用？

31. 变压器工作过程中,由什么决定初级线圈和二级线圈之间电压的不同？

32. 在电磁继电器的工作过程中,电磁铁的功能是什么？

33. 利用下面的量来计算磁动势(用安匝来表示)：

(a) 500 匝的线圈中有 24mA 的电流流过。(b) 10 匝的线圈中有 25A 的电流流过。(c) 75 匝的线圈中有 15A 的电流流过。

34. 如果需要储存一个永久性马蹄形磁铁,建议将一个条形软铁放在马蹄形磁铁两极中间的空隙处。为什么？

35. 在大多数磁路中都使用铁或者铁的合金作为导电介质。请说明这样做的原因。

36. 讨论一下在废金属堆置场中,利用电磁铁来举起、移动和释放(release)金属的局限性。

37. 一个 50 匝、电阻为 24Ω 的线圈连接在 12V 的电池两端。试计算线圈的磁动势(用安匝来表示)。

38. 有时候会把电磁铁上附上轻质零件,从而可以自动拾取、放置。讨论这样做的原因。

39. 在一个金属导管中装有两个载有不同方向电流的导体。那么净磁场效应是怎样的？为什么？

第8章

继电器

学习目标

- ∞ 比较电磁继电器与固态继电器。
- ∞ 识别原理图中的继电器符号。
- ∞ 描述应用继电器的不同方式。
- ∞ 解释如何确定继电器的标定。
- ∞ 了解时限继电器与断电时限继电器的不同操作方法。
- ∞ 明确继电器与接触器的区别。
- ∞ 比较电磁接触器与固态接触器。

继电器是一种与开关具有相同功能的设备。继电器和开关在功能上一致,只是在操作中,继电器是电动设备,而开关是手动设备。由于继电器与传统的开关不同是电动操作,因此可以通过遥控来开启或关闭继电器。本章将介绍不同种类的继电器以及它们的操作特征。

8.1 电磁继电器

电磁继电器(electromechanical relay)是一种遥控操作的开关。它通过激励电磁铁来打开或关闭某个负载电路,即打开或者关闭电路中的触点。电磁继电器广泛地应用在电气电路与电子电路中。在需要进行电路隔离的开关和控制操作中,继电器具有良好的耐久性与性能。

继电器一般只有一个线圈,但有多个不同的触头。图 8.1 介绍了一款典型的电磁继电器的操作。没有电流通过线圈时(非励磁),弹簧的张力使得衔铁与线圈的芯分离。当线圈励磁时,产生一个电磁场。这个磁场的力,将导致衔铁运动。而衔铁的运动又使得继电器触头的状态不断处于打开和关闭状态。由于线圈与触头相互绝缘,因此在正常情况下两者之间不存在电流。

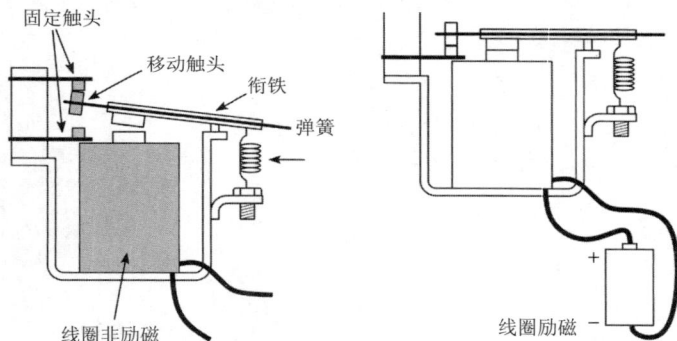

图 8.1 电磁继电器的操作

用于表示电磁继电器的标准符号如图 8.2 所示。触头由一对短的平行线表示,与线圈使用同样的数字和字母进行定义(CR)。图中给出了 N.O. 与 N.C. 触头。常开触头(N.O.)表示当没有电流通过线圈时,这些触头是打开的,但是一旦线圈接电或励磁时,这些触头将立即闭合。而常闭触头(N.C.)指在线圈非励磁时,触头处于关闭状态,当线圈励磁后就打开的触头。图中描绘了每个触头在线圈非励磁时出现的状态。

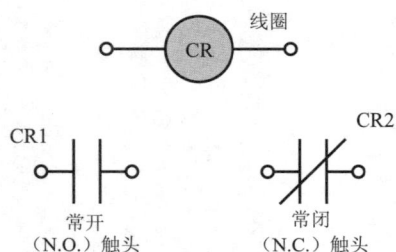

图 8.2 电磁继电器符号

8.1.1　高压控制

　　电磁继电器可以用来在低压控制电路中对高压负载电路进行控制。能够实施这种控制是因为继电器线圈与触头都是电气绝缘的。从安全角度来说,这种电路给操作人员提供了更多的保护。例如,我们希望通过使用继电器用 12V 的控制电路来控制 220V 的电灯电路。电灯和继电器触头以串联方式连接到 220V 电源上(图 8.3)。开关和继电器线圈串联接入到 12V 电源。通过操作开关可以控制线圈的励磁与非励磁状态。这些操作相应地使得触头关闭或打开从而控制电灯的开或关。

(a) 原理图　　　　　　　　　　　　　　　　(b) 接线图

图 8.3　通过使用继电器实现低压控制电路对高压负载电路的控制

　　远程控制照明系统就是利用低压继电器电路进行操控。这种类型的照明控制常用于某些住宅和商业建筑(图 8.4)。该系统中有一个 24V 低压继电器,通过关闭开关实现励磁。这个装置允许 220V 电压通过继电器触头。然后使用变压器将 220V 的电压转换至 24V 的电压,用来进行低压控制继电器的操作。这个系统除

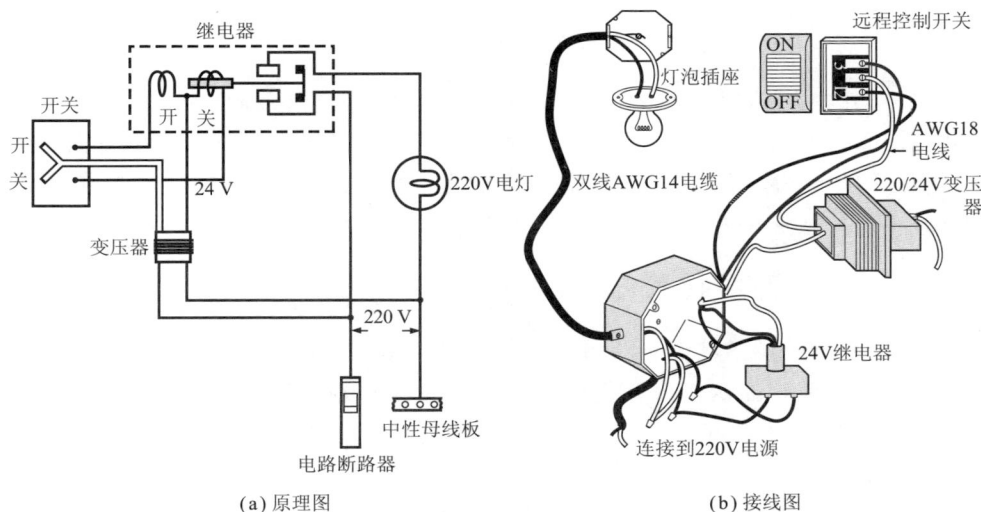

(a) 原理图　　　　　　　　　　　　　　　　(b) 接线图

图 8.4　远程控制照明系统

了可以增加安全性,还支持在一些不同的位置对照明进行控制。

8.1.2　控制大电流

继电器的另一个基本应用就是可以用小电流控制电路对大电流负载电路实施控制。汽车发动机引擎电路中所使用的继电器就是为了达到这个目的(图 8.5)。车辆发动时发动机引擎会产生上百安培的电流。螺线管或者继电器就是避免使用大电流电缆接入到同样是负载大电流的点火开关上。点火开关不采用大电流电缆的接入方式,而是采取螺线管或者继电器控制小电流的接入方式。这就是通常所述控制电路,它的接线是使用小尺寸规格的导线。而在接入发动机或电源电路中都使用大尺寸规格导线来串联电池、触头和发动机。螺线管或继电器线圈励磁可以闭合触头,并启动发动机。因此,发动机可以使用一个相对小的电流电路进行遥控控制。

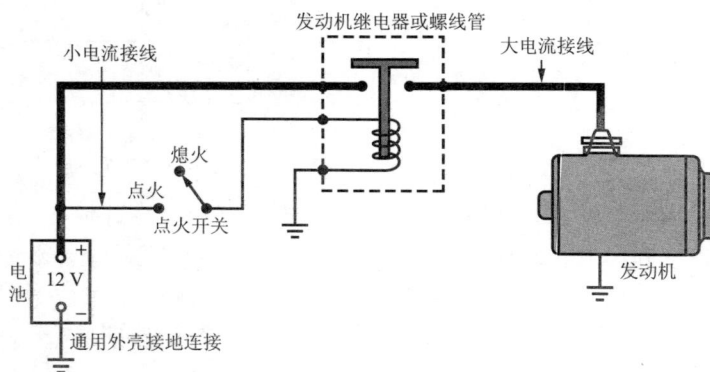

图 8.5　汽车发动机电路

继电器线圈还可以用集成电路和晶体管发出的小电流信号来控制。这种类型的应用如图 8.6 所示。在这个电路中,电子控制信号控制晶体管的开或者关,从而控制继电器线圈状况为励磁或非励磁。在由变压器和继电器线圈组成的控制电路中,电流流量很小。而在由触头和电动机组成的电源电路中,电流相对就要大得多。

8.1.3　多路开关操作

许多电磁继电器都包括由一个单独的线圈控制的多对触头。这种继电器通过各自独立的电流来控制多个开关的操作。这种类型的继电器常用于工业控制系统,用来实现自动控制机械的操作。

一个典型的使用控制继电器来控制两个指示灯的操作如图 8.7 所示。当开关打开时,线圈 CR 非励磁。绿色指示灯的电路通过 N.C. 触头 CR2 形成完整电路,所以这个指示灯将打开。同时,红色指示灯的电路在 N.O. 触头 CR1 处断开,所

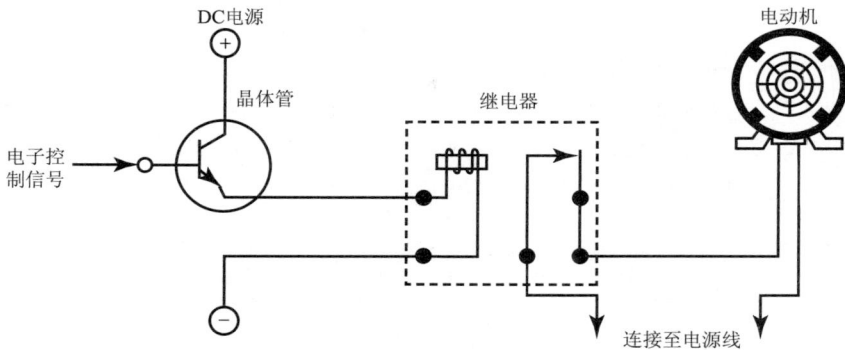

图 8.6　晶体管控制型继电器

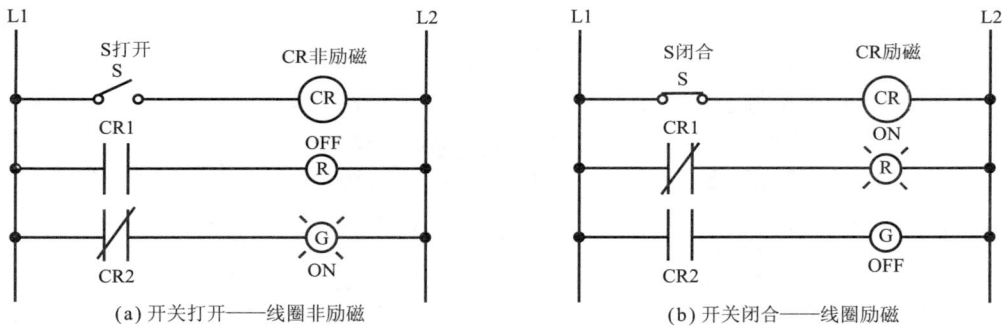

(a) 开关打开——线圈非励磁　　　　　(b) 开关闭合——线圈励磁

图 8.7　继电器多路开关电路

以这个指示灯关闭。当开关关闭时,线圈励磁。N. O. 触头 CR1 闭合,打开红色指示灯。同时,N. C. 触头 CR2 打开、关闭绿色指示灯。

8.1.4　继电器标定

根据不同的应用研制出了各种不同类型的电磁继电器。继电器的线圈和触头有各自独立的标定。继电器线圈的标定可以根据操作电流类型不同(DC 或 AC)、正常工作电压或电流、电阻和电源来进行。对于一些十分敏感的继电器线圈,它们的额定单位是在较低的毫安范围,并且一般通过晶体管或集成电路进行操作。

继电器触头最重要的规格要求就是它的额定电流。它规定了触头能够处理的最大额度的电流量。触头同样可以根据能够操作的最大 AC 或 DC 电压级来标定。同时开关触头的数量及排列也有规定(图 8.8)。

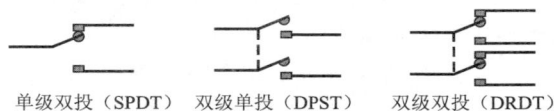

单级双投（SPDT）　双级单投（DPST）　双级双投（DRDT）

图 8.8　标准继电器触头排列

8.2　磁性簧片继电器

磁性簧片继电器使用一些密封在玻璃套管中磁性敏感的金属簧片触头代替衔铁(图8.9)。在磁场的作用下,这些触头接通或断开。当将一个永久磁铁靠近玻璃套管磁性簧片将断开正常闭合的触头,然后闭合正常打开的触头。这种磁性簧片继电器也能够通过 DC 电磁铁来操纵。

图 8.9　磁性簧片继电器

永久磁铁是磁性簧片继电器常用的制动器。根据开关的要求不同,永久磁铁制动的分类也不同。一般来说,常用的分类方式有接近移动、旋转以及屏蔽方法(图8.10)。与传统的继电器相比,磁性簧片继电器工作速度更快、更加可靠,并且产生电弧更少。然而,磁性簧片继电器的电流处理能力有一定局限性。

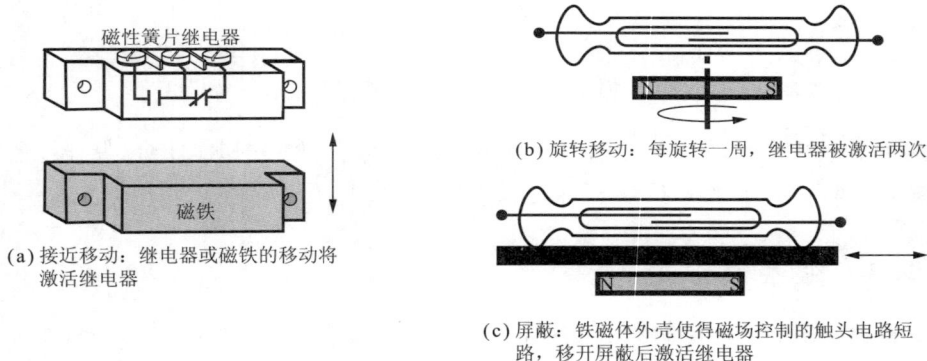

(b) 旋转移动:每旋转一周,继电器被激活两次

(a) 接近移动:继电器或磁铁的移动将激活继电器

(c) 屏蔽:铁磁体外壳使得磁场控制的触头电路短路,移开屏蔽后激活继电器

图 8.10　磁性簧片继电器激活

8.3　固态继电器

在使用电磁继电器完成开关任务数十年后,一种新型的固态继电器在某些应用中取代了电磁继电器(图8.11)。虽然在设计上电磁继电器与固态继电器完成的功能相似,然而两种继电器实现最终结果的途径不同。与电磁继电器相反,固态继电器没有真正的线圈和触头,而是使用一些半导体开关元件如晶体管、可控硅整流器(SCRs)或三端双向可控硅开关元件。因此,固态继电器不包

(a) 印刷电路板装置   (b) 防水装置

输入
电路

输出电路
(Courtesy of Grayhill, Inc.)
(c) 内部结构

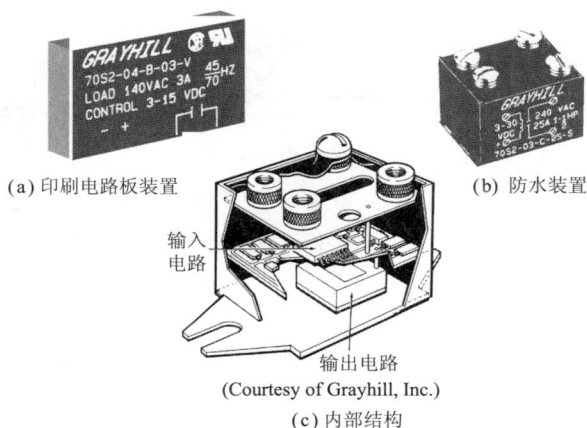

图 8.11 典型的固态继电器

含移动部件。

　　与电磁继电器的操作相同,固态继电器也应用在将低电压控制电路从高电压负载电路中分离出来。光耦合固态继电器的结构图如图 8.12 所示。当电路所处环境可以激活继电器时,输入电路中的发光二极管(LED)就会发光。发光二极管在光电晶体管中发光,然后光电晶体管就将连通,便可以为三端双向可控硅开关元件提供触发电流。因此通过简单的 LED 和光电晶体管的排列就可以将负载电路从输入中分离出来,这就如同在传统的电磁继电器中电磁铁将输入与开关触头分离出来一样。同样类似的还有混合固态继电器,它们利用小的簧片继电器或者变压器作为激活设备。

DC控制输入　光电晶体管　触发电路　负载　三端双向可控硅开关元件　LED　AC负载电路

图 8.12 光耦合固态继电器

　　通常,采用黑盒子方法表示固态继电器。在原理图中,使用一个方形或矩形来代表继电器。图中不显示其内部电路,只有输入与输出连接处会标注在图上(图 8.13)。

　　与电磁继电器相比,固态继电器有若干优点。相对于电磁继电器,固态继电器的可靠性更好,同时由于它没有运动部件,因此有更长的使用寿命。固态继电器与晶体管和集成电路线路兼容,而且不会产生电磁干扰。固态继电器可以提供更好

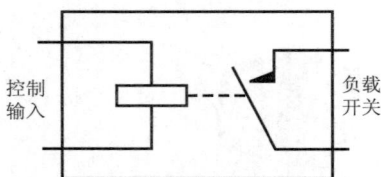

图 8.13　光耦合固态继电器符号

的抗震功能,拥有更快的响应时间,并且不产生触点震动。

　　和每种设备一样,固态继电器也有缺点。固态继电器中的半导体元件较容易遭受电压和电流的尖峰信号损坏。与电磁继电器触头不同,固态开关半导体开启后电阻很大并且在关闭时会有漏电现象发生。同时,固态继电器对热很敏感,在开启状态时可能出现操作失败。

8.4　时限继电器

　　时限继电器是将传统的继电器上附加上一个硬件机械装置或线路,以延缓负载电路的打开与关闭过程。气动时限继电器使用机械连接及一个充气系统来完成这个定时循环(图 8.14)。这个吹气设计允许空气按照预定值通过针型阀吹入,以提供不同的时间延迟增量并控制触头输出的开关。

　　固态时限继电器(图 8.15)通过使用电子电路来达到它的定时循环。一个电阻器/电容器(RC)振荡器网络可以产生一个非常稳定且精确的脉冲,这个脉冲用以提供不同的延时增量来控制触头输出的开关。

　　固态时限继电器通常应用在一个事件的开始必须延迟到另一个事件发生后的工业控制、电气用具及机械领域。例如,一个混合机器需要延迟到液体加热后才可以进行,否则风扇将保持关闭状态,直到一个加热线圈将周围温度加入到指定温度为止。

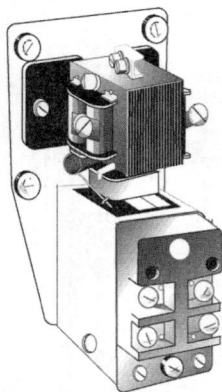

(加拿大Allen-Bradley提供)

图 8.14　气动时限继电器

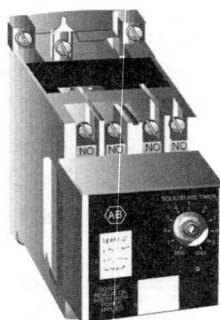

(加拿大Allen-Bradley提供)

图 8.15　固态时限继电器

　　如同时限继电器的名字所示,在一个实现预定的时间间隔过去以后,时限继电器将提供或转移在一个部件或电路上的能量。时限继电器可以被归为两个基本类型:开启延时和关闭延时。图 8.16 种列出了用于定时触头的标准继电器图标。图 8.17～图 8.20 所示电路列举了基础定时触头功能。在这些电路中时限继电器的时间延迟设置假定为 10 秒。

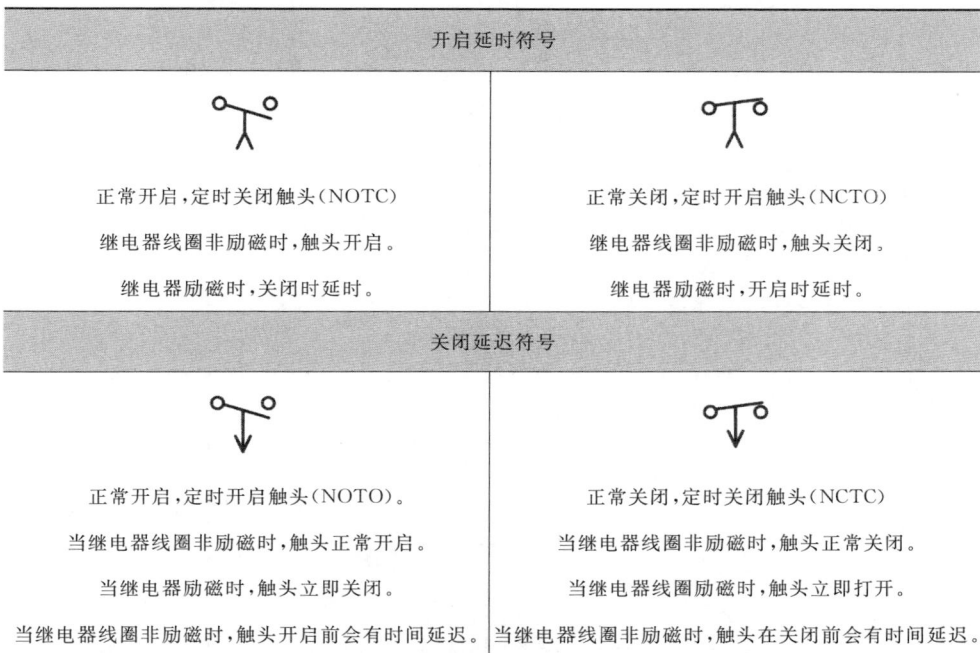

开启延时符号	
正常开启,定时关闭触头(NOTC)	正常关闭,定时开启触头(NCTO)
继电器线圈非励磁时,触头开启。	继电器线圈非励磁时,触头关闭。
继电器励磁时,关闭时延时。	继电器励磁时,开启时延时。
关闭延迟符号	
正常开启,定时开启触头(NOTO)。	正常关闭,定时关闭触头(NCTC)
当继电器线圈非励磁时,触头正常开启。	当继电器线圈非励磁时,触头正常关闭。
当继电器励磁时,触头立即关闭。	当继电器线圈励磁时,触头立即打开。
当继电器线圈非励磁时,触头开启前会有时间延迟。	当继电器线圈非励磁时,触头在关闭前会有时间延迟。

图 8.16 时限触头符号

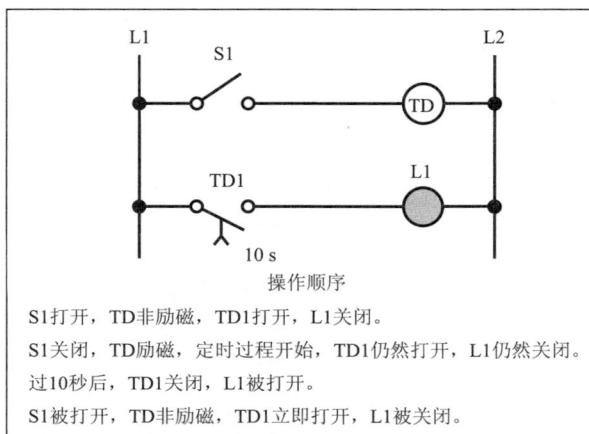

操作顺序

S1打开,TD非励磁,TD1打开,L1关闭。

S1关闭,TD励磁,定时过程开始,TD1仍然打开,L1仍然关闭。

过10秒后,TD1关闭,L1被打开。

S1被打开,TD非励磁,TD1立即打开,L1被关闭。

图 8.17 开启延时电路(NOTC 触头)

S1打开，TD非励磁，TD1打开，L1关闭。

S1关闭，TD励磁，TD1立即关闭，L1被打开。

S1被打开，TD非励磁，定时过程开始，TD1仍然关闭，L1仍然开启。

过10秒后，TD1打开，L1被关闭。

图 8.18 关闭延时电路（NOTO 触头）

S1打开，TD非励磁，TD1关闭，L1打开。

S1关闭，TD励磁，定时过程开始，TD1仍然关闭，L1仍然开启。

过10秒后，TD1打开，L1被关闭。

S1被打开，TD非励磁，TD1立即关闭，L1被打开。

图 8.19 打开延时电路（NCTO 触头）

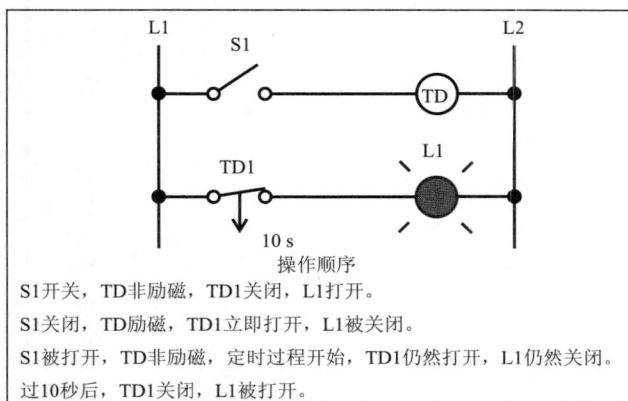

S1开关，TD非励磁，TD1关闭，L1打开。

S1关闭，TD励磁，TD1立即打开，L1被关闭。

S1被打开，TD非励磁，定时过程开始，TD1仍然打开，L1仍然关闭。

过10秒后，TD1关闭，L1被打开。

图 8.20 关闭延时电路（NCTC 触头）

8.5 电磁接触器

接触器是一种用于处理重负载的特殊继电器,它的能力超过了一般控制继电器的能力。在操作上电磁接触器与电磁继电器相似。它们都有一个非常重要的特性:当线圈励磁时触头开始运转。

国际电器制造业协会(NEMA)将电磁接触器定义为一种可以重复建立或中断电源电路的磁动设备。与继电器不同,接触器被设计为可以在不被损坏的情况下建立或中断重负载。这种负载包括:灯、加热器、变压器、电容器及一些超载保护是单独附带或根本不提供的电动机(图 8.21)。电磁接触器的重要部件是电磁体(线圈)和触头。

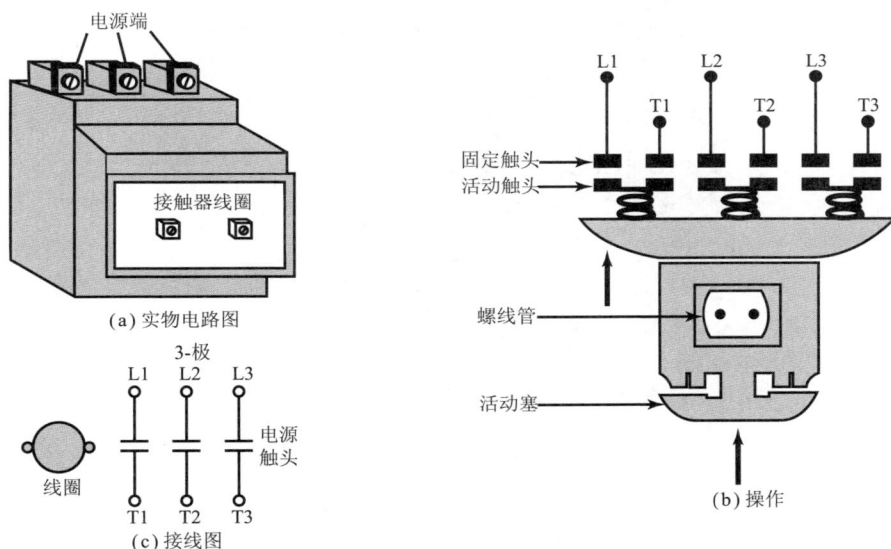

图 8.21 电磁接触器

电磁操作的接触器是关闭和开启电路操作中最常用的设备。与手动操作的控制仪器相比,电磁接触器有以下优点:

① 当需要处理一个大电流或高电压时,找到一个合适的手动设备是十分困难的。并且,这样的手动设备非常大,难以操作。然而,建立一个电磁接触器来解决大电流和高电压的操作却是十分简单的事情,并且只需要手动控制接触器的线圈就可以完成任务。使用接触器控制一个泵的小电流控制开关如图 8.22 所示。

② 接触器允许一个操作员(一个位置)进行多操作,并且有连锁保护以防止错误及危险操作。

③ 当操作需要在单位小时内重复数次时,接触器有其特别的记忆功能。操作员只需要简单地按下一个按钮,接触器就会自动以合适的步骤开始工作。

　　④ 十分敏感的控制设备可以自动控制接触器。这种控制设备的功率与大小都十分有限,并且使用它们处理大电流操作时会难以准确完成。图 8.23 中列举了联合使用接触器及传感器以控制容器内液体温度与水平。

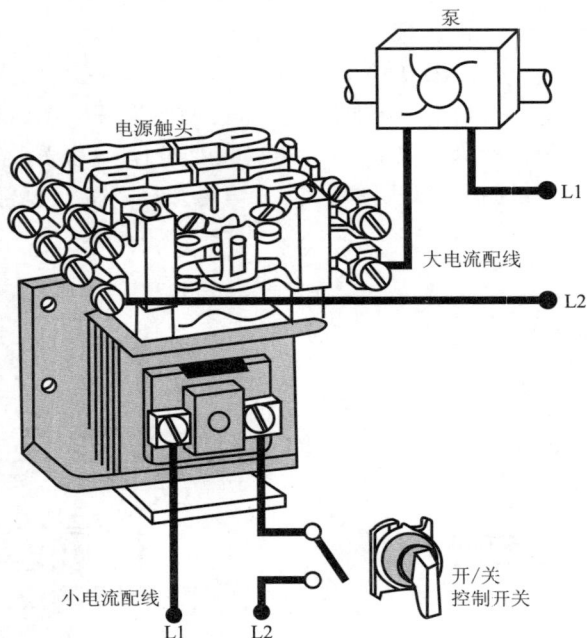

图 8.22　使用接触器控制泵的电源开关

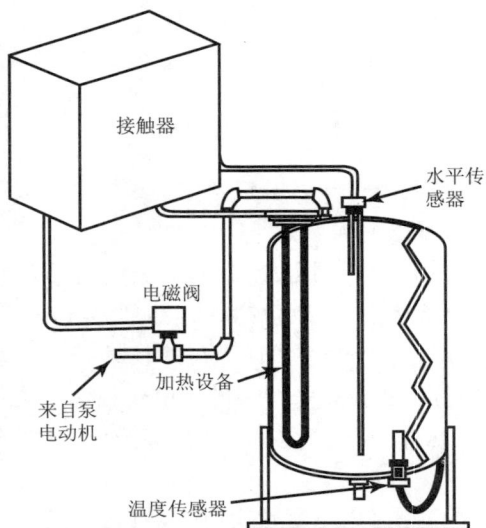

图 8.23　联合使用接触器及传感器以控制容器内液体温度与水平

⑤ 高电压工作可以由接触器完成,完全不需要操作员接触,这样就为安装过程增加了安全性。同样操作员也可以远离高功率电弧,而电弧就是导致电击、烧伤或眼睛受伤等危险的原因。

⑥ 如果一个控制仪器带有接触器,那么就可以将它安装在一个较偏僻的地方。设备所需要的周围空间只要可以容纳按钮就可以。一个接触器可以由多个按钮来控制,按钮的数量完全根据用户的要求。唯一需要做的是,在各个按钮位置间连接一些轻型控制电线。图 8.24 所列举的操作就是从两个远端位置使用接触器来控制配电板电源的开关。

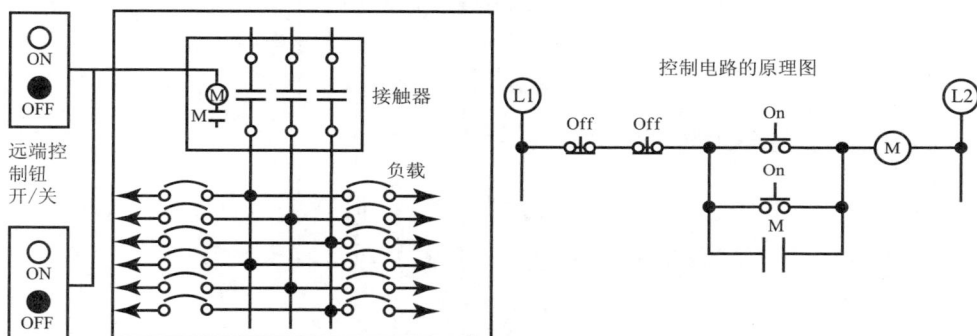

图 8.24　从两个远端位置使用接触器来控制配电板电源的开关

8.6　固态接触器

固态接触器使用电子电流开关设备,如硅可控整流器(SCRs)和三端双向可控硅开关——由于这种接触器中不含运动部件,因此被看做拥有更长的使用寿命。这就使固态接触器十分适用于高强度运转的设备如加热器。在这种接触器中没有可被磨损的运动部件或触头,也不会被冲击和振动影响(图 8.25)。

图 8.26 是一个三相接触器的典型电路原理图。这个接触器使用硅可控整流

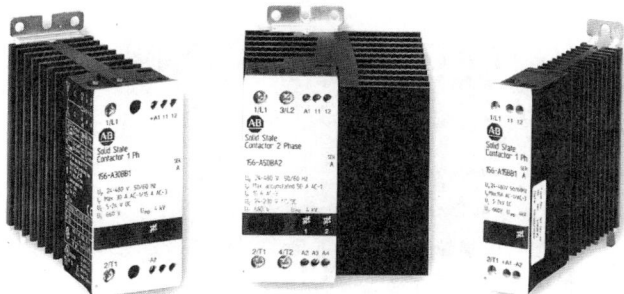

图 8.25　固态接触器(Rockwell Automation 提供)

器(SCRs),它的作用等同于电磁接触器中的触头。相对于电磁接触器,固态 SCR 接触器或三端双向可控硅开关元件接触器有一个非常突出的优点,即它只会在零负载电流的情况下打开 AC 电路。在实际操作情况下,这意味着电路电流在正弦波波峰中心处时,永远不会被中断。如果中断将导致大量电压浪涌从而使建立的磁场瞬间瓦解。这种情况不会发生在由 SCR 或三端双向可控硅开关元件控制的电路中,这个特性叫做零交越开关控制。

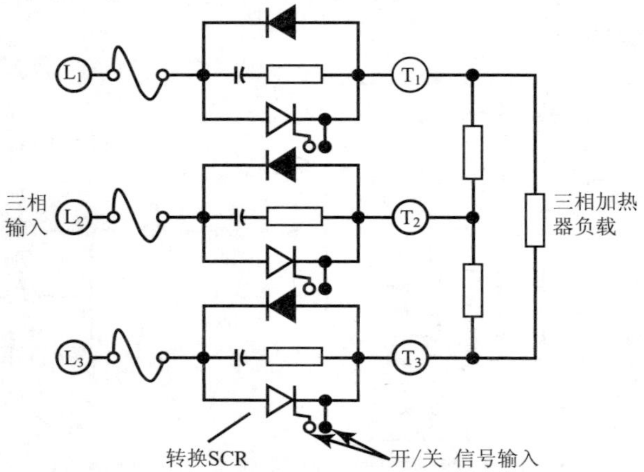

图 8.26　三相接触器的典型电路原理图

思考与练习

1. 解释电磁继电器的基本操作原理。

2. 定义继电器中的常开触头和常关触头。

3. 列出在电路中使用继电器的三种方式。

4. 一个特定的电磁继电器线圈的额定值为 250mA,触头的额定值为 10A。解释一下这些额定值的含义。

5. (a)解释磁性簧片继电器的基本操作原理。(b)列出三种使用永久磁铁激活磁性簧片继电器的方法。(c)列出磁性簧片继电器的一个优点及一种局限性。

6. (a)固态继电器中负载电路的开关是如何操作的?(b)列出固态继电器的两个优点和两个不足。

7. 解释时限继电器的功能。

8. 可以将时限继电器分为哪两类?

9. 比较开启延时计时器与关闭延时计时器的操作。

10. 列举电磁继电器与电磁接触器的相似处及不同处。

11. 在固态接触器中使用哪种部件取代触头?

12. 对于固态 AC 接触器来说,开关总在提供的 AC 波形的哪一点发生?

13. 一个未知的电磁继电器的线圈额定值为直流电压 12V,包括一系列常开触头及常关触头,其中有些触头是坏的。现在使用一个 12V 的直流电源及欧姆计来检测触头的连通性,写出步骤。

14. 如图 8.27 所示,假设两个电源连接错误,使 12V 的直流电源连接到了控制电路,而 120V 交流的电源连接到了负载电路。(a)这对负载电路的操作会产生什么影响?(b)这对控制电路的操作会产生什么影响?

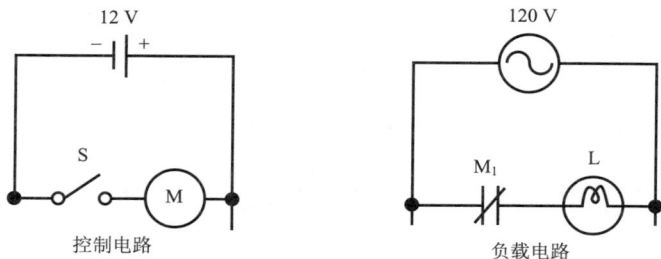

图 8.27

15. 如图 8.28 所示,假设在开关被按到"开"的位置时,灯泡即刻发生操作错误。这时假设配线是正确的,在确定问题原因时你应采取哪些步骤(按照优先顺序)?

16. 如图 8.29 所示电路,假设在电源刚连通时,开关 S 关闭 1 分钟然后打开。问灯 L_1 的时序为多少?

17. 如图 8.30 所示电路,假设在电源刚连通时,开关 S 关闭 5 秒然后打开。问灯 L_1 的时序为多少?

18. 如图 8.31 所示电路,假设再接入一个黄色的灯,保证其在继电器线圈励磁时会亮起。请问这个灯该如何连接?画出连接好后的电路原理图。

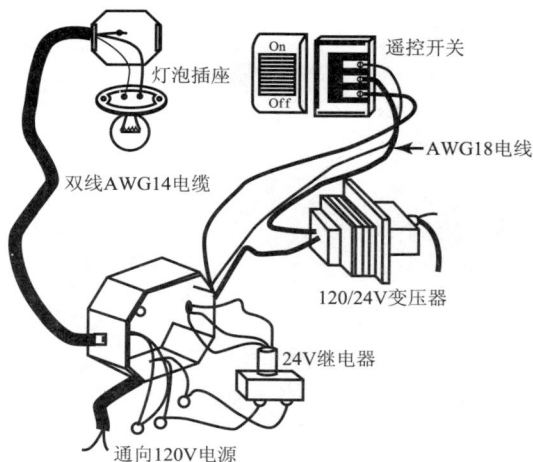

图 8.28

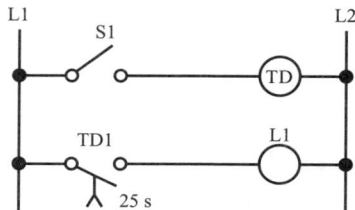

图 8.29

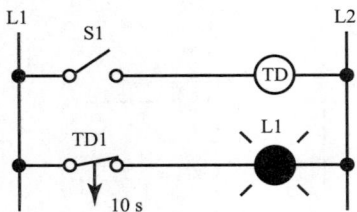

图 8. 30

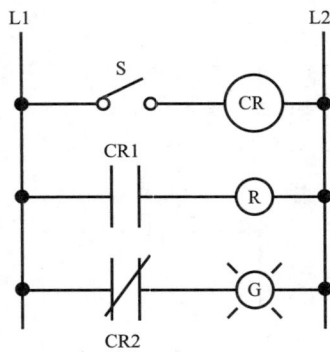

图 8. 31

第9章

变压器

学习目标

- 描述变压器的工作特性。
- 计算变压器的匝数、电压和电流比。
- 熟悉常规变压器的安装和维护步骤。
- 将变压器连接在普通的电路结构中。
- 正确理解和应用变压器标示牌数据。

变压器通过电磁互感可以将电能从一个电路转换到另一个电路中。它的主要目的就是把某一电压级别的 AC 电能转换成同一频率下的另一电压级别的 AC 电能。如果没有变压器,那么电能就不能进行广泛的分配。

9.1 变压器的运行

变压器是一种静态装置(没有可移动部分),它可以将电能从一个 AC 电路转换到另一个 AC 电路中,能量的转换包括电压的升高和降低,但是两个电路的频率是相同的。如果能量转换的同时电压升高了,则这种变压器称为升压变压器;如果电压降低,则称为降压变压器。AC 电压的这种转变仅仅伴随着极少的能量损失。利用变压器,可以在合适的电压下产生电能,把电压升高到一个很高的值进行长距离电能的传送,然后再降低电压以适应现实的能量分配。

一个基本的变压器(图 9.1)包括两个绕在铁心上的线圈,这两个线圈通过磁通量相连。AC 电源的电流改变使得铁心中的磁通量也相应改变,从而将一个绕组中的电能感应到另一个绕组中。接收电源能量的绕组称为初级绕组,而将能量传送给负载的绕组则称为次级绕组。当有 AC 电压施加在初级线圈上时,它所引发的电流就会产生不断变化的磁场。随着磁场的扩展和削弱,就会在次级线圈中感应出 AC 电压。初级线圈中的 AC 频率与次级线圈中的 AC 频率相同。

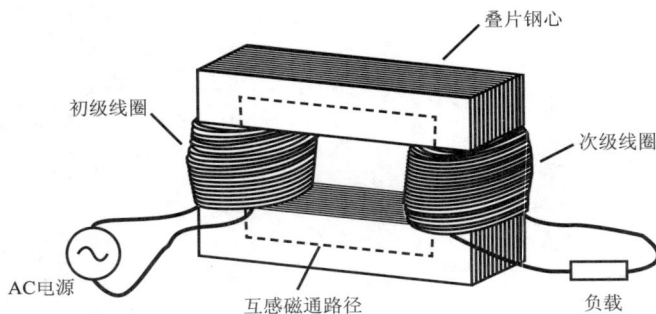

图 9.1 基本变压器

变压器的工作原理是电磁互感。一个导体周围的磁场覆盖了另一个导体且在其中产生了感应电压,这一过程就称为互感。如果将导线作为线圈缠绕在一个普通的铁心上,这种互感现象就会加强。

将变压器的初级线圈连在交变电压上,在初级线圈中产生的电流称为励磁电流。励磁电流会在这些线圈中产生交变的磁通量,且在两个线圈中都感应出电压。自感电压在初级线圈中感应出的电压称为反电压,极性与提供的电压相反但数值相同。这样就限制了励磁电流的值,使其相对较低。初级励磁电流会比提供的电压滞后大约 90°，主要是因为线圈被感应且电阻很低。次级绕组中感应出的电压是互感的结果。由于典型的电力变压器的磁链为 100%，所以次级线圈中每一匝的感应电压都是相同的。因此总的感应电压与初级线圈和次级线圈的匝数直接成比例（图 9.2）。

变压器是由钢片堆叠或叠层卷绕的铁心。铁心可以确保在初级绕组和次级绕组间有较好的磁链。由交变电流引起的涡电流可以在变压器本身的铁心中感应出电压。由于铁心是导体，因此这个感应电压会产生电流。

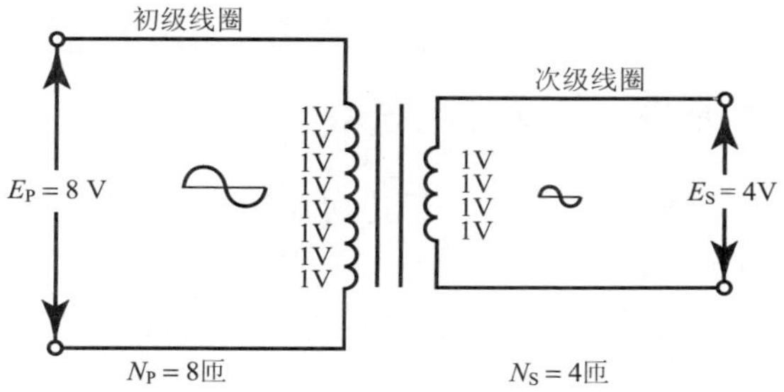

图 9.2 变压器-感应电压

铁心经过层压后，涡电流的路径就大大地减少了，从而降低热能和电能消耗。如图 9.3 所示，由表面覆有薄质绝缘材料涂层的叠片有效防止了叠片到叠片间流动产生涡电流。实际存在的涡电流很少，它代表在铁心中以热能散失掉的耗散功能。

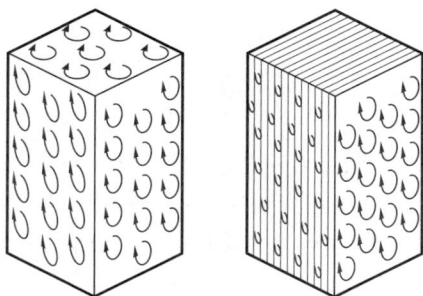

固体铁心中的涡电流　叠片会减少涡电流的路径
图 9.3 变压器钢心中的涡电流

变压器中有两种铁和铜的普通结构：外铁心和内铁心（图 9.4）。大多数小功率变压器为外铁心变压器，铁围绕铜以低压绕组接近铁心位置而高压绕组在低压绕组外部。内铁心结构常用于大型的高压变压器中，在这种类型的结构中铜围绕在铁外面且初级绕组和次级绕组分别位于两侧的变压器芯柱。内铁心变压器易于绝缘和冷却。

低压绕组

高压绕组

外铁心变压器 内铁心变压器

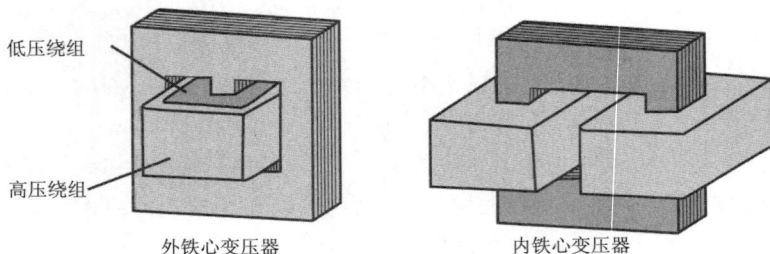

图 9.4 变压器的铁和铜结构

9.2 电压、电流和功率的关系

变压器可以升高电压、降低电压或保持初级和次级绕组间的电压不变,在这些过程中几乎没有能量损耗。变压器的输出功率等于输入功率减去内部功率损耗,即等于电压与电流的乘积。变压器是用 kVA 计量额定功率(不是 kW),因为这种额定功率与功率因数没有关系。

变压器初级线圈与次级线圈的匝数比很重要,正是匝数比决定电压是升高还是降低。因此匝数比也称为变压器的变压系数,可用下式计算:

$$\text{匝数比} = \frac{N_P}{N_S} \tag{9.1}$$

$$\text{匝数比} = \text{电压比} = \frac{N_P}{N_S} = \frac{E_P}{E_S} \tag{9.2}$$

其中,N_P 为初级线圈的匝数;N_S 为次级线圈的匝数;E_P 为初级电压;E_S 为次级电压。

在已知其他三个量的情况下,这个公式可以颠倒顺序(重排)来计算任何一个未知量。

变压器中电压的升高和降低与匝数比成比例。例如,如果次级线圈的匝数是初级线圈匝数的两倍,则次级电压为初级电压的两倍。类似地,如果初级线圈的匝数为次级线圈匝数的两倍,则次级电压只有初级电压的一半。

按照变压器对电压的影响分类,可将其分为升压变压器和降压变压器。升压变压器的次级线圈输出电压比初级线圈的输入电压要高。这种类型的变压器的次级线圈匝数比初级线圈的匝数多。初级与次级线圈匝数比决定了变压器的输入-输出电压比。

例题 9.1

如图 9.5 所示的升压变压器,初级绕组匝数为 50 匝,次级绕组匝数为 100 匝。试确定:

(a) 匝数比。

(b) 当初级线圈电压为 120V 时,次级线圈电压为多少?

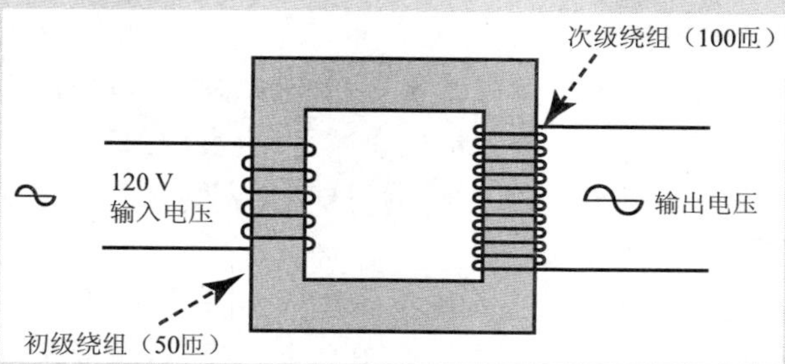

图 9.5

解:(a) 匝数比 $=\dfrac{N_P}{N_S}=\dfrac{50}{100}=1/2$ 或 $1:2$

结果表明,次级线圈中每两匝对应于初级线圈的一匝。

(b) 由于匝数比为 $1:2$,E_P 升高了 2 倍,这使得 E_S 为 240V(2×120)。或者:

$$E_S=E_P\times\frac{N_S}{N_P}=120\times2=240(V)$$

降压变压器的次级线圈的输出电压低于初级线圈的输入电压。这种类型变压器次级线圈的匝数少于初级线圈的匝数。同样,初级与次级线圈匝数比决定了变压器的输入输出电压比。

例题 9.2

如图 9.6 所示的降压变压器,初级绕组匝数为 100 匝,次级绕组匝数为 5 匝。试确定:

(a) 匝数比。

(b) 当初级线圈电压为 240V 时,次级线圈电压为多少?

解 (a) 匝数比 $=\dfrac{N_P}{N_S}=\dfrac{100}{5}=20$

或 $20:1$

图 9.6

结果表明次级绕组每 1 匝对应于初级绕组的 20 匝。

(b) 由于匝数比为 $20:1$,E_P 降低了 20 倍,这使得 E_S 等于 12V($240\div20$)。或者:

$$E_S=E_P\times N_S/N_P=240\times\frac{1}{100}=12(V)$$

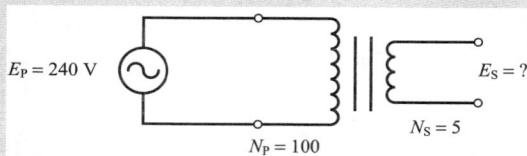

变压器会自动调整其输入电流来满足输出端或负载的电流要求。如果在次级绕组一端没有连接负载,则初级绕组中除了励磁电流外没有电流流过。励磁电流(也叫磁化电流)在铁心中可以产生磁通量。励磁电流量主要是由初级绕组的感抗决定。即使励磁电流相当高也不会消耗太多真实的能量,这是因为电压和电流的

相位完全不同。

当一个变压器刚被接通时,会产生瞬间的浪涌电流。浪涌电流的值有可能是额定电流的 15 倍,这取决于铁心的磁性状态和变压器是从电压的哪个波形处开始接通。电流流动几个周波后会呈指数形式衰减,一直衰减到正常的磁化电流为止。

当有负载连接在变压器的次级线圈端时,变压器的工作特性就会发生改变。这一系列改变可概括为以下几个方面:

· 次级线圈的感应电压会使负载电流流过负载同时流过次级线圈。

· 负载电流流经次级线圈时会在铁心中产生磁通量,磁通量的方向与初级线圈中励磁电流所产生的磁通量方向相反(楞次定律)。

· 初级线圈的反电动势减少,使初级线圈电流增加。

· 初级线圈中所增加的电流量相当于增加初级线圈磁场强度所需要的电流量,它可以抵消次级线圈反方向的磁通量效应。

如果变压器的次级线圈电路发生短路,所形成的高电流会产生大量和初级线圈磁通量方向相反的磁通量。其结果会导致初级线圈的反电动势极大地降低,而初级线圈电流极大地增加。为了防止这种状况的发生,一般会在初级绕组上串联一个保险丝或断路器,从而能够同时保护初级和次级线圈电路,使之不会受过高电流的冲击。

从变压器初级绕组的角度来说,变压器的次级绕组上所连接的负载具有的电阻无须与负载本身的电阻相等。实际负载本质上会"反射"到初级线圈,这取决于匝数比。这种反射的负载才是电源要实际面对的负载,它决定初级线圈电流的量。两个绕组中的电流与电压比和匝数比成反比。也就是说,在电压比中具有较高电压的绕组的电流很低,可以用下面的等式来表达:

$$\frac{E_P}{E_S} = \frac{I_S}{I_P} \tag{9.3}$$

例题 9.3

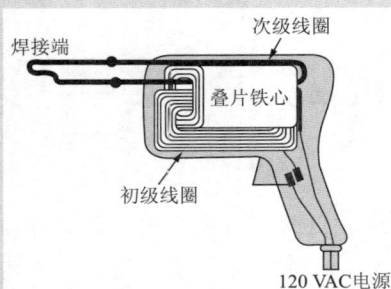

图 9.7

图 9.7 所示为一个降压式焊枪变压器,该变压器的匝数比为 200∶1,次级线圈的加热电流为 400A。试确定:

(a) 初级线圈电流值。

(b) 当 120V AC 电源给初级线圈提供电压时,次级线圈电压值为多少?

解 (a) 由于匝数比为 200∶1,初级线圈电流将会被降低 200 倍。因此 I_P 为 2A(400÷200)。或者:

$$I_P = \frac{N_S}{N_P} \times I_S = \frac{1}{200} \times 400 = 2(A)$$

（b）由于匝数比为 200∶1，次级线圈电压(E_S)降低 200 倍，所以 E_S 为 0.6V(120÷200)。

现在来回忆一下阻抗(Z)，阻抗是电阻和电抗的矢量和，它可以限制 AC 电路中的电流。对于大型的变压器，阻抗用百分比$(Z\%)$来表示，它可以决定断路器或保险丝的断续容量，从而保护变压器的初级电路。

匝数比不会影响绕组中的功率或者电压、电流值。电路中的功率是由负载决定的。变压器的额定功率等于标称电压与标称电流的乘积。然而，结果常常不用瓦特表示，因为并非所有的负载都是纯电阻。变压器的容量是用 VA 或 kVA 来标定的，它决定变压器的型号规格。只有电阻所消耗的功率用瓦特度量，但事实上变压器的温度升高与通过绕组的视在功率或伏安数有直接的关系。换言之，对一个 250kVA 的变压器来说，连接一个 250kVA 的有感负载和连接一个 250kVA 的电阻负载所产生的热量是相同的。假设变压器的能量损失为零，则次级线圈中的功率等于初级线圈中的功率：$E_P \times I_P = E_S \times I_S$ (9.4)

例题 9.4

如图 9.8 所示的升压变压器，初级线圈外加电压为 12V，次级线圈的电压为60V。一个电阻为 25Ω 的负载连接在次级线圈上。假设变压器的能耗为零，试确定：

（a）次级线圈电流(I_S)。

（b）次级线圈的 VA 值。

（c）初级线圈的 VA 值。

（d）初级线圈电流(I_P)。

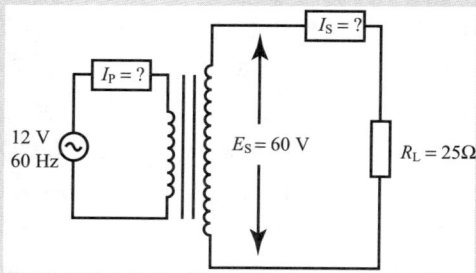

图 9.8

解 （a）$I_S = \dfrac{E_S}{R_L} = \dfrac{60}{25} = 2.4(A)$

（b）次级 $VA = E_S \times I_S = 60 \times 2.4 = 144(V \cdot A)$

（c）初级 $VA = $ 次级 $VA = 144(V \cdot A)$

（d）$I_P = \dfrac{VA}{E_P} = \dfrac{144}{12} = 12(A)$

变压器的绕组分接头可以将变压器的电压调整到合适的输入和输出电压或者针对不同的应用选择不同的电压。图 9.9 所示为一个次级绕组有三个可以与负载连接的终端。在正常运行的情况下，开关是从 B 端连接到负载的，假设在该连接状态下的匝数比为 1∶10。在必要情况下开关可以从 A 端连接负载，这样就会改变匝数比，因为在初级线圈匝数不变的情况下所感应的次级线圈的匝数减少。这样的净效应则会使次级线圈的电压降低。类似地，如果是从 C 端连接负载，电压比也

图 9.9 具有三个绕组分接头的变压器

会改变,同样匝数的初级线圈所感应的次级线圈匝数将会增加,从而导致次级线圈的电压增加。

多数小型和中型的变压器没有空载绕组分接头变换器。这表明当改变变压器绕组的分接头时,变压器将失去励磁,一定要切断变压器的电源。在一些大型的变压器或专门修建的变压器中,分接头变换会自动实现。相对来说这是一种昂贵的方法,一般不会用在 1000kV·A 变压器或更低的变压器上。

双绕组变压器具有初级绕组和次级绕组,它们相互绝缘。因此通过变压器的所有能量转换都是由变压器的动作完成。专门的隔离变压器可以通过初级分接头来进行电压校正,也可以在次级线圈一侧建立一个隔离的接地,并且还能够将连接在次级线圈端的负载与输入动力电线隔离开。隔离变压器中初级线圈与次级线圈的隔离能够降低可能通过变压器的高频噪声和瞬变现象。

图 9.10 所示为隔离变压器的一个应用,它可以在一个电子设备中产生一个隔离的浮动接地,在不改变电压和电流的额定值前提下,这经常使用在将电子设备中的初级和次级电路隔离。变压器的匝数比为 1:1,表示在初级电路和次级电路之间没有电压变化和没有电流变化。使用隔离变压器时,负载与电压电源隔离,那么设备底座就不会发生因为插头插错而突然过热的情况。

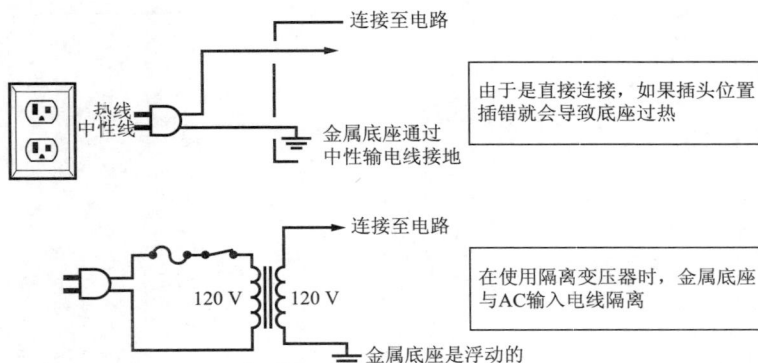

图 9.10 隔离变压器

与双绕组变压器不同,自耦变压器的初级绕组与次级绕组是电力相连的。自耦变压器具有体积小,重量轻,成本低等优点。而它的主要缺点是初级绕组和次级绕组相连,它们的电压比很低。由于两个绕组连接在一起,如果出现故障低压绕组的电压就会增高。在日常应用中选择使用自耦变压器时,这是很重要的一个安全

考虑因素。图 9.11 所示为一个电压比为 2
∶1 的自耦变压器。在 L₁ 和 L₂ 之间的初
级绕组的激励电压为 120V。导出引线都
标有电压值,从中可以获得升压和降压的
连接情况。

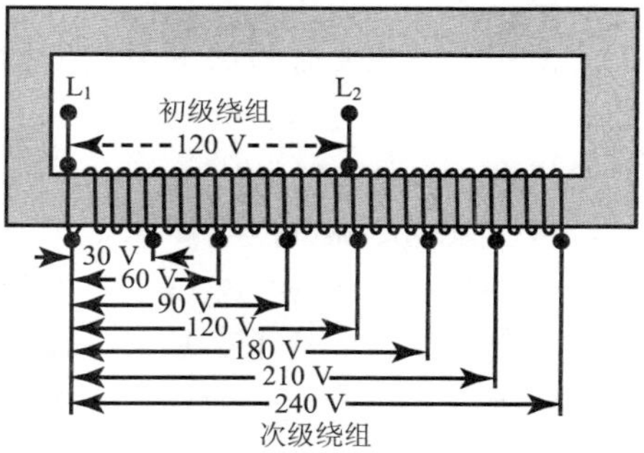

图 9.11 自耦变压器

9.3 变压器损耗

由于变压器没有可转动的部分,因此
没有机械损耗,这样就使得变压器的工作
效率高达 90%。然而和其他电力设备一样,其实变压器也有损耗。这些损耗表现
在热能、操作温度的升高以及效率的下降。损耗一般分为两类:铜损耗和铁心
损耗。

• 铜损耗:这种损耗来自初级绕组和次级绕组中铜导线的电阻。变压器的绕
组可以由数百匝的优质铜导线构成,这样就会产生相对较高的电阻值。电流通过
这些电阻时,就会有一些电能以热量形式散失。使用大直径的导线可以降低单位
长度导线的电阻,从而把铜损耗减少到最低值。在大多数变压器中铜损耗比铁心
损耗要高出两倍。

• 涡流损耗:涡流是交变电流在变压器的铁心中产生感应电流而形成。使用
叠片铁心可以最大限度地降低涡流损耗。涡流随着频率的增加而增加,它们与交
流电频率的平方成正比。

• 滞后损耗:磁心中的这种损耗是分子摩擦的结果,这是由所提供的电流的
极性不断变换而导致的。当磁场反转时,分子磁体的排列也会反转,这样就会导致
一些能量以热量形式散失。

• 磁链:这个相对来说较小的损耗是由初级和次级绕组间的电磁磁通线的泄
漏而引起。

• 饱和:如果变压器的负载超过了它的额定功率就会导致饱和损耗。当磁心
达到饱和点时,即使电流增加也不再产生更多的磁通线时,就会出现这种现象。

理想变压器没有能量损耗而且工作效率为 100%。变压器的效率与它的铜损
耗和铁心损耗有关,而与功率因数无关。这些损耗都是以瓦特为单位来度量的。
计算变压器效率的方法与其他设备的效率计算方法相同,将输出功率除以输入功
率即可:

$$效率 = \frac{输出功率}{输入功率} \times 100\% \qquad (9.5)$$

变压器是一种最有效率的电力设备。在标准的电源变压器中,满载效率一般
为 96% 到 99%。在空载到满载范围内,铁心损耗几乎是一个常数。但铁心损耗会

随着绕组中电流的平方和绕组电阻而改变。变压器的空载效率要比满载效率低。因此使用大小规格合适的电源变压器来满足负载需求,会很大程度上影响变压器的效率。过大的变压器会导致效率很低,但是当变压器与负载基本上匹配时,效率就会提高。

有时候变压器的线电压比变压器的初级额定电压高或低,如果变压器的线电压低于外加的初级额定电压,则容量值降低的百分率与电压降低的百分率相同。大多数变压器在大约 1% 或 2% 的超额电压下,不会降低容量值。如果电压过多超过了铭牌上的额定值,绕组就会过热且磁通量密度也会增加,从而导致磁心的饱和度超出正常值。

电压调整率是衡量电源变压器在给定的初级电压条件下,针对广泛变化的负载电流能够保持稳定的次级电压的能力。变压器中的电压调整率也就是空载电压和满载电压间的差异:

$$电压调整率 = \frac{空载电压 \ E_s - 满载电压 \ E_s}{满载电压 \ E_s} \times 100\% \tag{9.6}$$

该公式通常用满载电压的百分比表示。例如,一个变压器空载时传输 100V,而满载时传输 95V,电压调整率则为 5%。变压器的电压调整率取决于负载的阻抗和变压器总的铜损耗。当给一个无感负载提供能量时,铜损耗是导致电压降低的主要因素。电源变压器和照明变压器的电压调整率一般为 2% 到 4%,这取决于它们的型号和不同的应用。

让变压器工作在事先设计好频率范围内的 AC 电路中非常重要。低于 2kV·A 的变压器是设计用在 50Hz 或 60Hz 的电路中。当电路的频率低于变压器的设计范围时,初级绕组的电抗就会降低,这会导致励磁电流的猛增。如果没有经过特殊设计,磁通量密度的增加会导致大量能量的损耗并产生极大的热量。只适用于 60Hz 的变压器在体积上比适用于 50Hz 的变压器要小,而且它不能用在 50Hz 的电路中。

如果交流频率高于铭牌上的额定频率,就会导致电抗增加而励磁电流减小。当然,磁通量密度也会减小,但铁芯损耗仍然是个常数。适用于 60Hz 电路的变压器具有较高的频率,它提供较低的电压调整率。

9.4　变压器的额定值

变压器如果没有按照合适的电压、电流和功率额定值来安装的话就会导致严重的伤害和损失。如果要在一个电路中使用变压器,那么变压器的初级绕组和次级绕组的电压、电流和功率处理能力都要考虑周全。如果规定了变压器正常的电压值、电流值和功率值,那它们就代表最大额定值和最小额定值的中间值。

可以安全应用于各种绕组中的最大电压值由所用绝缘套的类型和厚度来决

定。如果在两个绕组间使用较好的(且较厚的)绝缘套,则施加在两绕组上的最大电压值就较高。

变压器的绕组上能承受的最大电流是由绕组中所用导线的直径决定的。如果绕组中的电流过大,那么在绕组中就会以热量的形式损失正常范围外的能量。这些热量可能足以烧坏导线外面的绝缘套。因此为了把变压器的温度控制在一个可承受的范围内,就必须设定负载外加电压和承受电流的界限值。

变压器是用 V·A 或 kV·A 来额定的,也就是说初级绕组和次级绕组是设计用来承受标在变压器铭牌上的 V·A 额定值或 kV·A 额定值。通常情况下并不给出初级电路和次级电路的满载电流,但是它们可以由 V·A 或 kV·A 的额定值计算得到,公式如下:

$$单相:满载电流 = \frac{容量\ V·A}{电压值} \tag{9.7}$$

$$三相:满载电流 = \frac{容量\ V·A}{1.73 \times 电压值} \tag{9.8}$$

例题 9.5

单相、25kVA 变压器的初级电压为 480V,次级电压为 120V,计算:

(a) 初级电路的满载额定电流。

(b) 次级电路的满载额定电流。

解:(a) 初级满载电流 $= \dfrac{容量\ V·A}{电压值} = \dfrac{25 \times 1000}{480} = 52(A)$

(b) 次级满载电流 $= \dfrac{容量\ V·A}{电压值} = \dfrac{25 \times 1000}{120} = 208(A)$

图 9.12 所示为一个典型的变压器铭牌。每个变压器的铭牌上必须包含一些信息。必须包含的信息有:

- 厂商名称。
- 额定 kV·A 值。
- 频率。
- 初级和次级电压。
- 25kV·A 或更大的变压器的阻抗。
- 变压器的通风孔间隙。
- 所使用绝缘液体的数量和种类。
- 如果变压器是干型的,绝缘系统能承受的温度等级。

温度上升过高是导致变压器产生故障的主要因素。变压器运行过程中产生的热量会使变压器的内部结构温度升高。一般情况下,高效的变压器的温升较低。变压器温升是指当变压器按照铭牌上的额定值安装后,绕组高于周围(环绕)温度的平均升高温度。这个值以周围温度 40℃ 为基准。例如,当一个满额负载处于

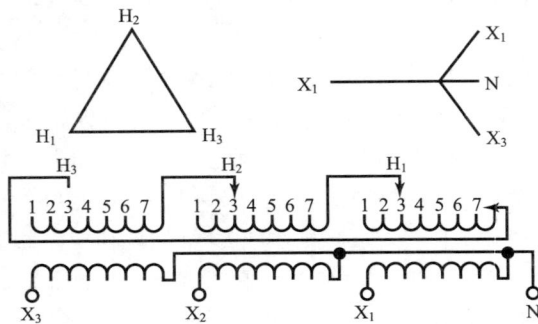

图 9.12　典型的变压器铭牌

40℃的周围环境中时,150℃的干式变压器的运行温度为绕组平均温度190℃。尽管最终的温升是由全部的绕组温度来平均,但是绕组内部比外部要热的多。最热的点一般是在线圈内部的某一点,这个点的段线圈路径是通往外部环境最长的导热途径。这种"热点温度"的差额由生产厂商根据一个合理的量来决定,它通常用超过平均温度的某一个温度来表示。

为了防止变压器内部的绝缘材料被烧坏并且能够延长其使用年限,就需要充分冷却。变压器一般采用空气、水、油,或自然风的强制对流来进行冷却。变压器有两种不同的基本类型:干式变压器和充液式变压器(图 9.13)。干式变压器是通过其外部的空气流通而进行冷却。在充液式变压器中将变压器线圈和磁芯浸入到所提供的防爆的绝缘液体中进行冷却,例如矿物油或合成液体都可以作为这种绝缘液体。

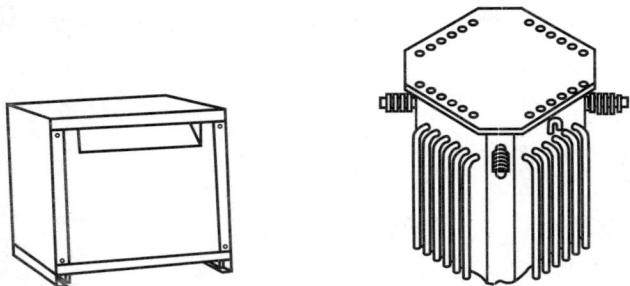

干式变压器（通过空气对流进行冷却）　　充液变压器（线圈浸到液体罐中）
图 9.13　变压器的冷却方法

变压器要安装在没有阻塞或障碍的空旷地以便于冷却。另外,在变压器上还要标出与墙面或其他障碍物的最小距离或空隙距离以便散热。铁芯损耗或铜损耗会产生热量,这些热量的散热方法包括以下几点:

① 变压器外壳处空气正常流通。

② 在变压器外壳上安装附加的管道或散热片以增加冷却表面积。

③ 对于空气冷却型变压器使用通风孔。

④ 强制空气循环。

⑤ 将线圈或磁芯浸没到类似矿物油或合成液体的防爆绝缘液体中。

⑥ 通过油的自然循环而进行液体冷却。

⑦ 通过换热器进行强制油循环。

变压器的额定阻抗是度量限流特性的量,它用百分比来表示。该百分比是正常的额定初级电压的百分比,即这个百分比的额定初级电压施加在变压器上能在次级短路中产生满载额定电流。例如,如果一个 480V/120V 变压器的阻抗为 5%,也就是说 480V 的 5% 即 24V 的电压施加在初级线圈中会在次级电路中产生额定负载电流。

额定阻抗可以用来确定应用于变压器初级电路中的断路器或保险丝的断续容量。用下式可以计算出变压器次级短路中的电流:

$$I_{短路} = \frac{I_{满载}}{\%Z} \qquad\qquad (9.9)$$

例题 9.6

假设一个单相 25kV·A 的变压器的输出电压为 240V,额定阻抗为 2.2%,试计算:

(a) 次级满载电流。

(b) 次级短路电流。

解:(a) 次级满载电流 $= \dfrac{容量 V·A \times 1000}{电压值} = \dfrac{25 \times 1000}{240} = 104(A)$

(b) $I_{次级短路} = \dfrac{I_{满载}}{\%Z} = \dfrac{104}{2.2\%} = 4\ 727(A)$

变压器和其他电磁设备一样,当他励磁时,就会产生蜂鸣声,它是由叠片钢芯结构振动所产生。蜂鸣声的音量取决于变压器的设计、结构特性和所使用的安装方法。厂商通过测试来确定所生产的变压器的额定声级。声级是用分贝(dB)来评定的,额定分贝越高,声音越大。

电气和电子设备都要在标准电源电压下进行工作,如果电源电压长时间过低或过高(一般超过了±5%),设备就不能在最大效率下工作。当选择一个变压器以满足特定的安装要求时,以下几点很重要:

① 标称电源电压要与变压器初级绕组的额定电压相符合。

② 变压器的次级电压能满足负载的电压要求。

③ 变压器的额定容量值要等于或大于负载的需求值,这里说的负载是指变压器为它提供电源的负载。

9.5　单相变压器的连接

变压器和其他电力设备一样,既可以串联也可以并联在电路中。举个例子来说,配电变压器的次级或低压绕组可以串联也可以并联接入电路中。初级电压的要求和负载的需求决定变压器的连接方式。

由于变压器基本上是 AC 设备,因此它不像 DC 电源那样有固定的极性。但是当把它们按不同的方式连接时,就需要有相对的极性标记。极性是指从初级绕组到次级绕组所达到的瞬间电压。

变压器的连接引线一般是通过绝缘套管从变压器的钢性外壳中延伸出来。在所有的变压器中,H 端代表高压端,而 X 端代表低压端。它们既能用在初级端也能用在次级端,这取决于哪个端连接电源,哪个端连接负载。按常规来说,H_1 端和 X_1 端的极性相同,也就是说当 H_1 为瞬间正极时,X_1 也为瞬间正极。当单相变压器并联、串联或以三相方式连接时,这些标记可以用来建立恰当的端连接。了解极性是很有必要的,这样可以正确的构建三相变压器组,并将单相或三相变压器恰当的并入到已有的电气系统中。

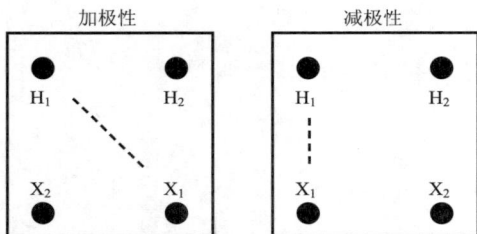

图 9.14　变压器的端标记

在实际应用中,变压器上的连接端要以标准方式安装,以使变压器具有加极性或减极性,见图 9.14。当 H_1 端与 X_1 端处于对角线位置时就说明变压器具有加极性。类似地,当 H_1 端与 X_1 处在相邻一侧时,就说明变压器具有减极性。

变压器的标准极性设计如下所示:

· 高于 200kV·A 的变压器具有减极性。

· 额定电压高于 9 000V 的变压器,不管其额定 kV·A 值为多少,都具有减极性。

· 等于或低于 200kV·A 的变压器其额定电压等于或低于 9 000V,这样的变压器具有加极性。

如果变压器连接端没有做标记,就需要进行极性测试来确定并标出连接端。按常规来说,从变压器的低压一侧来看左上端通常标记为 H_1,根据这一特点可以把 H_1 端和 H_2 端标出。接下来,在 H_1 端和与其在相邻一侧的低压端之间接有一根跳线,且在 H_2 和另一低压端之间装有一个电压表。然后对 H_1 端和 H_2 端外加较低的电压并且记录电压表上的电压值。如果从电压表读出的电压值高于外加电压,则变压器为加极性且 X_1 端位于右侧。如果电压表读数低于外加电压,则变压器就为减极性且 X_1 端位于左侧(图 9.15)。在极性检测中,跳线事实上把次级电

压 E_S 与初级电压 E_P 串联在一起。所以 E_P 可以加也可以减去 E_S。由此可知是怎样得到"加极性"和"减极性"这两个术语的。

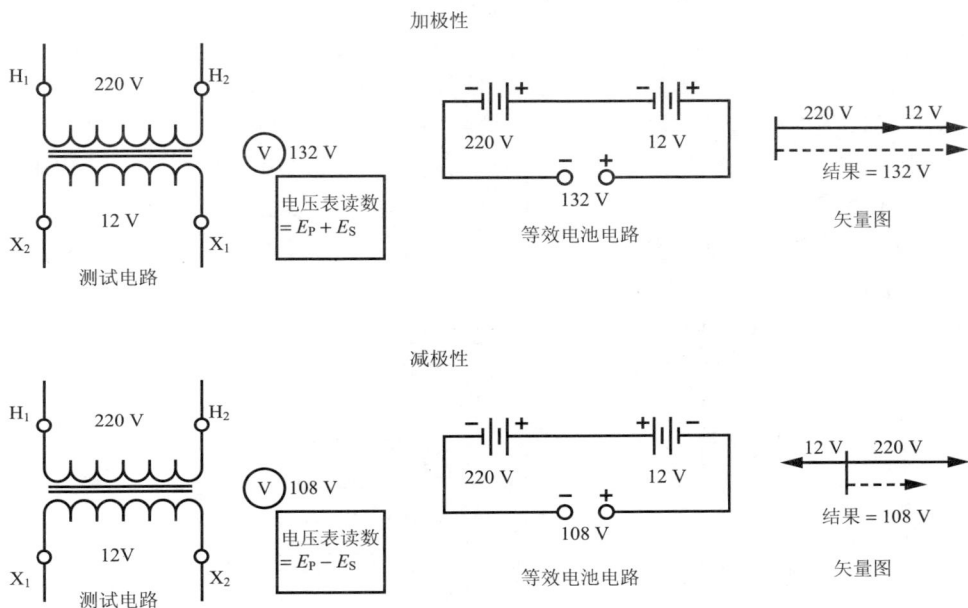

图 9.15 变压器极性测试

标记极性的另一种方法是标记圆点。原理图上的圆点标记可以及时表示出哪些连接端在同一瞬间为正极。在图 9.16 中说明了如何使用圆点标记法来确定 H_1 端和 X_1 端。

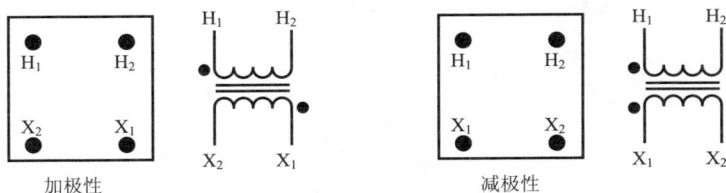

图 9.16 通过圆点标记法标出极性

变压器的接线图会印刷在铭牌上或者接线箱外壳的内壁。接触端或连接端用 H_S 或 X_S 标记。一般情况下,要将独立的变压器连接在一起有以下要求:

· 它们的额定电压必须相等。

· 它们的阻抗百分数必须相等。

· 它们的极性已确定且相应的连接已确定。

· 独立变压器很少串联在一起。然而如果它们串联在一起,它们的额定电流必须足够大以承受负载的最大电流。为了达到最高效率的工作,它们的额定电流应该相等。

　　变压器串联可以得到较高的额定电压,而并联则可以获得较高的额定电流。如图 9.17 所示的例子,两个单相的变压器的初级线圈串联在一起。给定参数电路的电源电压为 480V,每个变压器有两个 220V 的负载。初级绕组额定电压为240V,而次级绕组电压为 220V。由于电源电压为 480V,为了使通过每个初级绕组的电压降为 240V,两个初级绕组要串联在一起。T_1 变压器的 H_2 端与 T_2 变压器的 H_1 端连接从而形成串联连接。这样就使得两组绕组串联在一起且与电源连接。两个负载中的任何一个都要求电压为 120V,电压可以由 T_1 和 T_2 变压器的次级 X_1 和 X_2 连接端直接得到,并且将它们接入给负载供电的供电线中。如果连接不恰当,在变压器励磁时就可能烧坏。

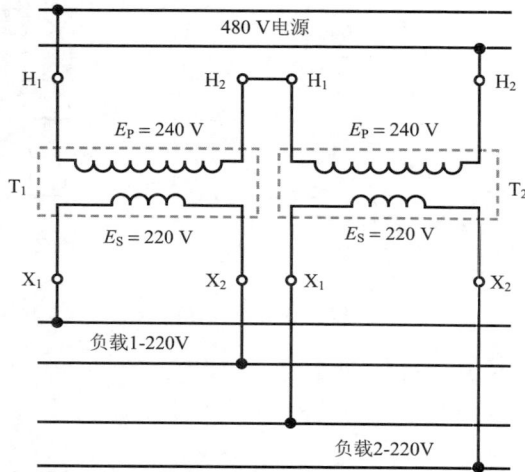

图 9.17　两个单相变压器的初级绕组串联

　　如果变压器有一个以上的初级绕组或次级绕组,这种变压器称为双压变压器。

图 9.18　双压变压器的次级绕组并联

这种类型的变压器可用在不同参数的电路中。图 9.18 所示为使用双压变压器的一个例子,变压器的次级绕组是并联连接的。给定参数的电路中电源电压为 4800V,单个负载需求电压为240V。初级绕组额定电压为 4800V,而每个次级绕组的电压为 240V。因为绕组的额定电压与电源电压相符,初级绕组的 H_1 和 H_2 端与 4800V 的电源直接相连。次级绕组的额定电压为240V,也与负载需求电压相符。将次

级绕组的 X_1 和 X_2 端连接在供电线的一端,而将 X_3 和 X_4 连接在另一端,这样就实现了次级绕组间的并联。将两个次级绕组并联起来以后,负载就具有两倍的电流。每个次级绕组可以传递所需的容量的一半。

额定值相同的两个变压器并联以后,能够处理各自额定值两倍的容量。尽管具有等效容量额定值的单个变压器可能效率更高,但是将两个变压器并联更实际一些。例如,当一个附加的负载连接在系统中时,再增加一个变压器比更换已有的变压器更现实一些。在变压器并联时,遵守先前所要求的规定非常重要。特别是并联的变压器的电压、匝数比和阻抗要相等。如果输出电压不符合要求,那么高压绕组就会不断地将电流循环到低压绕组中从而导致效率下降。如果阻抗不符合要求,那么变压器中抗阻最低的变压器就会承载不相称的电流量从而导致过载。

图 9.19 所示为两个变压器并联的连接线路图。必须注意各个变压器的极性,因为只有相同极性的连接端才能够连接在一起。不管这两个变压器是加极性连接还是减极性连接,只要相同数量的 H 端和 X 端连接在相同的导线上极性就是正确的。如果极性不正确,那么只要给变压器供电就会导致电路短路。另外,两个变压器连接处的电阻应该互相平衡。为了保证做到这一点,变压器连接处所使用的导线应该与内部所使用的导线型号大小相同。同时还要确保所有的接合处和连接端处的电阻都为最小值。

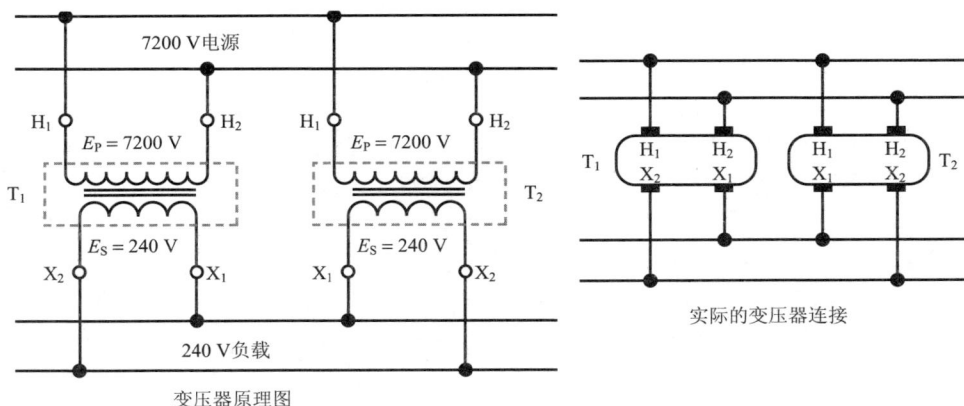

图 9.19 两个单相变压器并联

能给住宅区提供电能的双压配电变压器具有两个次级绕组,每个绕组的额定电压为120V。这两个绕组是串联连接,所以线间总电压为240V,而导线与中性导线间电压为120V。中性导线,也叫中线,总是用来接地的导线,见图9.20。

首先,如果家用电能需求相对较小,只需要使用双线 120V 的系统即可。随着能量需求的增加,三线 240/120V 的系统成为一种标准。对于这种变压器配置来说,另外增加的第三根导线可以增加 100% 的供电能力,而导线的成本开销仅

231

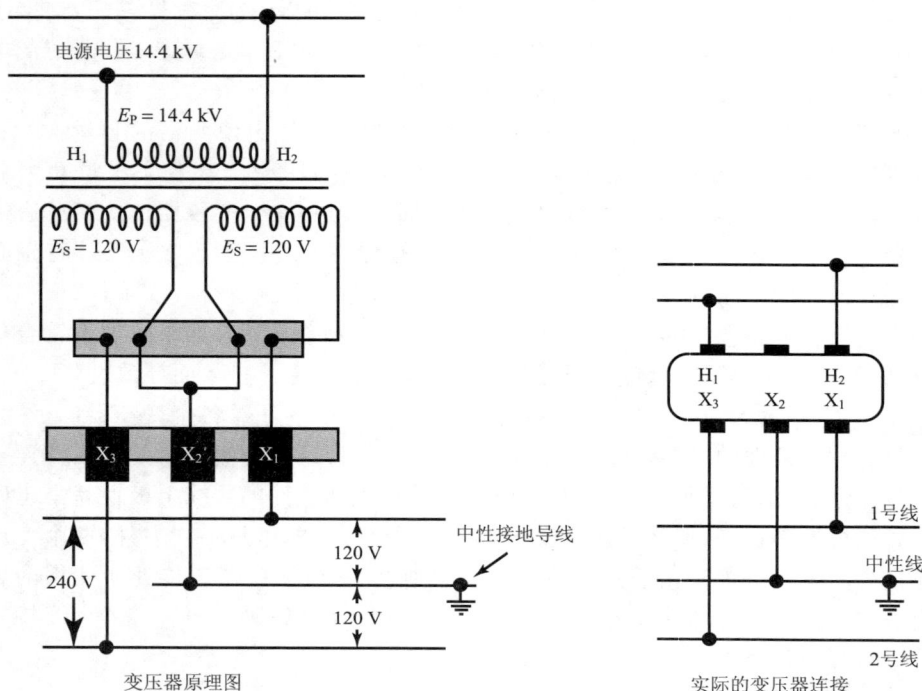

图 9.20 双压配电变压器

为 50%。

应用于单相电路中的增压-减压变压器的双电压初级额定电压为 120/240V。有两组次级电压可选,这取决于所要求的升压或降压的量:12/24V 或 16/32V。图 9.21 所示为一个增压-减压变压器连接在 208V 的电源上,并且会将电压升高到大约 230V。在这个应用中,使用的是额定电压为 120/240∶12/24V(匝数比为 10∶1)的变压器。在 208V 的电源两端有两个初级线圈串联连接,通过每个初级线圈的电压降为 104V。由于变压器匝数比为 10∶1,在每个次级绕组中会感应出

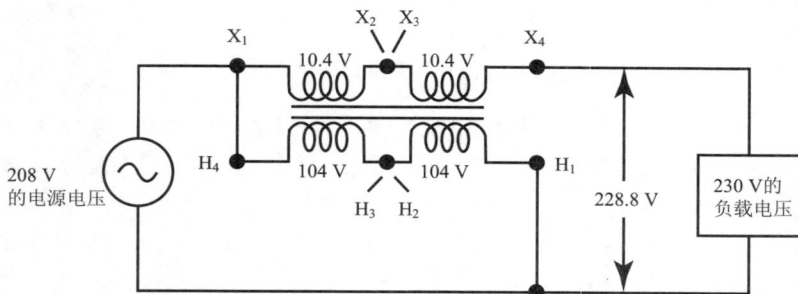

图 9.21 增压-减压变压器连接在一个将 208V 电源电压升高到大约 230V 电压的电路中

10.4V 的电压,或者通过两个串联的次级绕组的总电压为 20.8V。两个次级线圈与电源和负载串联在电路中。当 208V 的电源电压施加在 20.8V 的次级升压时,就会对负载产生 228.8V 的电压。

增压-减压变压器具有四个绕组,这样就使得这些变压器有多种用途。两个初级绕组和两个次级绕组可以有八种不同的连接方式,因此可以提供多种电压值和容量值的输出。可以参考厂商文献中对增压—减压变压器的有关介绍,这样就能确定各种可用的电压值和容量额定值的组合。这些变压器不能固定电压,因为输出电压是由输入电压决定的。例如,当输入电压变化时,输出电压也以相同的比例发生变化。

9.6 三相变压器的连接

所有的 AC 电源都是在高压下用三相变压器系统来进行输送和分配的。单相变压器可以连接形成三相变压器组。而标准的三相变压器是由单相线圈缠绕在三相变压器元件的同一铁芯上形成的,见图 9.22。用单一的三相变压器元件来代替三个单相变压器有以下几个优点:

① 单个的三相变压器比三个单相变压器运行起来效率更高。

② 三相变压器的总线结构、开关齿轮和布线等比起由三个单相变压器组成的变压器组来说更容易安装,而且在排列上也更简单。

③ 单个的三相变压器相对来说较便宜,因为与等效额定容量值的三个单相变压器相比,铁芯用料较少。

使用单相变压器元件组的主要优点是发生故障时仍能工作。而对于单个的三相变压器来说,如果某一相的绕组有故障,那么整个三相变压器元件就不能工作了。如果三相变压器组其中的一个单相变压器有故障,就可以断开这个变压器的连接而其他部分继续工作,直到有新的变压器取代有故障的那个变压器为止。然而由于现代变压器具有很好的可靠性,因此很多大型的变压器都是三相变压器。

三相变压器一般被设计和建造用来处理特定的电压。例如,一个变压器具有一个 4800V 的三角形初级线圈和一个 120/208V 的星形次级线圈。三相变压器的铁芯上缠绕着三组绕组。

见图 9.23,初级绕组和次级绕组都缠绕在同一个铁芯的三个臂上,并且一个绕组在另一个绕组之上缠绕。

单相变压器也可以形成三相变压器组,但形成三相系统的单个变压器必须是三个完全相同的变压器。它们在电压、容量、阻抗、制造商及型号上都要相同(图9.24)。

当变压器内部绕组的连接方式确定后就可以命名三相变压器的结构了。三相形(也称为星形系统)结构是指多相变压器每个绕组的末端与同一点(中性点)连接,另一端与其相应的线路端连接。图 9.25 所示为关于三相变压器高压绕组结构

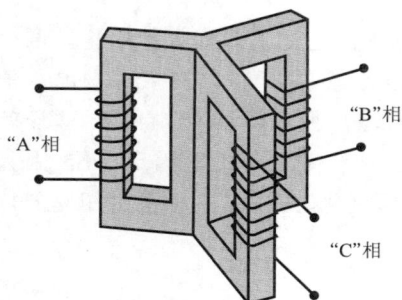

图 9.22 三相变压器元件

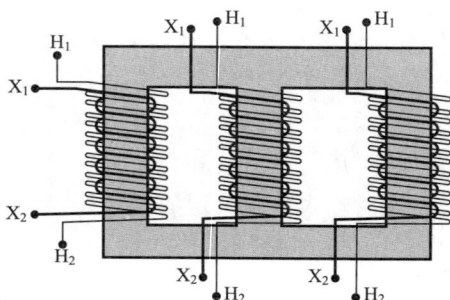

图 9.23 三相变压器绕组

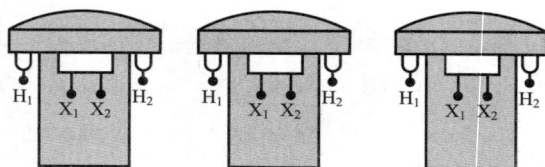

图 9.24 能组成三相变压器组的单相变压器

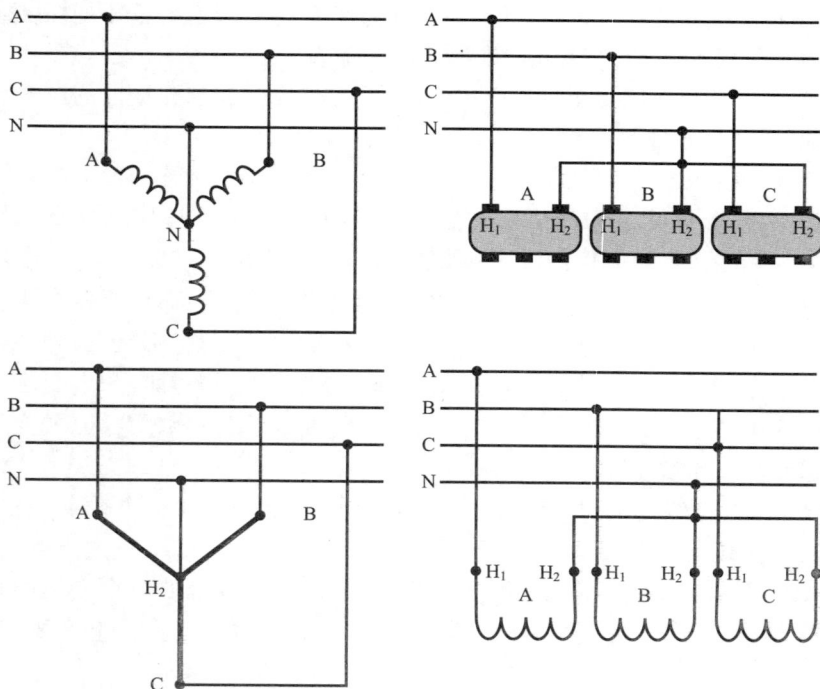

图 9.25 三相变压器高压丫形连接

的星形连接的方法。每个变压器都有固定的极性标志。在高压变压器线圈的形连接中,带有 H_2 极性的线圈末端最终连接在一起。然后将 H_2 端连接到中性端(N),最后将导线(A、B 和 C)与线圈剩余的各个 H_1 端连接起来。

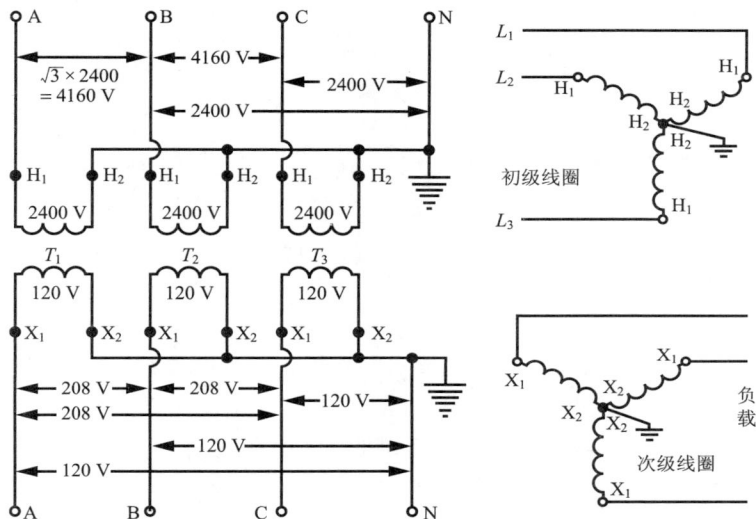

图 9.26 星形三相变压器连接

低压次级线圈的形连接与初级线圈的连接方法类似,是将所有 X_2 的末端都连接在中性端,而将 X_1 端连接在导线上。图 9.26 所示为一个典型的三相星型连接变压器。可以通过单相连接型变压器的匝数比规则来计算星形变压器的输出电压。星形变压器的三相电压、电流和功率公式可表示为:

$$I_{线} = I_{相} \tag{9.10}$$

$$E_{线} = \sqrt{3} \times E_{相} = 1.73 \times E_{相} \tag{9.11}$$

$$E_{相} = \frac{E_{线}}{\sqrt{3}} = \frac{E_{线}}{1.73} \tag{9.12}$$

$$容量 = \sqrt{3} \times E_{线} \times I_{线} \tag{9.13}$$

例题 9.7

如图 9.27 所示的星形变压器组连接,计算下列一些值:

(a) 初级相电压。

(b) 初级线电压。

(c) 次级相电压。

(d) 次级线电压。

(e) 每个单相变压器的匝数比。

解:(a) $E_{相} = 4\,800\text{V}$

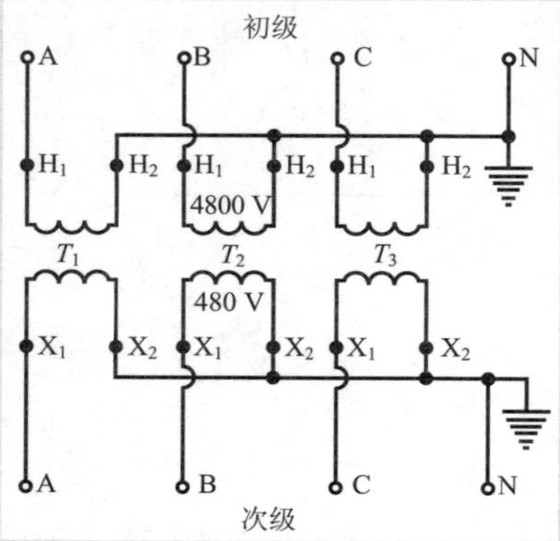

图 9.27

(b) $E_{线} = \sqrt{3} E_{相}$
$= 1.73 \times E_{相}$
$= 4\,800 \times 1.73$
$= 8\,304\,(V)$

(c) $E_{相} = 480V$

(d) $E_{线} = \sqrt{3} E_{相}$
$= 1.73 \times E_{相}$
$= 480 \times 1.73$
$= 830.4\,(V)$

(e) 匝数比 $= \dfrac{E_P}{E_S} = \dfrac{4800}{480} = 10 : 1$

三相三角形连接是指一个 3Φ 变压器的绕组串联连接形成的闭合电路。图 9.28 所示为三角形连接中把三相变压器的高压绕组连接在三相线上的常用方法。每个初级绕组的 H_2 末端与另一初级绕组的 H_1 始端连接。三相线在绕组的每个连接点处也形成了连接。每个变压器的初级绕组直接连接在线电压两端。

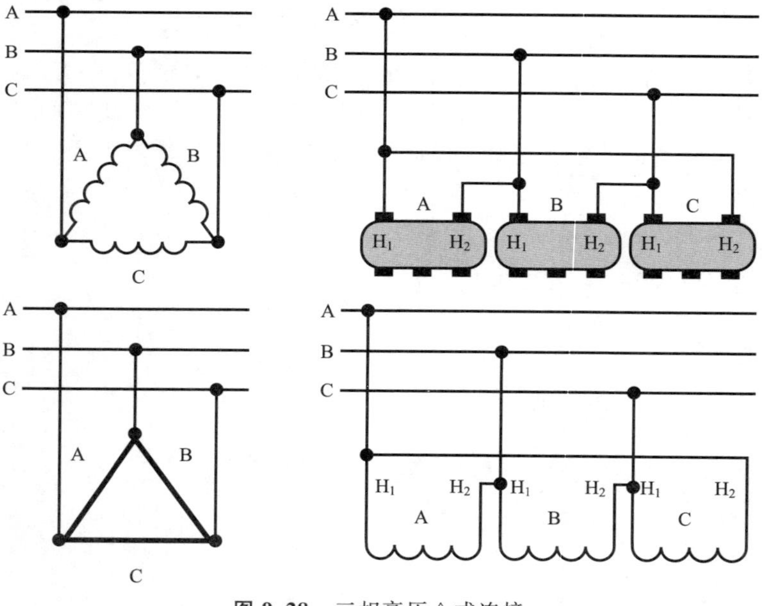

图 9.28　三相高压△式连接

图 9.29 所示为一个典型的三相△-△式变压器结构的线路图。低压次级线圈的△式连接与初级线圈的连接方式相似,每个次级绕组的 X_2 末端与另一个次级绕组的 X_1 始端连接。尽管三个次级线圈连接起来形成了闭合回路,但是如果电路中

没有连接负载就不会有电流流通,因为三个数量相同互为120°角、不同相位电压的矢量合为零。如果连接正确,最后一对打开的次级线圈连接端间的电压应该为零,这表明它们连接在一起很安全。

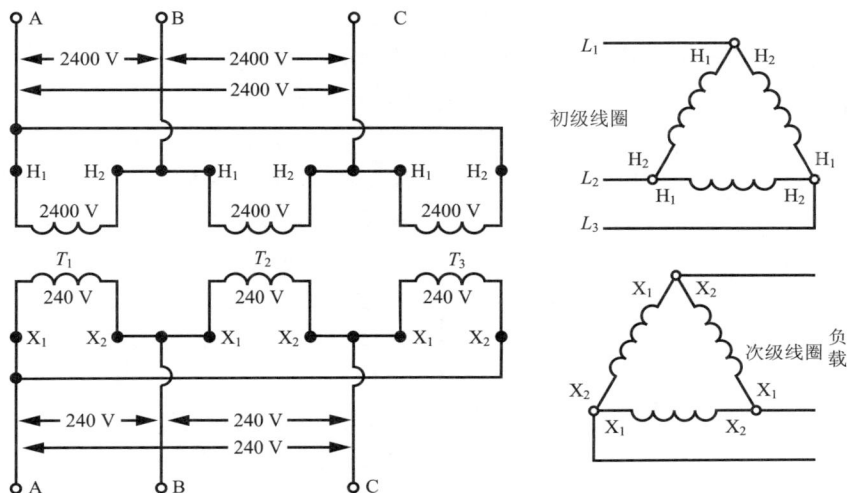

图 9.29 △-△式三相变压器连接

在△式连接中,线电压与单独的线圈电压相等。与丫形连接不同,△式连接中并没有一个单独的共同连接点作为中性点。△式变压器的三相电压、电流和功率公式与△式交流发电机的公式类似,可表示为:

$$E_{线} = E_{相} \qquad\qquad I_{线} = \sqrt{3}\, I_{相} = 1.73 \times I_{相} \qquad (9.14)$$

$$I_{相} = \frac{I_{线}}{\sqrt{3}} = \frac{I_{线}}{1.73} \qquad\qquad 容量 = \sqrt{3} \times E_{线} \times I_{线} \qquad (9.15)$$

例题 9.8

如图 9.30 所示的 △-△式变压器组连接,计算下列一些值:

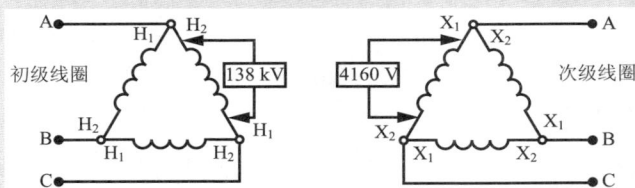

图 9.30

(a) 初级相电压和线电压。

(b) 次级相电压和线电压。

(c) 每个单相变压器的匝数比。

解　(a) $E_{线} = E_{相} = 138\text{kV}$

(b) $E_{线} = E_{相} = 4160\text{V}$

(c) 匝数比 $= \dfrac{E_{\text{P}}}{E_{\text{S}}} = \dfrac{138000}{4160} = 33 : 1$

三相变压器还可以按△-丫式和丫-△式结构连接。连接方式的选择取决于供电电压值,负载的需求以及当地发电设施的实际情况。

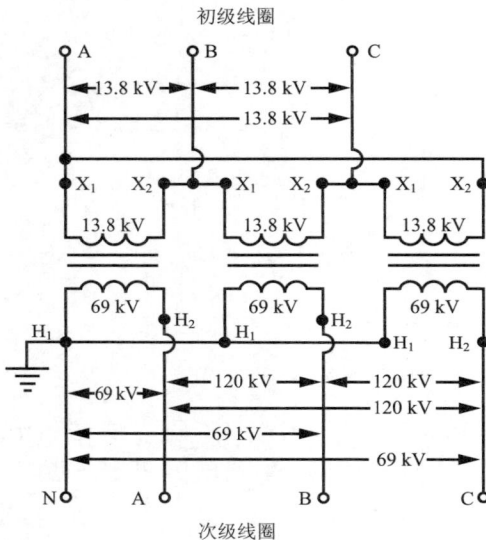

图 9.31　△-丫式三相变压器连接

图 9.31 所示为△-丫式连接的变压器。在△-丫式连接中,初级线圈以△式连接,次级线圈以丫形连接,这两种连接的步骤与前面提到的△式连接或丫形连接式相同。但是要注意,如图所示的变压器是升压变压器。因此,初级线圈为低压线圈,其极性端为 X_1 和 X_2。类似地,次级线圈为高压线圈,其极性端为 H_1 和 H_2。

△-丫式连接可以用于升压变压器也可用于降压变压器。当其应用于升压变压器时,初级线电压会通过变压比(假如为 1 : 5)而升高,然后再乘以因子 1.73。由于次级线圈电压仅为次级输出电压的 57.7%,也就是说对次级绕组的绝缘需求降低了。当输出电压很高时,这一点非常有用。

在配电系统中,△-丫式结构最广泛地应用在三相变压器连接中。次级绕组可以作为一个中性点,从而将导线-中性线间能量输送给单相负载,还可以将中性点接地而确保安全。图 9.32 所示的降压△-丫式变压器中说明了这一点。给三相负载提供 208V 的电压,但是给单相负载提供的电压则为 208V 或 120V。当变压器的次级线圈需要给大量的失衡负载供电时,△式初级绕组就可以给初级绕组电源提供很好的平衡电流。

图 9.33 所示为丫-△式变压器连接。丫-△式连接也可用于升压变压器和降压变压器,但是它更适用于降压变压器。在降压变压器中使用这种连接方式有两个主要原因。首先,初级线电压经过降压匝数比的降低后再乘以因子 1.73 而升高。其次,对于高压绕组的绝缘需求也可以降低,因为初级线圈电压仅为初级线电压的 57.7%。

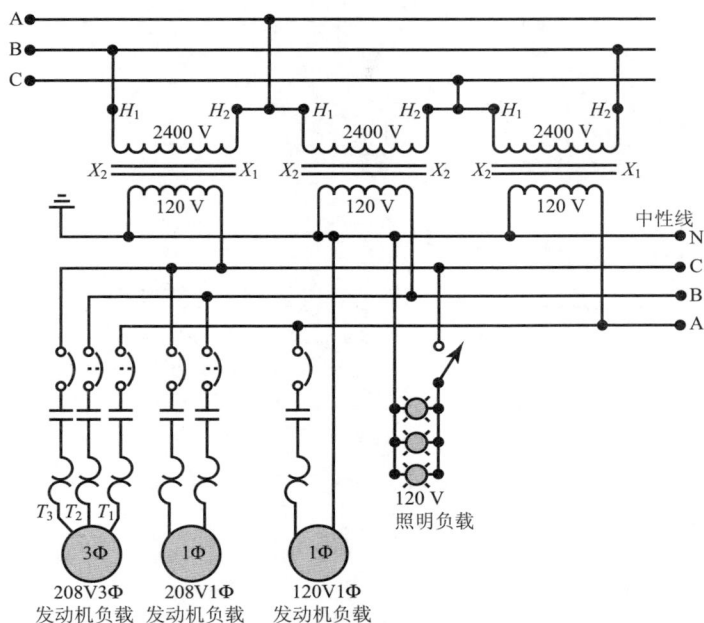

图 9.32 降压△-丫式变压器

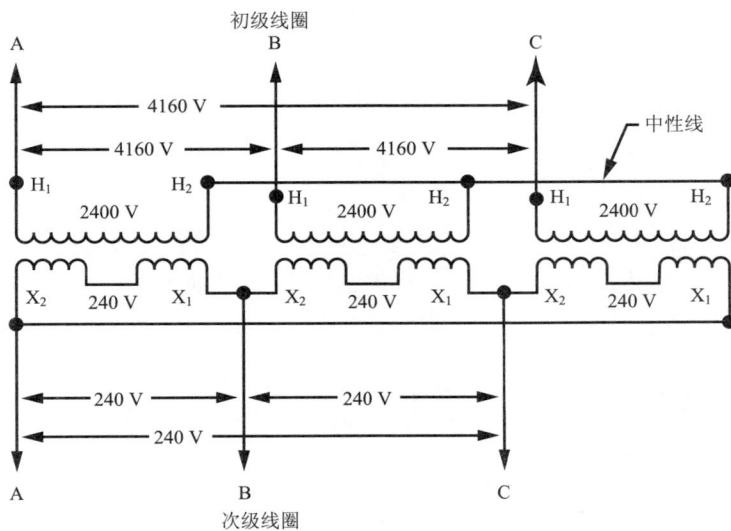

图 9.33 丫-△式变压器连接

例题 9.9

如图 9.34 所示为△-丫式变压器连接图,试计算:

(a) 额定初级线电流。

(b) 额定初级相电流。

(c) 额定次级线电流。

(d) 额定次级相电流。

(e) 中性线电流。

(f) 额定次级线电流与初级线电流的比值。

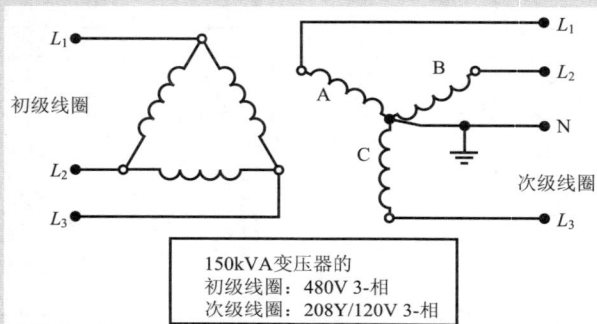

图 9.34

解　(a) 初级 $I_{线}=\dfrac{KVA\times1000}{\sqrt{3}\times E_{线}}=\dfrac{150\times1000}{1.73\times480}=181(A)$

(b) 初级 $I_{相}=\dfrac{I_{线}}{\sqrt{3}}=\dfrac{181}{1.73}=105(A)$

(c) 次级 $I_{线}=\dfrac{容量}{\sqrt{3}\times E_{线}}=\dfrac{150000}{1.73\times208}=417(A)$

(d) 次级 $I_{相}=$ 次级 $I_{线}=417A$

(e) 在 208Y/120V 三相系统中,如果负载电流正弦波形没有失真,则平衡负载相电流(使每一相中的负载电流相等)将会使中性线电流降至零。但是当负载电流产生了短的脉冲时,就具有了丰富的谐波。3 次或 3 的奇数倍次(例如,第 9 个、第 15 个等)的谐波在中性线中不会相互抵消。事实上,中性线电流是由相电流的 1.73 倍的谐波组成的。如果中性线规格与相导线规格相同,则在中性线中产生的热量将会是每个相导线中产生的热量的三倍。

(f) 电流比$=\dfrac{次级\ I_{线}}{初级\ I_{线}}=\dfrac{417}{181}=2.3$

　　将单相变压器连接为三相变压器组要特别谨慎。如果连接错误就会对变压器造成永久性损害。如果应用单相双压变压器,连接过程会更加复杂,图 9.35 所示即为这种连接。在这个例子中,一个双压单相变压器具有电压为 240/480V 的初级绕组和电压为 120/240V 的次级绕组,将它们连接可形成 480V△-120/208VY 式三相降压变压器组。

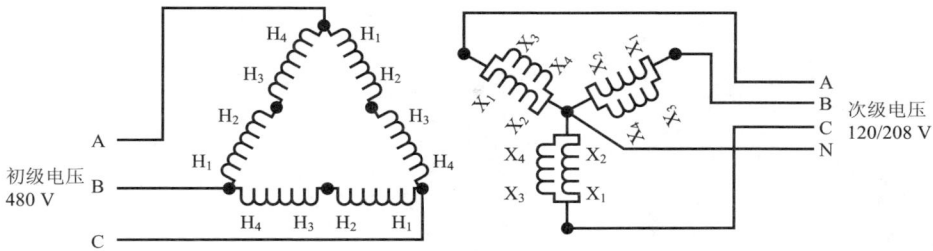

图 9.35 双压单相变压器连接成三相结构

在△-△式系统中,如果三相变压器其中的一个单相变压器或单个绕组发生了故障,则"开口-△"式连接就可以使变压器仍然正常运行。

见图 9.36,有故障的部分与初级和次级电路断开。在这种情况下,三相变压器的故障相与绕组电路断开,且发生短路以防止其他绕组中的杂散磁通在故障绕组中感应出电压。这样仍能以暂时剩余的两个变压器为基础,在较低的负载能力下使系统正常运行。需要注意的是开口-△式连接组的容量仅为 57.8%,而闭合-△式连接的容量为 66.7%(2/3)。以上这些值是通过下面的计算得到的,即对于闭合-△系统来说,每个绕组产生的电流为每个相电流的 57.8%(1/1.73)。而对于开口-△系统来说,每个次级绕组都要提供 100% 的电流量。这样就必须减少总的负载量以防止变压器烧坏。

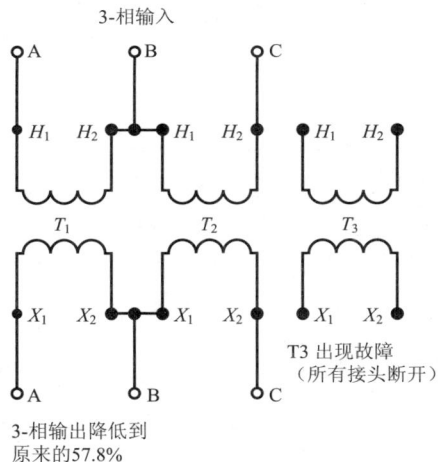

图 9.36 开口-△式连接

如果△式的连接组没有接地,其中一相意外接地并不会造成太大的问题。但如果另一相也接地,问题就会变得明显。鉴于该原因,在一些设备中,特意将△系统的一个角接地,于是另外两相中的偶然故障就会使保险丝和断路器将电路断开,从而找出故障。

一些变压器厂商使用的连接是分接头四线△次级系统(又称为"高压相脚"△系统),它从△式次级线圈中输送三相电压和单相电压。次级绕组具有分接头且与第四条导线连接,这条导线是用来接地的中性线。图 9.37 所示的变压器可以传输多种可能的电压值。三相 240V 电源一般可以从 A、B 和 C 三点间接入电路。这样在任意一对相导线间可获得 240V 的单相电压,单相 120V 的电压连接接地和 B 端或 C 端。最终在接地和"高压相脚"线 A 之间可以获得 208V 的单相电源。高压相脚用外部橙色的引线或明显的分接头来辨认,这样负载就不会错误的连接到它和

241

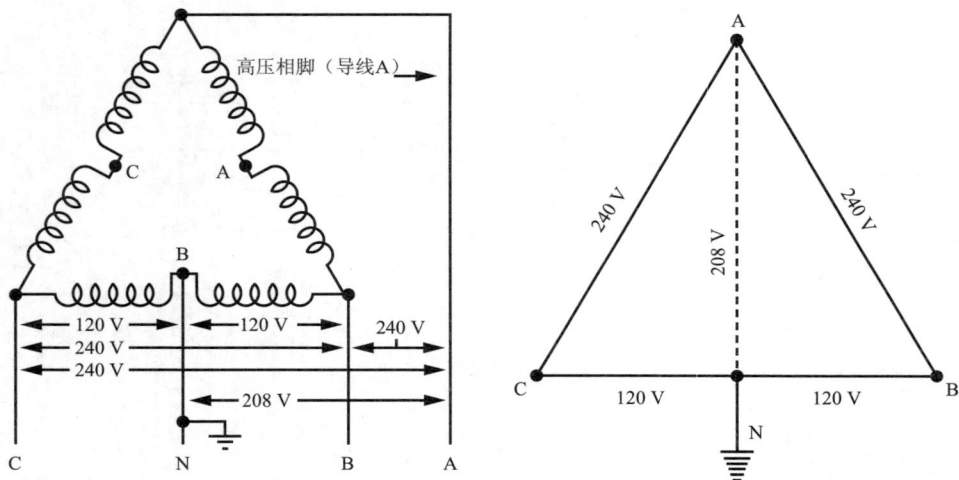

图 9.37　分接头四线△次级系统

中性线之间 120V 的电路中。如果发生这种错误,电路中就会有 208V 的外加电压,这样就会烧坏所有标准电压为 120V 的设备。

　　增压-减压变压器可以对三相电压进行微小的调整,升高或降低。图 9.38 所示的例子为三个单相增压-减压变压器将 208V 的三相电源提升到三相发动机所需

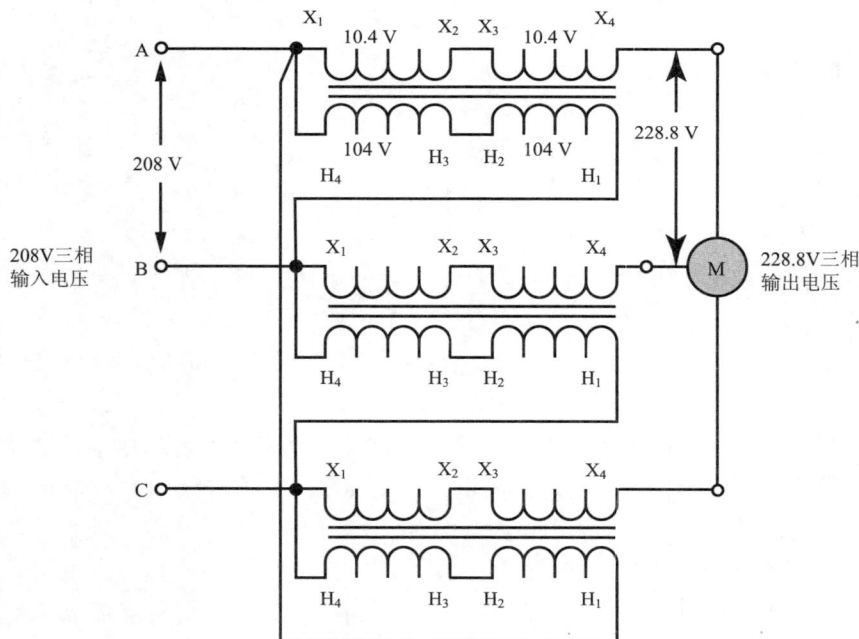

图 9.38　三相增加变压器

的 230V 电压。每个变压器的匝数比为 10：1，这样在每个次级绕组中就感应出 10.4V 的电压，或者在串联的两个次级绕组中产生 20.8V 的总电压。这两个次级线圈与电源和发动机负载串联。把 208V 的电源电压接入后，次级线圈待提升的电压是 20.8V，然后它为发动机负载提供 228.8V 的三相电压。

三相变压器中使用 T 形连接可以节约成本，它一般用在不大于 9kV·A 的小型变压器中。随着变压器型号的减小，产生每 kV·A 的成本就会增加。T 形连接变压器单元只需要两个初级绕组和两个次级绕组，比使用三个线圈节约了生产成本，同时它的包装更小更轻。

T 形连接的变压器又称为斯科特变压器。图 9.39 所示为典型的 T 形连接的变压器排放。变压器按字母 T 的形状连接。初级侧的每个高压端与电源的相应相位连接。在中央接线头与 H_2 端之间的绕组两端外加 416V 电压。变压器的匝数比可以调整以补偿低压。在 HO 和任何的高压端之间电压为 277V。在次级端 X_1、X_2 和 X_3 中，两两之间的电压为 208V。在 XO 和任何低压端之间电压为 120V，XO 是系统中的电力中线，一般应该接地。

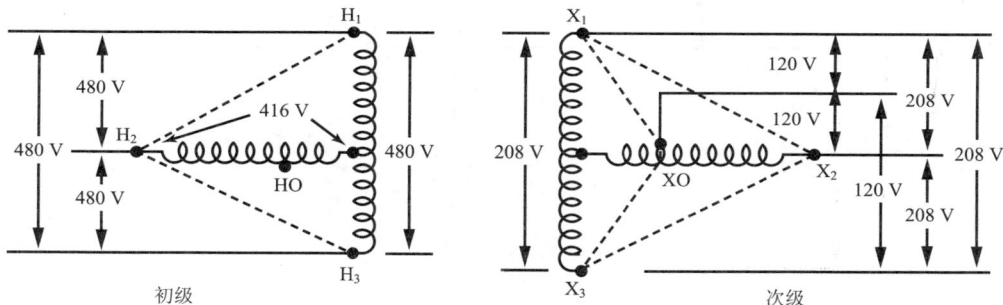

图 9.39 T 形连接变压器

接入变压器的负载，连接时要使得变压器达到电力平衡。当变压器的负载连接使变压器每一相携带的电流相等时，称为理想的电力平衡。尽管理想的平衡很少见，但是还是应该使变压器尽可能的电力平衡。

在过去的十多年中，与开关转换型电源一起使用的设备如个人计算机和各种速度传动装置等有显著的发展。这些负载在本质上是非线性的，也就是说它们只在周期中的一部分需要电流。这种类型的负载可以产生谐波电流，依次在配电设备、中性导线和变压器中产生热量。标准的 60Hz 变压器不能用来处理由非线性负载产生的高谐波电流，否则变压器会过热并永久性损坏。变压器厂商现在生产出了一种专门给非线性负载提供电源的 K-额定值变压器。这种变压器能够处理由谐波电流所产生的热量，并且具有较大规格的中性导线和可以减少涡流的特殊绕组，还可以减小表面效应的损失。K-额定值变压器与 K-因数额定值有关。K-因数额定值的范围从 1 到 50。K-因数值越高，变压器可处理的由谐波电流产生的热量就越多。线性负载不会产生谐波,例如发动机、白炽灯和加热元件等,它们的 K-因数为 1。大多数非线性负载的电路,如台式计算机和变频电机驱动装置等的 K-因数为 20。

9.7　仪表变压器

仪表变压器为小型变压器,它们常用来连接一些仪表如电流表、电压表、功率表和继电器等,从而对电路起到保护的作用(图 9.40)。这些变压器可以将电路中的电压或电流降到一个较低的值,这样在使用仪表时就更有效也更安全。仪表变压器在仪表和电源线路的高压之间提供绝缘措施。

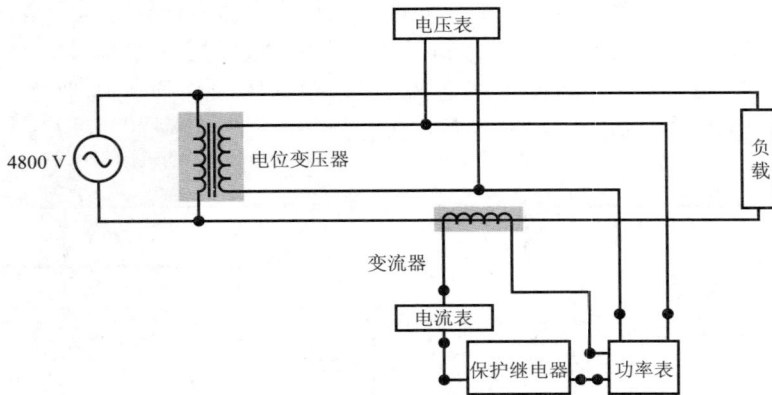

图 9.40　仪表变压器

电位(电压)变压器与标准电源变压器的工作原理相同。二者之间主要的区别就是电位变压器的功率与电源变压器相比较小。电位变压器具有典型的从 100V·A 到 500V·A 的额定功率值。次级低压端的电压通常为 120V,这样就可以把额定值为 120V 的电压线圈用于标准仪表。而初级端则与监控电路并联。专门应用于配电盘的低压仪表变压器在运行时不使用油。高压仪表变压器则会浸入到油中来起到绝缘保护的作用。

变流器是一种将初级线圈与导线串联的变压器。当初级绕组额定电流值很大时,初级绕组就由一根通过磁芯的直导线组成,见图 9.41。这根单独的导线可能是载流总线的一部分,或者也可能是载有监控电流的任何导线的一部分。

变流器可以给仪表提供一个与主电流成比例的较小的电流。当初级绕组中通过额定电流时,由多匝构成的次级绕组可以产生 5A 电流。为了便于制成标准化电流装置,无论变流器的初级绕组额定电流为多少,它的次级绕组额定电流总是为 5A。

当变流器的初级绕组中有电流时,如果次级绕组没有连接负载,变压器就会根

244

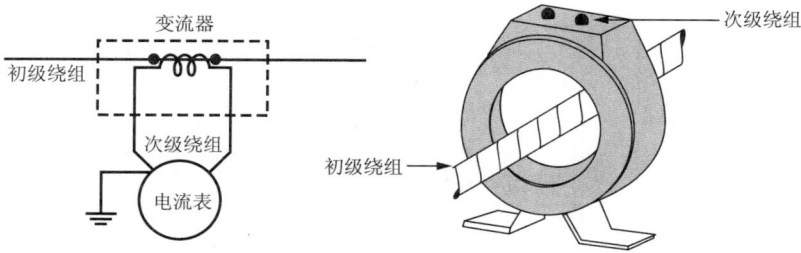

图 9.41　变流器

据匝数比将电压升高到很高。因此,当变流器的次级绕组没有连接外部负载时,应该使得次级电路短路。

9.8　变压器绝缘测试

　　变压器线圈必须有充足的绝缘电阻,以防止电流泄露到别的线圈或变压器外壳中。建议在安装时进行绝缘测试,而且要定期检测。这样就能确保在绝缘破损造成变压器损失前检测出来。

　　兆欧表,通常称为"高阻计",是一种便携式仪表,它是用来检测超过标准欧姆表量程范围的高阻值(兆欧范围)的电表。为了对绝缘破损进行电阻检测,就必须有很高的电压。兆欧表有不同的额定电压值。最常用的一些工作电压值为:500V,1000V 和 10000V。这么高的电压一般会外加到导线和绝缘套的外部表面。

　　兆欧表有手握曲柄式和手提电池式两种。图 9.42 所示为一个手握曲柄式高阻计原理图,这种兆欧表包括一个小的发电机,称为永磁电机,它可以校准仪表从而检测高阻值。高阻计的使用要非常谨慎。例如,一个 5 000V 的高阻计不能用来测量低额定阻值的绝缘系统,因为高电压会损坏绝缘套。

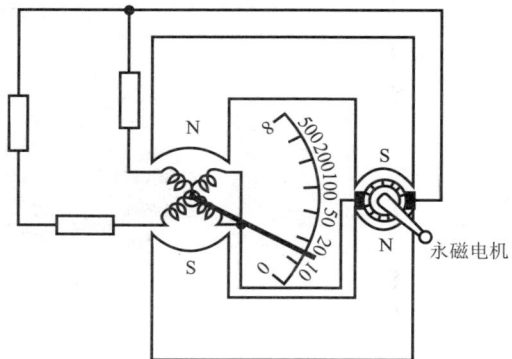

图 9.42　手握曲柄式高阻计

　　图 9.43 所示的电路图说明了变压器绕组的绝缘性测试是怎样进行的。电阻接地的绝缘性和线圈之间的绝缘性都要进行测试。当进行接地绝缘测试时,除了要检测的绕组外其他绕组都要接地。当进行线圈间绝缘测试时,要检测所有的线圈连接处。

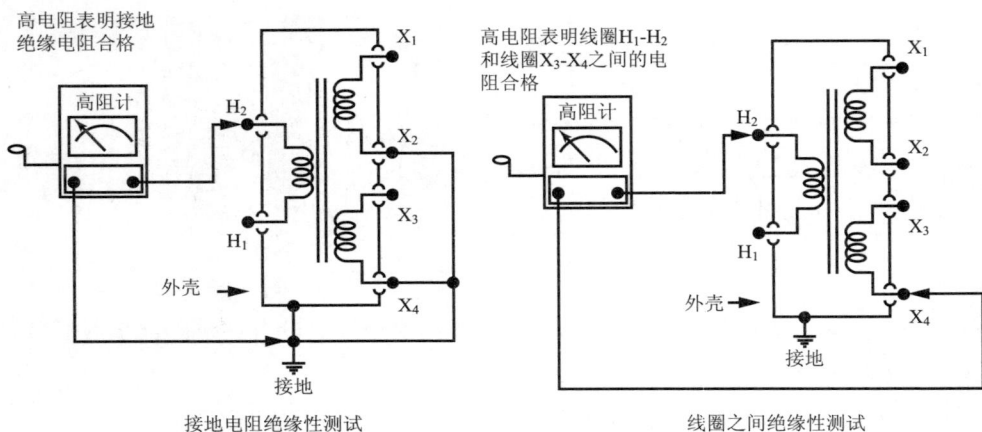

接地电阻绝缘性测试　　　　　　　　线圈之间绝缘性测试

图 9.43　变压器绕组绝缘测试

9.9　变压器冷却

　　所有在变压器中损失的能量都以热量的形式散失。尽管这些能量仅占转换总能量的很小一部分,但对于大容量额定值的变压器来说这些能量就是相当大数量的损失。为了使变压器维持高效且使用长久,变压器的冷却系统应该在最佳性能时运行。对于干式变压器来说,应该检查房间的通风系统使其工作更加有效。对于风冷系统来说,应该确保风扇电动机良好润滑而且工作正常。水冷系统要检查是否漏水以及泵、压力计、温度计和报警系统工作是否正常。

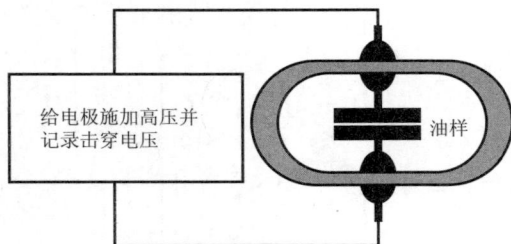

图 9.44　变压器绝缘油检测

　　当使用液体冷却剂时,要检查其介质。水在冷却剂中将会降低它的介电强度和绝缘质量。如果冷却剂的介电强度显著降低,变压器励磁时就会产生导电电弧形成短路。标准绝缘油测试包括给变压器外加高压并且记录绝缘油击穿时的电压值(图9.44)。如果平均击穿电压值低于20kV,油就需要过滤,直到最小平均击穿电压达到 25kV。

　　油绝缘变压器常用矿物油做冷却油。这种矿物油非常稀因而可以自由循环,而且在变压器绕组和磁芯间具有较好的绝缘效果。然而它易氧化,而且如果有任何水分进入油中,它的保温值就会大大降低。另外,矿物油是可燃的,因此不能把它置于室内或室外的易燃材料附近。

　　室外的液冷变压器常常使用矿物油,而室内液冷变压器常常充满非易燃、非易爆的合成液体。在使用合成油冷却剂是要特别小心,因为它们有时会使皮肤产生刺激性。在过去常用含有致癌性的多氯联苯(PCBs)的阿斯卡列合成绝缘液变压器。后来阿斯卡列被环境保护局禁用,而且也逐渐把它从变压器冷却剂中淘汰。然而,在电气工业中一些老的变压器中还是会发现阿斯卡列,因此应该避免直接接触。关于不同类型的充液式变压器的规定如下:

- 绝缘油——使用未用化学方法处理的绝缘油。
- 阿斯卡列——使用非易燃绝缘油。
- 较不易燃的绝缘液——使用降低易燃性的绝缘油。
- 非易燃绝缘液——使用不燃性液体。

9.10 变压器接地

对于一般电气系统而且特别是变压器来说,完全接地的重要性怎样强调都不为过。在正常情况下,不接地的电路也可以正常工作(也就是说将电能传输给使用的设备)。但是当出现非正常情况如在某人被电击后,设备损坏或火灾发生后,人们才会意识到不完全接地或者故障接地就是导致这些事故的原因。电气系统接地的目的是:

① 确保电气系统的非载流金属部分与地面总是零电势。这样做可以防止人体接触到这些金属部分导致电击。

② 限制离地电压。线路发生电涌、闪电、触电或与高压线接触,都会导致电气系统中的电压将电气元件和设备损坏及破坏的情况发生。

③ 稳定对地面的电压。将电气系统接地可以保护设备,只要保证相位与地面间的最大电压不超出规定值即可。

④ 确保在接地故障情况下,过载电流保护装置能够运行。将电气系统接地可以确保故障电流有低阻抗的接地路径。只要保证在接地路径中所有的电力连接或其他连接处或端点处电力通畅,并且保证它们的安装方式对电流的阻力很小,这样就可以使接地路径的阻抗保持较低的值。

变压器的接地要求根据初级电压和次级电压划分。例如,如果一个变压器的次级电压小于50V,当初级电压和地面的电压为150V时,就需要将系统接地。

在接地中使用的一些术语很相似,稍不注意就会混淆。这些术语包括地面、接地、有效接地、接地导体、接地线、设备接地线、接地电极导体和结合。接地是指与地面连接或与可作为地面的一些导体连接。结合是指金属部分的永久性接合,从而形成电力导电通路以确保电力的持续性和导电能力。

一般情况下,由变压器得到的电气系统必须要求有非载流金属部分,并和完备系统的其他部分一样将设备接地。大多数变压器装置都是独立运作的系统,它们的接地要求建立地线系统的方法应该最接近下列某一方法为好：

· 建筑物的钢架。

· 金属冷水管。

· 接入地面的棒体。

9.11　变压器过载电流保护

变压器的过载电流保护应该在短路和过载时保护初级绕组，在过载时保护次级绕组。对过载电流保护的要求取决于下列因素：

① 变压器的工作电压。电气规程包含了标称电压大于 600V 的变压器的使用规则和标称电压等于或小于 600V 的变压器的使用规则。

② 过流设备的位置。对它的要求会根据是否仅有初级绕组受保护还是初级绕组和次级绕组均受保护而有所改变。

③ 仅仅对额定电压大于 600V 的变压器的维护条件。如果确定了维护条件，则只有专业人员才能操作变压器。规定初级保护装置只能用于这些监督设备。

④ 对于额定电压高于 600V 的变压器来说，当初级绕组和次级绕组均受保护时，就应考虑变压器的阻抗。

⑤ 当初级绕组和次级绕组均受保护时，过流保护要求会根据厂商是否给变压器装备了配套热过载保护装置而有所改变。

工作电压大于 600V 的变压器的过流保护装置的规格的规则如下：在受监视地点，当只有初级绕组受保护时，保险丝的最大额定电流为初级满载电流（FLA）的 250%。如果在保护装置中使用断路器，则最大电流规格要限制在初级满载电流的 300% 以内。在这两种情况下，如果计算出的电流值与保险丝或断路器的标准规格电流不相等，则需使用下一号更大规格的保护装置。

例题 9.10

400kV·A 变压器的初级额定电压为 7200V，次级电压为 1200V。如果把该变压器安装在受监视地点且仅有初级保护装置。

(a) 为了保护该变压器，应该使用什么规格的保险丝作为初级过流保护装置？

(b) 为了保护该变压器，应该使用什么规格的断路器作为初级过流保护装置？

解　(a) $I_P = \dfrac{容量}{E_P} = \dfrac{400 \times 1000}{7200} = 55.55(A)$

保险丝最大额定电流 $= I_P \times 250\% = 55.55 \times 2.5 = 138.88(A)$

下一个最大标准规格为 $138.88 = 150(A)$

(b) 断路器最大额定电流 $= I_P \times 300\% = 55.55 \times 3 = 166.65(A)$

下一个最大标准规格为 $175(A)$

　　工作电压等于或小于 600V 的变压器的过流保护装置的规格的一些规则如下:当只有初级保护装置时,一般规则是保险丝或断路器不能超过初级满载电流的125%。但有一个例外,如下列图表中总结的最大初级电流:

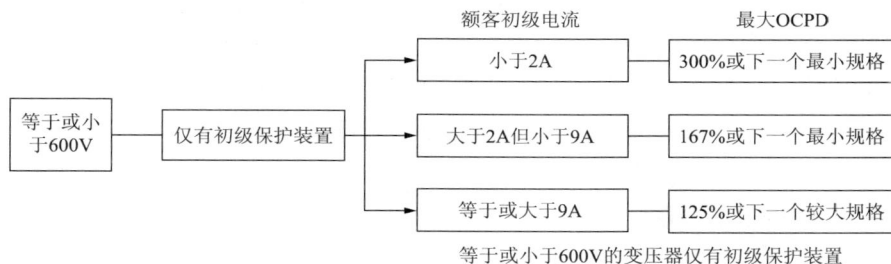

等于或小于600V的变压器仅有初级保护装置

例题 9.11

　　48kVA 变压器(见图 9.45)仅有初级保护装置,其初级额定电压为 480V,次级电压为 240V。为了保护该变压器,应该使用哪种规格的过流保护装置(保险丝或断路器)?

　　解:$I_P = \dfrac{容量}{E_P} = \dfrac{48 \times 1000}{480} = 100(A)$

　　保险丝或断路器的最大额定电流 $= I_P \times 125\% = 100 \times 1.25 = 125(A)$

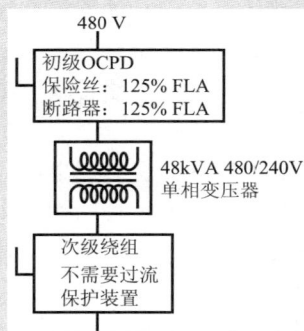

图 9.45　例题 9.11 电路图

　　对于等于或小于 600V 的变压器,假如变压器次级绕组也受到保护时,保护变压器初级绕组的过流保护装置的规格就允许为初级满载电流的 250%(或下一个较小规格)。变压器次级过流保护装置的额定电流值不能超过次级满载电流的125%(或下一个较大规格)。

例题 9.12

　　48kVA 变压器额定的初级电压为 480V,次级电压为 240V,该变压器的初级绕组和次级绕组均受到保护。初级和次级过流保护装置(保险丝或断路器)的规格为多少?

　　解:初级绕组电流 $I_P = \dfrac{容量}{E_P} = \dfrac{48 \times 1000}{480} = 100(A)$

　　次级绕组电流 $I_S = \dfrac{容量}{E_S} = \dfrac{48 \times 1000}{240} = 200(A)$

　　最大初级额定过载电流 $= I_P \times 250\% = 100 \times 2.5 = 250(A)$

　　最大次级额定过载电流 $= I_S \times 125\% = 250 \times 1.25 = 312.5(A)$

　　下一个最大规格为 312.5 = 350(A)

变压器的过载电流与其他设备的一样,也可以根据过载或短路原因来进行分类。当变压器传输电流为正常额定电流的 1～6 倍时,就可能出现变压器过载状态。在这种情况下,电流被控制在其正常导电路径中,但是变压器有了温升。

当变压器存在电路短路时,电流并没有限制在连接负载的正常线路内。短路电流可以比正常满载工作电流高达数百倍。如果保护装置没有在毫秒时间内将产生的电流通路断开,就会造成更大的损失。如前所述,变压器的额定阻抗可以用来计算短路电流并计算出保护装置所需要的分断载流量。

9.12　配电系统

变压器的有效性决定了 AC 电力系统的存在性。没有变压器,电力系统也就失去了作用。广义的配电系统是指将电能从发电机输送给许多用电点的方式。从更专业的角度来说,配电系统是指一些导线和电路,电能通过这些导线和电路经过都市街道和乡间小路传输到最终用户端(图 9.46)。

电力系统包括三个主要的部分:发电厂、高压输电网和配电系统。一般在变电所将电力传送切换到配电状态。配电变电所常装备有远程控制和监控设施,这样开关装置和辅助设备的操作可以远程进行。在配电系统中经常进行控制、保护、变换和调整等工作。图 9.47 所示为一个典型的阶段,通过这个阶段配电系统将电能传输给工业用户。

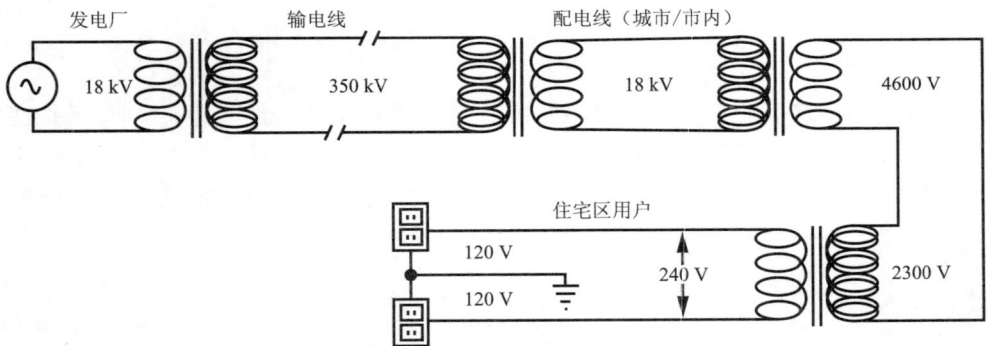

图 9.46　典型的电力配电系统

单相或单线电路图可以用来表示为大型的商业或工业设备供电的主配电系统。把这种类型的电路图称为单线电路图是因为用一根单独的导线来代表三相导线、中性导线或接地导线。图 9.48 中用单线电路图表示丫或△式变压器如何连接。需要注意的是,图中标明了每个变压器的初级或次级绕组的连接方式是丫或△形。

能量在工作电压下进行传输的过程称为二级配电。将能量以高压状态传输给

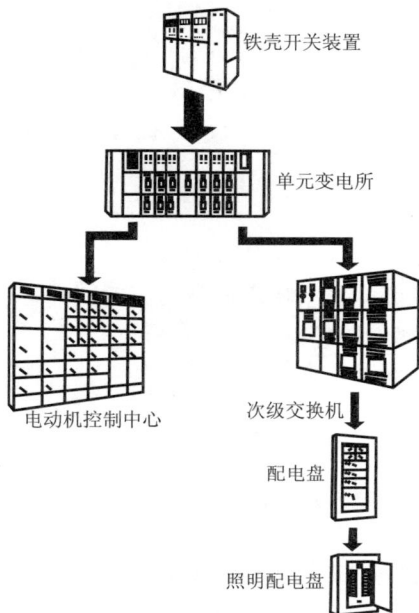

图 9.47 将电能传输给工业用户的阶段

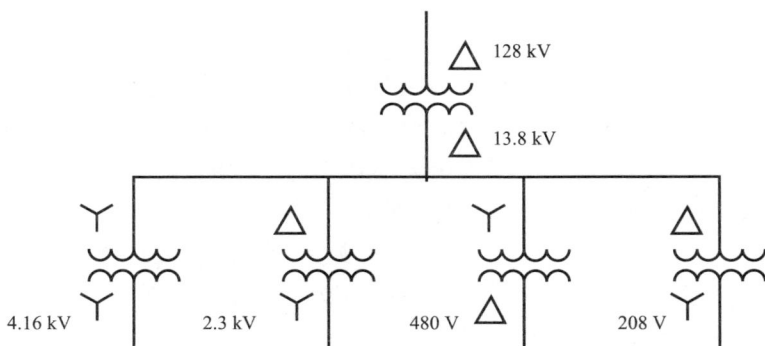

图 9.48 单线分配电路图所表示的变压器

二次配电系统的导线和电路系统称为一级配电系统。一级配电系统与二级配电系统之间的连接环节称为"配电变压器"。配电电压为接入变压器初级绕组的电压，用电电压为负载两端电压。

配电系统必须安全和经济地满足所有用户的用电需求，其中包括最小型用户到最大型的用户。为了达到这些要求，必须提前预计用户所增长的电力需求，在满足他们最早的需求基础上来满足这部分的需求。设计配电系统的工厂需要考虑以下几点。

① 结构类型，所使用的配电结构的类型要根据用电设备的类型和用户的需

求。在大多数设备中,电能在用电电压下供给建筑物,并且在配电过程中应用简单的径向配电系统。

② 目前的用电和将来的需求,包括某些程度的负载预测。将承载过量功率的成本作为空闲投资与大型设备代替小型设备以及提高所需功率的其他方式所构成的成本相比较。

③ 结构的预期寿命。

④ 结构的灵活性。

⑤ 负载需求,包括最大需求和最大需求的时间间隔。

⑥ 引电装置和负载设备的位置。

⑦ 开关装置、配电装置和配电板。

⑧ 安装方式的类型。

9.13　变压器的安装和预防性维护

变压器在安装前应该检查一下是否有输送过程中可能造成的物理损伤(图9.49)。要特别检查以下几点:

- 在变压器外壳上是否有过度的凹陷。
- 螺帽、螺栓和零件是否松懈。
- 凸出部分如绝缘物、计量器和电表是否损坏。

如果变压器是液体冷却,需要检查冷却剂液位。如果冷却剂液位低,检查液体罐上是否有泄漏的迹象并确定漏液的精确位置。如果超过了正常液位,则在正常情况下冷却剂产生的热量就会导致漏液。为了检测到超过正常冷却剂液位时的漏液情况,应该用惰性气体如氮气等将液体罐压为从 3psi 增加到 5psi。将溶解的肥皂水或冷水涂在可疑的对接处或焊接处,如果在该处液体有遗漏现象,就会出现细小的蒸汽泡。

如果变压器是新安装的设备,则需要检查变压器铭牌上的名词术语以确保符合安装的容量、电压、阻抗、温升和其他安装要求。

通过合适的维护可以增加变压器寿命。因此应该建立检修维护计划来增加设备的使用期限。变压器检修的频率取决于工作条件。如果变压器处于干净而且比较干燥的地方,每年检修一次就足够了。在有灰尘

图 9.49　配电变压器（The ABB Group）

和化学烟雾的恶劣环境下，就需要更频繁的检修。一般来说变压器厂商对于每个已售出的特定类型的变压器会推荐一种预防性维修程序。在检修过程中需要检查和保养的项目包括：

①　应该清除绕组或绝缘套上的污垢和残渣，从而使空气自由流通并能降低绝缘失效的可能性。

②　检查破损或有裂痕的绝缘套。

③　尽可能的检查所有的电力连接处及其紧密度。连接松动会导致电阻增加所产生的局部过热。

④　检查通风道的工作状态，清除障碍物。

⑤　测验冷却剂的介电强度。

⑥　检查冷却剂液位，如果液位过低要增加冷却剂的量。但不要超过液位标准面。

⑦　检查冷却剂压力和温度计。

⑧　用兆欧表或高阻计进行绝缘电阻检测。

变压器可以装在室内也可以安装在室外。由于某些类型的变压器存在潜在危险，因此如果把这些变压器安装在室内就要遵守特定的安装要求。一般情况下，变压器和变压器室要安装在专业人员维修时易于进入而限制非专业人员接近的位置。

变压器室有两个作用。首先，它可以使非专业人员远离存在潜在危险的电气零件。其次，它还可以承受由于变压器故障而引起的火灾和燃烧。

习　题

1. 简单描述变压器是如何转化电能的？

2. 初级绕组和次级绕组的区别是什么？

3. 对于一个理想的变压器来说，它们之间有什么关系：

(a)匝数比和电压比？(b)电压比和电流比？(c)初级功率和次级功率？

4. 假设一个变压器的匝数比为 1∶5，这能否说明是升压变压器还是降压变压器？为什么？

5. 已知初级电压为 4 800V，而次级电压为 240V。求出该变压器的匝数比。

6. 一个降压变压器可以将电压从 120V 降到 12V，如果初级线圈的导线匝数为 800 匝，那么次级线圈的导线匝数为多少匝？

7. 假设一个变压器的匝数比为 1∶2，已知次级电路电压为 960V，初级电路的电压为多少？

8. 简单描述一下当一个负载连接在次级电路中时，变压器的初级电流是怎样自动调节的？

9. 为什么变压器的功率处理能力是用 V·A 而不是用 W 表示？

10. 如图 9.50 所示的理想变压器，计算：

(a)匝数比。(b)初级电流。(c)初级容量。(d)次级容量。

11. 一个单相 60kV·A 变压器的初级额定电压为 2400V，而次级额定电压为 240V，计算：

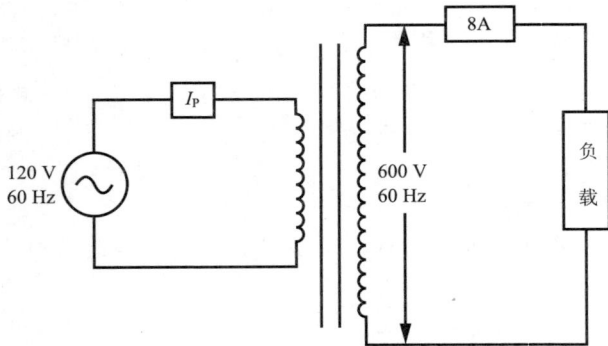

图 9.50

(a)初级额定电流。(b)次级额定电流。(c)变压器的转化率。(d)当一个电阻负载连接在次级电路中时,测得初级电流为165A。假设是使用理想变压器,次级电流值为多少?

12. 说出需要使用调压变压器的一个典型的应用。

13. (a)与标准的双绕组变压器相比,列出自耦变压器的三个优点。(b)自耦变压器的哪些工作特性限制了它的使用?

14. 列出有关变压器铁芯的四种损耗。

15. 如果变压器的次级输出为1320W,而初级输入为1800W,变压器的效率百分比为多少?

16. 比较一下变压器空载和满载时的效率。

17. 如果变压器的次级空载电压为480V,满载电压为465V,变压器的电压调整率为多少?

18. 为什么一个额定频率为60Hz的变压器用在一个25Hz的电路中时会发生过热现象?

19. 对一个 3 相 37.5kV·A 的变压器,其初级额定电压为480V,而次级额定电压为208V,那么它的初级电流与次级电流为多少?

20. 一个变压器的铭牌上有下列一些数据:

35kVA　60Hz　单相　　HV 480V　LV 240V　阻抗 2.6%　温升 150℃

假设变压器为降压变压器,试确定下面的一些信息:

(a)初级连接端的标记是怎样的?(b)次级连接端的标记是怎样的?(c)它的额定频率为多少?(d)匝数比为多少?(e)它能传输到负载中的最大允许电流为多少?(f)在短路电路条件下,输出端的电流为多少?(g)如果环境温度为40℃,则变压器的最大允许温升为多少?

21. 简述使变压器冷却的几种方法。

22. 什么原因导致变压器发出声响?

23. 一个 10 kV·A 的变压器,其初级额定电压为480V,次级额定电压为24V;则变压器哪个绕组所使用的导线型号较大?为什么?

24. 讨论出三个指标用来检测变压器的安装是否符合特定要求。

25. 对图9.51所示的变压器进行极性测试:

(a)经检测发现变压器是哪种极性?(b)通过次级绕组的电压值为多少?(c)重新画出变压器的原理图,并正确标出尚未标注的连接端。

26. 根据图9.52,重新画出变压器电路连接图,以确保两个独立的负载每个都具有120V的外加电压。

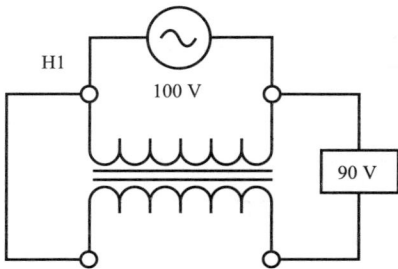

图 9.51

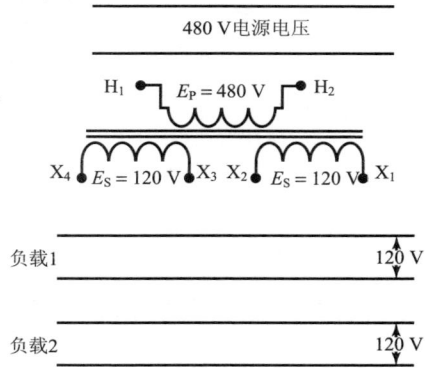

图 9.52

27. 根据图 9.53，重新画出变压器电路图，以确保施加在单个负载上的外加电压为 120V。

28. 根据图 9.54，重新画出变压器电路图，以确保施加在负载上的电压为 240V。

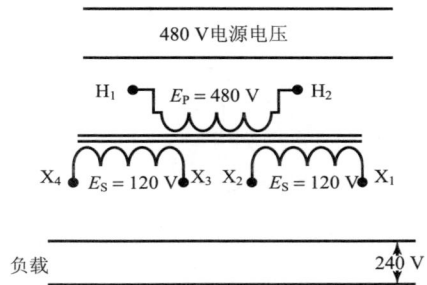

图 9.53

图 9.54

29. 根据图 9.55，重新画出变压器电路图，以确保在连接负载的线路中有 120V 和 240V 两种电压线路可用。

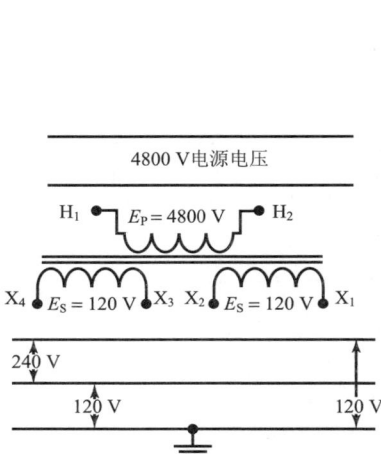

图 9.55

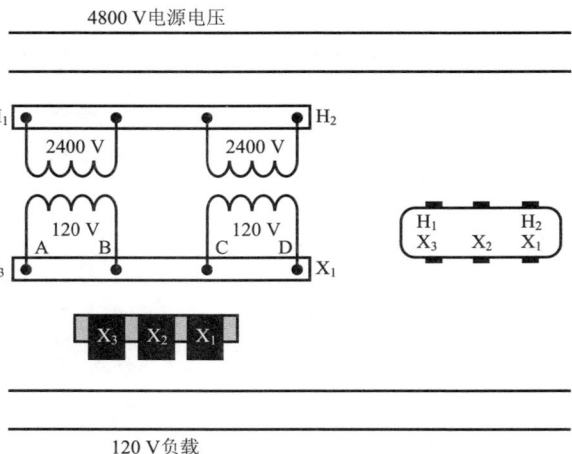

图 9.56

255

30. 根据图 9.56,重新画出变压器原理图和线路连接图,使其符合电源和负载电压的需求。

31. 根据图 9.57,重新画出变压器原理图和线路连接图,使得两个变压器并联连接。

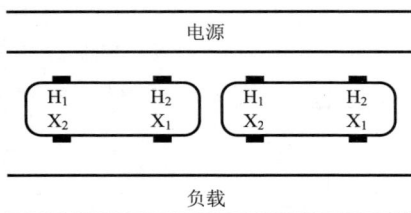

图 9.57 复习题 31 电路图

32. 根据图 9.58 中所示的增压减压变压器电路,回答下列问题:

(a)该变压器是升压变压器还是降压变压器?(b)假设变压器总的匝数比为 7.5∶1,计算从 X_1 端到 X_4 端的次级绕组的电压值。(c)如果初级绕组的外加电压为 208V,计算输送给负载的电压值为多少?

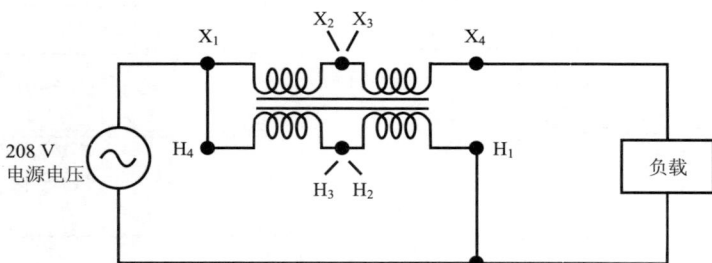

图 9.58

33. 如图 9.59 所示的增压减压变压器,如果初级绕组外加电压为 208V,计算输送给负载的电压值为多少?

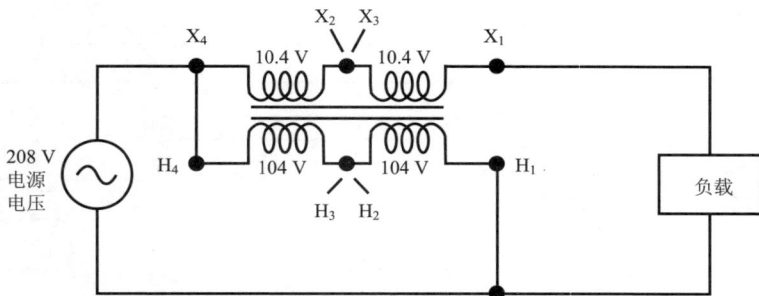

图 9.59

34. 根据图 9.60,重新画出增压减压变压器,使得在负载两端施加的电压为 228V(利用两个次级绕组)。

35. 如果要把变压器并联需要遵守哪些规则?列出三条最主要的规则。

36. 如果两个并联变压器的输出电压不同会导致怎样的情况发生?

37. 在开路状态下对变压器中的低压电子控制电路的电阻进行检测。检测只能用高阻计而不能用标准的欧姆表进行。用高阻计完成检测的过程中会遇到哪些潜在的问题？

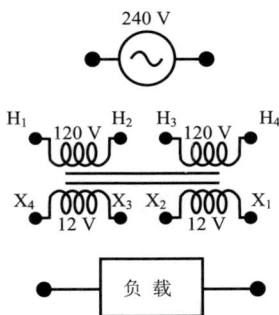

图 9.60

38. 变压器的哪种绕组具有的 DC 电阻最大，高压绕组还是低压绕组？为什么？

39. 如果将应用于非线性负载中的 K 值变压器用低额定的或者过大规格的标准变压器代替。解释说明这种选择的不恰当性。

40. 为什么高于或低于正常的环境温度会影响变压器的负载量？

41. 从一个配电变压器的铭牌上抄下所有的数据，并解释每条信息所包含的意义。

42. 列举出可用于三相绕组连接的所有不同方法的名称。

43. 讨论在三相电压传输中,使用单个的三相变压器比使用三个单相变压器有什么优点并列出其中的四条。

44. 根据图 9.61,重新画出将变压器初级线圈按Y形连接到电源线上的电路图。

45. 根据图 9.62,重新画出变压器初级线圈按△形连接到电源线上的电路图。

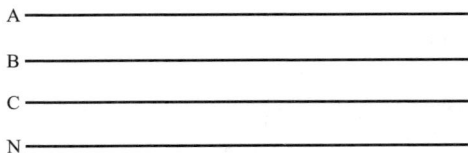

图 9.61

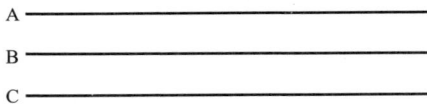

图 9.62

46. 一个Y形连接的配电变压器,其初级电压为 13800V。试计算通过每项绕组的电压值。

47. 根据图 9.63 所示的变压器连接方式,回答下列问题：

(a)确定连接类型。(b)计算初级线电压和初级相电压。(c)计算次级线电压和次级相电压。(d)计算每个单相变压器的匝数比。

48. 根据图 9.64 所示的变压器组的连接方式,回答下列问题：

(a)确定连接类型。(b)变压器组的总 kVA 值为多少？(c)每个照明负载的电压和相额定值为多少？(d)每个发动机负载的电压和相额定值为多少？(e)额定次级相电流为多少？(f)额定次级线电流为多少？

49. 在降压应用中,为什么要使用 Y-△式连接的变压器,列出两个原因。

50. (a)根据图 9.65,重新画出变压器组以△-Y 式连接的结构图。

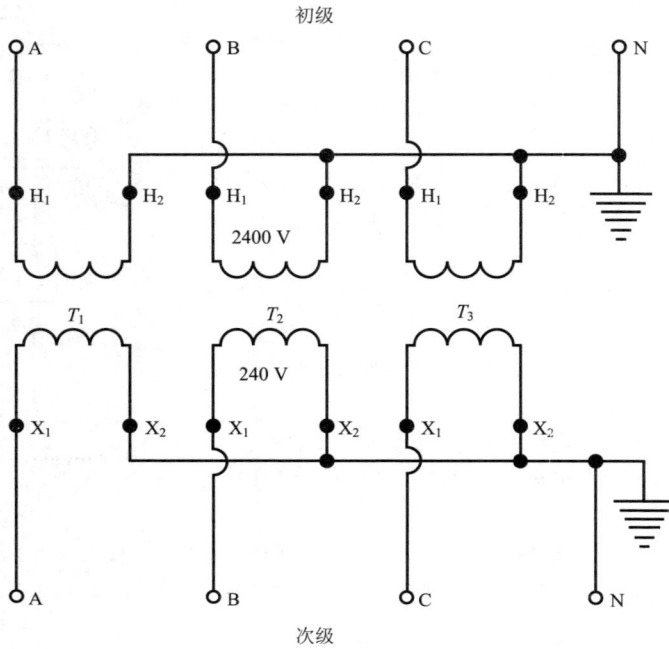

图 9.63

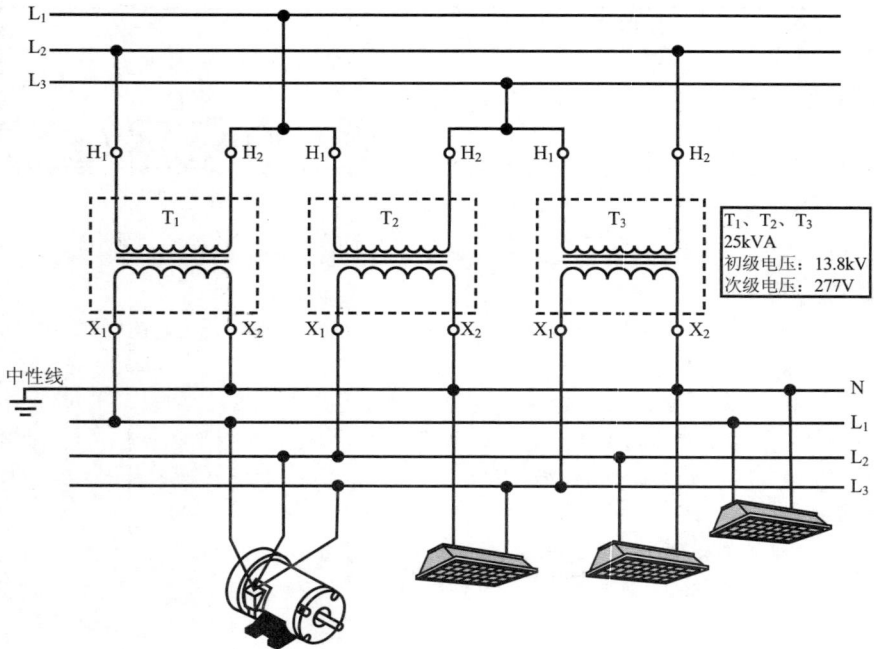

图 9.64

51. 有些变压器具有双压初级绕组和双压次级绕组。在这种情况下,电源的相间电压决定了两个初级绕组的连接方式是串联还是并联。类似地,负载的相间电压需求决定了两个次级绕组的连接方式。根据这一原理,重新画出下列的双压变压器结构图,从而满足给定的电压级别要求。

52. 两个功率都为150kV·A的单相变压器以开口-△式连接,试计算变压器组的所能承受负载所具有的最大三相kV·A值。

53. (a)T形连接的三相变压器与标准变压器在结构上有什么区别? (b)哪种规格的三相变压器,特别是T形连接的变压器具有价格上的优势?

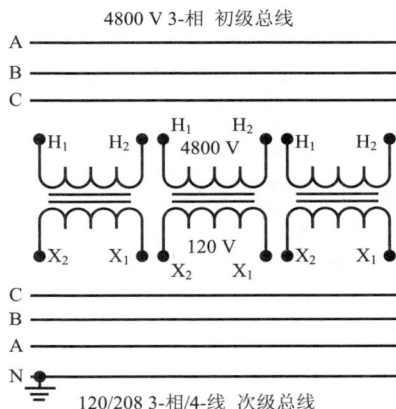

图 9.65

图 9.66

图 9.67

54. 怎样把负载分配在三相系统中?

55. (a)说明非线性负载产生的谐波电流是怎样影响标准变压器运行的? (b)K值变压器的哪些专门的特性可以使谐波的负面效应降低到最小?

56. 仪表变压器的两个功能是什么?

57. 比较仪表变压器的连接与变流器的连接有什么不同。

58. 为什么当仪表变流器的初级电路有电流流过时,次级电路必须是闭合的回路?

59. 一个变流器的初级绕组的额定电流为 100A,而次级额定电流为 5A。连接在次级电路中的电流表读数为 4A,那么初级电路中的电流为多少?

60. 对配电变压器的绕组的绝缘破损进行电阻测验。为什么需要使用兆欧计而不是标准的欧姆计?

61. 怎样对变压器中使用的油进行绝缘测验?

62. (a)列出电气规程中所提到的四种充液型变压器。(b)哪种类型的变压器由于内含 PCBs 而被禁用?

63. 大概描述接地系统的四个主要意义。

64. "接地"和"结合"有什么不同?

65. 列出推荐的建立地线系统的三种方法。

66. 在确定变压器的过流保护要求时,除了要考虑最大额定电流,还要考虑哪五个因素?

67. (a)假定在监视位置要安装一个 1200/240V、单相的、100kVA 变压器,且变压器仅有初级保护,则允许使用的保险丝或断路器规格为多少?(b)当变压器初级绕组和次级绕组均受到保护时,就要考虑阻抗。在这种情况下,假定变压器有初级保护和次级保护,且阻抗为 5%,则在初级绕组和次级绕组中允许使用的保险丝的规格为多少?

68. 比较变压器在过载情况下的电流量与短路情况下的电流量有什么不同?

69. 列出电力系统中三个主要的部分。

70. 定义术语:二级配电。

71. 假定给你分配一项工作,即每年给一个干式配电变压器进行检修和维护。列出其中涉及的工作。

第10章

可编程控制技术

学习目标

- ∽ 认识几种常见的控制器。
- ∽ 深入理解可编程控制器的结构和工作方式。
- ∽ 熟悉可编程控制器的编程元件。
- ∽ 学习可编程控制器的编程语言。
- ∽ 学会编写梯形图和指令语句表。
- ∽ 能利用PLC进行简单控制系统的设计。

对一些电气设备的接通或断开,当前国内较多地采用继电器、接触器及按钮等控制器来实现自动控制。这种控制系统一般称为继电接触器控制系统,它是一种有触点的断续控制,而可编程控制器是一种无触点的控制方法。

继电接触器控制系统长期在生产上得到广泛应用,但由于它的机械触电多、接线复杂、可靠性低、功耗高,并当生产工艺流程改变时须重新设计和改装控制线路,通用性和灵活性也就较差,因此满足不了现代化生产过程复杂多变的控制要求。而可编程控制器将继电接触器控制的优点与计算机技术相结合,用"软件编程"代替继电接触器控制的"硬件接线"。当系统控制功能需要改变时,只需变更少量外部接线,主要通过修改相应的控制程序即可。

可编程控制器(PLC)是以中央处理器为核心,综合了计算机和自动控制等先进技术发展起来的一种新型工业控制器。PLC 具有可靠性高、功能完善、组合灵活、编程简单以及功耗低等许多独特优点,已被广泛地应用于国民经济的各个控制领域。它的应用深度和广度已成为一个国家工业先进水平的重要标志。

本章只为初学者提供 PLC 的基础知识,重点是简单程序编写,重在应用,有些应用举例与继电接触器控制相对照。

10.1　常用控制器

10.1.1　按　钮

按钮通常用来接通或断开控制电路,从而控制电气设备的运行。

将按钮帽按下时,一对原来断开的静触点被动触点接通,以接通某一控制电路;而另一对原来接通的静触点则被断开,以断开另一控制电路。

原来就接通的触点,称为动断触点或常闭触点;原来就断开的触点,称为动合触点或常开触点,它们的符号见表 10.1 所示。常见的一种双联按钮由两个按钮组成,一个用于电器设备启动,一个用于电气设备停止。

10.1.2　交流接触器

交流接触器常用来接通和断开电气设备的主电路,每小时可开闭千余次。

接触器主要由电磁铁和触点两部分组成。它是利用电磁铁的吸引力而动作的。图 10.1 是交流接触器的简要结构图。当吸引线圈通电后,吸引铁心,而使动合触点闭合。

根据用途不同,接触器的触点分主触点和辅助触点两种。辅助触点通过电流较小,常接在电气设备的控制电路中;主触点能通过较大电流,接在电气设备的主电路中。

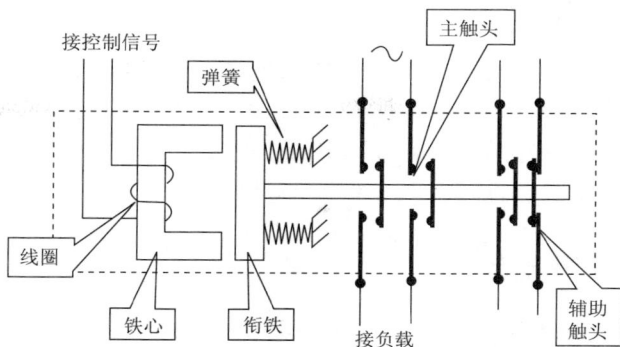

图 10.1　交流接触器的简要结构图

在选用接触器时,应注意它的额定电流、线圈电压及触点数量等。

10.1.3　中间继电器

中间继电器通常是用来传递信号和同时控制多个电路,也可直接用它来控制小容量电气执行元件。

中间继电器的结构和交流接触器基本相同,只是电磁系统小些,触点多些。

在选用中间继电器时,主要考虑电压等级和触点数量。

10.1.4　热继电器

热继电器是用来保护电气设备使之免受长期过载的危害。

热继电器是利用电流的热效应而动作的。它的原理图如图 10.2 所示。热元件是一段电阻不大的电阻丝,接在电气设备的主电路中。

当主电路中电流超过容许值而使金属片受热时,它便向上弯曲,因而脱扣,扣板在弹簧的拉力下降动断触点断开。触点是接在电气设备的控制电路中的。控制电路断开而使接触器的线圈断电,从而断开电气设备的主电路。

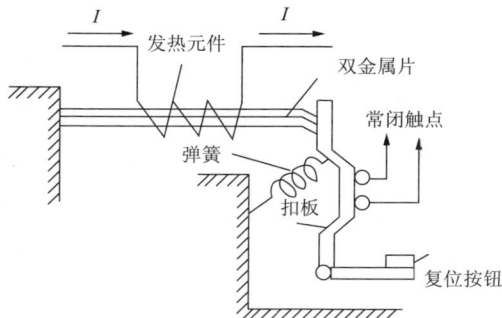

图 10.2　热继电器的原理图

由于热惯性,热继电器不能作短路保护。因为发生短路事故时,要求电路立即断开,而热继电器时不能立即动作的。

如果要热继电器复位,则按下复位按钮即可。

10.1.5　熔断器

熔断器是最简便的而且是有效的短路保护器。熔断器中的熔片或熔丝用电阻率较高的易熔合金制成,例如铅锡合金等;或用截面积很小的良导体制成,例如铜银等。线路在正常工作情况下,熔断器中的熔丝或熔片不应熔断。一旦发生短路或严重过载时,熔断器中的熔丝或熔片应立即熔断。

10.1.6　时间继电器

在交流电路中常采用空气式时间继电器,它是利用空气阻尼作用而达到动作延时的目的。当吸引线圈通电后就将动铁心吸下,使动铁心与活塞杆之间有一段距离。在释放弹簧的作用下,活塞杆就向下移动。在伞形活塞的表面固定有一段距离。因此当活塞向下移动时,在膜上面造成空气稀薄的空间,活塞受到下面空气的压力,不能迅速下移。当空气由进气孔进入时,活塞才逐渐下移。移动到最后位置时,杠杆使微动开关动作。延时时间即为自电磁铁吸引线圈通电时刻起到微动开关动作时为止的这段时间。通过调节螺钉调节进气孔的大小,就可调节延时时间。

吸引线圈断电后,依靠恢复弹簧的作用而复原。空气经由出气孔被迅速排出。

图 10.3(a)所示的时间继电器是通电延时型,有两个延时触点:一个是延时断开的动断触点,一个是延时闭合的动合触点。此外,还有两个瞬时触点,即通电后下面的微动开关瞬时动作。

时间继电器也可做成断电延时,实际上只要把铁心倒装一下就行。断电延时的时间继电器也有两个延时触点:一个是延时闭合的动断触点,一个是延时断开的动合触点。

综合以上介绍的控制器,将这些常见的控制器列的文字符号和图形符号入表10.1 中,如表 10.1 所示。

表 10.1　常见控制器的文字符号和图形符号

文字符号	名称	图形符号	
SB	按钮触点	动合	
		动断	
KM	接触器	吸引线圈	
		主触点	

续表 10.1

文字符号	名称	图形符号	
KM	接触器	辅助触点（动合）	
		辅助触点（动断）	
KT	时间继电器触点	动合延时闭合	
		动断延时断开	
		动合延时断开	
		动断延时闭合	
FR	热继电器	动断触点	
		热元件	

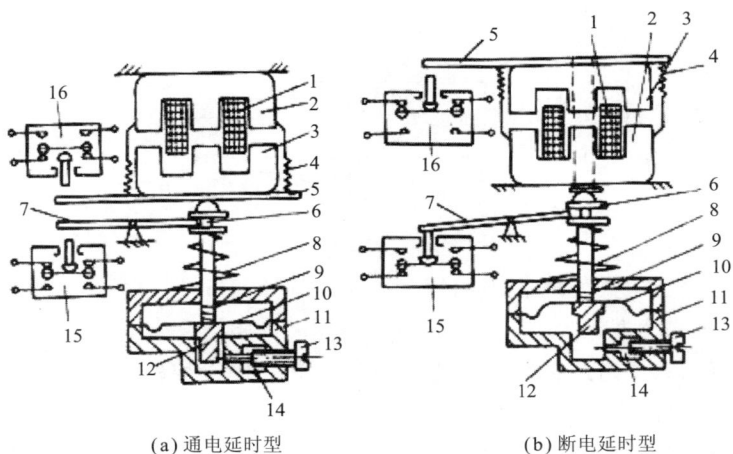

(a) 通电延时型　　　　　　　(b) 断电延时型

1-线圈　2-铁心　3-衔铁　4-反力弹簧　5-推板　6-活塞杆　7-杠杆　8-塔形弹簧
9-弱弹簧　10-橡皮膜　11-空气室壁　12-活塞　13-调节螺杆　14-进气孔
15、16-微动开关

图 10.3　空气阻尼式时间继电器

10.2　可编程控制器的结构和工作方式

10.2.1　可编程控制器的结构及各部分的作用

　　PLC 的类型繁多,功能和指令系统也不尽相同,但其结构和工作方式则大同小异,一般由主机、输入/输出接口、电源、编程器、扩展接口和外部设备接口等几个主要部分构成,如图 10.4 所示。如果把 PLC 看作一个系统,外部的各种开关信号或模拟信号均为输入变量,它们经输入接口寄存到 PLC 内部的数据存储器中,而后按用户程序要求进行逻辑运算或数据处理,最后以输出变量形式输送到输出接口,从而控制输出设备。

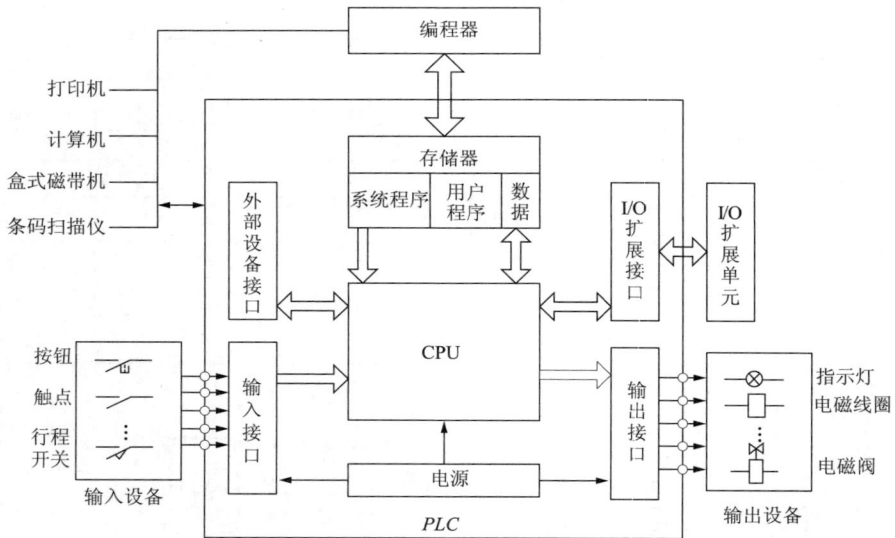

图 10.4　PLC 的硬件系统结构图

1. 主　机

　　主机部分包括中央处理器(CPU)、系统程序存储器和用户程序及数据存储器。

　　CPU 是 PLC 的核心,起着总指挥的作用,它主要用来运行用户程序,监控输入/输出接口状态,作出逻辑判断和进行数据处理。即读取输入变量,完成用户指令规定的各种操作,将结果送到输出端,并响应外部设备(如编程器、打印机、条码扫描仪等)的请求以及各种内部诊断等。

　　PLC 的内部存储器有两类:一类是系统程序存储器,主要存放系统管理和监控程序及对用户程序作编译处理的程序,系统程序已由厂家固定,用户不能更改;另一类是用户程序及数据存储器,主要存放用户编制的应用程序及各种暂存数据和中间结果。

2. 输入/输出(I/O)接口

I/O 接口是 PLC 与输入/输出设备连接的部件。输入接口接受输入设备(如按钮、行程开关、各种继电器触点、传感器等)的控制信号。输出接口是将经主机处理过得结果通过输出电路去驱动输出设备(如继电器、接触器、电磁阀、指示灯等)。

I/O 接口一般采用光电耦合电路,以减少电磁干扰。这是提高 PLC 可靠性的重要措施之一。

图 10.5 是 PLC 的输入接口电路与输入设备之间的连接示意图(直流输入型)。输入信号通过光电耦合电路传送给内部电路。LED1 和 LED2 是发光二极管,前者显示有无信号输入,后者与光电三极管 T 作光电耦合。

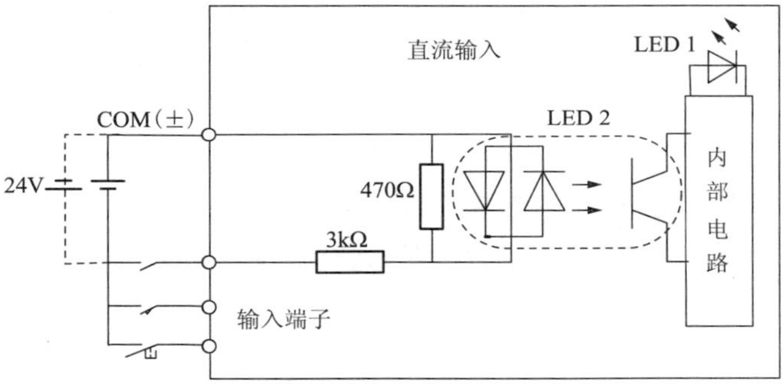

图 10.5　PLC 的输入接口电路(直流输入型)

图 10.6 和图 10.7 分别为 PLC 的继电器输出接口电路和晶体管输出接口电路。继电器输出型为有触点输出方式,存在触点的寿命问题,一般用于开关通断频率较低的直流负载和交流负载;晶体管输出型为无触点输出方式,可用于开关通断频率较高的直流负载。此外,还有晶闸管输出接口电路。

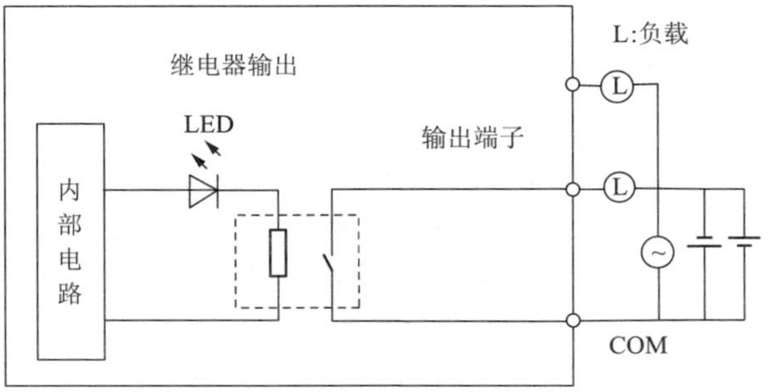

图 10.6　PLC 的继电器输出接口

3. 电　源

PLC 的电源是指为 CPU、存储器、I/O 接口等内部电子电路工作所配备的直流开关稳压电源。I/O 接口电路的电源相互独立,以避免或减小电源间的干扰。

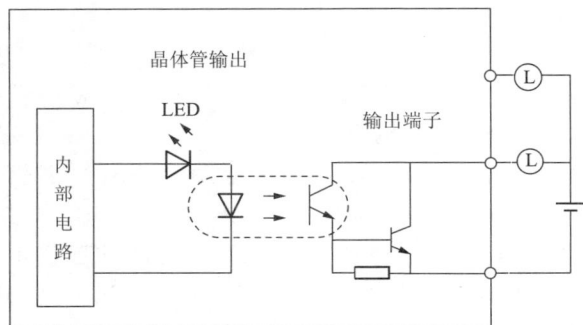

图 10.7　PLC 的晶体管输出接口电路

通常也为输入设备提供直流电源。

4. 编程器

编程器也是 PLC 的一种重要的外部设备,用于手持编程。用户可以用它输入、检查、修改、调试程序或用它监视 PLC 的工作情况。除手持编程器外,目前使用较多的是利用通信电缆将 PLC 和计算机连接,并利用专门的工具软件进行编程或监控。

5. 扩展接口

扩展 I/O 接口用于将扩充输入/输出端子数的扩展单元与基本单元(即主机)连接在一起。

6. 外部设备接口

此接口可将编程器、计算机、打印机、条码扫描仪等外部设备与主机相连,以完成相应操作。

10.2.2　可编程控制器的工作方式

PLC 是采用“顺序扫描、不断循环”的方式进行工作的。即 PLC 运行时,CPU 根据用户按控制要求编制好并存于用户存储器中的程序,按指令步序号(或地址号)作周期性循环扫描。如果无跳转指令,则从第一条指令开始逐条顺序执行用户程序,直到程序结束,然后重新返回第一条指令,开始下一轮新的扫描。在每次扫描过程中,还要完成对输入信号的采样和对输出状态的刷新等工作。周而复始。

PLC 的扫描工作过程大致可分为输入采样、程序执行和输出刷新三个阶段,并进行周期性循环,如图 10.8 所示。

1. 输入采样阶段

PLC 在输入采样阶段,首先以扫描方式按顺序将所有暂存在输入锁存器中的

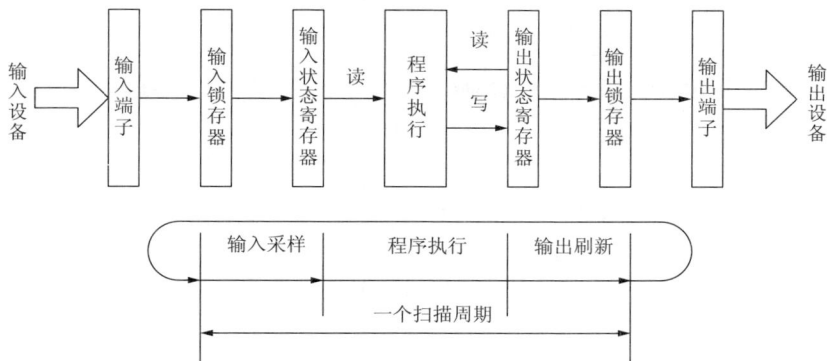

图 10.8 PLC 的扫描工作过程

输入端子的通断状态或输入数据读入,并将其存入(写入)各对应的输入状态寄存器中,即刷新输入。随即关闭输入端口,进入程序执行阶段。在程序执行阶段,即使输入状态有变化,输入状态寄存器的内容也不会改变。变化了的输入信号状态只能在下一个扫描周期的输入采样阶段被读入。

2. 程序执行阶段

PLC 在程序执行阶段,按用户程序指令存放的先后顺序扫描执行每条指令,所需的执行条件可从输入状态寄存器和当前输出状态寄存器中读入,经过相应的运算和处理后,其结果再写入输出状态寄存器中。所以,输出状态寄存器中所有的内容随着程序的执行而改变。

3. 输出刷新阶段

当所有指令执行完毕,输出状态寄存器的通断状态在输出刷新阶段送至输出锁存器中,并通过预定方式(继电器、晶体管或晶闸管)输出,驱动相应输出设备工作,这就是 PLC 的实际输出。

经过这三个阶段,完成一个扫描周期。实际上 PLC 在程序执行后还要进行各种错误检测(自诊断)并与外部设备进行通信,这一过程称为"监视服务"。由于扫描周期为完成一次扫描所需的时间(输入采样、程序执行、监视服务、输出刷新),其长短主要取决于三个因素,即 CPU 执行指令的速度、每条指令占用的时间和执行指令的数量,即用户程序长短,一般不超过 100ms。

10.2.3 可编程控制的主要技术性能

PLC 的主要性能通常可用以下各种指标进行描述。

(1) I/O 点数

此指 PLC 的外部输入和输出端子数。这是一项重要技术指标。通常小型机有几十个点,中型机有几百个点,大型机超过千点。

（2）用户程序存储容量

用来衡量 PLC 所能存储用户程序的多少。在 PLC 中,程序指令是按"步"存储的,一"步"占用一个地址单元,一条指令有的往往不止一"步"。一个地址单元一般占两个字节（约定 16 位二进制数为一个字,即两个 8 位的字节）。如一个内存容量为 1024 步的 PLC,其内存为 2K 字节。

（3）扫描速度

指扫描 1000 步程序所需的时间,以 ms/千步为单位。有时也可用扫描一步指令的时间计,如 μs/步。

（4）指令系统条数

PLC 具有基本指令和高级指令,指令的种类和数量越多,其软件功能越强大。

（5）内存分配及编程元件的种类和数量

PLC 内部的存储器有一部分用于存储各种状态和数据,包括输入继电器、输出继电器、内部辅助继电器、特殊功能内部继电器、定时器、计数器、通用"字"寄存器、数据寄存器等,其种类和数量的多少关系到编程是否方便灵活,也是衡量 PLC 硬件功能强弱的重要指标。

PLC 内部这些继电器的作用和继电接触器控制系统中的继电器十分相似,也有"线圈"和"触点"。但它们不是"硬"继电器,二而是 PLC 内部存储器的存储单元。当写入该单元的逻辑状态为 1 时,则表示相应继电器的线圈接通,其动合触点闭合,动断触点断开。所以,PLC 内部用于编程的继电器可称为"软"继电器。

各输入继电器 X、输出继电器 Y、内部辅助继电器 R 分别是相应输入寄存器 WX、输出寄存器 WY,通用"字"寄存器 WR 中的一个存储单元（即一位）。例如,WX0 由 X0～XF 共 16 个（位）输入继电器组成,WR1 由 R10～R1F 共 16 个（位）内部辅助继电器组成,如图 10.9 所示。

各种编程单元的代表字母、数字编号及点数因机型不同而有所差异。现以 FP1-C24 为例,列出常用编程元件的编号范围与功能说明如表 10.2 所示。

位址	15	14	13	12	11	10	9	8	7	6	5	4	3	2	1	0
WX0	XF	XE	XD	XC	XB	XA	X9	X8	X7	X6	X5	X4	X3	X2	X1	X0

位址	15	14	13	12	11	10	9	8	7	6	5	4	3	2	1	0
WR1	R1F	R1E	R1D	R1C	R1B	R1A	R19	R18	R17	R16	R15	R14	R13	R12	R11	R10

图 10.9　"字"寄存器的构成

表 10.2 FP1-C24 编程元件的编号范围与功能说明

元件名称	代表字母	编号范围	功能说明
输入继电器	X	X0-XF 共 16 点	接受外部输入设备的信号
输出继电器	Y	Y0-Y7 共 8 点	输出程序执行结果给外部输出设备
内部辅助继电器	R	R0-R62F 共 1008 点	在程序内部使用,不能提供外部输出,类似中间继电器
特殊内部继电器		R9000-R903F 共 64 点	提供特殊功能,在程序内部使用,不能提供外部输出
定时器	T	T0-T99 共 100 点	延时定时继电器,其触点在程序内部使用
计数器	C	C100-C143 共 44 点	减法计数继电器,其触点在程序内部使用
通用"字"寄存器	WR	WR0-WR62 共 63 个	每个 WR 由相应的 16 个内部辅助继电器 R 构成
数据寄存器	DT	DT0-DT6143 共 6144 字	用于以字为单位存储内部数据,不提供触点
特殊数据寄存器		DT9000-DT9069 共 70 字	用于特殊用途的以字为单位的内部数据寄存器

此外,不同 PLC 还有其他一些指标,如编程语言及编程手段。输入/输出方式、特殊功能模块种类、自诊断、监控、主要硬件型号、工作环境及电源等级等。

10.2.4 可编程控制器的主要功能和特点

1. 主要功能

随着技术的不断发展,目前 PLC 已能完成以下功能:

(1) 开关逻辑控制

用 PLC 取代传统的继电接触器进行逻辑控制,这是它的最基本应用。

(2) 定时/计数控制

用 PLC 的定时/计数指令来实现定时和计数控制

(3) 步进控制

用步进指令实现一道工序完成后,再进行下一道工序操作的控制。

(4) 数据处理

能进行数据传送、比较、移位、数制转换、算术运算和逻辑运算等操作。

(5) 过程控制

可实现对温度、压力、速度、流量等非电量参数进行自动调节。

(6) 运动控制

通过高速计数模块和位置控制模块进行单轴或多轴控制,如用于数控机床、机器人等控制。

(7) 通信联网

通过 PLC 之间的联网及与计算机的连接,实现远程控制或数据交换。

（8）监控

能监视系统各部分的运行情况，并能在线修改控制程序和设定值。

（9）数字量与模拟量的转换

能进行 A/D 和 D/A 转换，以适应对模拟量的控制。

2．主要特点

（1）可靠性高，抗干扰能力强

PLC 采样大规模集成电路和计算机技术；对电源采取屏蔽，对 I/O 接口采取光电耦合；在软件方面定期进行系统状态及故障检测。而这些都是继电接触器控制系统所不具备的。

（2）功能完善，编程简单，组合灵活，扩展方便

PLC 采用软件编制程序来实现控制要求。编程时使用的各种编程元件，其实就是各个寄存器中的一个存储单元，它们可提供无数个常开触点和常闭触点，从而可以节省大量的中间继电器、时间继电器和计数继电器，使得整个控制系统大为简单，只需在外部端子上接上相应的输入输出信号线即可。这就能方便地编制程序，灵活组合要求不同的控制系统；并能在生产工艺流程改变或生产设备更新时，不必改变 PLC 的硬设备，只要改变程序即可。PLC 能在线修改程序，也能方便地扩展 I/O 点数。

而继电接触器控制系统是通过各种电器和复杂的接线来实现某一控制要求的，功能专一，灵活性差。如要改变控制要求，必须重新设计，重新接线。

（3）体积小，质量轻，功耗低

PLC 结构紧密，体积小巧，易于装入机械设备内部，是实现机电一体化的理想控制设备。

（4）可与各种组态软件结合，远程监控生产过程。

10.3　可编程控制器的程序编写

可编程控制器的程序有系统程序和用户程序两种。系统程序类似微机的操作系统，用于对 PLC 的运行过程进行控制和诊断，对用户应用程序进行编译等，一般由厂家固定在存储器中，用户不能更改。用户程序是用户根据控制要求，利用 PLC 厂家提供的程序编程语言编写的应用程序。因此，编程就是编写用户程序。

10.3.1　可编程控制器的编程语言

PLC 的控制作用是靠执行用户程序实现的，因此须将控制要求用程序的形式表达出来。程序编写就是通过特定的语言将一个控制要求描述出来的过程。PLC 的编程语言以梯形图语言和指令语句表语言（或称指令助记符语言）最为常用，并

且两者常常联合使用。

1. 梯形图

梯形图是一种从继电器接触器控制电路图演变而来的图形语言。它是借助类似于继电器的动合触点、动断触点、线圈以及串联与并联等术语和符号，根据控制要求连接而成的表示 PLC 输入和输出之间逻辑关系的图形，它既直观又易懂。

梯形图中通常用 ┤├、┤/├ 图形符号分别表示 PLC 编程元件的动合和动断"触点"；用 ─○─ 表示它们的"线圈"。梯形图中编程元件的种类用图形符号及标注的字母或数字加以区别。

这里有几点要说明的：

（1）梯形图中的继电器不是物理继电器，而是 PLC 存储器的一个存储单元。当写入该单元的逻辑状态为 1 时，则表示相应继电器的线圈接通，其动合触点闭合，动断触点断开。

（2）梯形图按从左到右、自上而下的顺序排列。每一逻辑行（或称梯级）起始于左母线，然后是触点的串、并连接，最后通过线圈与右母线相连。

（3）梯形图中每个梯级流过的不是物理电流，而是"概念电流"，从左流向右，其两端没有电源。这个"概念电流"只是用来形象地描述用户程序执行中满足线圈接通的条件。

（4）输入继电器用于接收外部输入信号，它不能由 PLC 内部其他继电器的触点来驱动，因此梯形图中只出现输入继电器的触点，而不出现其线圈。输出继电器用于将程序执行结果输出给外部输出设备。当梯形图中的输出继电器线圈接通时，就有信号输出，但不是直接驱动输出设备，而要在输出刷新阶段通过输出接口的继电器、晶体管或晶闸管才能实现。

输出继电器的触点也可供内部编程使用。

2. 指令语句表

指令语句表是一种用指令助记符来编写 PLC 程序的语言，它类似于计算机的汇编语言，但比汇编语言容易理解。若干条指令组成的程序就是指令语句表。

ST   起始指令（也称取指令）：从左母线（即输入公共线）开始取用动合触点作为该逻辑行运算的开始。

OR   触点并联指令：用于单个动合触点的并联。

AN/   触点串联反指令：用于单个动断触点的串联。

OT   输出指令：用于将运算结果驱动指定线圈。

ED   程序结束指令。

10.3.2 可编程控制器的编程原则和方法

1. 编程原则

（1）PLC 编程元件的触点在编写程序时的使用次数是无限制的。

（2）梯形图中的每一逻辑行都起始于左母线，终止于右母线。各种元件的线圈接于右母线；任何触点不能放在线圈的右边与右母线相连；线圈一般也不允许直接与左母线相连。正确的和不正确的接线图如图 10.10 所示。

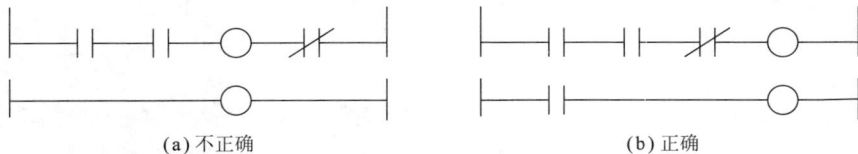

(a) 不正确　　　　　　　　(b) 正确

图 10.10 正确的和不正确的接线

（3）编写梯形图时，应尽量做到"上重下轻，左重右轻"以符合"从左到右、自上而下"的执行程序的顺序，并易于编写指令语句表。图 10.11 中所示的是合理的和不合理的接线。

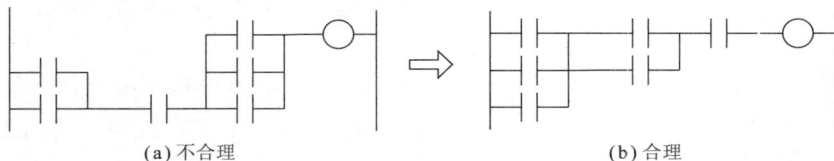

(a) 不合理　　　　　　　　(b) 合理

图 10.11 合理的和不合理的接线

（4）在梯形图中应避免将触点画在垂直线上，这种桥式梯形图无法用指令语句编程，应改画成能够编程的形式，如图 10.12 所示。

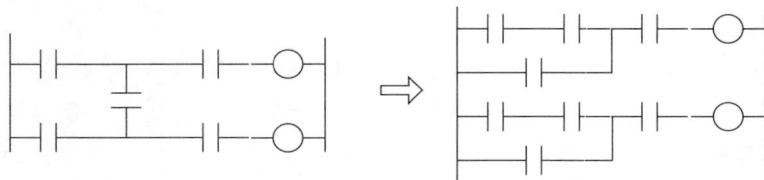

图 10.12 将无法编程的梯形图改画

（5）一般应避免同一继电器线圈在程序中重复输出，否则将引起误操作。

（6）外部输入设备动断触点的处理：

图 10.13 是电动机直接启动控制的继电器接触器控制电路，其中停止按钮 SB_1 是动断触点。如果用 PLC 来控制，则停止按钮 SB_1 和启动按钮 SB_2 是它的输入设备。在外部接线时，SB_1 有两种接法。

按图 10.13(b) 的接法，SB_1 仍接成动断，接在 PLC 输入继电器的 X1 端子上，则在编制梯形图时,用的是动合触点 X1。因 SB₁ 闭合,对应的输入继电器接通,这时它的动合触点 X1 是闭合的。按下 SB₁,断开输入继电器,它才断开。

在图 10.13(c)的外部接线图中,将 SB₁ 接成动合形式,则在梯形图中,用的是动断触点 X1。因 SB₁ 断开这时对应的输入继电器断开,其动断触点 X1 仍然闭合。当按下 SB₁ 时,接通输入继电器,动断触点 X1 才断开。

在图 10.13 中的外部接线图中,输入边的直流电源 E 通常是由 PLC 内部提供的,输出边的交流电源是外接的。"COM"是两边各自的公共端子。

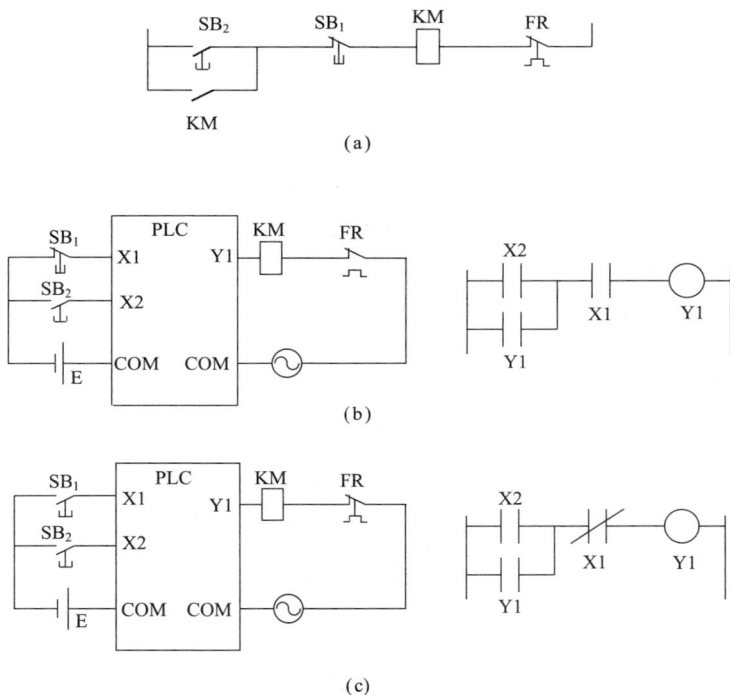

图 10.13 电动机直接启动控制

从图 10.13(b)和(c)可以看出,为了使梯形图和继电接触器控制电路一一对应,PLC 输入设备的触点应尽可能接成动合形式。

此外,热继电器 FR 的触点只能接成动断的,通常不作为 PLC 的输入信号,而将其接在输出电路中直接通断接触器线圈。

2. 编程方法

以图 10.13 所示的电动机直接启动控制电路为例来介绍用 PLC 控制的编程方法。

(1) 确定 I/O 点数及其分配

启动按钮 SB₂ 和停止按钮 SB₁ 这两个外部按钮必须接在 PLC 的三个输入端子上,可分别分配为 X2、X1,来接收输入信号;接触器线圈 KM 须接在输出端子

上,可分配为 Y1,共需用 3 个 I/O 点,即

输入		输出	
SB$_2$	X2	KM	Y1
SB$_1$	X1		

(2) 编写梯形图和指令语句表

梯形图和指令语句表应一一对应。指令语句将会在下节介绍。

10.3.3　可编程控制器的指令系统

下面介绍一些 PLC 最常用的基本指令。

1. 起始指令 ST,ST/与输出指令 OT

ST/起始反指令(也称取反指令):从左母线开始取用动断触点作为逻辑行运算的开始。

另外两条指令已在前面介绍过。它们的用法如图 10.14 所示。

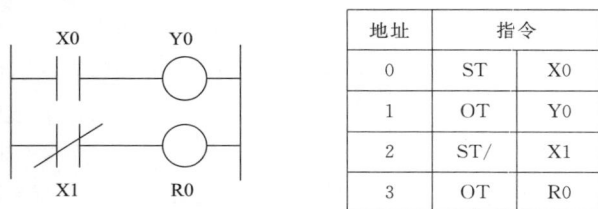

地址	指令	
0	ST	X0
1	OT	Y0
2	ST/	X1
3	OT	R0

图 10.14　ST,ST/,OT 指令的用法

指令使用说明:

(1) ST,ST/指令使用的编程元件为 X,Y,R,T,C;OT 指令使用的编程元件为 Y,R。

(2) ST,ST/指令除用于左母线相连的触点外,也可与 ANS 或 ORS 模块操作指令(见 3)配合用于分支回路的起始处。

(3) OT 指令不能用于输入继电器 X,也不能用于左母线;OT 指令可以连续使用若干次,这相当于线圈的并联,如图 10.15 所示。

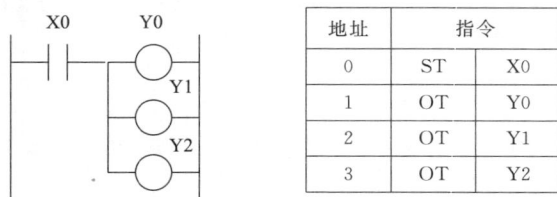

地址	指令	
0	ST	X0
1	OT	Y0
2	OT	Y1
3	OT	Y2

图 10.15　OT 指令的并联使用

当 X0 闭合时,则 Y0,Y1,Y2 都接通。

2. 触点串联指令 AN,AN/与触点并联指令 OR,OR/

AN 为触点串联指令(也称与指令),AN/为触点串联反指令(也称与非指令)。它们分别用于单个动合和动断触点的串联。

OR 为触点并联指令(也称或指令),OR. 为触点并联反指令(也称或非指令)。它们分别用于单个动合和动断触点的并联。

它们的用法如图 10.16 所示。

指令使用说明:

(1) AN,AN/,OR,OR/指令使用的编程元件为 X,Y,R,T,C。

(2) AN,AN/单个触点指令可多次连续串联使用;OR,OR/单个触点并联指令可多次连续并联使用。串联或并联次数没有限制。

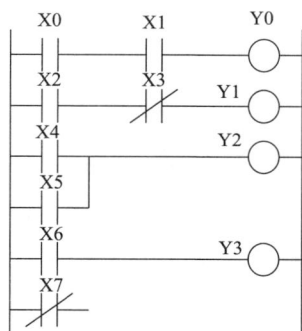

地址	指令	
0	ST	X0
1	AN	X1
2	OT	Y0
3	ST	X2
4	AN/	X3
5	OT	Y1
6	ST	X4
7	OR	X5
8	OT	Y2
9	ST	X6
10	OR/	X7
11	OT	Y3

图 10.16　AN,AN/,OR,OR/指令的用法

3. 块串联指令 ANS 与块并联指令 ORS

ANS(块与)和 ORS(块或)分别用于指令块的串联和并联连接,它们的用法如图 10.17 所示。在图(a)中,ANS 用于将两组并联的触点(指令块 1 和指令块 2)串联;图(b)中,ORS 将两组串联的触点(指令块 1 和指令块 2)并联。

指令使用说明:

(1) 每一块指令均以 ST(或 ST/)开始。

(2) 当两个以上指令块串联或并联时,可将前面块的并联或串联结果作为新的"块"参与运算。

(3) 指令块中各支路的元件个数没有限制。

277

（4）ANS 和 ORS 指令后面不带编程元件。

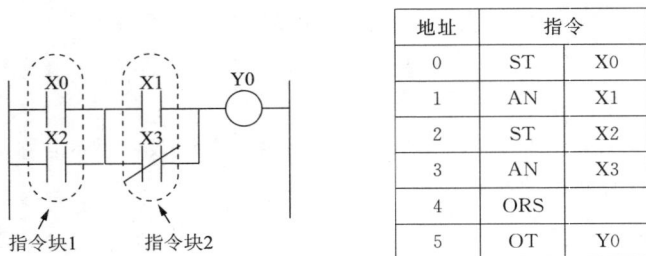

地址	指令	
0	ST	X0
1	AN	X1
2	ST	X2
3	AN	X3
4	ORS	
5	OT	Y0

（a）ANS 的用法

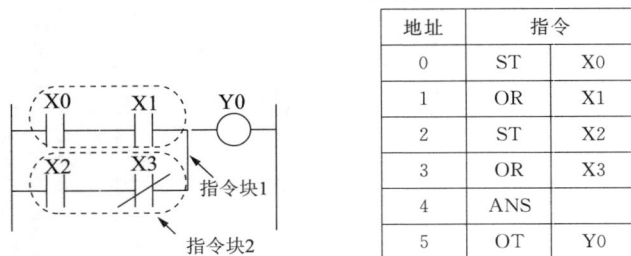

地址	指令	
0	ST	X0
1	OR	X1
2	ST	X2
3	OR	X3
4	ANS	
5	OT	Y0

（b）ORS 的用法

图 10.17　ANS 和 ORS 指令的用法

例题 10.1

写出图 10.18(a)所示梯形图的指令语句表。

解：指令语句表如图 10.18(b)所示。

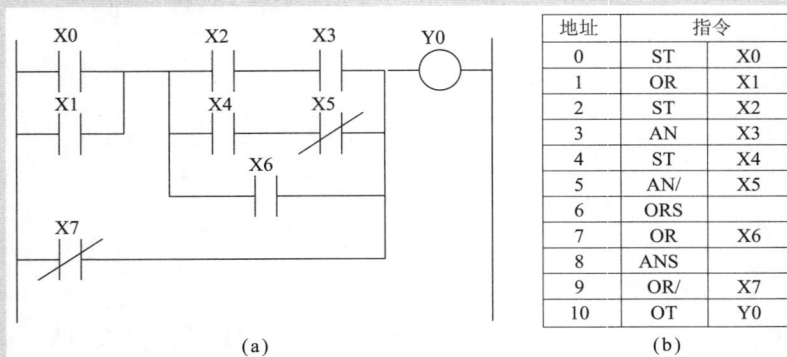

地址	指令	
0	ST	X0
1	OR	X1
2	ST	X2
3	AN	X3
4	ST	X4
5	AN/	X5
6	ORS	
7	OR	X6
8	ANS	
9	OR/	X7
10	OT	Y0

（a）　　　　　　　　　（b）

图 10.18

4. 反指令 /

反指令（也称非指令）是将该指令所在文职的运算结果取反，如图 10.19 所示。在图 10.19 中，当 X0 闭合时，Y0 接通、Y1 断开；反之则相反。

278

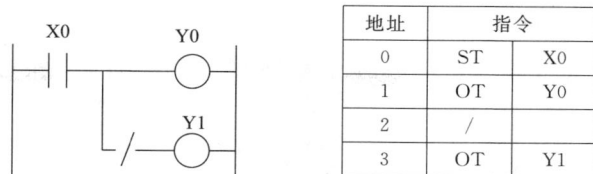

图 10.19 /指令的用法

5. 定时器指令 TM

定时器指令分为下列三种类型：

TMR:定时单位为 0.01s 的定时器；

TMX:定时单位为 0.1s 的定时器；

TMY:定时单位为 1s 的定时器。

TM 指令的用法如图 10.20 所示。

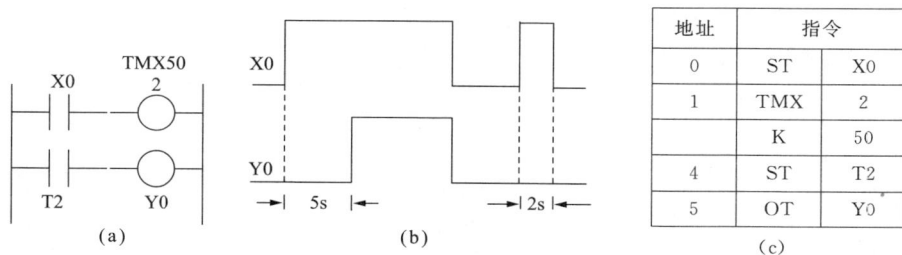

图 10.20 TM 指令的用法

在图 10.20 中,"2"为定时器的编号,"50"为定时设置值。定时时间等于定时设置值与定时单位的乘积,在图 10.20(a)中,定时时间为 $50 \times 0.1s = 5s$。当定时出发信号发出后,即触点 X0 闭合时,定时开始,5s 后,定时时间到,定时器触点 T2 闭合,线圈 Y0 接通。如果 X0 闭合时间不到 5s,则无输出。

在 PLC 指令中,有些指令每条不只占一个地址号,例如每条 TMR 和 TMX 指令各占 3 个地址号,而 TMY 指令占 4 个地址号。

定时器的时钟脉冲 CP 由 PLC 内部产生,其周期为定时单位。

指令使用说明:

(1) 定时设置值为 K1～K32767 范围内的任意一个十进制常数。

(2) 定时器为减 1 计数,即每来一个时钟脉冲 CP,定时设置值逐次减 1,直至减为 0 时,定时器动作,其动合触点闭合,动断触点断开。

(3) 如果在定时器工作期间,X0 断开,则运行中断,定时器复位,回到原始设置值,同时其动合、动断触点恢复常态。

(4) 程序中每个定时器只能使用一次,但其触点可多次使用。

例题 10.2

试编制延时 3s 接通、延时 4s 断开的电路的梯形图和指令语句表。

解:利用两个 TMX 指令的定时器 T1 和 T2,其定时设置 K 分别为 30 和 40,即延时时间分别为 3s 和 4s。梯形图、动作时序图及指令语句表分别如图 10.21(a),(b),(c)所示。

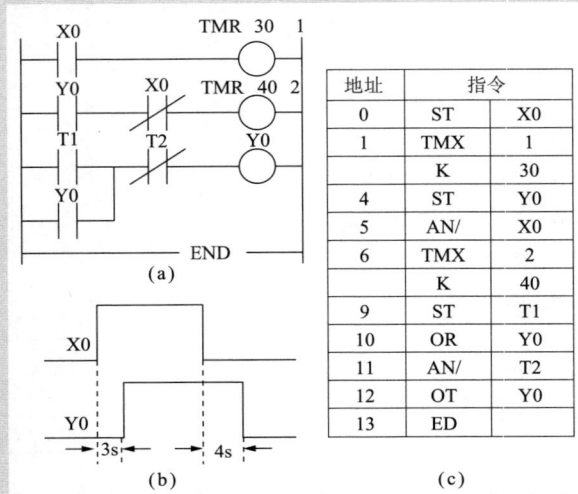

地址	指令	
0	ST	X0
1	TMX	1
	K	30
4	ST	Y0
5	AN/	X0
6	TMX	2
	K	40
9	ST	T1
10	OR	Y0
11	AN/	T2
12	OT	Y0
13	ED	

图 10.21

例题 10.3

振荡输出电路的动作时序图如图 10.22 所示,试编写相应的梯形图和指令语句表。

解:梯形图和指令语句表分别如图 10.22(a)和(c)所示。

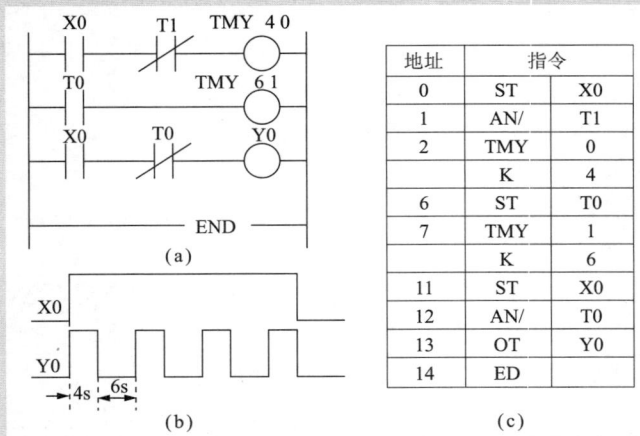

地址	指令	
0	ST	X0
1	AN/	T1
2	TMY	0
	K	4
6	ST	T0
7	TMY	1
	K	6
11	ST	X0
12	AN/	T0
13	OT	Y0
14	ED	

图 10.22

6. 计数器指令 CT

在图 10.23(a)中,"100"为计数器的编号,"4"为计数设置值。用 CT 指令编程时,一定要有计数脉冲信号和复位信号。因此,计数器有两个输入端:计数脉冲端 C 和复位端 R。在图中,它们分别由输入触点 X0 和 X1 控制。当计数到 4 时,计数器的动合触点 C100 闭合,线圈 Y0 接通。

地址	指令	
0	ST	X0
1	ST	X1
2	CT	100
	K	4
5	ST	C100
6	OT	Y0

(a) 梯形图　　(b)动作时序图　　(c) 指令语表句

图 10.23　CT 指令的用法

指令使用说明:

(1) 计数设置值为 K1～K32767 范围内的任意一个十进制常数。

(2) 计数器为减 1 计数,即每来一个计数脉冲的上升沿,计数设置值逐次减 1,直至减为 0 时,计数器动作,其动合触点闭合,动断触点断开。

(3) 如果在计数器工作期间,复位端 R 因输入复位信号而使计数器复位,则运行中断,回到原设置值,同时其动合、动断触点恢复常态。

(4) 程序中每个计数器只能使用一次,但其触点可多次使用。

例题 10.4

分析由定时器与计数器组成的长延时电路的工作过程,其梯形图如图 10.24(a)所示。

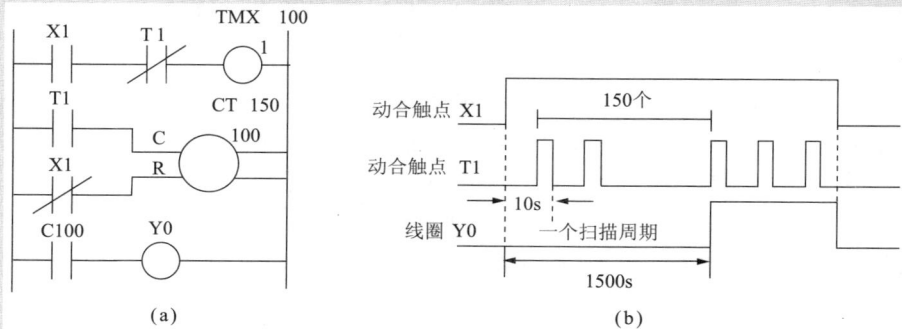

图 10.24

解：当需要的延时时间超过定时器的最大延时范围时，可将定时器与计数器配合使用以扩大延时范围。

在图 10.24(a)中，当输入动合触点 X1 开始闭合时，定时器 T1 随即接通开始定时，10s 后，其动合触点 T1 闭合，即为计数器 C100 输入一个计数脉冲。同时 T1 的动断触点断开，待下一次扫描时，使定时器 T1 自复位，T1 动合触点断开、动断触点闭合。再下一次扫描时，定时器 T1 又接通定时。周而复始，不断循环。定时器 T1 的动合触点每隔 10s 闭合一次，每次闭合时间为一个扫描周期。而计数器 C100 则对这个脉冲计数，当计数 150 次时，其动合触点 C100 闭合，接通线圈 Y0。可见，从 X1 闭合到 Y0 接通所需的时间为 $10 \times 150 = 1500$s。图 10.24(b)是动作时序图。因此，由定时器与计数器可组成长延时电路。

当动合触点 X1 断开时，定时器和计数器复位。

此例中 T1 触点的闭合和断开过程反映了 PLC 循环扫描的工作特点。

7. 堆栈指令 PSHS，RDS，POPS

PSHS(压入堆栈)，RDS(读出堆栈)，POPS(弹出堆栈)这三条堆栈指令常用于梯形图中多条连于同一点的分支通路，并要用到同一中间运算结果的场合。它们的用法如图 10.25 所示。

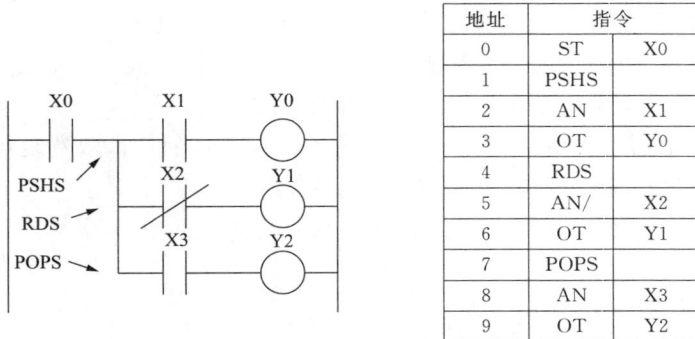

地址	指令	
0	ST	X0
1	PSHS	
2	AN	X1
3	OT	Y0
4	RDS	
5	AN/	X2
6	OT	Y1
7	POPS	
8	AN	X3
9	OT	Y2

图 10.25　PSHS，RDS，POPS 指令的用法

指令使用说明：

(1) 在分支开始处用 PSHS 指令，它存储分支点前的运算结果；分支结束用 POPS 指令，它读出和清除 PSHS 指令存储的运算结果；在 PSHS 指令和 POPS 指令之间的分支均用 RDS 指令，它读出由 PSHS 指令存储的运算结果。

(2) 堆栈指令是一种组合指令，不能单独使用。PSHS，POPS 在堆栈程序中各出现一次(开始和结束时)。而 RDS 在程序中视连接在同一点的支路数目的多少可多次使用。

图 10.26 为图 10.25 的等效梯形图。

从图 10.26 可以看出,若 PSHS 指令存储的中间运算结果是多个触点进行逻辑运算的结果,则用堆栈指令比较方便。

8. 置位、复位指令 SET,RST

SET:触发信号 X0 闭合时,Y0 接通。

RST:触发信号 X1 闭合时,Y0 断开。

它们的用法如图 10.26 所示。

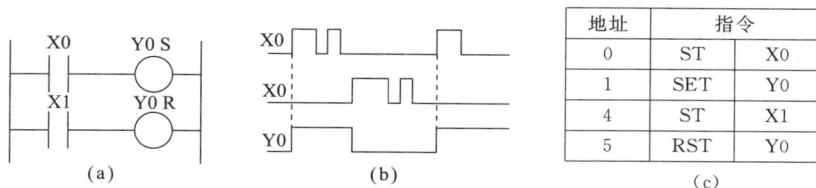

图 10.26　SET,RST 指令的用法

指令使用说明:

(1) SET,RST 指令使用的编程元件为 Y,R。

(2) 当触发信号一接通,即执行 SET(RST)指令。不管触发信号随后如何变化,线圈将接通(断开)并保持。

(3) 对同一继电器 Y(或 R),可以使用多次 SET 和 RST 指令,次数不限。

(4) 当使用 SET 和 RST 指令时,输出线圈的状态随程序运行过程中每一阶段的执行结果而变化。

(5) 当输出刷新时,外部输出的状态取决于最大地址处的运行结果。

9. 保持指令 KP

KP 指令的用法如图 10.27 所示。S 和 R 分别为置位和复位输入端,图中它们分别由输入触点 X0 和 X1 控制。当 X0 闭合时,指令继电器线圈 Y0 接通并保持;当 X1 闭合时,Y0 断开复位。

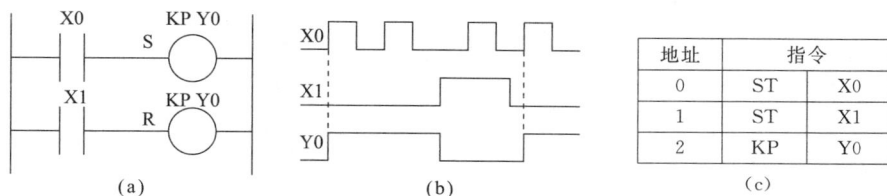

图 10.27　KP 指令的用法

指令使用说明:

(1) KP 指令使用的编程元件为 Y,R。

(2) 置位触发信号一旦将指定的继电器接通,则无论置位触发信号随后是接通状态还是断开状态,指定的继电器都保持接通,直到复位触发信号接通。

（3）如果置位、复位触发信号同时接通,则复位触发信号优先。

（4）当 PLC 电源断开时,KP 指令的状态不再保持。

（5）对同一继电器 Y（或 R）一般只能使用一次 KP 指令。

10. 空操作指令 NOP

NOP:指令不完成任何操作,即空操作,其用法如图 10.28 所示。

在图 10.28 中,当 R1 闭合时,Y0 接通。

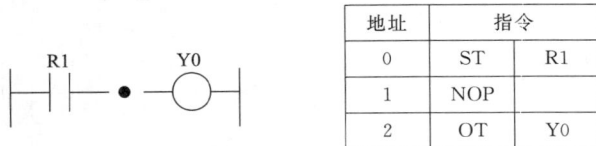

地址	指令	
0	ST	R1
1	NOP	
2	OT	Y0

图 10.28　NOP 指令的用法

指令使用说明:

（1）NOP 指令占一步,当插入 NOP 指令时,程序容量将有所增加,但对运算结果没有影响。

（2）插入 NOP 指令可使程序在检查或修改时容易阅读。

11. 微分指令 DF,DF/

DF:当检测到触发信号上升沿时,线圈接通一个扫描周期。

DF/:当检测到触发信号下降沿时,线圈接通一个扫描周期。

它们的用法如图 10.29 所示。

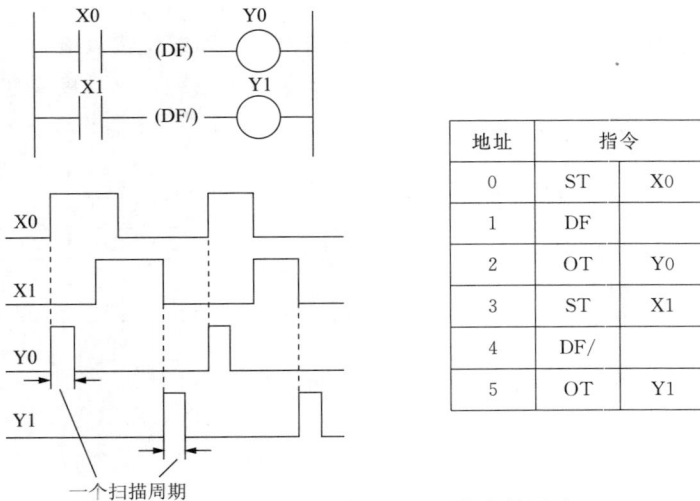

地址	指令	
0	ST	X0
1	DF	
2	OT	Y0
3	ST	X1
4	DF/	
5	OT	Y1

图 10.29　DF,DF/指令的用法

在图 10.29 中,当 X0 闭合时,Y0 接通一个扫描周期;当 X1 断开时,Y1 接通一个扫描周期。这里,触点 X0,X1 分别称为上升沿和下降沿微分指令的触发信号。

指令使用说明:

(1) DF,DF/指令仅在触发信号接通或断开这一状态变化时有效。

(2) DF,DF/指令没有使用次数的限制。

(3) 如果某一操作只需在触点闭合或断开时执行一次,可以使用 DF 或 DF/指令。

12. 移位寄存器指令 SR

SR:实现对内部"字"寄存器 WR 中的数据移位,其用法如图 10.30 所示。

在图 10.30 中,移位寄存器指令有三个输入端:数据输入端 IN;移位脉冲输入端 C;复位端 CLR。图中,它们分别由 X0,X1,X2 三个触点控制。X0 闭合,WR0 中的最低位输入为 1;断开,则输入为 0。当 XI 每闭合一次,移位寄存器中的数据左移移位。当 X2 闭合时,则寄存器复位,停止执行移位指令。

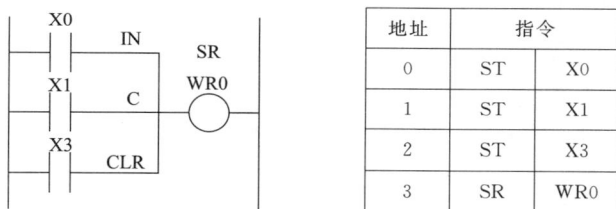

地址	指令	
0	ST	X0
1	ST	X1
2	ST	X3
3	SR	WR0

图 **10.30** SR 指令的用法

指令使用说明:

(1) SR 指令使用的编程元件为 WR。可指定内部通用"字"寄存器中任意一个作为移位寄存器用。

(2) 用 SR 指令时,必须有数据输入、移位脉冲输入和复位信号输入,而其中以复位信号优先。

例题 10.5

今有 8 只节日彩灯,排成一行。现要求从右至左以 1s 点亮一只的速度依次点亮。当灯全亮后再以同样的速度从右至左依次熄灭。如此反复 3 次后停止。

解:此例可用移位寄存器 SR 对移位寄存器(由内部继电器 R0～RF 组成)的状态进行移位,其结果通过 Y0～Y7 输出来实现(Y0 和 Y7 分别对应最右和最左的灯)。其中移位脉冲利用特殊内部继电器(1s 时钟脉冲继电器)产生;使用计数器 C100 累计次数;X0 为重新开始启动触点。

图 10.31 是本例的梯形图。

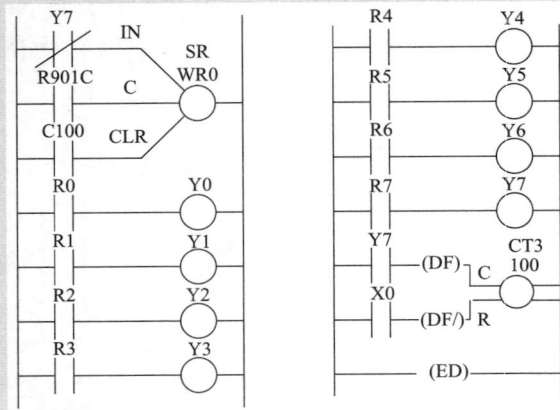

图 10. 31

思考题

1. 什么是 PLC 的扫描周期？其长短主要受什么影响？

2. PLC 与继电接触器控制比较有何特点？

3. 试画出图 10.32 所示各梯形图中 Y0 的动作时序图。

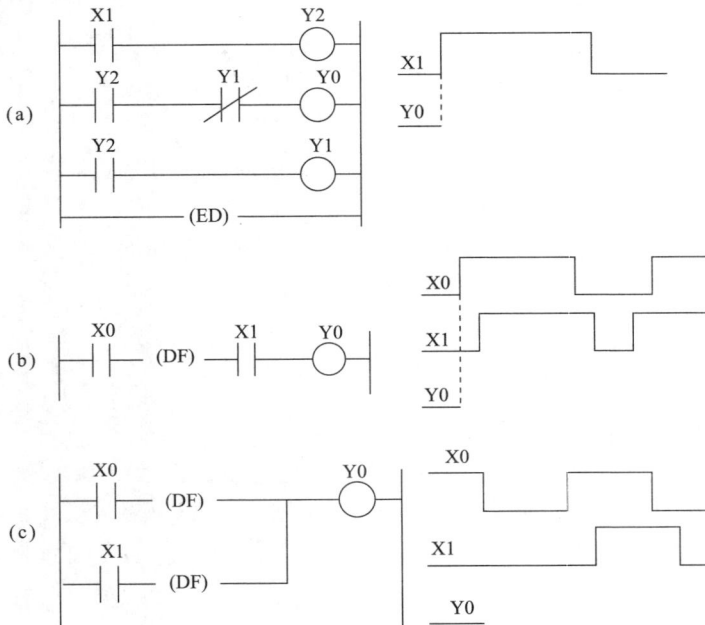

图 10. 32

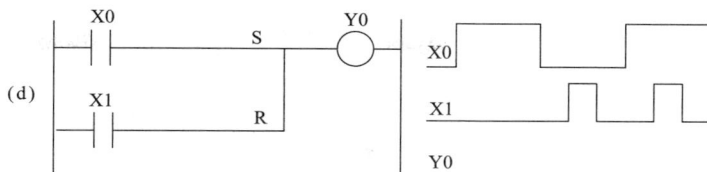

续图 10.32

4. 试比较图 10.33 中两个自保持电路的输出 Y0 的动作时序图。

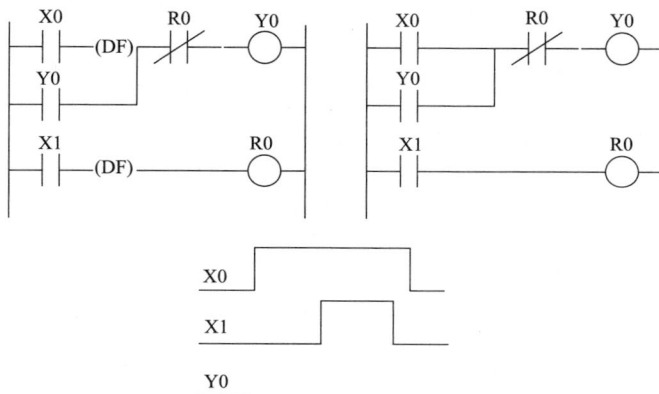

图 10.33

5. 试画出下列指令语句表所对应的梯形图。

ST	X0
DF	
OR	R0
AN/	T0
PSHS	
OT	R0
RDS	
AN	X1
OT	Y0
POPS	
TMX	0
K	30
ST	R0
DF	
SET	Y1
ST	T0
DF/	
RST	Y1
ED	

(a)

ST	X0
AN/	Y1
OT	Y0
ST	X1
AN/	Y0
OT	Y1
ST	Y0
ST	Y1
KP	Y2
ED	

(b)

287

6. 试写出图 10.34 中两个梯形图的指令语句表。

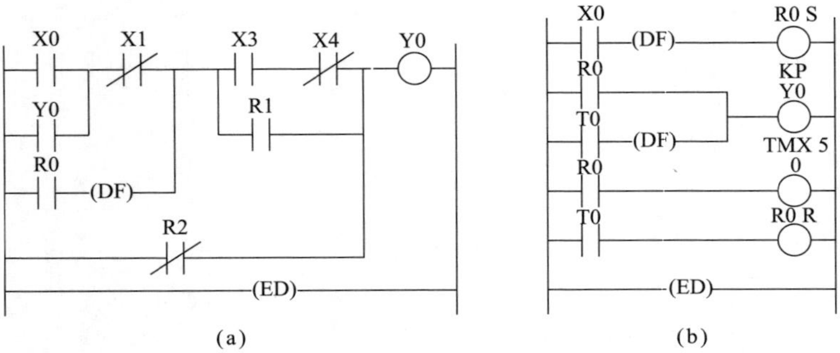

图 **10.34**

7. 试画出能实现图 10.35 所示动作时序图的梯形图。

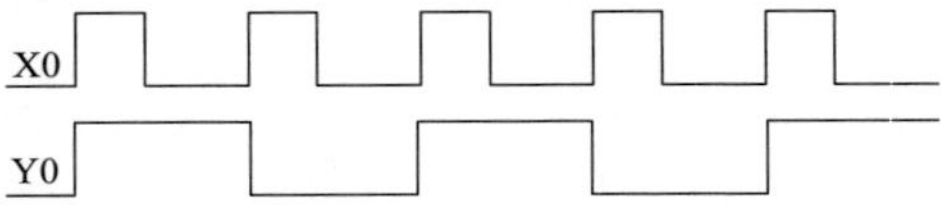

图 **10.35**

8. 试写出图 10.36 中两个梯形图的指令语句表，并画出 Y0 的动作时序图，然后说明各梯形图的功能。

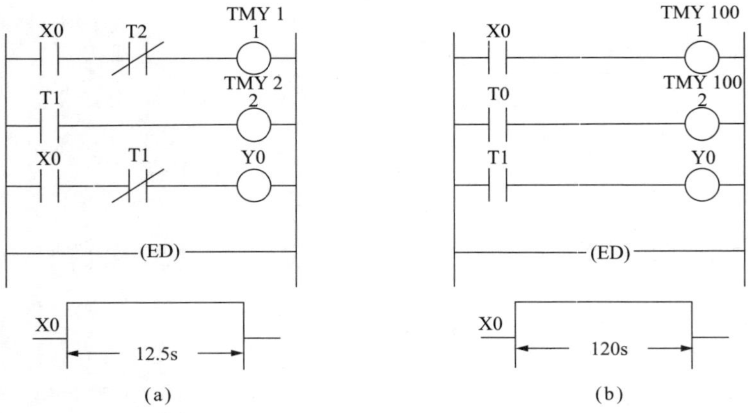

图 **10.36**

第11章

测量基础

学习目标

- ∞ 了解电工测量仪表的分类及适用范围。
- ∞ 了解测量误差的相关概念。
- ∞ 了解指针式仪表的结构、作用原理、特点及用途。
- ∞ 了解数字仪表的结构、工作原理、特点及用途。
- ∞ 了解智能仪表的结构、作用原理、特点及用途。

电工测量包括电量和非电量的测量,电量包括电压、电流、功率、电能等,非电量包括压力、温度等,本书只介绍电量的测量。测试手段包括常规的仪器仪表和由微型计算机控制的高精度智能测试仪器。本章分三节分别介绍电测量基本知识、测量仪表及测量技术,并且在测量仪表中重点介绍电测量的基础知识、常规的磁电式仪表、电磁式仪表和电动式仪表等传统的指针式仪表、数字仪表以及直流电压表、交流多功能表等智能仪表。

11.1　测量的基本知识

11.1.1　测量基础

1. 测量的概念

人们认识事物、解决实际问题、掌握事物发展变化的规律往往需要对特定的量值进行测量,从而找出其中的特征、规律。因此,测量是人们认识世界的一个有效手段,掌握常用的测量方法和技能有利于更好地认识世界。

所谓测量,就是人们借助于专门的测量设备,通过实验的方法,求出以测量单位表示的测量结果数据的大小。

通常测量结果由数值(包括大小及符号)和相应的单位名称两部分组成。例如,测得某元件两端的电压为 3.5V,则测量值的数值为 3.5,计量单位为 V(伏特)。

测量的实质是将被测量与标准的同类单位量进行比较。如测出被测元件流经的电流为 2.1A,这表明被测量是电流单位量 A(安培)的 2.1 倍。

2. 测量的单位

为确定被测量的大小,必须统一测量单位。目前,我国法定的计量单位制采用的是国际单位制(也称 SI 制)。SI 制包括七个基本单位、两个辅助单位和其它导出单位。

七个基本单位是:米(m)、千克(kg)、秒(s)、安培(A)、开尔文(K)、摩尔(mol)、坎德拉(cd)。

两个辅助单位是:弧度(rad)和球面度(sr)。

其他所有物理量的单位均可用七个基本单位导出,称为导出单位。常用的电磁学单位如牛顿(N)、焦耳(J)、瓦特(W)、库仑(C)、伏特(V)、法拉(F)、欧姆(Ω)、西门子(S)、韦伯(Wb)、亨利(H)、特斯拉(T)等都是由基本单位导出的。

3. 测量的分类

测量的分类方法很多,这里只介绍两种常见的分类方法。

1) 从获得测量结果的不同方式分类,可分为直接测量法、间接测量法和组合测量法。

（1）直接测量法

直接测量法是指从测量仪器上能够直接得到测量结果的测量方法。直接测量法简便，它的测量目的与测量对象是一致的。例如用电压表测量电压、用电桥测量电阻值等。

（2）间接测量法

间接测量法是指通过测量与被测量有函数关系的其他量，才能得到测量结果的测量方法。它的测量目的和测量对象是不一致的。例如用伏安法测量电阻。

（3）组合测量法

组合测量法，较之上述两种方法更复杂一些。在测量中，若被测量有多个，而且它们和可直接（或间接）测量的物理量有一定的函数关系，通过联立求解各函数关系式来确定被测量的数值，这种测量方式称为组合测量法。例题11.1就是典型的组合测量法。

例题 11.1

测定图11.1电路中线性有源一端口网络等效参数 R_{eq}、U_{oc}。

解：

调 R_L 为 R_1 时得到 I_1，U_1

调 R_L 为 R_2 时得到 I_2，U_2

得 $\begin{cases} U_1 + R_{eq}I_1 = U_{oc} \\ U_2 + R_{eq}I_2 = U_{oc} \end{cases}$

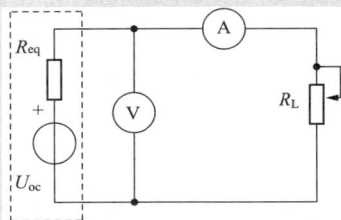

图 11.1　求等效参数 R_{eq}、U_{oc}

解联立方程组可求得被测量 R_{eq}、U_{oc} 的数值

2）根据获得测量结果的数值的方法不同，分为直读测量法和比较测量法。

（1）直读测量法（直读法）

直读法是指直接根据仪表（仪器）的读数来确定测量结果的方法。例如用电流表测量电流、用功率表测量功率等。测量过程中，度量器（标准量）不直接参与作用。

直读测量法的优点是设备简单，操作简便，缺点是测量准确度决定于测量仪表的精度。

（2）比较测量法

比较测量法是指测量过程中被测量与标准量（又称度量器）直接进行比较而获得测量结果的方法。例如用电桥测电阻，测量中作为标准量的标准电阻参与比较。

比较测量法的特点是测量准确，灵敏度高，适用于精密测量。但测量操作过程比较麻烦，相应的测量仪器较贵，成本高。

需要指出，测量的分类方法虽然不同，但彼此也存在关联，一种测量操作可能分属于不同的分类方法。例如,用电压表测量电压既是直接测量方式又属于直读法。用电桥测量电阻既是直接测量方式,又是比较测量法。

实际测量中采用哪种方法,应根据对被测量测量的准确度要求以及实验条件是否具备等多种因素具体确定。如测量电阻,当对测量准确度要求不高时,可以用万用表直接测量或伏安法间接测量,它们都属于直读法。当要求测量准确度较高时,则用电桥法进行直接测量,它属于比较测量法。

4.测量误差

1)测量误差的定义

不论用什么测量方法,也不论怎样进行测量,测量的结果与被测量的实际数值总存在差别,我们把这种差别,也就是测量结果与被测量真值之差称为测量误差。从不同角度出发,测量误差有多种分类方法。

2)测量误差的分类

(1)根据误差的表示方法分,可以分为绝对误差、相对误差和引用误差。工程里常常用到引用误差。

所谓引用误差,就是指测量指示仪表的绝对误差(Δx:理论值与真值之差)与其量程之比(用百分数表示),用 γ_n 表示,即

$$\gamma_n = \frac{\Delta x}{x_m} \times 100\% \tag{11.1}$$

实际测量中,由于仪表各标度尺位置指示值的绝对误差的大小、符号不完全相等,若取仪表标度尺工作部分所出现的最大绝对误差作为式(11.1)中的分子,则得到最大引用误差,用 γ_{nm} 表示。

$$\gamma_{nm} = \frac{\Delta x_m}{x_m} \times 100\% \tag{11.2}$$

最大引用误差常用来表示电测量指示仪表的准确度等级,它们之间的关系是

$$\gamma_{nm} = \frac{\Delta x_m}{x_m} \times 100\% \leqslant \alpha\% \tag{11.3}$$

式中,α——仪表准确度等级指数。

根据 GB/T 7676.2—1998《直接作用模拟指示电测量仪表及其附件》的规定,电流表和电压表的准确度等级 α 如表 11.1 所示。仪表的基本误差在标度尺工作部分的所有分度线上不应超过表 11.1 中的规定。

表 11.1

准确度等级 α	0.05	0.1	0.2	0.3	0.5	1.0	1.5	2.0	2.5	3.0	5.0
基本误差/%	±0.05	±0.1	±0.2	±0.3	±0.5	±1.0	±1.5	±2.0	±2.5	±3.0	±5.0

表 11.1 表明,准确度等级的数值越小,允许的基本误差越小,表示仪表的准确

度越高。

式(11.3)说明,在应用指示仪表进行测量时,产生的最大绝对误差为

$$\Delta x_{\mathrm{m}} \leqslant \pm \alpha\% \cdot x_{\mathrm{m}} \tag{11.4}$$

当被测量的示值为 x 时,可能产生的最大示值相对误差为

$$\gamma_{\mathrm{m}} = \frac{\Delta x_{\mathrm{m}}}{x} \times 100\% \leqslant \pm \alpha\% \cdot \frac{x_{\mathrm{m}}}{x} \times 100\% \tag{11.5}$$

因此,根据仪表准确度等级和被测量的示值大小,可计算直接测量中最大示值相对误差。当被测量量值愈接近仪表的量程,测量的误差愈小。因此,测量时应使被测量量值尽可能在仪表量程的 2/3 以上。

例题 11.2

用一个量程为 50mA、准确度等级为 0.5 级的直流电流表测得某电路中电流为 32.7mA,求测量结果的示值相对误差。

解:根据式(11.4)计算出仪表的最大绝对误差为

$$\Delta x_{\mathrm{m}} = \pm \alpha\% \cdot x_{\mathrm{m}} = \pm 0.005 \times 50 = \pm 0.25 \text{mA}$$

由式(11.5)可得其测量结果可能出现的示值最大相对误差为

$$\gamma_{\mathrm{m}} = \frac{\Delta x_{\mathrm{m}}}{x} \times 100\% = \pm \frac{0.25}{32.7} \times 100\% = \pm 0.76\%$$

---

(2)根据误差的性质可分为:系统误差、随机误差和粗大误差三类。

① 系统误差

系统误差是指在同一条件下,多次测量同一量值时,误差的大小和符号均保持不变,或者当条件改变时,按某一确定的已知规律(确定函数)变化的误差。系统误差包括已定系统误差和未定系统误差。已定系统误差是指符号或绝对值已经确定的系统误差。未定系统误差是指符号或绝对值未经确定,仅仅给出了一定的误差范围的系统误差。

系统误差产生的原因有测量仪器、仪表不准确,环境因素的影响,测量方法或依据的理论不完善及测量人员的不良习惯或感官不完善等。

系统误差的特点是:

(i)系统误差是一个非随机变量,是固定不变的,或是一个确定的时间函数。也就是说,系统误差的出现不服从统计规律,而服从确定的函数规律。

(ii)重复测量时,系统误差具有重现性。对于固定不变的系统误差,重复测量时误差也是重复出现的。系统函数为时间函数时,它的重现性体现在当测量条件实际相同时,误差可以重现。

(iii)可修正性。由于系统误差的重现性,就决定了它是可以修正的。

② 随机误差

在同一条件下对同一量进行多次测量时所出现的、以不可预知方式变化的误

差成为随机误差。

随机误差就个体而言大小和符号都是不确定的,但其总体服从统计规律。

随机误差一般服从正态分布规律,如图 11.2 所示:

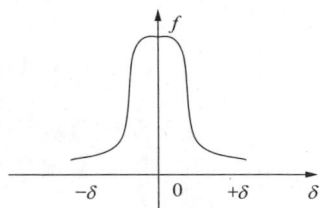

图中:δ——表示随机误差。

f——表示误差出现的次数

这条曲线称为随机误差正态分布曲线。

随机误差出现的原因主要是周围环境对测量过程的影响,如电磁场的变化、热起伏、空气扰动等。

图 11.2　正态分布函数

随机误差有四个主要特点:

(i) 有界性。有一定的测量条件下,随差的绝对值不会超过一定的界限。

(ii) 单峰性。绝对值小的误差出现的概率大,而绝对值大的误差出现的概率小。

(iii) 对称性。绝对值相等的±误差出现的概率一致。

(iv) 抵偿性。将全部误差相加时,具有相互抵消的特性。

根据随机误差的抵偿性,在实际测量中可采用取多次测量值的算术平均值的方法消除随机误差。

③ 粗大误差

粗大误差是指明显超出了规定条件下预期的误差。

这是由于实验者的粗心,错误读取数据;或使用了有缺陷的计量器具;或计量器具使用不正确;或环境的干扰等引起的误差。例如,用了有问题的仪器、读错、记错或算错测量数据等等。含有粗差的测量值是不可靠的,应该去掉。

3) 测量结果的评定

前面讲述的误差是描述测量结果偏离真值的程度,我们也可以从另一个角度用正确度、精密度和准确度这三个"度"来描述测量结果与真值的一致程度。从本质上讲两者是一致的。在使用中常见到因对这几个"度"之间含义的混淆,而影响了对测量结果的正确评述。

(1) 正确度

由系统误差引起的测得值与真值的偏离程度,偏离越小,正确度越高,系统误差越小,测量结果越正确。因此,正确度反映了系统误差对测量结果影响的程度。

当系统误差远大于随机误差时,相对地说,随机误差可以忽略不计,则有:

$$\Delta x = \varepsilon = x - x_0$$

这时可按系统误差来处理,并估计测量结果的正确度。

上式中:ε——系统误差

x——测量值

x_0——真值

（2）精密度

它指测量值重复一致的程度。测量过程中，在相同条件下用同一方法对某一量进行重复测量时，所测得的数值相互之间接近的程度。数值愈接近，精密度愈高。换句话说，精密度用以表示测量值的重现性，反映随机误差对测量结果的影响。

同样，当系统误差小得可以忽略不计或业已消除时，可得

$$\Delta x = \delta = x - x_0$$

上式中：δ——随机误差

x——测量值

x_0——真值

这时可按随机误差来处理，并估计测得结果的精密度。

（3）准确度

由系统误差和随机误差共同引起的测量值与真值的偏离程度，偏离越小，准确度越高，综合误差越小，测量结果越准确。所以，准确度同时反映了系统误差和随机误差对测量结果影响的程度。

当系统误差和随机误差两者差不多，而不能忽略其中任何一个时，可将系统误差与随机误差进行分别处理，然后再考虑其综合影响，并估计测量结果的准确度。

正确度和精密度是互相独立的，对于一个具体的测量，正确度高，精密度不一定高；反之，精密度高，正确度就不一定高。但正确度和精密度都高，却完全是可能的。

只有正确度高或精密度高，就不能说准确度高。只有正确度和精密度都高，才能说准确度高。以打靶为例综合说明上述各关系。

图 11.3(a)表明系统误差小，随机误差大，即正确度高，精密度低；图(b)说明射击的系统误差大，而随机误差小，即正确度低而精密度高；图(c)则表明系统误差和随机误差都小，即正确度和精密度都高，也就是准确度高，而在靶心外的散弹点可视为粗大误差，应剔除。

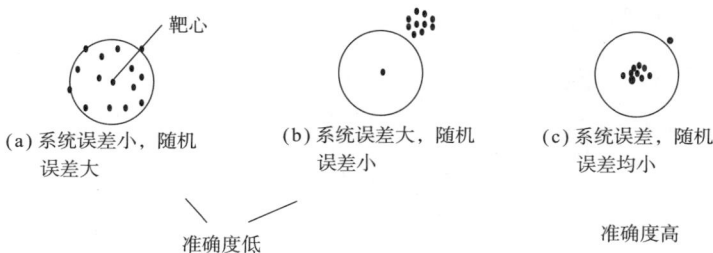

(a) 系统误差小，随机误差大　　(b) 系统误差大，随机误差小　　(c) 系统误差，随机误差均小

准确度低　　　　　　　　　　　准确度高

图 11.3　打靶图

4）间接测量中的误差估算

下面分两种情况对间接测量时最大相对误差的估算进行讨论。

（1）被测量为几个测量量的和（或差）

设 y 为被测量，X_1、X_2、X_3 为直接测量的量，y 为它们的和，即

$$y = x_1 + x_2 + x_3 \tag{11.6}$$

对上式两边同时微分，得

$$dy = dx_1 + dx_2 + dx_3$$

近似地以改变量代替微分量，即

$$\Delta y = \Delta x_1 + \Delta x_2 + \Delta x_3 \tag{11.7}$$

若将改变量看成绝对误差，则相对误差为

$$\gamma_y = \frac{\Delta y}{y} \times 100\% = \left(\frac{\Delta x_1}{y} + \frac{\Delta x_2}{y} + \frac{\Delta x_3}{y} \right) \times 100\% \tag{11.8}$$

或写成

$$\gamma_y = \frac{x_1}{y} \gamma_1 + \frac{x_2}{y} \gamma_2 + \frac{x_3}{y} \gamma_3$$

式中，$\gamma_1 = \frac{\Delta x_1}{x_1} \times 100\%$，$\gamma_2 = \frac{\Delta x_2}{x_2} \times 100\%$，$\gamma_3 = \frac{\Delta x_3}{x_3} \times 100\%$，分别为直接测量 x_1, x_2, x_3 的相对误差。

被测量的最大相对误差为

$$\gamma_{ymax} = \pm \frac{|\Delta x_1| + |\Delta x_2| + |\Delta x_3|}{y} \times 100\% \tag{11.9}$$

或

$$\gamma_{ymax} = \pm \left(\left| \frac{x_1}{y} \gamma_1 \right| + \left| \frac{x_2}{y} \gamma_2 \right| + \left| \frac{x_3}{y} \gamma_3 \right| \right) \tag{11.10}$$

例题 11.3

两个电阻串联，$R_1 = 500\Omega$，$R_2 = 1000\Omega$，各电阻的相对误差分别为 1%、1.5%，求串联后总的相对误差。

解　串联后总的电阻　　　　　$R = 500 + 1000 = 1500（\Omega）$

各电阻的绝对误差分别为　$\Delta R_1 = 500 \times 1\% = 5（\Omega）$

$\Delta R_2 = 1000 \times 1.5\% = 15（\Omega）$

相对误差　$\gamma_R = \left(\left| \frac{\Delta R_1}{R} \right| + \left| \frac{\Delta R_2}{R} \right| \right) = 1.1\%$

若被测量为两个直接测量量之差，即使两个直接测量量的相对误差很小，被测量的相对误差也可能很大，因此实际中这种测量方法应避免使用。

（2）被测量为多个测量量的积（或商）

设　　$y = x_1^m \cdot x_2^n \tag{11.11}$

式中 m、n 分别是 x_1、x_2 的指数。

对上式两边取对数,得

$$\ln y = m\ln x_1 + n\ln x_2 \tag{11.12}$$

再微分,得

$$\frac{\mathrm{d}y}{y} = m\frac{\mathrm{d}x_1}{x_1} + n\frac{\mathrm{d}x_2}{x_2} \tag{11.13}$$

于是得被测量相对误差为

$$\begin{aligned}
\gamma_y &= \left(\frac{\mathrm{d}y}{y}\right) \times 100\% \\
&= m\left(\frac{\mathrm{d}x_1}{x_1}\right) \times 100\% + n\left(\frac{\mathrm{d}x_2}{x_2}\right) \times 100\% \\
&= m\gamma_1 + n\gamma_2
\end{aligned}$$

则被测量的最大测量相对误差为

$$\gamma_{y\max} = \pm(\,|\,m\gamma_1\,| + |\,n\gamma_2\,|\,) \tag{11.14}$$

由式(11.14)可见,当各直接测量的相对误差大致相等时,指数较大的量对测量结果误差影响较大。

例题 11.4

正弦交流电路中,如图 11.4 所示用三表法(电流表、电压表、功率表)测量元件 A(或网络)的功率因数 $\cos\varphi$ 值。若电流表的量程为 2A,示值为 0.8A;电压表量程为 150V,示值为 110.0V;功率表量程为 60W,示值为 25.7W,其准确度等级均为 0.5 级,试计算功率因数和仪表基本误差引起的最大相对误差。

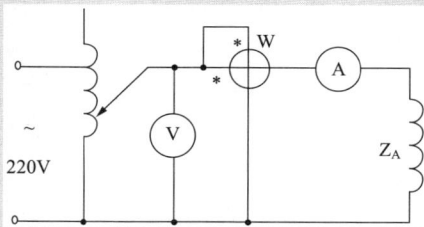

图 11.4

解 用间接测量法计算功率因数,公式为

$$\cos\varphi = \frac{P}{UI}$$

测量结果的最大相对误差按式(11.14)可推导出

$$\gamma_{\cos\varphi} = \pm(\,|\,\gamma_I\,| + |\,\gamma_U\,| + |\,\gamma_P\,|\,)$$

由测量仪表示值可计算上式中各量为

$$\gamma_U = \pm\frac{\alpha\% \times U_m}{U_x} = \pm\frac{0.5\% \times 150}{110.0} = \pm0.68\%$$

$$\gamma_I = \pm\frac{0.5\% \times 2}{0.8} = \pm1.25\%$$

$$\gamma_P = \pm\frac{0.5\% \times 60}{25.7} = \pm1.17\%$$

得出正弦电路中功率因数为

$$\cos\varphi = \frac{P}{UI} = \frac{25.7}{110 \times 0.8} = 0.365$$

则测量最大相对误差为

$$\gamma_{\cos\varphi} = \pm(0.68\% + 1.25\% + 1.17\%) = \pm 3.1\%$$

5）消除系统误差的基本方法

测量中系统误差或多或少地存在着，难以完全避免，产生的原因也多种多样。如果发现存在系统误差，就应该对测量进行深入的分析，以便找到产生系统误差的根源，并设法将它们消除，这样才能得到准确的测量结果。下面仅介绍人们在测量实践中总结出来的消除系统误差的一般原则和基本方法。

（1）从误差来源上消除系统误差

这是消除系统误差的根本方法，它要求测量人员对测量过程中可能产生系统误差的各种因素进行仔细分析，并在测量之前从根源上加以消除。例如，仪器仪表的调整误差，在实验前应正确地仔细地调整好测量用的一切仪器仪表；为了防止外磁场对仪器仪表的干扰，应对所有实验设备进行合理的布局和接线等等。

（2）引入修正值消除系统误差

引入修正值的主要目的是消除因仪器仪表的缺陷、测量方法的不完善、测量环境的影响等而导致的基本误差。这种方法是预先将测量设备、测量方法、测量环境（如温度、湿度、外界磁场……）和测量人员等因素所产生的系统误差，通过检定、理论计算及实验方法确定下来，并取其相反值作出修正表格、修正曲线或修正公式。在测量时，就可根据这些表格、曲线或公式，对测量所得到的数据引入修正值。这样由以上原因所产生的系统误差就能减小到可以忽略的程度。

实际上，在测量过程中，通常要用到仪表（电流表，电压表，功率表等），这样便引入了仪表误差，该误差是不可避免的，但可以修正，为系统误差。

$$\Delta x = x - x_0$$

$$\therefore c = -\Delta x$$

式中：c——修正值

例题 11.5

测量电阻 R_x 的实验电路如图 11.5 所示。

① 图 11.5(a)中电压表两端的电压为：

$$U = U_A + U_X$$

$$\therefore R = \frac{U}{I} = R_A + R_x$$

$$\Delta R = R_A$$

修正值 $c = -\Delta R$

可见，电压表外接法适用于负载较大的情况，即：$R_X \gg R_A$。R_A 便可忽略不计。

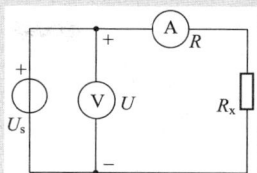

图 11.5(a)　电压表外接法　　　图 11.5(b)　电压表内接法

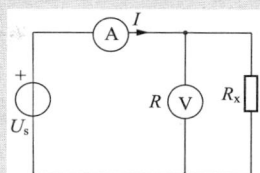

② 图 1.5(b)中电流表流过的电流为：

$$I = I_v + I_x = U\left(\frac{1}{R_V} + \frac{1}{R_x}\right)$$

$$\therefore R = \frac{U}{I} = \frac{1}{\left(\frac{1}{R_V} + \frac{1}{R_x}\right)}$$

ΔR 是由 R_V 引起的。

可见,电压表内接法适用于负载较小的情况,即:$R_x \ll R_V$。R_V 分流作用小。

（3）应用测量技术消除系统误差

在实际测量中,还可以采用一些有效的测量方法,来消除和削弱系统误差对测量结果的影响。

① 替代法

替代法的实质是一种比较法,它是在测量条件不变的情况下,用一个数值已知的且可调的标准量来代替被测量。在比较过程中,若仪表的状态和示值都保持不变,则仪表本身的误差和其他原因所引起的系统误差对测量结果基本上没有影响,从而消除了测量结果中仪表所引起的系统误差。

例如图 11.6 所示,用替代法测量电阻 R_x。在测量时先把被测电阻 R_x 接入测量线路（开关 S 接到 1）,调节可调电阻 R_0,使电流表 A 的读数为某一适当数值,然后将开关 S 转接到位置 2,这时可调标准电阻 R_n 代替 R_x 被接入测量电路,调节 R_n 使电流表数值保持原来读数不变。如果 R_0 的数值及所有其他外界条件都不变,则 $R_n = R_x$。显然,其测量结果的准确度决定于标准电阻 R_n 的准确度及电源的稳定性。

在比较法中,根据标准量和被测量是同时接入电路或不同时接入电路,又可分为同时比较法和异时比较法两大类。

图 11.6 所示电路是一种异时比较法电路,常用来测量中值电阻。

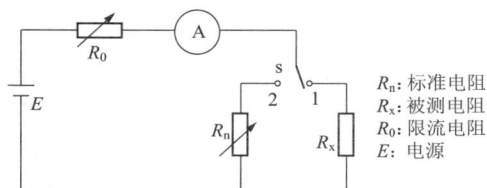

② 零示法

R_n:标准电阻
R_x:被测电阻
R_0:限流电阻
E:电源

图 11.6　替代法

零示法是一种广泛应用的测量方法,主要用来消除因仪表内阻影响而造成的系统误差。

在测量中,使被测量对仪表的作用与已知的标准量对仪表的作用相互平衡,以使仪表的指示为零,这时的被测量就等于已知的标准量。

例题 11.6

图 11.7 是用零示法测量实际电压源开路电压 U_{oc} 的实用电路。

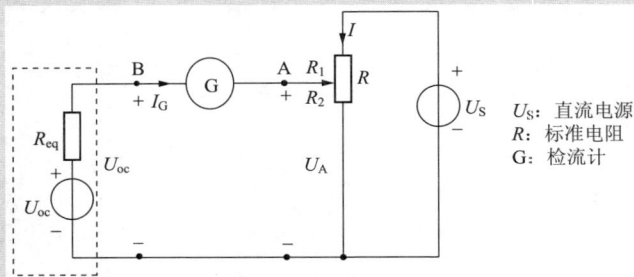

图 11.7　零示法

测量时:调节电阻 R 的分压比,使检流计 Ⓖ 的读数为 0,则 $U_A = U_B$

即 $U_{oc} = U_A = U_s \cdot \dfrac{R_2}{R_1 + R_2}$

在测量过程中,只需要判断检流计中有无电流,而不需要读数,因此只要求它具有足够的灵敏度。同时,只要直流电源 U_s 及标准电阻 R 稳定且准确,其测量结果就会准确。

③ 正负误差补偿法

若系统误差为恒值误差,则可以对被测量在不同的测量条件下进行两次测量,使其中一次所包含的误差为正,而另一次所包含的误差为负,取这两次测量数据的平均值作为测量结果,从而就可以消除这种恒定系统误差。

例如,用安培表测量电流时,考虑到外磁场对仪表读数的影响,可以将安培表转动 180°再测量一次,取这两次测量数据的平均值作为测量结果。如果外磁场是恒定不变的,那么其中一次的读数偏大,而另一次读数偏小,这样在求平均值时,其正负误差就相互抵消,从而消除了外磁场对测量结果的影响。

此外还有组合法、微差替代法等,这里就不作介绍了。

11.1.2　电测量指示仪表的分类

电测量指示仪表的种类繁多,分类方法也很多,了解电测量指示仪表的分类,有助于认识它们所具有的特性,在不同的场合使用选用正确的仪器仪表。常用的电测量指示仪表分类方法有：

（1）根据电测量指示仪表的工作原理可分为：

磁电系、电磁系、电动系、静电系、感应系、整流系、热电系、电子系。

（2）根据被测对象的名称（单位）可分为：

电流表（安培表、毫安表、微安表）、电压表（伏特表、毫伏表）、功率表（瓦特表）、电能表、相位表（或功率因数表）、频率表、兆欧表，以及其他多种用途的仪表，如万用表等。

（3）根据仪表的工作电流的种类可分为：

直流表、交流表、交直流两用表。

（4）根据准确度等级，我国工业仪表等级通常可分为：

0.1、0.2、0.5、1.0、1.5、2.5、5.0 七级，并标志在仪表刻度标尺或铭牌上。

（5）按仪表取得读数的方法分

有指针式、数字式和记录式仪表等。

此外，可按仪表对磁场或电场防御能力和使用条件等分类。

本节重点介绍常用的磁电系、电磁系、电动系指示仪表、数字电压、电流表、万用表、智能电压、电流表。

思考与练习

1. 测量误差有哪些分类方法？

2. 简述系统误差、随机误差、粗大误差各自的特性，如何消除他们对测量结果的影响？

3. 若要测量某电阻元件消耗的功率，电压表的量程是 30V，示值为 22.4V，电流表的量程是 1A，示值是 0.67A，两表的准确度等级均为 0.5 级，试计算因仪表的基本误差引起的测量最大相对误差。

4. 电测量指示仪表通常有哪些分类方法？

5. 有两块直流电压表，若用准确度等级为 2.5 级，量程为 75V 的电压表去测量 72V 电压；另外用一块准确度等级为 1.5 级，量程为 150V 的电压表去测量 25V 电压。试问哪块表误差小？为什么？

11.2 测量仪表

11.2.1 传统的指针式仪表

电测量指示仪表的结构主要有两部分组成：测量线路和测量机构，其结构框图如图 11.8 所示。

测量线路（如分流器、分压器等）的作用是把被测量 x（如电流、电压、功率等）变换成测量机构可以直接测量的电磁量 y，测量机构（俗称表头）的作用是把变量 y

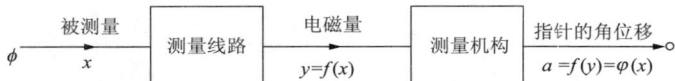

图 11.8　指示仪表的结构框图

（又称中间量）转变成仪表的偏转角位移 α。

　　电测量指示仪表的测量机构从结构特点来说通常都是由固定部分和活动部分两部分组成。固定部分主要包含有磁路系统或固定线圈，轴承支架以及读数装置（标度盘）等；而可动部分包含有可动线圈或可动铁片，指示器以及阻尼片等，可动部分与转轴相连，通过轴尖被支承在轴承里，或利用张丝、悬丝作为支承部件。仪表在被测量的作用下，可动部分的相应偏转就反映了被测量的数值。

　　指针式仪表，之所以能准确、快速地指示出测量值，是因为它们都具备三力矩条件。三力矩是指转动力矩、反作用力矩、阻尼力矩，它们均是作用在指示仪表的可动部分上。具体作用原理如下：

1. 转动力矩 M（驱动部分）

　　转动力矩是由被测量加到测量机构上所产生的电磁力而形成的，是使指示仪表指示器转动的力矩。它有三个特点。

　　① M 作用于仪表测量机构的可动部分上。

　　② M 既是被测量 x 的函数，又是可动系统偏转角 $α$ 的函数。

$$M = F(x, α) \tag{11.15}$$

　　③ M 的大小取决于测量机构系统电能量 W_e 的变化率。

$$M = \frac{dW_e}{d_α} \tag{11.16}$$

2. 反作用力矩 $M_α$（控制部分）

　　反作用力矩用来平衡转动力矩，通常由机械力（游丝、张丝）和电磁力产生。它也有三个特点。

　　① $M_α$ 作用于仪表测量机构的可动部分，但力矩方向与转动力矩方向相反。

　　② $M_α$ 仅仅是仪表偏转角 $α$ 的函数，即

$$M_α = F(α) \tag{11.17}$$

　　③ 一般地说，$M_α$ 是随 $α$ 的增大而增大的。当指针处于平衡位置时，有

$$M = M_α \tag{11.18}$$

由式（11.15）、（11.17），有：

$$F(x, α) = F(α)$$

因此：$α = F(x)$ (11.19)

从式（11.19）可见：

指示仪表的偏转角 $α$ 的大小取决于被测量的 x 的数值。转动力矩和反作用力

矩是一对主要的作用力矩。他们相互作用决定仪表最后稳定的偏转位置。

3. 阻尼力矩 M_P

阻尼力矩是由仪表可动部分的转动,而引起阻尼器(空气或电磁感应式)产生阻碍可动部分运动的力矩。用于减小指示器(例如指针)在平衡位置左右摆动的幅度和次数。其特点:

①M_P 作用于仪表测量机构的可动部分上,但它的方向与仪表可动部分的运动方向相反。

②M_P 也只是仪表偏转角 α 的函数。

$$M_p = F(\alpha) \tag{11.20}$$

③M_P 的大小与可动部分运动的角速度成正比,即

$$M_p = -p \frac{d\alpha}{dt} \tag{11.21}$$

式中,p——阻尼系数

$\dfrac{d\alpha}{dt}$——可动部分运动角速度。

由式(11.21)可知,当仪表指针静止在平衡位置时,则 $\dfrac{d\alpha}{dt}=0$,$M_P=0$,阻尼力矩不会影响偏转角位移 α 的大小。

电测量指示仪表常用的阻尼器有:空气阻尼器、磁感应阻尼器等。

由于产生转动力矩的方法和机构不同,从而构成了不同类型的测量机构,如磁电系,电磁系和电动系测量机构等。

4. 磁电式仪表原理及应用

磁电系仪表由于自身的结构特性,可以做成精度很高的直流电压表、直流电流表,所以要用相当广泛。如果加上整流器,还可做成交流表,测量交流电压和交流电流。

1)测量机构和作用原理

(1)构成

图 11.9 为一种磁电系测量机构。固定部分有永久磁铁 1、极掌 2、固定在支架上的圆柱形铁心 3。制作极掌和铁心的材料是磁导率很高的软磁材料。铁心放在极掌之间,与极掌形成一个磁场均匀的环形气隙。可动部分有绕在铝框架上的可动线圈 4、与转轴相连的指针 6、游丝 5、平衡锤 7 组成。

(2)作用原理

磁电系测量机构中转动力矩 M 是由永久磁铁磁场与通过闭合的可动线圈的电流之间相互作用而产生的。

假定可动线圈中通入的电流为 I,动圈的匝数为 N,闭合的可动线圈在磁感应强度为 B 的磁场中会受到电磁力 F 的作用。假设垂直于磁场方向动圈长边部分

的长度为 L，r 为动圈的半径。

图 11.9　磁电系结构图　　　　**图 11.10　作用原理图**

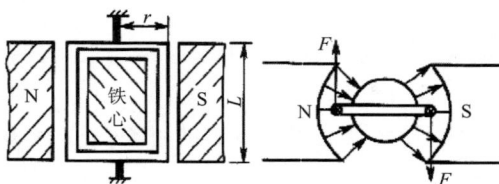

如图 11.10 所示，转动力矩为

$$M = 2F \times r = 2NBLIr$$

若指针偏转角为 α，游丝的弹性系数为 D，则游丝产生的反作用力矩为 M_α，$M_\alpha = D_\alpha$

指针处于平衡位置的时候，有 $M = M_\alpha$

即 $D\alpha = 2NBLIr$

所以 $\alpha = \dfrac{2NBLIr}{D} = S_I I$

式中，$S_I = \dfrac{2NBLr}{D}$ 是磁电系测量机构对电流的灵敏度，N、B、l、r 和 D 都是一定的，S_I 是一个常数。

于是，偏转角 α 与通入线圈的电流成正比。所以，仪表标度尺上的刻度是均匀的。

磁电系仪表一般是利用可动线圈的铝框架来产生阻尼力矩。

由于转动力矩的方向与电流的方向相关，因此，磁电系仪表只适合直流电路测量。如果要测量交流信号，则需要装整流电路。

2）磁电系电流表

流经动圈的电流很小，为微安级或几十毫安，一般只作检流计、微安表和小量程的毫安表。要想做成较大量程的电流表，需要采用在磁电系测量机构（俗称表头）两端并联分流电阻的办法。如图 11.11 所示。R_g 为表头内阻，R_s 为并联分流电阻，I 为被测电流值。

由上图可列方程，$\begin{cases} I_g R_g = I_s R_s \\ I_s + I_g = I \end{cases}$

最后得到 $I = \left(1 + \dfrac{R_g}{R_s}\right) I_g$，量程 I 与 R_s 成反比。并联电阻越小，分流作用越强，电流表量程可以做的越大。

若令 $n=\dfrac{I}{I_g}$ 为量程放大倍数,则有

$$R_s=\dfrac{R_g}{n-1} \tag{11.22}$$

式(11.22)说明,将磁电系测量机构的量程扩大成表头电流 I_g 的 n 倍的电流表时,分流电阻应为磁电系测量机构内阻 R_g 的$(n-1)$分之一。

在一个仪表中并联大小不同的分流电阻,可以制成多量程的电流表。图 11.12 是具有两个量程的电流表的内部电路。分流电阻 R_{s1}、R_{s2} 的大小用上述原则计算确定。

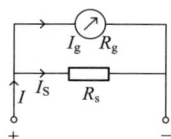

图 11.11 磁电系电流表

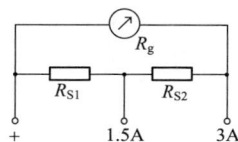

图 11.12 多量程电流表

3) 磁电系电压表

磁电系测量机构(内阻)和两端承受的电压都较小,当被测电压 U 较大时,我们通常采用与表头串联电阻来实现。如图 11.13 所示。其中 U 为被测电压,R_d 为分压电阻。

列出电路方程,$I_g=\dfrac{U}{R_g+R_d}$

有 $\dfrac{U}{I_g}=R_g+R_d$,说明 U 与 R_d 成正比,当设计量程越高,并联电阻 R_d 就需要越大。

若令 $m=\dfrac{U}{U_g}$ 为电压量程放大倍数,于是有

$$R_d=(m-1)R_g \tag{11.23}$$

式(11.23)说明,将磁电系测量机构的量程扩大成表头电压 U_g 的 m 倍的电压表时,分压电阻应为磁电系测量机构内阻 R_g 的$(m-1)$倍。

在一个仪表中串大小不同的分压电阻,可以制成多量程的电压表。图 11.14 是具有三个量程的电压表的内部电路。分压电阻 R_{d1}、R_{d2}、R_{d3} 的大小用上述原则计算确定。

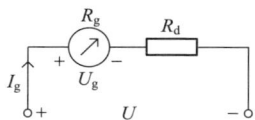

图 11.13 磁电系电压表

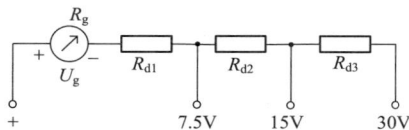

图 11.14 多量程电压表

305

5. 电磁式仪表原理及应用

1）测量机构和工作原理

（1）测量机构

常用的电磁系仪表的测量机构有吸引型和排斥型两种。以固定在指针上的软铁片在固定线圈里面或外面决定是什么类型。软铁片在固定线圈之外，是吸引型；在固定线圈里面，则是排斥型，具体的结构如下：

① 吸引型

如图 11.15 所示，吸引型测量机构由固定线圈 1、偏心地装在转轴上的软铁片 4 组成。转轴上还装有指针 3、游丝 5、阻尼器 6。

当电流通过闭合线圈 1 时，会产生磁场，线圈的磁场使可动铁片磁化，并对铁片产生吸引力，产生转动力矩，指针偏转带动指针，指示被测电流大小，如图 11.16 所示。

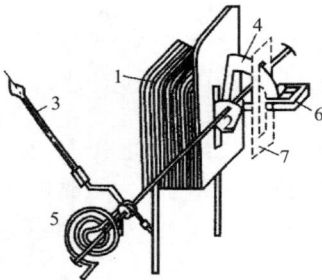

图 11.15　吸引型测量机构

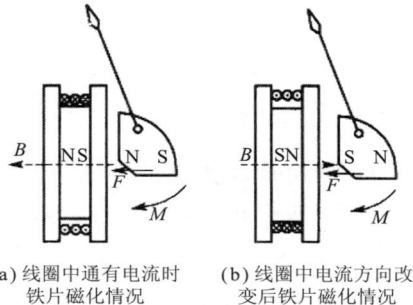

(a) 线圈中通有电流时
铁片磁化情况

(b) 线圈中电流方向改
变后铁片磁化情况

图 11.16　吸引型测量机构作用原理

② 排斥型

排斥型测量机构如图 11.17 所示，当电流通过线圈时，两个铁片同时被磁化，它们同一侧的极性是相同的，如图 11.18 所示，于是相互排斥，使动铁片带动指针一起转动，指示出被测电流的大小。

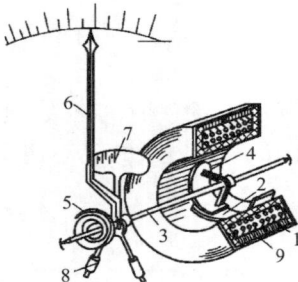

图 11.17　排斥型测量机构

1—固定线圈　2—定铁片　3—转轴
4—动铁片　5—游丝　6—指针　7—阻尼片
8—平衡锤　9—磁屏蔽

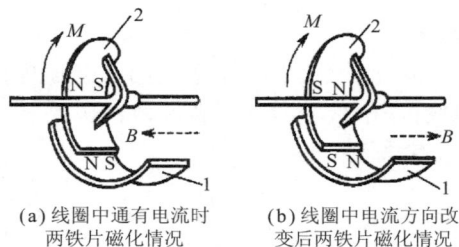

(a) 线圈中通有电流时
两铁片磁化情况

(b) 线圈中电流方向改
变后两铁片磁化情况

图 11.18　排斥型测量机构作用原理

无论是吸引型还是排斥型,当线圈中电流方向改变时,线圈磁场的极性发生改变,被磁化的软铁片的极性也同时改变,这样软铁片转动的方向不变。如图 18.16 和图 18.18 所示。也就是说,可动部分的转动方向与线圈中的电流方向无关,所以这种测量机构较之磁电系测量机构还可以测量交流电量。

（2）工作原理

下面仅以交流电路为例讨论,直流电路原理相同。从电路原理我们知道,载流线圈的能量可以表示为

$$W = \frac{1}{2}LI^2$$

其中,I 为线圈中的电流,L 为线圈的电感。

假定在电磁系测量机构的线圈中通入交流电流 i,则转矩随时间变化,但其符号总是正的,此时瞬时转矩为

$$M_t = \frac{\mathrm{d}W}{\mathrm{d}\alpha} = \frac{1}{2}i^2\frac{\mathrm{d}L}{\mathrm{d}\alpha}$$

由于可动部分具有较大的转动惯性,它的偏转不能跟随转矩的瞬时值改变,而是按平均转矩 M_{av} 偏转,有

$$
\begin{aligned}
M_{av} &= \frac{1}{T}\int_0^T M_t \mathrm{d}t \\
&= \frac{1}{2}\frac{\mathrm{d}L}{\mathrm{d}\alpha}\frac{1}{T}\int_0^T i^2 \mathrm{d}t \\
&= \frac{1}{2}I^2\frac{\mathrm{d}L}{\mathrm{d}\alpha}
\end{aligned}
$$

式中,I 为交流电流的有效值。当可动部分处于平衡位置时,$M = M_a = D_\alpha$

于是,其偏转角为 $\alpha = \frac{1}{2D}\frac{\mathrm{d}L}{\mathrm{d}\alpha}I^2 = k_a I^2$

式中,$k_a = \frac{1}{2D}\frac{\mathrm{d}L}{\mathrm{d}\alpha}$,取决于线圈特性、铁片材料、形状等,可以设计成常数。这样仪表偏转角 α 与 I^2 成正比,因此电磁系仪表的标度尺是不均匀的。

2）电磁系电流表和电压表

（1）电磁系电流表

电磁系测量机构固定线圈中允许流经的电流比磁电系表头允许通过的电流大很多,因此电磁系测量机构可以直接串接在被测电路中做成电流表来测量电流。它的固定线圈被分成两个匝数相等、导线截面大小一致的两个完全相同的绕组。通过绕组的串、并联来改变量程,一般有两个量程,如图 11.19 所

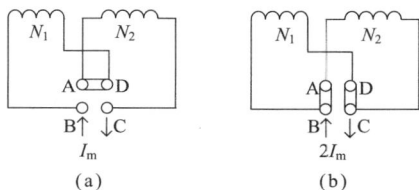

图 11.19　电磁系电流表量程

示。串联(图 a)低量程,并联(图 b)高量程。

(2)电磁系电压表

电磁系电压表的构成与磁电系表头构成磁电系电压表的方法一样,用固定线圈串接富家电阻组成。串接的电阻阻值不同可以构成多量程电压表,具体原理同前(图 11.14),这里不再赘述。

6. 电动系原理及应用

1)测量机构与工作原理

(1)结构

电动系测量机构主要是利用载流线圈之间有电动力作用的原理构成的。图 11.20 为电动系测量机构的原理结构图。图中,固定线圈 1 是由两个完全相同的线圈组成的,固接在轴上的可动线圈 6 可以在两个固定线圈形成的均匀磁场空隙里自由偏转。3 为空气阻尼器。可动部分包括游丝 4、指针 5 和平衡锤 2。

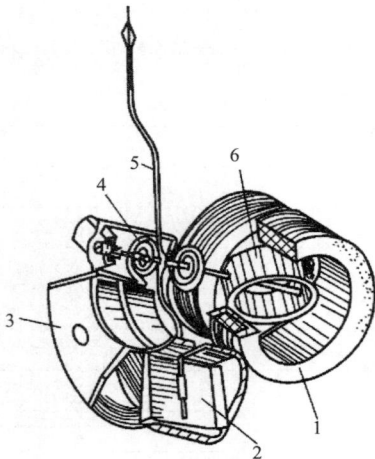

图 11.20　电动系测量机构结构图

(2)工作原理

如果固定线圈中的电流有效值为 I_1,可动线圈中的电流有效值为 I_2,则由它们所组成的系统的能量可由下式标示:

$$W = \frac{1}{2}L_1 I_1^2 + \frac{1}{2}L_2 I_2^2 + M_{12} I_1 I_2 \cos\varphi$$

其中:L_1、L_2 分别为固定线圈和可动线圈的自感,M_{12} 是它们之间的互感,φ 为 I_1、I_2 间的夹角。对于直流电流 I_1、I_2,$\cos\varphi = 1$。

由于 L_1、L_2 均为常数,对偏转角 α 求导为 0,于是有转动力矩 M:

$$M = \frac{\mathrm{d}W}{\mathrm{d}\alpha} = I_1 I_2 \cos\varphi \frac{\mathrm{d}M_{12}}{\mathrm{d}\alpha}$$

根据三力矩条件,当转矩和游丝的反作用力矩相等时,可动部分处于平衡位置,指示出被测量值。这时有

$$I_1 I_2 \cos\varphi \frac{\mathrm{d}M_{12}}{\mathrm{d}\alpha} = D_\alpha$$

所以 $\alpha = \dfrac{1}{D} I_1 I_2 \cos\varphi \dfrac{\mathrm{d}M_{12}}{\mathrm{d}\alpha} = k_\alpha I_1 I_2 \cos\varphi$ 　　　　　(11.24)

其中:$k_\alpha = \dfrac{1}{D} \dfrac{\mathrm{d}M_{12}}{\mathrm{d}\alpha}$

由式(11.23)可以看出,电动系仪表用来测交流电路电量时,其可动部分偏转

角 α 不仅与通过两线圈中的电流有关,而且与两电流之间的相位差角的余弦有关。因此,为了保证仪表的正向偏转,通常会在两个线圈上标注同名端(或称对应端)。

电动系测量机构可以构成电流表、电压表和功率表。将定圈和动圈串联起来即构成电动系电流表,将定圈和动圈与附加电阻 Rd 一起串联起来可以构成电动系电压表。下面只介绍电动系功率表。

2) 电动系功率表

由式(11.23) $\alpha = k_\alpha I_1 I_2 \cos\varphi$

若电动系测量机构作功率表用,定圈与负载串联,通过定圈的电流为负载电流 I,故称定圈为电流线圈,动圈与附加电阻 Rd 串联后并接在负载两端,这时联接到动圈支路两端的电压就是负载电压 U,所以动圈常称为电压线圈,它所在的支路称为电压支路。

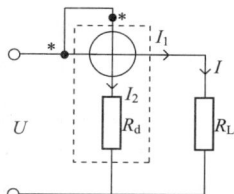

图 11.21　电动系功率表的原理线路图

如果是在直流电路工作,有 $\alpha = k_\alpha I_1 I_2 = k_\alpha I_1 \dfrac{U}{R_d} = \dfrac{k_\alpha}{R_d} UI = k_p P$

如果是在交流电路中工作,有 $\alpha = k_\alpha I_1 I_2 \cos\varphi (I_1 = 1, I_2 = \dfrac{U}{R_d})$

$$= k_\alpha I \dfrac{U}{R_d} \cdot \cos\varphi = \dfrac{k_\alpha}{R_d} \cdot UI \cos\varphi$$

$$= k_p P$$

由此可以看出,电动系测量机构如果按这个接线原则接线,则仪表的偏转角正比于电路中元件所消耗的有功功率 P,也就是说,它可以构成功率表,测量电路中的有功功率。

正确地使用功率表,必须注意功率表正确地接线、正确地选择量程、正确地读数。

(1)功率表正确的接线原则

使用功率表时,必须遵循正确的接线原则,否则仪表会反偏甚至烧毁仪表。

接线原则是:

(i)功率表标有"＊"号的电流线圈的对应端必须接至电源的一端,而另一端则应串接至负载。

(ii)功率表标有"＊"号的电压线圈的对应端可以接至电流线圈的任何一端,而电压线圈的另一端必须跨接到负载的另一端。

(2)功率表量程

功率表量程的选择,实际上是要正确选择功率表中电流量程和电压量程,必须使电流量程大于或等于负载电流,电压量程大于或等于负载电压,这样,功率量程自然满足条件。(对于低功率因数功率表却不一定,要注意仪表自身有一个

$\cos\varphi_m$）

（3）功率表读数

通常功率表有多个电流和电压量程，但标尺只有一条，故功率表的标度尺不直接标示瓦特数，而只标明分格数。当选用不同的电流、电压量程时，对应的每一分格就代表不同的瓦特数，每一格代表的瓦特数称为功率表的仪表常数。

测量结果应等于读出的功率表的偏转格数 α 乘以相应的仪表常数 C_P，即

$$P = C_P \times \alpha（瓦）$$

其中：P——被测功率；

α——指针偏转格数。

C_P——仪表常数（瓦/格）；

$$C_P = \frac{U_m I_m}{\alpha_m}$$

其中：U_m、I_m——分别为所选的功率表电压和电流量程；

α_m——功率表标度尺的满刻度格数。

例题 11.7

若选用功率表的电压量程为 300V，电流量程为 2A，其标度尺的满刻度为 150 格，测量时读得功率表指针的偏转格数为 102.5 格，问负载所消耗的有功功率是多少？

解： 功率表的仪表常数为

$$C_P = \frac{U_m I_m}{\alpha_m} = \frac{300 \times 2}{150} = 4（瓦/格）$$

被测负载消耗的有功功率为

$$P = C_P \times \alpha = 4 \times 102.5 = 410（瓦）$$

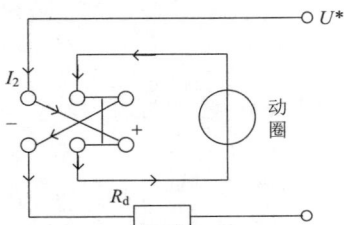

图 11.22　换向开关接线图

为使用方便，有些功率表在电压支路中专门设有一个换向开关。如图 11.22 所示。在三相电路中，当功率表接线正确时，仪表指针仍然可能反偏。这时可以转换换向开关，改变电压支路电流的方向，使指针正偏。

有时为了在较大相位差角下测量不太大的功率，例如用功率表去测量铁磁材料的磁滞和涡流损耗等，都需要采用按小功率因数设计的特种功率表——低功率因数功率表。低功率因数功率表与普通功率表的结果原理和使用方法都一样，只是仪表自身的功率因数值不同。普通功率表 $\cos\varphi_m = 1$，而低功率因数功率表 cos 一般为 0.2，注意这个 cos 并不是被测负载的功率因数，而是仪表制作刻度时，在额定电流、额定电压下能使指针作满刻度偏转时的额定功率因数，在

仪表表面会加以标注。

此时，$P_m = U_m I_m \cos\varphi_m$

仪表常数 $C_P = \dfrac{U_m I_m \cos\varphi_m}{\alpha_m}$（瓦/格）

测量示值 ＝ 读数 α（格）$\times C_P$（瓦/格）

指针式仪表还有很多种类，这里就不再一一介绍，只以表 11.2 列出常用仪表的结构、原理、特点及用途。若需要使用某仪器仪表，还需查阅相关的技术资料。

表 11.2　常用仪表的结构、原理、特点及用途

名称符号	结构简图	作用原理	特点及用途
磁电系仪表符号	永久磁铁 指针 极掌 可动线圈 圆柱形铁心 平衡锤 游丝	$\alpha = S_1 I$，即指针偏转角与线圈中的电流成正比。	1. 灵敏度及准确度较高。 2. 刻度均匀。 3. 过载能力差，不能承受振动。 4. 用于测量直流。
电磁系仪表符号	指针 阻尼片 动铁片 定铁片 游丝 转轴 固定线圈 磁屏蔽 平衡锤	$\alpha = k_\alpha I^2$，即指针偏转角与线圈中电流的平方成正比。	1. 准确度低于磁电式和电动式。 2. 刻度不均匀。 3. 结构最简单，过载能力强。 4. 受外磁场影响大。 5. 交、直流两用。
电动系仪表符号	指针 游丝 可动线圈 空气阻尼器 固定线圈 平衡锤	$\alpha = k_\alpha I_1 I_2 \cos\varphi$，即指针偏转角与定圈和动圈中的电流以及他们夹角的余弦成正比。	1. 交流电表中准确度最高。 2. 作功率表用时刻度均匀。 3. 过载能力差，不能承受振动。 4. 交、直流两用。

续表 11.2

名称符号	结构简图	作用原理	特点及用途
铁磁系仪表符号	固定线圈 磁路　动圈　磁路	其作用原理与电动系仪表基本相同。固定线圈制成电磁铁型，可动线圈增加一个铁心，从而增加仪表的偏转力矩，由于铁心的磁滞和涡流影响，降低了仪表的准确度	1. 准确度较低，最高为1.0级和1.5级。 2. 刻度不均匀。 3. 转动力矩较大。 4. 受外磁场影响小，耐振动，可做成广角度仪表。 5. 交、直流两用。
感应系仪表符号	电压线圈 计数机构 铝盘 制动磁铁 电流线圈 接线端	当电压线圈和电流线圈通过被测电路交变电流时，两线圈分别产生交变磁通，铝盘在交变磁通的作用下，感应产生涡流，此涡流与交变磁通相互作用产生电磁力，引起可动部分转动，使计数机构记录读数。	1. 准确度较低，最高为1.5级。 2. 转动力矩大。 3. 过载能力强，受外磁场影响小。 4. 只能用于频率一定的交流电路，常用作电度表。
磁电系比率表符号	∞　0 α　指针 α 动圈1　M_1　S 动圈2　N 永久磁铁　带缺口的 M_2　圆柱形铁心 极掌	磁电系比率表由两个绕组相反且在空间互成角度的可动线圈，及在可动线圈内带缺口的环形铁心、永久磁铁和指针组成。其偏转决定于两个线圈中流过的电流的比值。磁电系比率表没有反作用力矩的游丝，故平时指针可停留在标度尺的任何位置。	1. 具有磁电式或电动式仪表的特点。 2. 受外界因素的影响小。 3. 刻度不均匀。 4. 过载能力差。不能承受振动。 5. 常用作比率表。

思考与练习

1. 电测量指示仪表的三力矩条件是什么？

2. 电测量指示仪表通常有哪些分类方法？

3. 简述磁电系、电磁系仪表的构造特点及工作原理，各有什么应用特点。

4. 简述电动系仪表的结构特点及工作原理，简述电动系功率表的工作原理及使用注意事项。

11.2.2 数字仪表

数字式仪表的工作原理是将被测量（模拟量）转换成数字量之后，用计数器和显示器显示出测量结果。这个转换过程称为模/数（A/D）转换。实现 A/D 转换的电路有逐次逼近、斜坡式、积分式等多种类型。根据其工作原理，数字式仪表可以分为多种类型。如常用的有逐次比较型、斜坡型、电压-频率转换型、双斜积分型和脉冲调宽型等五种。下面仅以数字万用表为例，简要介绍数字仪表的基础知识。

1. 概 述

数字式仪表面板上的显示窗口，可以直接显示出被测量的正负读数和单位。面板上的量程选择开关可用以选择测量类型及测量量程，有的数字仪表具有自动转换量程功能。

数字式仪表的主要技术特性包括：显示位数、测量范围、误差、分辨力、输入阻抗、采样方式和采样时间等。

1）数字仪表的显示位数

传统的数字式仪表数码管的个数一般为 4～5 个，有的高精度的数字仪表可做到 6 个，而现在多以 LCD 显示为主。显示时不能显示出满位"9"，而是以最高位显示数为"4"或"1"较多。

判定数字仪表的位数有两条原则：

① 能显示 0～9 所有数字的位为整数位；

② 分数位的数值是以最大显示中最高位数字为分子，用满量程时最高位数字作分母。

例如：某数字仪表的最大显示值为±19999，满量程计数值为 20000，这表明该仪表有 4 个整数位，而分数位的分子为 1，分母是 2，故称之为 $4\frac{1}{2}$ 位，读作四位半，其最高位只能显示 0 或 1。

$3\frac{2}{3}$ 位（读作三又三分之二位）仪表的最高位只能显示从 0～2 的数字，故最大显示值为±2999，满量程计数值为 3000。

2）数字仪表的准确度

数字仪表的准确度是测量结果中系统误差和随机误差的综合。它表示测量结果与真值的一致程度，也反映测量误差的大小。一般讲准确度愈高，测量误差愈小，反之亦然。

准确度的公式通常用数字仪表在正常使用条件下的基本误差表示，常见的误差公式有下面两种表达方式：

$$\Delta U = \pm(a\%U_x + b\%U_m) \qquad\qquad (11.25)$$

$$\Delta U = \pm(a\%U_x + n\ \text{个字}) \qquad\qquad (11.26)$$

式中：ΔU——绝对误差

U_x——测量指示值

U_m——测量所用量程的满度值

a——误差的相对项系数

b——误差的固定项系数

n——最后一个单位值的 n 倍

式(11.24)和式(11.25)都是把绝对误差分为两部分，前一部分（$\pm a\%U_x$）为可变部分，称为"读数误差"，后一部分（$\pm b\%U_m$ 及 $\pm n$ 个字）为固定部分，不随读数而变，为仪表所固有，称为"满度误差"。显然，固定部分与被测量 U_x 的大小无关。对于式(11.24)，仪表测量某一电压 U_x 时的相对误差为：

$$\gamma_x = \frac{\Delta U}{U_x} = \pm a\% \pm b\%\frac{U_m}{U_x} \qquad\qquad (11.27)$$

式(11.26)可见，当 $U_x = U_m$ 时，γ 最小，但随着 U_x 减小而增大。当 $U_x < 0.1U_m$ 时 γ 值最大，即

$$\gamma_{max} = \pm a\% \pm 10 \cdot b\%$$

也就是说，被测量与所选择的量程越接近，误差越小。因此，为了减小测量误差，应注意选择量程。

式(11.24)和式(11.25)是完全等效的，两者可以相互转换。

例题 11.8

已知某一数字电压表的 $a = 0.5$，欲用 2V 档测量 1.999V 的电压，其 ΔU 和 $b\%$ 参数各为多少？

解　电压最小变化量 $n = 0.001$，则

其 $\Delta U = \pm(0.5\% \times 1.999 + 0.001) = \pm 0.010995V \approx \pm 0.011$

$\because b\%U_m = n$

$\therefore b\% = \dfrac{n}{U_m} = \dfrac{0.001}{2} = 0.0005$　即 0.05%。

3）数字仪表的分辨率

分辨率是指数字仪表在最低量程上末位 1 个字所对应的电压值，它反映出仪表灵敏度的高低。

数字仪表的分辨率指标亦可用分辨率来表示。分辨率是指所能显示的最小数字（零除外）与最大数字之比，通常用百分数表示。

例如：$3\frac{1}{2}$ 位万用表的分辨率为 $\frac{1}{1999} \approx 0.05\%$。

分辨率与准确度之间的关系：

分辨率与准确度是两个不同的概念。前者表征仪表的"灵敏性"，即对微小电压的"识别"能力；后者反映测量的"准确性"，即测量结果与真值的一致程度。二者无必然的联系，因此不能混为一谈，更不能将分辨率（或分辨力）误以为是类似于准确度的一相指标。

实际上分辨率仅与仪表的显示位数有关，而准确度则取决于 A/D 转换器、功能转换器的综合误差以及量化误差。从测量角度看，分辨率是"虚"指标（与测量误差无关），准确度才是"实"指标（它决定测量误差的大小）。因此，任意增加显示位数来提高仪表分辨率的方案是不可取的。原因就在于这样达到的高分辨率指标将失去意义。换言之，从设计数字电压表的角度看，分辨力应受到准确度的制约，有多高的准确度，才有与之相应的分辨率。

4）其他指标

（1）测量范围是指数字仪表所使用的量程范围。

（2）输入阻抗是指两测量端钮间的入端电阻，一般不小于 $10M\Omega$。对于多量程仪表，各量程上的输入电阻因衰减器的分压比不同而异。

（3）采样方式随数字仪表型号的不同而不同。一般有自动、手动和遥测等采样方式。

（4）采样时间是指每次采样所需时间。

除上述主要技术特性外，在数字仪表的技术说明书中还常给出使用温度、湿度及抗干扰能力等指标。数字仪表一般都有一定的工作频率范围。使用时应注意查阅说明书。

2. 数字万用表

数字万用表是利用模/数转换器和液晶显示器，将被测量的数值直接以数字形式显示出来的一种电子测量仪表。图 11.23 所示为 DT-830 数字万用表的面板图。

数字万用表与指针式万用表相比，有以下特点：

（1）数字显示，直观准确，并且有极性自动显示功能；

（2）测量精度和分辨率高，功能全；

（3）输入阻抗高，对被测电路影

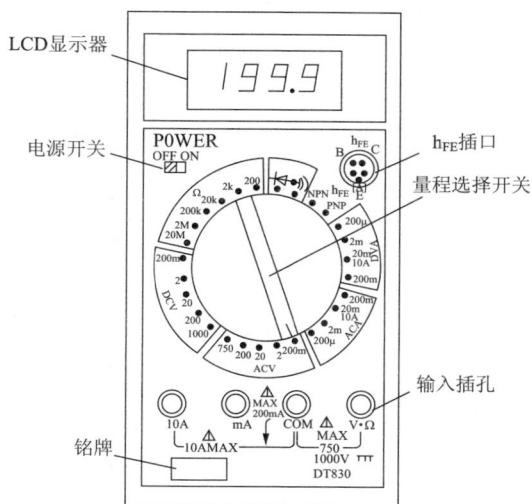

图 11.23 DT-830 数字万用表面板图

响小;

（4）电路集成度高,产品的一致性好,可靠性强;

（5）保护功能齐全,有过压、过流、过载保护,超量程显示及低压指示功能;

（6）功耗低,抗干扰能力强。

数字万用表的类型多达上百种,按量程转换方式分类,可分为手动量程式数字万用表、自动量程式数字万用表和自动/手动量程数字万用表;按用途和功能分类,可分为低档普及型(如 DT830 型数字万用表)数字万用表、中档数字万用表、智能数字万用表、多重显示数字万用表和专用数字仪表等;按显示位数分,可以分为 $3\frac{1}{2}$ 位、$3\frac{2}{3}$ 位、$3\frac{3}{4}$ 位、$4\frac{1}{2}$ 位、$4\frac{3}{4}$ 位、$5\frac{1}{2}$ 位、$6\frac{1}{2}$ 位、$7\frac{1}{2}$ 位、$8\frac{1}{2}$ 位等几种;按形状大小分,可分为袖珍式和台式两种。数字万用表的类型虽多,但测量原理基本相同。下面以袖珍式 DT830 数字万用表为例,介绍数字万用表的测量原理。DT830 属于袖珍式数字万用表,采用 9V 叠层电池供电,整机功耗约 20mW;采用 LCD 液晶显示数字,最大显示数字为 ±1999,因而属于 $3\frac{1}{2}$ 位万用表。

1）数字万用表的原理框图

数字万用表通常由三个主要部分组成。第一部分是基本测试及显示部分,由双积分 A/D 转换器和三位半 LCD 显示屏构成 200mV 直流数字电压表,这是万用表的核心。第二部分是被测量的输入、变换及量程扩展电路,由分压器、电流/电压变换器、交流/直流变换器、电阻/电压变换器、电容/电压变换器、晶体管测量电路等组成。第三部分是由波段开关构成的测量选择电路。图 11.24 所示的是某三位半数字万用表的原理框图。

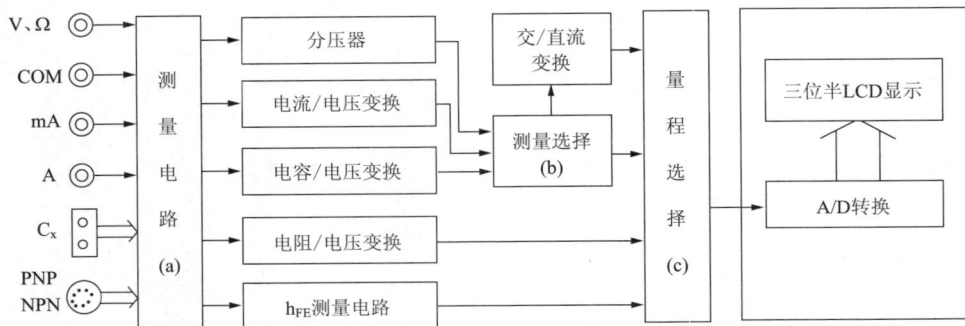

图 11.24　三位半数字万用表的原理框图

2）数字万用表的各部分的测量电路

同其他数字万用表一样,DT830 型数字万用表的核心也是直流数字电压表 DVM(基本表)。它主要由外围电路、双积分 A/D 转换器及显示器组成。其中,A/

D 转换、计数、译码等电路都是由大规模集成电路芯片 ICL7106 构成的。

（1）直流电压测量电路

直流电压测量电路如图 11.25 所示，它是由电阻分压器所组成的外围电路和基本表构成。把基本量程为 200mV 的量程扩展为 200mV、2V、20V、200V、1000V 等五个量程的直流电压挡。

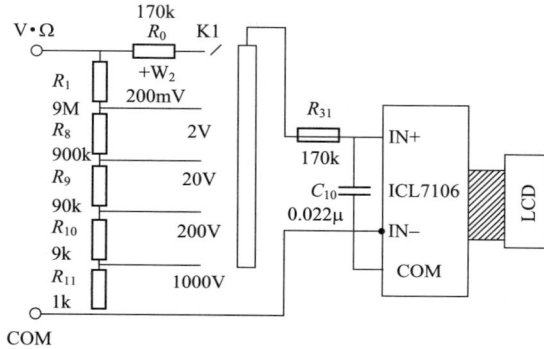

图 11.25 直流电压测量电路

（2）直流电流测量电路

直流电流测量电路如图 11.26 所示，图中 VD1、VD2 二极管起保护作用，当基本表 IN＋、IN－两端电压大于 200mV 时，VD1 导通，当被测量电位端接入 IN－时，VD2 导通，从而保护了基本表的正常工作。采用环形分流器 $R_2 \sim R_5$、Rc_u 分构成五量程（$200\mu A$、2mA、20mA、200mA、10A）的直流数字电流表。使用时，被测电流在环形分流器电阻上产生压降，然后进入数字直流电压基本表。

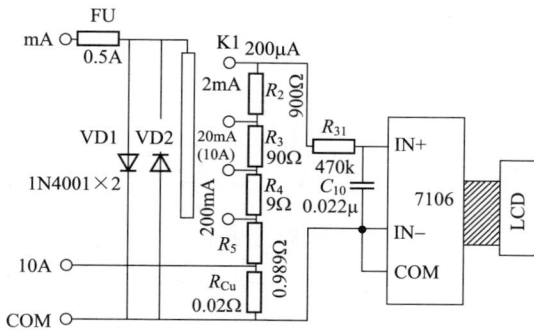

图 11.26 直流电路测量电路

（3）交流电压测量电路

交流电压测量电路它主要由输入通道、降压电阻、量程选择开关、耦合电路、放大器输入保护电路、运算放大器输入保护电路、运算放大器、交-直流（AC/DC）转换电路、环形滤波电路及 ICL7l06 芯片组成。其中,运算放大器 062 完成对交流信号的放大,放大后的信号经 C5 加到二极管 VD7、VD8 上,信号的负半周通过 VD7,正半周通过 VD8,完成对交流信号进行全波整流。经整流后的脉动直流电压经电阻 R_{26}、R_{31} 和电容 C_6、C_{10} 组成的滤波电路滤波后,在 R_{27}、RP_4 上提取部分信号输入至基本表的输入端 IN+。信号经过 ICL7106 的转换,在 LCD 上显示。分压电阻不同,构成不同的电压量程。

图 11.27　交流电压测量电路

（4）交流电流测量电路

交流电流测量电路交流电流测量电路与图 11.27 所示出的交流电压测量电路基本相同。只需将图中的分压器改成图 11.26 中的分流器即可。故其分流电阻与直流电流挡共用,耦合电路及其后的电路与交流电压测量电路共用。

（5）电阻的测量电路

电阻测量电路如图 11.28,利用基准电阻并依靠功能开关,采用比例法测量被测电阻 R_x。图（a）为数字万用表直流电阻测量原理图,图中标准电阻 R_0 与待测电阻 R_x 串联后接在基本表的 V_+ 和 COM 之间。V_+ 和 V_{REF+}、V_{REF-} 和 IN_+、IN_- 和

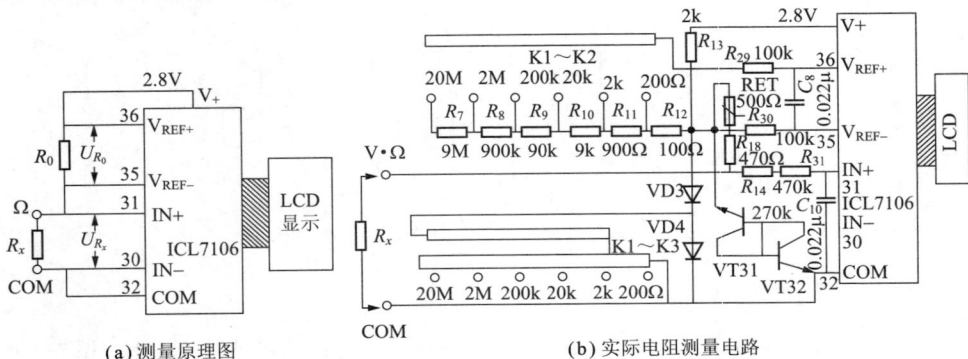

(a) 测量原理图　　　(b) 实际电阻测量电路

图 11.28　电阻测量电路

COM 两两接通,用基本表的 2.8V 基准电压向 R_0 和 R_x 供电。其中 U_{R0} 为基准电压,U_{Rx} 为输入电压。根据设计,当 $R_x = R_0$ 时显示读数为 1000。如果数字电压基本表显示值为 N,输入电压为 U_{IN} 和基准电压 U_{R0} 的关系式为

$$N = \frac{U_{IN}}{U_{R0}} \times 1000$$

则可得到被测电阻显示值

$$N = \frac{R_x}{R_0} \times 1000$$

因此,只要固定若干个标准电阻 R_0,就可实现多量程电阻测量。图 11.28(b) 为实际电阻测量电路。其中,$R_7 \sim R_{12}$ 均为标准电阻,且与交流电压挡分压电阻共用。

3. 数字万用表的使用

1) 二极管单向导电性的检测

将量程选择开关置于"二极管检测挡",红表笔插入"VΩ"孔,黑表笔插入"COM"孔,然后将红、黑表笔分别接到管子两端。

当红表笔接于二极管 P 区(正端),黑表笔接 N 区(负端)时,显示屏将显示出被测二极管的正向压降。通常硅二极管正向压降为 $500 \sim 800\text{mV}$,锗二极管正向压降为 $200 \sim 350\text{mV}$,

被测管的正向压降在这一范围,说明二极管是好的。若显示"000",说明二极管短路;若显示"1",说明二极管开路。

当黑表笔接于二极管 P 区(正端),红表笔接 N 区(负端),即对二极管进行反向检测,若显示"1"说明二极管是好的。若显示"000"或其他值,说明二极管损坏或漏电。

二极管的单向导电性的检测方法与指针式万用表的检测方法截然不同,数字万用表红表笔带正电,黑表笔插 COM 插口而带负电,这与指针式万用表用欧姆挡检测二极管时表笔的极性正好相反,谨记。

2) 三极管放大倍数 h_{FE} 的检测

确定被测三极管类型是 PNP 还是 NPN 后,可将其极性引脚插入相应的"C、B、E"管座内,然后将量程选择开关旋至相应的 PNP 或 NPN 挡位,确认无误后,打开"电源开关 POWER"置于"ON"处,这时屏幕上所显示的"$40 \sim 1000$"之间的数值(值),即为三极管的放大倍数。若显示"000"(短路)或"1"(开路),则表示被测三极管已损坏,不能使用。

3) 电阻器的测量

将红表笔插在"VΩ"插口中,黑表笔在"COM"插口中,估计电阻器的阻值后,将量程开关置于"Ω"的相应阻值挡位上,接通电源,将表棒接到电阻两端的测量

点,读数即现。

测量时,若发现显示屏左端出现"1"字,则证明测量结果为无限大(即为开路状态)。这时不能过早下结论,可采用高一个挡位的量程来测量。例如,应置于"KΩ"挡来测量而错置于"Ω"挡时,就会产生一个输入超过量限而屏显示出"1"。如果所测的电阻在任何挡位上都如此,可以确定该电阻已断路。

4)交流电压的测量

根据被测电源电压的大小选择合适挡位,如测市电 220V,将量程开关旋至"ACV"挡内的 750V 挡位;黑表笔置于"COM"插口,红表笔置于"VΩ"插口;打开电源开关至"ON"处,将红、黑表笔分别接到测量点上,读数即显。若在"200～225"V 之间跳变,属正常范围,说明外电源有波动现象,一般情况下不能锁住或保持。若屏显"1",说明市电存在开路性故障。

5)交流电流的测量

将黑表笔置于"COM"插口。当被测电流在 2A 以下时将红表笔插 A 插口,并将红、黑表笔串入测量电路中,功能开关先置于 2A 挡,而后根据测量值断开电源,将功能开关置于相应挡位,打开电源开关至"ON"处,读数即显;如被测电流在 2～20A 之间,则将红表棒移至 20A 插口,并将红、黑表笔串入测量电路中,功能开关置于 20A 挡,打开电源开关至"ON"处,读数即显。A 插口输入时,过载会将内装保险丝熔断,20A 插口没有保险丝,测量时间应小于 15S。

其他如测直流电压、直流电流的方法,可参照功能操作说明进行。

6)使用注意事项

(1)测量电阻时不能用手接触表棒

用手握住电阻测量时,将造成测量上的误差。由于人体与大地之间存在较大的分布电容,容易感应出较强的 50HZ 交流干扰信号,屏显会出现几伏乃至十几伏的电压,极易造成量程超限。同理,不能用数字万用表测量人体等效电阻,即双手不能分别握住红黑表笔两端金属部分。

(2)测量小于 200Ω 电阻时应将表棒短路检查初始值

数字万用表两表笔导线也存在一定的电阻值,对于测阻值大的电阻可忽略不计,但对于测几欧的电阻应减去表棒导线的阻值。如使用 200Ω 挡测量小于 200Ω 电阻时,应先将两表棒短路,屏幕会显示出一定的阻值,一般在 0.2～0.5Ω 之间,将所测得的电阻值减去导线电阻值,才是实际被测电阻值。

(3)测量电容器时不能反映充放电过程

在实际应用中,一般不采用数字万用表来检查电容器,尤其是电解电容器的充放电现象,而普遍采用指针式万用表来检测。其主要原因是数字万用表在测量的过程中是按"采样→模数/转换→计数显示"程序进行的,所以不能直接显示电量连续变化的过程,即使有变化也是很不直观的,难以判断电容器的好坏。

(4)测量电流时应选择合适挡位与插孔

在使用和测量中,要特别注意选择开关的挡位和表棒的四个插孔位置。在四个插孔旁所标的警示号"⚠"和最大限量"MAX"就在于此意。尤其是测量大电流大电压时的挡位和插孔要与实际相符合相对应,否则将导致万用表损坏。

📋 思考与练习

1. 数字仪表有哪些性能指标?
2. 数字万用表的核心电路是什么?
3. 简述数字万用表使用注意事项。

11.2.3 智能仪表

随着微型计算机技术和嵌入式系统的迅猛发展,智能化仪器仪表也得到了飞跃发展,越来越多的单片机、DSP、ARM 等控制芯片被引入到仪器仪表设计中,参与运算、控制,代替了传统仪器仪表的常规电子线路,成为新一代的更具优势、应用面更广的智能仪器。由于这类仪表已经实现了人脑的一部分功能,如四则运算、逻辑判断、命令识别等,有的还能够进行自校正、自诊断,并具有自适应的能力,因此人们称它们为智能仪器。

传统仪表测量的对象单一,结构复杂,成本较高,精度有限。数字仪表虽然可以通过大规模集成电路实现模数转换和显示,但前期测量线路复杂。智能仪表充分利用了微型计算机在运算和控制方面的技术,不仅解决了传统仪器仪表不能解决或不易解决的问题,而且能简化电路、增加功能、提高测量精度和可靠性。

1. 智能仪器的发展状况

(1)目前我国智能化仪器、仪表的发展还只是把微处理器及微型计算机与普通仪器初步结合起来,就已显示出强大的生命力和优越性,开发潜力巨大。

(2)在不断推出的智能化仪器仪表中,以工业在线自动化控制仪器仪表为主。

(3)国内智能化仪器中使用的单片机多是 8 位或 16 位。

(4)国外智能化仪器有的具有专家系统和推断、分析、决策、优化控制功能。

(5)国外智能仪器的改进和更新换代频繁,一种仪器的生命力长则 3~5 年,短则不足 1 年。

(6)智能化仪器在国外发展的另一个特点是出现了个人仪器。

2. 智能仪器的功能

智能仪表一般具备如下的功能。

（1）自动测量

对所需测量的量进行自动测量。或者通过预定的方式（如切换等）对多个量完成自动测量，

（2）自动切换量程

传统的仪表需要选择量程，以满足测量要求，正确地选择量程，也能使测量误差最小化，提高测量精度。智能化仪表通过编写适当的软件，可以实现量程的自动切换。

（3）综合分析、判断、决策

根据测量需要，对测量数据进行分析、判断，或进行更多运算或控制功能。

（4）对测量数据进行误差修正

通过编写程序对测量数据进行误差修正，得到准确的测量数据。

（5）具有自动联机和自动脱机功能

仪器具有自动联机测量、保存数据和自动断开的功能。

（6）具有自检及故障监控功能

在运行过程中，可对仪表本身个组成部分进行告警、并显示出故障部位，以便正确地进行处理。

（7）具有系统重构功能

针对测量对象相近、测量线路相似的硬件电路，编写的软件不一样就可以构成不一样的仪表。

（8）能以多种形式输出测量结果，如显示、打印等。

输出形式有数字显示、打印输出、声光报警等多种形式。

（9）具有数据通信功能

测量数据可以与上位机通信、计算机通信或远程传输功能。

在一些非智能化仪表中，通过增加器件和变换电路，也能或多或少地具备上述某些功能，但往往会付出较大的代价，性能上的少许提高，会使仪表的成本倍增，远远没有智能仪表通过软件的编程实现来得容易。这也是智能仪表强大的优势之一。

3. 智能仪器的组成

智能仪表由硬件和软件组成。根据设计之初各方面的性能要求完成硬件设计和软件编程，可以制成智能仪表。

硬件设计包括单片机选型（以保证成本和性能要求）；开关量或模拟电压转换电路、与单片机的输入接口电路、A/D 转换电路、开关量或模拟电压输出、测量结果的显示或打印电路、与外部的通信接口等，如图 11.29 所示。

软件设计主要包括数据的输入输出、程序的各种算法、滤波环节等。下面以一款电工实验台上的智能仪表交流多功能表来说明。

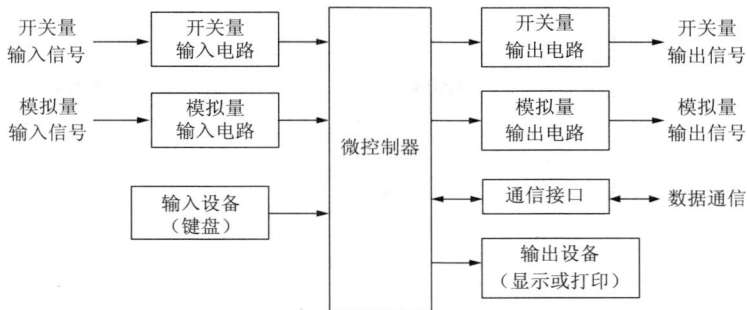

图 11.29 智能仪表的组成框图

4. 交流多功能表

交流多功能表可以测量交流电路中很多的量值,如电压、电流、有功功率、无功功率、功率因数、电路频率等量,克服了指针式仪表测量对象单一的局限,体现了智能仪表优点。

图 11.30 为交流多功能表的硬件框图,由于需要测量功率,所以增加了过零检测电路。软件和硬件是相辅相成的,互为整体。硬件电路设计得更为合理、细致,软件编写就可以简单一些,也可以用软件去弥补硬件的不足。体现了智能仪表在设计上的灵活性。

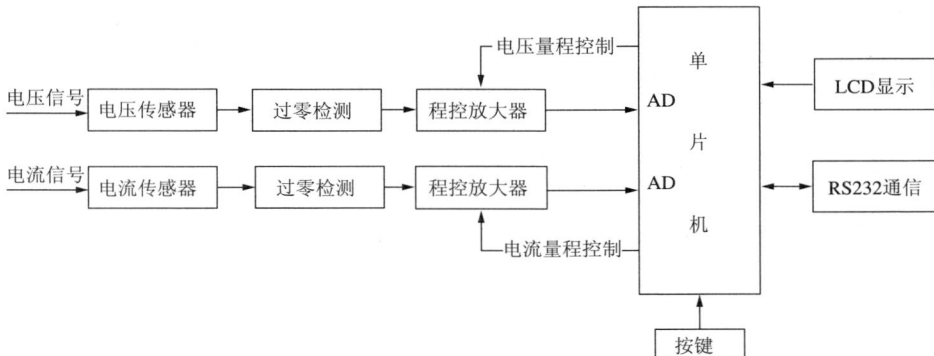

图 11.30 交流多功能表的硬件框图

被测电压经过分压电路、电压传感器电路进入测量系统,通过过零检测,进入程控放大单元,输出的信号进入 A/D 转换芯片进行 A/D 转换,转换结果经软件计算,得到测量结果,并加以显示、打印、与系统级通信。

被测电流经过取样电阻和电流传感器电路进入测量系统,通过过零检测,进入程控放大单元,输出的信号进入 A/D 转换芯片进行 A/D 转换,转换结果经软件计算,得到测量结果,并加以显示、打印、与系统级通信。

323

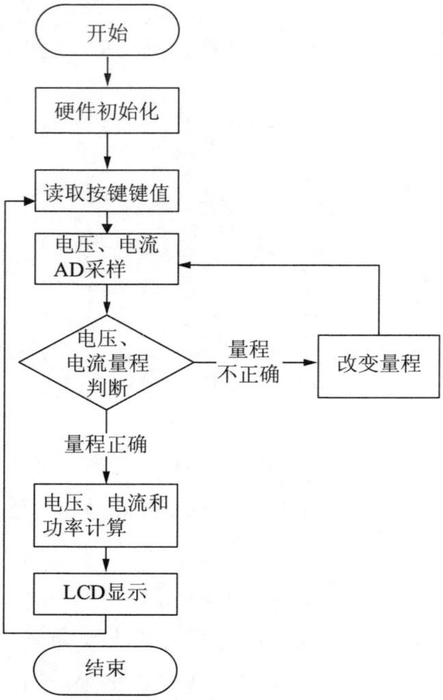

图 11.31　交流多功能表的软件框图

测量功率时增加了过零检测电路,以便测量被测电压和被测电流的相位差角。

图 11.31 为交流多功能表的软件框图。选型为 8051 单片机,由于芯片内部没有 A/D 转换功能,所以增加了 A/D 转换芯片,根据测量精度和成本的要求,可以选用不同位数(8位、10 位或 12 位)的 A/D 转换芯片,位数越高,精度越高,成本越高。

软件设计里包含量程自动转换设计、A/D 转换、电压、电流、功率等的运算和 LCD 显示设计。

智能仪表的使用比较容易操作,可以直接读取数据。一部分分开显示,面板上有多个 LCD,分别显示被测量;一部分只有一块显示,需要按键切换显示被测量。具体使用要参看仪表的使用说明书。

思考与练习

1. 智能仪表的发展现状是什么?

2. 智能仪表包括哪两个部分,各部分的主要功能是什么?

习　题

1. 用量程为 150V,准确度为 0.5 级的电压表测量 100.0V 的电压,可能出现的最大相对误差是多少?

2. 有两块直流电压表,若用准确度等级为 2.5 级,量程为 75V 的电压表去测量 72V 电压;另外用一块准确度等级为 1.5 级,量程为 150V 的电压表去测量 25V 电压。试问哪块表误差小?为什么?

3. 有三块直流数字电压表,第一块为 $5\frac{3}{4}$ 位;第二块为 $3\frac{2}{3}$ 位;第三块为 $4\frac{1}{2}$。试问这三块表的最大示值和分辨率各为多少?

4. 已知数字电压表误差的相对系数 $a=0.5$,若用仪表的 3V 挡去测量 2.999V 的电压,其绝对误差 $\triangle U$ 和误差的固定系数 b 各为多少?

5. 有一感性负载,其功率约为 300W,电压为 220V,功率因数 $\cos\varphi_L=0.8$,现用 D28-W 型功率表去测量它的功率,应该怎样选择功率表的量程。已知 D28-W 型功率表的电压量程为 150V、

300V,电流量程为 2.5V、5V。

　　6. 简述磁电系仪表、电磁系仪表、电动系仪表的优缺点及适用范围。

　　7. 是否数字仪表都可以归类为智能仪表,为什么?

第12章

常见电量的测量

学习目标

- 了解测量端口特性的伏安测量法。
- 了解电阻、电容、电感等元件参数的测量方法。
- 了解电压、电流、功率等电量的测量方法。
- 了解三相电路功率的测量方法。

常见电量的测量方法很多,即使是测量同一个量也可以有很多不同的方法,具体使用什么方法,要视当时的条件、精度、费用的情况来确定。本章重点介绍多种测量方法。

12.1　端口伏安特性的测量

所谓端口伏安特性曲线就是指某一端口的电压、电流间的变化规律曲线。通过对这个曲线的分析计算,可以掌握该端口的特性。因此,在电路分析中,测定端口的伏安特性曲线是一个很重要的分析手段。

在测量某一端口元件的伏安特性时,通常采用调节外接可调电阻的方法,以得到不同的电压、电流值,在坐标平面上加以描述,最终得到该端口元件的伏安特性曲线。常用的测量方法有伏安测量法和示波测量法。

12.1.1　伏安测量法

端口的伏安特性是用电压表、电流表测定的,这种测量方法称为伏安测量法。具体的实验线路如图 12.1 所示。

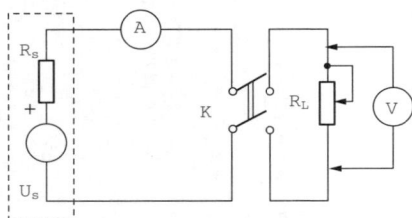

图 12.1　伏安测量法实验线路图

当需要测量虚线框端口的伏安特性时,通过外接可调电阻 R_L 的方法,改变 R_L 可以得到不同的 U、I 值,在坐标平面上加以描述,就能得到该端口的伏安特性曲线。

若电源 U_s 可调,R_L 固定,当需要测量电阻元件 R_L 的伏安特性曲线时,则可采用调节 U_s 的大小,以得到不同的 U、I 值的方法测定。

独立电源和电阻元件的伏安特性可以用伏安测量法(简称伏安法)测定。伏安法原理简单,测量方便,同时适用于非线性元件伏安特性的测定。由于仪表的内阻会影响到测量的结果,因此,必须注意仪表的合理接法。

12.1.2　示波测量法

利用双踪示波器能够将两路信号在 XY 工作方式直接合成,形成特性曲线的特点,可以用示波器来测量端口的伏安特性曲线。这种用示波器来测量端口的伏安特性曲线的方法称为示波测量法。

具体的实验线路如图 12.2 所示,CH1 通道

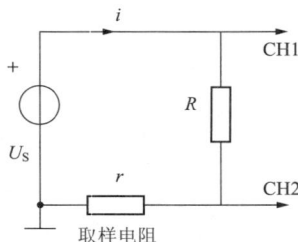

图 12.2　示波测量法实验线路图

测量的是 U_s 信号。由于示波器只能测量电压信号,不能直接测量电流信号,而测量电流信号又往往是必需的,因此我们常采用加取样电阻的方法,将电流信号转换成电压信号后再进行测量。图 12.2 中 CH2 通道测量的是 U_r 信号,而 $i = \dfrac{U_r}{r}$,只要取样电阻是线性无感的且尽可能小,U_r 信号就可以反映电流信号的变化规律。在示波器的 XY 工作方式能够观察到端口的伏安特性曲线。

12.2 元件参数的测量

电路分析时,往往需要明确知道元件参数,有的元件有标称,可以直接读出值来。而有些没有标称的则需要用仪器设备或者运用测量方法加以测定,下面介绍几种元件参数的测量方法。

测量电阻、电感、电容元件的参数通常可以用数字万用表相关档位或 RLC 测量仪直接测量。但是对于测量精度要求不同或量值大小不一样的情况,可能会用到不一样的测量方法。

12.2.1 电阻的测量

电阻的测量在电工测量中占有重要的地位。通常,对于低于 1Ω 的电阻称为低值电阻,高于 $1M\Omega$ 的电阻称为高值电阻,阻值在 1Ω 和 $1M\Omega$ 之间的电阻称为中值电阻。

测量低值电阻和高值电阻往往需要采用特殊的测量方法,比如测量低值电阻的时候导线间或接线时的接触电阻都要考虑进去,而测量高值电阻时则需用到专用仪表。另外,测量精度也是选择测量方法时需要考虑的一个重要因素。因此,测量前需要根据被测电阻的阻值大小和对测量准确度的要求,选择合适的测量方法。而且,每种方法都只在一定的阻值范围内误差较小。下面介绍几种在直流电路里的测量方法。

1. 中值电阻测量方法

测量中值电阻的方法很多,一般可用欧姆表法、伏安测量法、半偏法、替代法、单电桥法和电位差计法等。其中,测量精度最高的是替代法和几种比较法。

（1）欧姆表（包括万用表欧姆挡）法是上述方法中使用最方便的一种方法,可以直接读取数值,简单、操作方便。但一般欧姆表的测量准确度较低,常在测量要求不高的场合使用,也可以作为对电阻的一种粗测手段。数字欧姆表比指针式欧姆表的测量准确度高。

（2）伏安法测电阻虽然测量准确度不够高,但容易实现,而且具有测量条件与被测电阻的工作条件相一致的优点。因此,它特别适合于测量阻值与电压（电流）

有关的非线性电阻。

（3）半偏法的原理线路如图 12.3 所示。调节标准电阻 R_0，若电流表示值是 R_0 为零时示值的一半，则 R_0 的阻值即为被测电阻 R_x 的阻值。在 U_S 保持恒定的情况下测量结果的误差与标准电阻和仪表的准确度有关。同时应注意到测量结果中包含了电流表的内阻值 R_A，即 $R_x = R_0 - R_A$。

（4）替代法、单电桥法都具有测量准确度高的特点。一般使用在精密测量或对测量准确度要求较高的场合。其中，以作为测量中值电阻专用仪器的单电桥使用最广泛。替代法、单电桥法都是比较法，下面以替代法为例来说明测量方法。

替代法的实质是一种比较法，它是在测量条件不变的情况下，用一个数值已知的且可调的标准量来代替被测量。在比较过程中，若仪表的状态和示值都保持不变，则仪表本身的误差和其他原因所引起的系统误差对测量结果基本上没有影响，从而消除了测量结果中仪表所引起的系统误差。

如图 12.4 所示，用替代法测量电阻 R_x。在测量时先把被测电阻 R_x 接入测量线路（开关 S 接到1），调节可调电阻 R_0，使电流表 A 的读数为某一适当数值，然后将开关 S 转接到位置2，这时可调标准电阻 R_n 代替 R_x 被接入测量电路，调节 R_n 使电流表数值保持原来读数不变。如果 R_0 的数值及所有其他外界条件都不变，则 $R_n = R_x$。显然，其测量结果的准确度决定于标准电阻 R_n 的准确度及电源的稳定性。

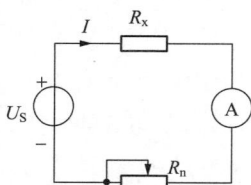

图 12.3　半偏法

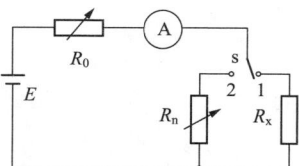

图 12.4　替代法

R_n：标准电阻
R_x：被测电阻
R_0：限流电阻
E：电源

（5）用直流电位差计测量电阻的线路如图 12.5 所示。被测电阻 R_x 和标准电阻 R_n 相串联，调节 R_f 使电路中通过某一稳定电流。利用开关 S 的切换，用电位差计测出被测电阻两端的电压 U_x 和标准电阻上的电压 U_n，则

$$R_x = \frac{U_x}{U_n} \cdot R_n$$

标准电阻值尽可能选得与被测电阻值近似相等，以使测量方便和得到准确的结果。用直流电位差计测电阻，实质上是借助电位差把被测电阻与标准电阻进行比较。图 12.5 中的 U_n 和 U_x 也可以用数字电压表或满足测量准确度要求的高内阻电压表等进行测量，同样可以达到测量的目的。

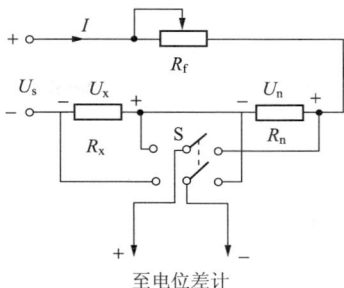

图 12.5

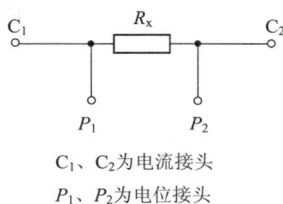

C_1、C_2为电流接头

P_1、P_2为电位接头

图 12.6

2．低值电阻测量方法

如果被测电阻的阻值在 1Ω 以下,测量电阻时的一个突出问题是如何消除和减小接线电阻、接触电阻对测量结果的影响。为此,无论采用何种测量方法,都必须采用如图 12.6 所示的"四端接法"(有四个接线端)。

接线时必须根据被测电阻引出线(端钮)的具体情况,设法采用符合"四端接法"要求的接线方式。

3．高值电阻测量方法

如果被测电阻很大,高于 1MΩ,测量电阻时会用到兆欧表。具体的原理请查阅相关的使用说明书。

12.2.2 储能元件参数的测量

常见的储能元件有电感、电容等元件,可以直接使用数字万用表或者 RLC 测量仪对其进行测量,得到元件参数。也可以让元件端口两端外接交流电源的情况下,通过测量元件两端电压、元件流经的电流以及元件消耗的有功功率,来确定该元件的参数,即所谓的电压电流功率表法。具体的测量方法为:

电感、电容作为储能元件,通常需要在交流电路中进行测量,测量它们的电参数。

交流参数测量的方法很多,我们这里介绍电压电流功率表法。

电压电流功率表法即用仪表测量元件两端的电压、元件流经的电流、元件消耗的有功功率来计算元件参数的方法。具体的实验线路图如图 12.7 所示,虚线框所示为调压器,电压表监测被测元件电压,电流表监测元件电流,功率表测量元件消耗的有功功率。于是,

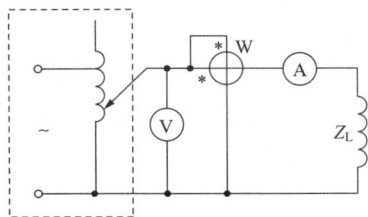

图 12.7 三表法测量线路

回路的功率因数 $\lambda = \cos\varphi = \dfrac{P}{UI}$

阻抗的模 $|Z| = \dfrac{U}{I}$

等效电阻 $R = \dfrac{P}{I^2} = |Z|\cos\varphi$

等效电抗 $X = |Z|\sin\varphi$

$X_L = \omega L$ $\omega = 2\pi f = 2\pi \times 50 = 100\pi$

$X_C = \dfrac{1}{\omega C}$

测定了电抗 X,最终可以计算出电感或电容值。

使用电压电流功率表法时,注意仪表的正确使用,设计线路时要保证仪表所测量的必须是被测元件的电压、电流和功率。

12.3 电量的测量

所谓电参数,是指元件本身特性,例如:R、L、C、M(互感)等。上面已经介绍了测量方法。所谓电量,表征的是回路特性,我们用得多的电量有电压、电流、功率、电能等。下面介绍电量的测量。

12.3.1 电压的测量

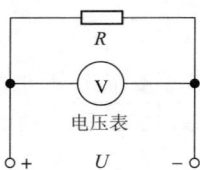

图 12.8 电压测量电路

1. 电压表法

可以直接使用电压表测量电压。使用直流电压表测量直流电压,使用交流电压表测量交流电压。电压表通常是需要并联在元件两端,读出的示数即是被测量值。直流电路中测量电阻元件 R 两端承受电压的测量方法如图 12.8 所示。

2. 消除测量仪表内阻的电压测量法——零示法

零示法是一种广泛应用的测量方法,主要用来消除因仪表内阻影响而造成的系统误差。

在测量中,使被测量对仪表的作用与已知的标准量对仪表的作用相互平衡,以使仪表的指示为零,这时的被测量就等于已知的标准量。

如图 12.9 是用零示法测量实际电压源开路电压 U_{OC} 的实用电路。

U_S:直流电源

R:标准电阻

G:检流计

测量时：调节电阻 R 的分压比，使检流计ⓖ的读数为 0，则 $U_A = U_B$

即　$U_{oc} = U_A = U_s \cdot \dfrac{R_2}{R_1 + R_2}$

在测量过程中，只需要判断检流计中有无电流，而不需要读数，因此只要求它具有足够的灵敏度。同时，只要直流电源 U_s 及标准电阻 R 稳定且准确，其测量结果就会准确。

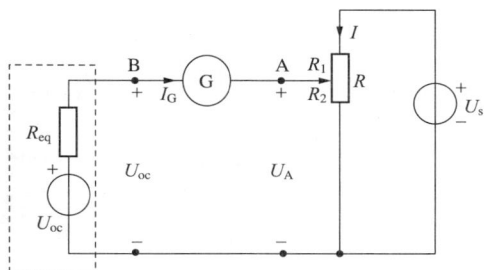

图 12.9　零示法

12.3.2　电流的测量

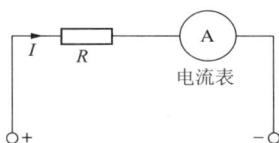

图 12.10　电流测量电路

可以直接使用电流表测量电流。使用直流电流表测量直流电流，使用交流电流表测量交流电流。电流表通常是需要与被测元件串联，读出的示数即是被测量值。直流电路中测量电阻元件 R 中流经的电流 I 的测量方法如图 12.10 所示。

12.3.3　功率的测量

功率的测量需要用功率表，具体的使用方法见前面的功率表的原理章节，这里只介绍测量方法。

1. 直流及单相交流电路的功率测量

直流电路的功率 $P = UI$，可分别测量被测元件的电压和电流的读数来计算，也可以根据单相交流电路中有功功率 $P = UI\cos\varphi$，当 $\cos\varphi = 1$ 时，用单相功率表（亦称瓦特表）来测量。

用功率表测量被测元件消耗的有功功率时，要保证功率表电流线圈流经的是被测元件流经的电流，功率表电压线圈两端承受的是被测元件两端承受的电压。这样，功率表测出的有功功率即使被测元件消耗的有功功率，测量电路如图 12.11 所示。

2. 三相交流电路的功率测量

三相交流电路中负载所消耗的总有功功率等于各相有功功率的代数和，即：$P = P_A + P_B + P_C = U_A I_A \cos\varphi_A + U_B I_B \cos\varphi_B + U_C I_C \cos\varphi_C$。其测量方法有三表法、二表法。三相电路不同的连接方式适用于不同的测量方法，下面具体进行介绍。

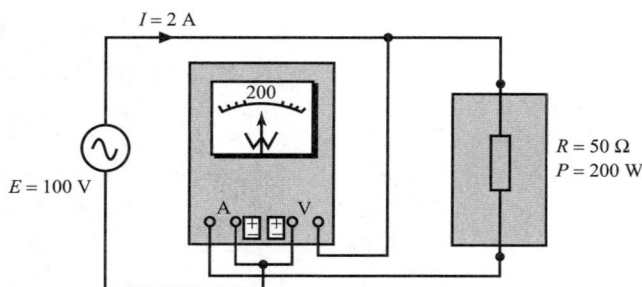

图 12.11　功率表测量电路

1) 三相四线制有功功率的测量

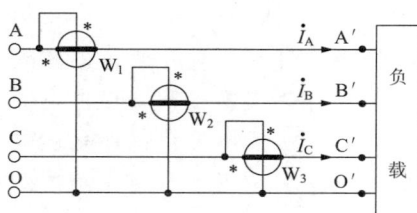

图 12.12　三表法测量三相功率

在低压配电系统中,三相负载往往是不对称的,故一般用三块单相功率表按图 12.12 所示的接线方式进行测量,称之为三表法。图中功率表 W_1 的电流线圈流过的电流是 A 相的电流 $\dot{I}_A$,而电压线圈承受的是 A 相的电压 $\dot{U}_{A'O'}$,因此功率表 W_1 所测量的功率为 A 相的有功功率。同理可知,W_2、W_3 所测量的分别是 B、C 两相的有功功率。总功率为三相负载消耗的有功功率之和,即总功率等于 W_1、W_2 及 W_3 三块功率表读数之和。

如果负载是对称的,则每相消耗的有功功率相同,所以只需要测量其中任一相消耗的有功功率,然后乘以 3。即用一块功率表测量三相消耗的有功功率。这种方法称为一表法。此时,$P = 3P_A$

2) 三相三线制有功功率的测量

三相三线制电路不论其对称与否,均可用两块单相功率表进行测量,俗称两表法。其接线方式如图 12.13 所示。两块功率表的电流线圈可分别串接在任意两相的端线上,如图中的 A、B 相,电压线圈的非同名端必须共同接到第三条相线上,比如 C 相。显然,这种测量方法与电源和负载的连接方式

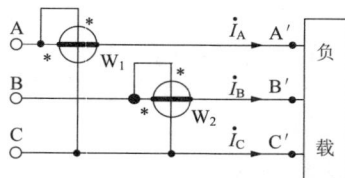

图 12.13　两表法

无关。这时,两功率表读数的代数和等于被测的三相负载的有功功率。

以 Y 型连接的三一三制电路为例,三相瞬时功率为:

$$p = p_A + p_B + p_C = u_A i_A + u_B i_B + u_C i_C$$

由 KCL,$i_A + i_B + i_C = 0$

有 $i_C = -(i_A + i_B)$

所以 $p = u_A i_A + u_B i_B + u_C(-i_A - i_B)$

$\qquad = (u_A - u_C)i_A + (u_B - u_C)i_B$

$\qquad = u_{AC}i_A + u_{BC}i_B$

有功功率为 $P = \dfrac{1}{T}\displaystyle\int_0^T p\,\mathrm{d}t$

$\qquad\qquad = \dfrac{1}{T}\displaystyle\int_0^T (u_{AC}i_A + u_{BC}i_B)\,\mathrm{d}t$

$\qquad\qquad = \dfrac{1}{T}\displaystyle\int_0^T u_{AC}i_A\,\mathrm{d}t + \dfrac{1}{T}\displaystyle\int_0^T u_{BC}i_B\,\mathrm{d}t$

$\qquad\qquad = U_{AC}I_A\cos\varphi_1 + U_{BC}I_B\cos\varphi_2$

$\qquad\qquad = P_1 + P_2$

其中，φ_1 为 u_{AC} 与 i_A 之间的相位差，φ_2 为 u_{BC} 与 i_B 之间的相位差。这时两块功率表的电压线圈上承受的是线电压，电流线圈中流经的都是线电流。

在实际测量中，如果功率表所测量线路中的线电压和线电流之间的相位差大于 $90°$ 时，指针就会向反方向偏转，这时就可以利用功率表上的换向开关(详见上章中功率表的换向开关介绍)改变电流线圈中电流的流向，使指针正偏。但测量数据应记为负值。

12.3.4 电能的测量

能量被定义为做功的能力。它以各种形式存在，包括电能、热能、光能、机械能、化学能以及声能。电能是电荷移动所承载的能量。

每一种能量都可以用焦［耳］(J)来度量。$1J$ 的电能相当于 $1V$ 电压下 $1C$ 的电荷移动所承载的能量。

能量既不能被创造，也不能被消灭，这就是所谓的能量守恒定律；能量只能从一种形式转化为另一种形式。例如，一个白炽灯可以把电能转化成有用的光能。然而，并不是所有的电能都转化成了光能。大约 95% 的电能转化成了废热，如图 12.14。

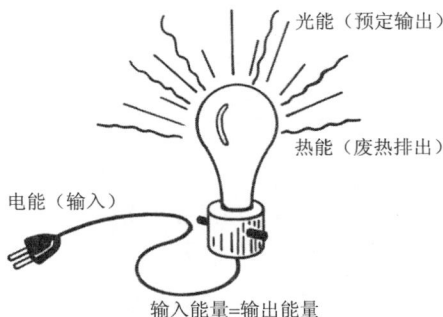

图 12.14 灯泡中的能量转化

测量电能量的仪表称为电度表。直流电能量的测量主要用电动式瓦时表。交流电能量的测量常用感应式瓦时表，即电度表。由于负载在时间 t 内所消耗的电能为：

$$W = \int_{t1}^{t2} p\,\mathrm{d}t$$

所以电度表是一种积累型仪表,而不是指示仪表。电度表的结构原理如表 11.1 中感应系仪表结构图所示。电度表的接线方法与功率表完全相同。民用电都是 220V 的单相电压,所以常用单相电度表测量即可,具体的接线图如图 12.15 所示。

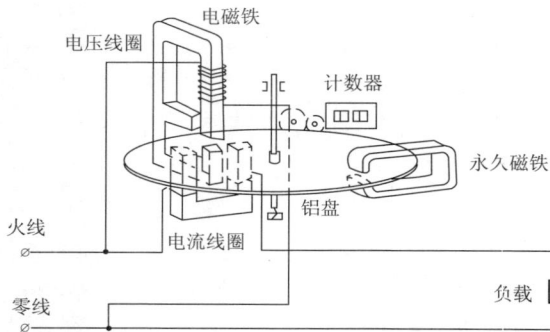

图 12.15　单相电度表的接线图

工业上还有三相三线制电度表、三相四线电度表,在不同的电源接线制式里使用。在选用电度表时,负载电流及电源电压均不应超过电表的额定值,大电流负载接电度表时,应通过电流互感器接线。

习　题

1. 测量端口的伏安特性有哪几种方法? 简述之。
2. 测量电阻选用测量方法时应考虑哪些因素?
3. 不选用直接的测量仪器,如何测量电感元件的电感值?
4. 两表法为什么能测量三相三线制电路的总功率?
5. 功率表与电度表的用途有何不同?

第13章

安全用电

学习目标

- 避免在工作环境下可能发生的危险。
- 分辨可能导致严重电击危险的电方面的因素。
- 列出在使用用电仪器时需要注意的一般安全预防条例。
- 解释电气系统接地的目的及步骤。
- 概括闭锁程序的基本步骤。
- 有关流血、烧伤以及电击的急救要点。
- 列出在电路失火时应采取的措施步骤。
- 如何鉴别危险材料以及对危险材料特性的描述。
- 了解各种不同组织机构在电工规程及标准中所负的责任。

对于任何工作来说,安全性始终是首要的问题。每年电工事故都造成了许多严重的伤亡。这些事故大多发生在刚刚踏上工作岗位的年轻人。年轻人发生事故,一般因为粗心,或者是由于新工作的压力,以及新环境造成的分心,还有因为对电工技术知识的缺乏。本章就是让工作人员了解有关电源的危险,以及工作与训练机构环境下的潜在危险。

13.1　工作环境中的安全

数据显示,有 98％的事故是可以避免的。这样看来,我们还有很大的空间可以避免事故的发生,每一人都可以在降低事故率上发挥自己的能力。事故的主要原因是个人的错误操作以及采用材料的疏忽所致。而这其中,因个人错误操作导致的事故占了总事故量的 88％,采用材料的疏忽导致的事故仅占总事故量的 10％。

必须穿戴眼睛保护设备	必须穿戴头部保护设备	必须穿戴听力保护设备	必须穿戴手部保护设备	必须穿戴呼吸保护设备	必须穿戴脚部保护设备
注意地面湿滑	注意叉车	压缩气体危险	禁止吸烟	易燃危险	毒药危险
灭火器	洗眼水	急救	安全冲浴		

图 13.1　典型的警告与注意标志

一般来说,建筑以及制造工地都是有大量潜在危险的地方。正因为如此,安全问题成为工作环境中的主要问题。特别是电气工业,安全问题毫无疑问地成为在有危险的工作环境中首要考虑的重要问题。安全操作很大程度上取决于个人是否拥有丰富的专业知识,以及是否清楚地了解工作中的潜在危险。安全性是一种思考方式,是一种个人义务。政府机构和强调安全的相关组织制定了规章与方针。然而,规章不能代替准确的判断力及正确的态度。永远要遵守事故预防标志,图 13.1 列举了典型的警告与注意标志。

13.1.1　普通个人安全服装

为了工作安全,一套合适的工作服是十分必要的。对于不同的工作地点和工作性质需要它们特殊的工作服如图 13.2。对于一套合适的工作服,以下几点是必需的。

(1)安全帽、安全鞋和护目镜必须根据一定工作要求穿着。例如,如果安全帽为了在电工工作中提供安全,那么它就不能够是金属的。

(2)在嘈杂的环境中需要戴上安全耳套。

(3)衣服需要合身以避免卷入运转的机器中发生危险。同时,避免穿着人造纤维的衣服,如聚酯纤维材料或者同类材料的衣服,这类材料的衣服具有在高温下溶化造成严重烧伤的可能性。为了安全,工作时一定要穿全棉质的衣服。

图 13.2　为个人安全所提供的衣服与设备

(4)当在带电电路上工作时,应摘掉所有金属类首饰,金和银质的首饰是导电性极强的电导体。

(5)在靠近机器工作时,不要留长发,或者必须束起长发。

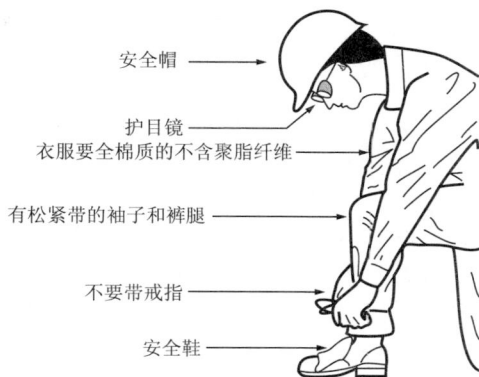

13.1.2　电工保护设备

许多电工安全设备可以防止工作人员在进行裸电路工作时接触电路而受伤。电工需要熟悉每种不同的保护设备要求的安全标准,比如每种设备用于何种防护。要确保电工保护设备可以真正地按照设计要求起到保护作用,就要在每天使用之前及时进行损坏检查,同时每次使用后也应该立刻检查设备是否有损坏。电工保护设备包括以下几种:

(1)橡胶保护设备。橡胶手套用于防止皮肤直接接触带电电路。一个独立的皮革外套用于保护橡胶手套受到扎破等损坏。橡胶垫可以在靠近裸露带电电路工作时,防止人员接触带电导线或电路而受伤。所有的橡胶类保护设备都必须标出适用的额定电压和最后一次检查的时间。无论对于橡胶手套还是橡胶垫的绝缘值,其额定电压与要使用它们的电路及设备相匹配是十分重要的。绝缘手套在每次检查的过程中必须进行空气测试。将手套快速旋转,或者将其充气。挤压手掌、手指和拇指的位置检测是否有漏气的地方。如果手套不能通过这项检测,就必须报废不再使用。

（2）高压保护服。为高压操作提供的特殊保护设备,它包括高压袖子、高压靴、绝缘保护头盔、绝缘眼镜和面部保护,以及配电板垫和瞬间高压服(击穿服)。

（3）带电操作杆。带电操作杆是一种绝缘工具,它应用于手动操作高压隔离开关、高压保险丝的更换,也包括临时接地高压电路的连接与移除的手动操作。一个带电操作杆包括两个部分,头部或者杆帽和绝缘杆。杆帽可以用金属或者硬塑料制成,而绝缘杆就用木头、塑料或者其他可以有效绝缘的材料来制造。

（4）保险丝拆卸器。塑料或者玻璃纤维的保险丝拆卸器用于安全地拆卸或安装低压溶丝管。

（5）短路探测器。短路探测器用于使断电电路放电至带电电容器,或者当电路电源断开的时候增大静电荷。同样地,当靠近或在不带电的高压电路上工作时,短路探测器就可以被连接,它的指针会打到左边,这样当进行一些可能发生事故的操作时,它就可以作为一种辅助的防范工具。安装短路探测器时,首先将试线夹接地,然后固定短路探测器手柄并挂住短路探测器末端或将接线端接入地面。不要触摸短路探测器接地线路或部件的任何金属部分。

（6）面罩。在整个配电操作中,电弧、电射线或者因为苍蝇、从别的地方掉下的小东西而引起的电爆炸可能会伤害工作人员的眼睛以及脸部,因此必须全程佩戴经核准的面罩。

（7）摔落保护。摔落防止系统为工作人员提供有关从高处摔落的保护措施,它包括栏杆、个人摔落防止系统、定位装置、警告线、安全监控器和受控访问区。

阻止摔落系统的设计不是为了防止工人的摔落,而是为了当工人已经开始摔落的时候,立即阻止它。最少,我们可以知道他们一定是非法操纵的,否则工人不可能从 2 米以上的地方迅速下落,而没有接触到任何低一些的平面。这包括个人的阻止摔落系统和安全网。

在工作地点由于错误地使用梯子和脚手架而造成受伤在所有其他受伤的原因中占有很大比例。关于所有梯子的正确用法和安全性包括以下几点:

（1）为工作选择合适的梯子。当进行有关电的工作时,所用的梯子都应该是绝缘材料制成的梯子。

（2）在使用以前,先检查梯子。检查包括看是否有损坏的横挡、梯级、扶手或者支柱,检查是否有油痕、油脂等将会导致滑倒的物质在梯子上,同时还要察看梯子是否缺失了螺丝、螺母、铰链或者其他零件。

（3）必须将梯子放置在稳固的表面上,绝不能为了提高高度而把梯子放在诸如单个的砖块、平板、盒子或者类似的物体上。

（4）不能将梯子放置在门的前面,除非那扇门是十分牢固地被锁上了,或者完全打开着,或者有人在旁边看守,否则门的开关将会导致危险。

（5）当爬上或者爬下梯子的时候,要面对梯子。

（6）禁止同时在梯子上站一个人以上的人数。

（7）当爬上梯子的时候，要双手扶紧两侧。可以使用工具袋或者桶将工人需要的材料运送上去。

（8）要确定梯子没有接触任何电源线。

（9）禁止爬到活梯从上数第二个台阶，或者一般直梯从上数第三个台阶的高度。

使用活梯的重要规则和安全性包括以下几点：

（1）一定将活梯升到它的极限高度。

（2）在爬活梯以前一定将两侧的梯柱锁死。

（3）绝不能将活梯作为直梯使用。

（4）不要将工具或者施工材料遗留在活梯上。

使用伸缩梯的重要规则和安全性包括以下几点：

（1）放置直梯一定要保持正确的角度。一般来说，直梯的放置应保持一个 4 比 1 的比率。也就是说，梯子与墙或者其他支撑面的支点到地面的距离与梯子和地面的支点到墙（其他支撑面）的距离之比为 4 比 1。这就是被称为 1/4 的定律。

（2）当工人步测梯子的宽度时，梯子应该高于顶部、脚手架或者其他垫高的平面大概 1 米，如图 13.3 所示。

（3）不允许在伸缩梯后面小于 3 英尺（1 英尺＝0.305 米）的重叠区打开伸缩梯。

（4）如果可能，保护接触建筑物的梯子顶部。

（5）在梯子上工作时，一只手应始终扶住梯子的一个横档或者扶手。如果需要双手工作，那么应使用安全带保证安全。

（6）抬梯子的时候先将它平放在地板上，找到大概中点的位置，然后抬起梯子，这样梯子一侧的扶手就可以放在肩膀上，另一侧则可靠在身上。

（7）禁止过分延长梯子或将两个梯子接起来做更长的梯子。

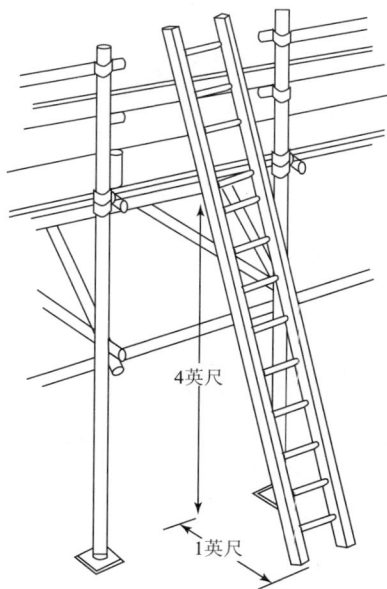

图 13.3 梯子宽度与高度比为 1 比 4

使用脚手架的重要规则和安全性包括：

（1）脚手架需竖放在牢固的支点上，这样它就可以用设计和标定的材料来承受计算的最大重量。

（2）在高出地面或楼层 6 英尺以上的暴露侧和台架末端必须安装护栏和脚踏板。

（3）工作平台必须用脚手板完全覆盖，且脚手板末端应比支架支点向外延伸不少于 6 英寸（1 英寸＝0.025 米）不多于 12 英寸，同时必须被严格固定。

（4）不要将没用的材料留在脚手架台上。

13.1.3　抬起与移动货物

当向上抬物品的时候，如果可能，最好抬小一些的货物。抬物品时，根据个人只抬自己可以负担的重量，必要时，应找人帮忙。当抬东西的时候，首先应站到物品跟前。然后，蹲下并直起后背（图 13.4）。握紧物品并将它靠近自己的身体，胳膊用力将物品抬起。这时，要确定你是用胳膊将东西抬起来的而不是用后背。不要在抬起东西的时候扭曲身体。当放下东西的时候，应弯曲膝盖（弯度比腰要大）。如果弯腰抬起一个 50 磅的物体，就相当于给腰的下部加了 10 倍于 50 磅的压力（500 磅）。

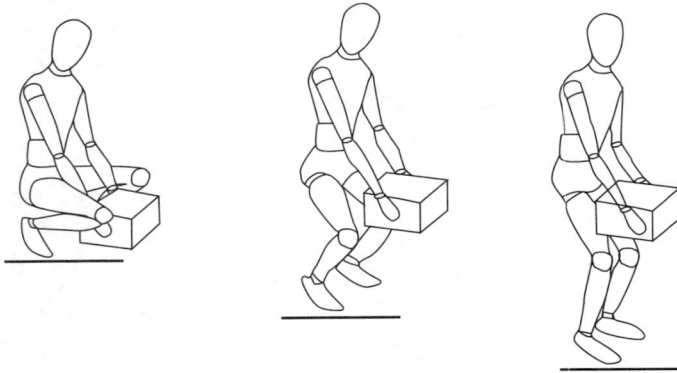

图 13.4　抬起和移动货物

思考与练习

1. 在工作地点受伤的主要原因是什么？

2. 为什么在工作场所不能穿聚酯材料的衣服？

3. 在橡胶手套的空气试验中从不使用压缩气体。为什么？

4. 高压电路断电、锁定、连接断开。是否可以在断电电路侧连接一个短路探测器？为什么？

5. 从电闸中移除一个 240 伏的熔丝管的最安全方法是什么？

6. 比较摔落防止系统与阻止摔落系统的安全功能。

7. 根据 1/4 法则，如果伸缩梯的顶部到地面距离为 6 米，那么梯子底部距墙面的距离为多少？

8. 你要使用梯子安装一个固定在繁忙的工作大楼出入门上方的出口灯，为了防止发生意外，列出至少四种特定的门口工作预防法。

9. 抬东西的时候，确定你在使用你的_____而不是_____。

10. 一般情况下，承包人会要求你检查所有的梯子。列出你需要注意的不安全点。

13.2 电 击

我们通常认为,只有高压电路会导致电击。事实并不如此,与其他和电相关的事故相比,每年因为家用电压220V而导致的受伤或者死亡的事故数量更高。如果读者曾经在电击事故中没有受伤,那么应该说你是十分幸运的。但是,不要总靠运气。在有关电的工作中,要时刻注意安全,不要使它危及你的生命。

当一个人的身体成为电路的一部分时,电击就发生了。在电气工业中,电击及烧伤是导致人死亡的原因。导致电击的三个复杂因素是:电阻、电压、电流。

1. 电 阻

电阻(R)可以被定义为用于电路中阻止电流通过的介质,它的单位是欧[姆](Ω)。身体的电阻越低,发生电击的潜在危险就越大。每个人的身体电阻根据皮肤的状况及接触的介质不同而不同。图13.5中列出了一般的身体电阻值。可以用欧姆表测出身体的电阻值。

皮肤状况或者部位和它的电阻	
皮肤状况或部位	电阻值
干燥皮肤	100 000～600 000 Ω
潮湿皮肤	1 000 Ω
身体——从头到脚	400～600 Ω
耳到耳	大约 100 Ω

对探针压力的不同而导致的不同电阻值

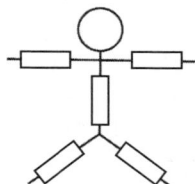

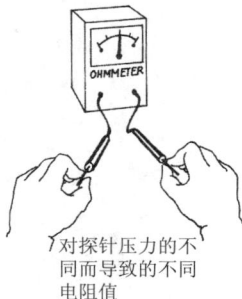

图 13.5 身体电阻

2. 电 压

电压或称电动势(U 或 E)被定义为一种可以使电路中产生电流的压力,它的单位是伏[特](V)。电压对生命的威胁取决于每个人不同的身体电阻和心脏功能。

随着电压的增高,危险性就越大。一般来说,任何大于30V的电压都被认为是危险的。

3. 电 流

电流(I)被定义为电路中电子的流量,它的单位是安[培](A)。不用很大电流就可以导致疼痛或者致命的电击。一个严重的电击会导致心肺功能的停止。同样,当电流进入或离开身体时,还会导致严重的烧伤。当电流进入身体时,它首先在外部皮肤形成一个循环系统。图 13.6 列举了电流相关的量级和影响。一般来说,任何大于 0.005A 或者 5mA 的电流通过身体都被认为是危险的。

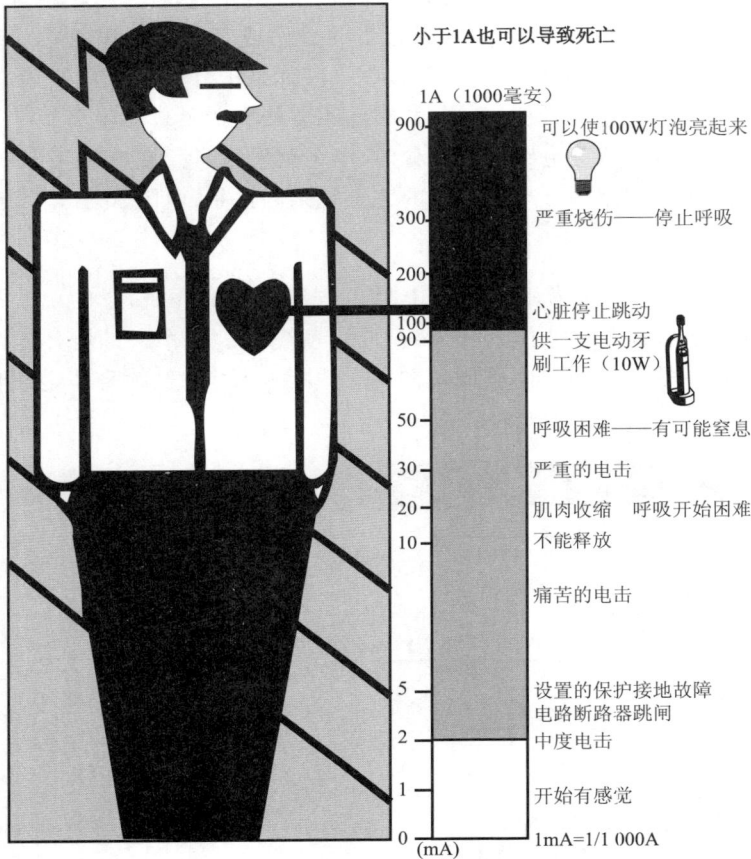

图 13.6　对人体的电流强度与影响

欧姆定律描述了电路的电流、电压和电阻如何发生适当的关系。应用欧姆定律,身体电流可以按照以下公式计算出来:

通过身体的电流＝用于身体的电动势/身体电阻

即:$I(A) = U(V)/R(\Omega)$

或

$$I(mA) = U(V)/R(k\Omega)$$

其中,$1A = 1000mA$,$1k\Omega = 1000\Omega$。

最常见的电伤害是烧伤。其中包括:

(1) 电烧伤。电烧伤就是由于电流经过组织或者骨头引起的烧伤。这种烧伤可能发生在皮肤表面或者受电流影响的深层皮肤。

（2）电弧烧伤。导致电弧烧伤的原因是因为身体过于近地接触了可产生高温的电弧（大概达 20000℃）。破损的电气插头或者失败的绝缘处理都将导致电弧的出现。

（3）热力接点烧伤。这种烧伤是由于皮肤接触了过热的零件表面而导致的受伤。它也可能由电弧引起的爆炸分散物接触皮肤而造成。

例题 13.1

一个人将手指放在 9V 晶体管电池的两端，假定皮肤电阻为 10000Ω，那么通过皮肤的电流为

$$I = U/R$$
$$= 9V/10000\Omega$$
$$= 0.0009A \text{ 或 } 0.9mA$$

对于电击的强度来说，通过身体的电流量和触电的时间是两个最主要的标准。1mA（1/1 000A）的电流强度就可以被感觉到。10mA 的电流强度就足以产生电击现象，它将会影响肌肉的自动控制能力，这就解释了为什么在有些情况下，电击的受害人一旦碰到导体，电流通过身体时，他们不能从导体上脱开。100mA 的电流通过身体 1 秒或者更长的时间将是致命的。

一个手电筒电池放出的电流已经足够杀死一个人，然而我们却可以很安全地拿着它。这是因为人类皮肤具有很大的电阻可以消减一定量的电流。在低压电路中，电阻可以使电流降低到很小的值。所以，这样的电击并不危险。然而，对于高压电路来说，它可以产生足够的电流通过皮肤而出现电击。

电流在身体中通过的路径也是影响电击后果的一个因素。举例来说，当电流从手到脚流过时，它将通过心脏和一部分中枢神经系统，那么这样的电击就要比电流通过同一胳膊上两点间而产生的电击危险得多（如图 13.7）。其他影响电击严重性的因素包括电流的频率、电击发生时心搏周期的状况，以及遭受电击的人的身体状况。

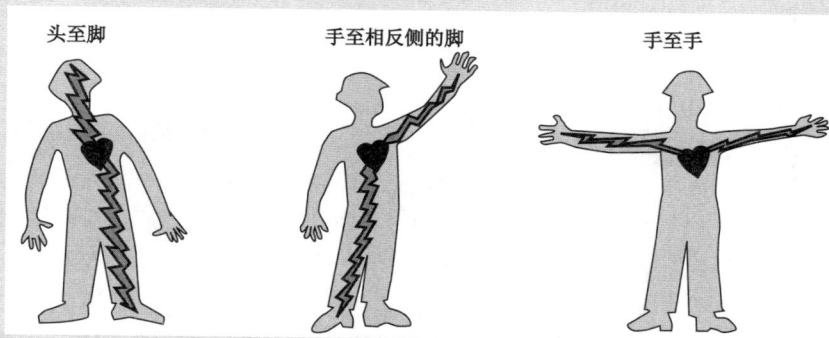

图 13.7 电流通过身体导致心脏停止跳动的典型通路

思考与练习

1. 列出三个导致电击的电的复杂因素。

2. 解释一下身体电阻是如何影响潜在的电击危险的。

3. 一般来说,多少级以上的电压被视为危险?

4. 一般来说,多少级以上的电流被视为危险?

5. 当身体接触了一个 220V 电源的电击,同时身体接触电阻为 1000Ω 时,计算身体中电流(A 和 mA)为多少?

6. 解释在电击中暴露的时间是如何影响电击强度的。

7. 有时人无法与带电导体分开,解释为什么?

8. 当你将双手放在 12V 的汽车电池上,是否会遭受电击? 为什么?

9. 电流通过人体时,哪条通路是最危险的?

10. 描述三种与电有关的烧伤类型。

13.3　接地保护

电就是电子流。电的流动就像从山中流向海洋的水流一般,水总是在寻找一条流向海洋的道路,而电则总是在寻找一条通向地面的道路。电流的路径被称为接地路径。如果你正处在电的接地路径上,那么电流就将通过你通向地面,这将使你遭受严重的烧伤甚至死亡。如果当你站在地面上或者身上有什么东西可以接触到地面的同时接触到了电线,那么你就有可能成为电流接地路径的一部分。

对于一般的线路安装来说,接地被看做一项很重要的连接操作。一般,接地保护装置是防止两方面危险的:失火与电击。

当电流从破损的通电电线或者连接中泄露,并且没有根据正常路径接触到电压零点时,将导致失火危险。一般情况下,除了正常路径以外,其他路径都有很大的电阻,这就导致电流过大而引起火灾。

电击危险出现在电流泄露以及反常电流出现而导致的电压。举例来说,如果一个裸露的通电电线接触了某未接地电气设备的金属结构,电线的电压就转移到这个金属结构上了。这时如果你接触了这个金属设备,那么你的身体就成为了电流的接地路径,这时就将发生严重的电击伤害。图 13.8 图示了接地保护。为了使这个保护系统得以运转,携带电流的主系统和电路部件(金属部分)都必须接地。在一个正确的接好地的系统中,一个错误的直接短路接地,将会导致强的电流冲击。这个电流熔化了保险丝或者使电路的断路器脱扣,立刻打开了电路。事实上,接地对于电气设备的操作起不到任何作用,它的目的只是为了保护生命和财产。

一个没有接地处理电源的工具会导致伤亡! 因此最好选择一个接地的设备。

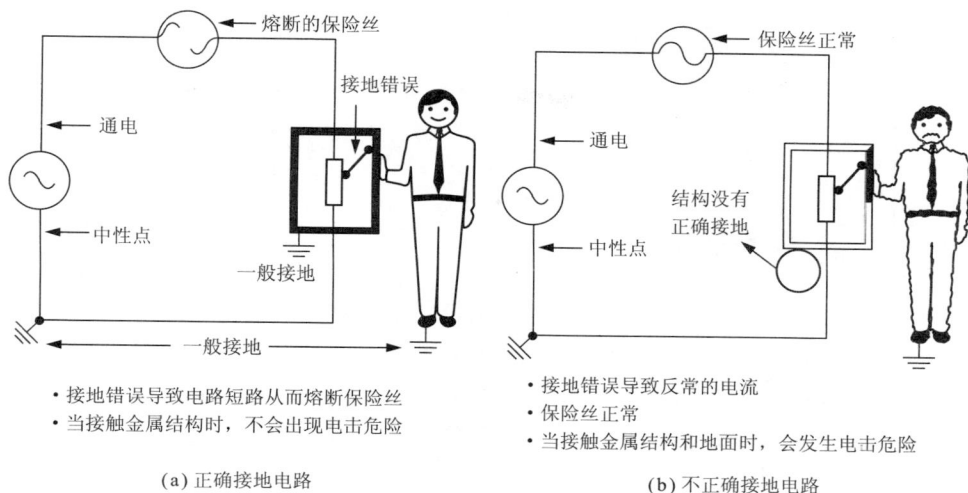

· 接地错误导致电路短路从而熔断保险丝
· 当接触金属结构时,不会出现电击危险

· 接地错误导致反常的电流
· 保险丝正常
· 当接触金属结构和地面时,会发生电击危险

(a) 正确接地电路　　　　　　　　　　(b) 不正确接地电路

图 13.8　接地保护

然而,一些通过审核的双重绝缘处理后的便携设备与电气工具是不需要进行接地处理的。在使用这些设备时,只要选择三脚插头或者有两脚插头的双重绝缘工具(图 13.9)。要经常检查设备和接电绳,以确定接地插脚处于安全状态。

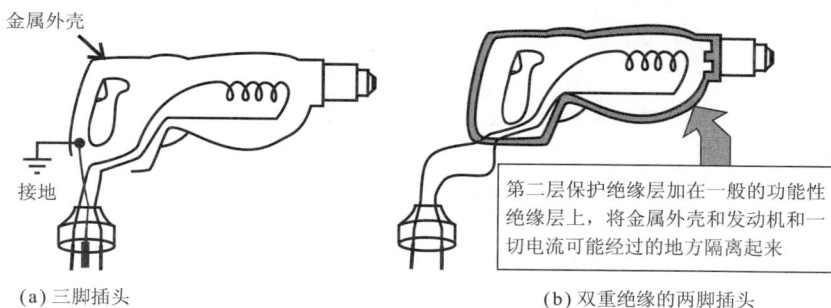

第二层保护绝缘层加在一般的功能性绝缘层上,将金属外壳和发动机和一切电流可能经过的地方隔离起来

(a) 三脚插头　　　　　　　　　　(b) 双重绝缘的两脚插头

图 13.9　正确使用接地处理后的工具

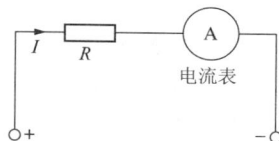

图 13.10　接地错误导致的电流不高到足以断开断路器或者烧断保险丝

思考与练习

1. 解释术语"接地路径"(path to ground)。

347

2．怎样就算完成了电路的接地？

3．接地防护装置可以预防哪两种危险？

4．列举一个可能因接地错误而导致火灾的场景。

5．列举一个可能因接地错误而导致电击的场景。

6．为什么一个双重绝缘的两脚插头可以为一个电源工具提供很好的接地保护？

13.4　电源的闭锁与挂签

在电气作业中，闭锁与挂签是将电源的开关锁定在"关"的位置上，并在一张特别的卡上注明提示。这项步骤是十分必需的，这样就不会有人在对仪器工作时，将仪器开关不小心拨到"开"的位置上了。闭锁的过程包括一些基本的、简单的步骤。这些步骤会花费 5 分钟的时间，而这 5 分钟却是至关重要的。没有正确的闭锁，将会导致受伤甚至死亡事件的发生。

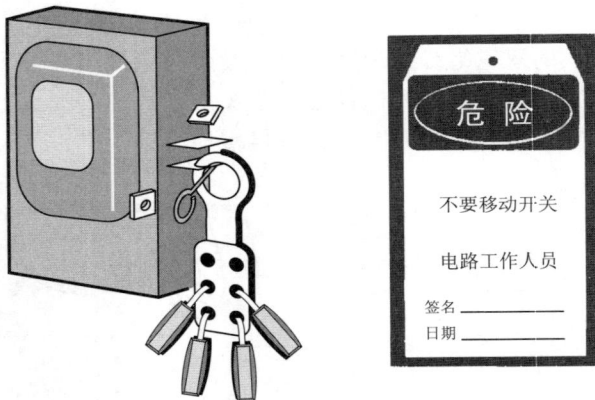

图 13.11　电气工作中的闭锁与挂签

"闭锁"指在对仪器进行工作时，将电源大小控制在零状态。一般的闭锁程序是被要求需维护、修理、故障查找、调整、安装，或者清理电气或机械设备。只简单地按下停止按钮来停止设备并不能使你安全。其他在周围工作的人员可以轻易地使设备再次运行。甚至一个单独的自动控制也可以被人工控制装置解除。这就是所有连锁或者从属系统也能够被停止或断电的实质所在。这些结论适用于机械的或电气的隔离系统。在重新开始任何工作以前，为了确定电源确实被关闭了，检查开始按钮是非常重要的。

以下就是在闭锁程序的基本步骤：

（1）以书面形式将闭锁过程描述在车间的安全指南中。前提是这个指南可以被所有雇员以及对外承包商使用。管理人员应对安全闭锁提出合适的政策以及实施方法，同时应对所有员工进行电气或机械设备闭锁的培训。

（2）对所有需要闭锁以隔离设备的地方进行确认,如开关、电源、控制装置、连锁装置等的位置。如果可能的话,察看它们的系统示意图。

（3）通过在机器上或者靠近机器的控制装置停止所有运行的设备。

（4）断开开关。（如果开关仍然在负载状态下不要操作。）当用左手操作开关时（如果开关在机箱右侧）,脸朝外站在机箱边。

（5）把断开的开关锁定在"关"位置。如果开关箱是断路器类型的,要确定锁定杆正确地通过了开关自身而只是开关箱表面。一些开关箱内还有保险丝,作为闭锁过程的一部分这些保险丝需要被拆除。需要拆除时,可以使用保险丝卸载器。

（6）使用只有一把钥匙的可防止乱摆动的锁,钥匙由支配锁的专人保留。不推荐使用组合锁、带总钥匙的锁,或者复制多把钥匙的锁。

（7）在锁上附标签,标签上签有进行维修的人员签名、维修日期和时间。如果有不止一个人工作于一台机器,就会在断开的开关上出现多个锁与标签。机器操作人员（和/或维护人员）和检查员的锁和标签也会出现。

（8）检查是否隔离。使用电压测试器在开关或断路器线路端测定此时的电压。当所有出路的相都是无电的而载电线路端有电,那么就可以确定已经隔离。在使用伏特表以前,要确定使用的伏特表工作正常。首先,在一个已知与工作电路电压相同的载电电压源上检查伏特表。然后,在已经闭锁的设备上检查显示的电压。最后,确定伏特表没有故障,在已知的载电源上再检测一次。

（9）当工作完成时,移除标签与锁。每个人必须移除自己的标签与锁。如果开关上有多个锁,那么负责该项工作的人员的标签和锁被最后移除。

（10）再次接通电源以前,检查所有防护设备放置正确,维修时所用的工具、垫块、支柱都已经全部拿开。同时,确定所有工作人员已经离开机器。

13.5 一般电工安全防范

只要采取正确的防范,就会远离严重的电击危险。如果受到了电击伤害,就说明正确的安全措施没有被执行。为了保证工作中高度的安全性,必须遵守诸多必要的防范措施。每个人的工作都有其特定的安全性要求,然而,在此还是要给出安全基本要点:

永远不要故意尝试电击。

保持一切材料、设备与高压电线距离最小 3 米。

不要关闭任何开关,除非你熟悉这个电路所控制的设备并且知道开关打开的原因。

当在任何电路中工作时,要采取措施以保证在你离开时所控制的开关不会被操作。开关将被挂锁打开,同时给出警告标语。

尽量避免在"带电"电路上工作。

安装新机器时,确定所有的金属框架是坚固的并且保持接地状态。

在没有证明工作电路"不通"前,永远将电路看作带电电路,并"假设"在工作端会杀了你。在断电电路中开始工作前,进行仪表测定是良好的工作习惯。

当在电气设备上工作时,避免接触任何接地设备。

记住,即使工作在 220V 的控制系统,配电盘的电压可能比 220V 高。工作中要远离高电压(即便在测试一个 220V 的系统,你最有可能正在接近 380V 的电源。)

不要接触工作中的带电设备,特别在高压电路环境下。

在测试的临时配线中也要遵守好的电气工作习惯。有时你可能需要进行交替连接,而且做到足够安全使它们不会处于电气危险中。

当使用电压接近 30V 的载电设备时,用一只手操作。保持另一只手远离设备,以降低偶发的电流通过胸腔的可能性。

操作电容器之前要先放电。与直流电源(DC)连接的电容器可在电路闭合后的一段时间内储存致命的电荷。使用内置电阻的绝缘跳线探针可以安全地将电容器放电,如图 13.12 所示。内置电阻器可以限制放电电流,以免破坏性的电流浪涌。

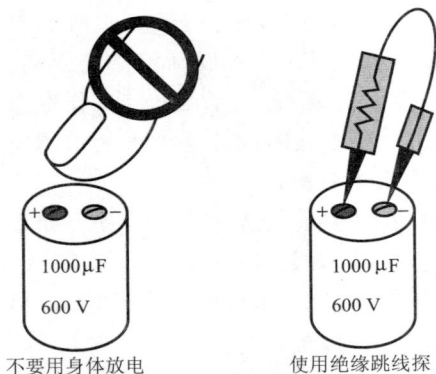

不要用身体放电　　使用绝缘跳线探

图 13.12　电容器的安全放电

一些潜在的电气危险不易被发现。因此,工作中的安全性要建立在对基础电工原理的理解上。常识也十分重要。作为一名电工学徒,必须特别注意。学徒要严格遵照前辈的要求进行工作,因为他们很清楚各种工作场所出现的危险及如何避免。对已发生的事故进行回顾可以总结出受伤与死亡的主要原因为:

没有遵守接近载电设备的安全限制。

没有实施正确的工作防护或绝缘。

没有养成安全工作习惯或者没有执行安全条例。

使用坏损的或长期没有维护的工具和设备。

思考与练习

1. 电工中闭锁和标签都包括什么内容?

2. 作为闭锁/标签程序的一部分,要求打开一个断开的开关。哪种方法最安全?

3. 对机器进行定期的维修操作时,需要先关闭机器。此时,需要做哪些防范措施以避免不期望的事情发生?

4. 一位电工和学徒正在为一个电气配电盘配线。电工闭锁并挂签了电气配电盘的电源。是否这个学徒也要做相同的事情?为什么?

5. 伏特表用于确定完成闭锁/挂签程序后已经不存在电压。请解释如何确保伏特表正常工作?

6. 为测试对控制盘进行了临时配线变更。因为这个变更是临时的,为什么仍必须确定连接状态是安全的?

7. 当工作于电压超过30V的带电设备时,明智的做法是尽量用一只手工作而保持另一只手远离设备。为什么?

8. 当电容器连接在一个关闭电源的电路中,可能发生什么危险情况?

9. 解释如何为电容器安全放电。

10. 列出四个经统计表明最常见的电气工作者受伤害的不良工作习惯。

13.6 急 救

电气领域的工作人员参加急救课程是十分被推崇的做法。急救可以给受伤或身体不适的工作人员提供最直接和暂时的帮助。它的目的是保护生命、促使复原并防止情况恶化。在工作场所严格地放置急救箱可以为急救提供有利的帮助。图13.13中列出了一般急救箱中应有的物品。

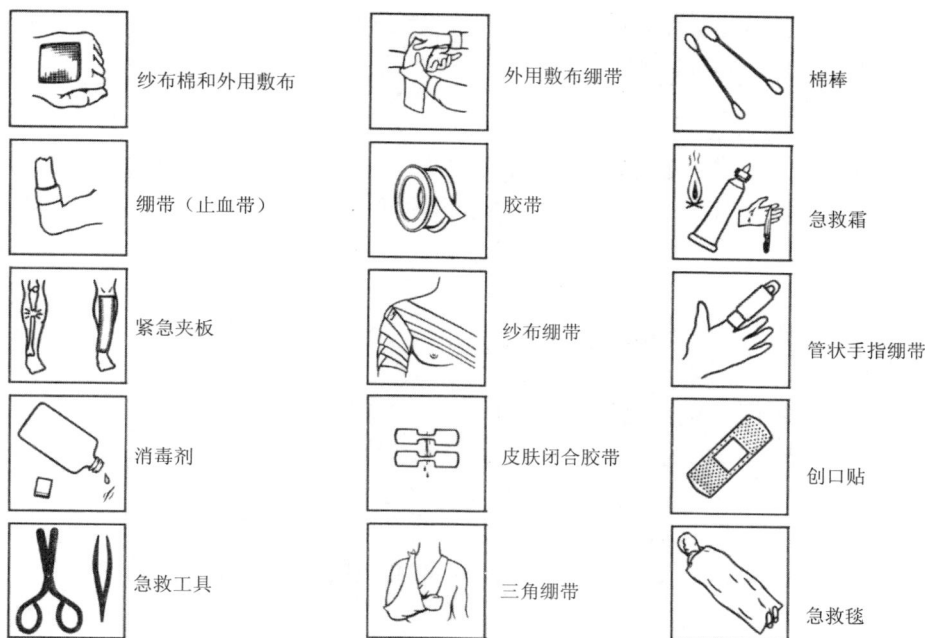

纱布棉和外用敷布	外用敷布绷带	棉棒
绷带（止血带）	胶带	急救霜
紧急夹板	纱布绷带	管状手指绷带
消毒剂	皮肤闭合胶带	创口贴
急救工具	三角绷带	急救毯

图 13.13 典型急救物品

如果有人受伤,要迅速进行帮助。一些基本急救方法如下。

1. 失　血

止血,需要用干净的纱布棉或者手按住伤口。将胳膊、腿,或者头抬起高于心脏的位置。

2. 烧　伤

对于一级烧伤和轻度二级烧伤,可以将受伤的部位迅速浸入冷水中或者进行冷敷来减轻疼痛,不要弄破水泡。对于水泡破裂的二级烧伤和所有的三级烧伤,不要将伤处放入水中,也不要进行冷敷,这些处理都有可能导致休克和感染。这样的烧伤需要用厚一些的干净绷带进行处理。不要移动烧焦的衣服除非伤员是从事致命药物处理工作的。如果伤员是面部烧伤,那么要将他/她支撑起并且密切观察是否有呼吸困难情况发生。如果伤员只是脚、胳膊或者腿被烧伤,那么需要将这些部位抬起高于心脏水平。对于所有严重烧伤,必须现场尽快进行医药救助。

3. 电　击

对于电击受伤,首先关闭电源,将触电导体从伤员身上移开。当停止电源以后,救助者应该用一根干燥长棍或一根干燥绳子或一定长度的干衣服将伤者隔离,然后开始进行急救措施。如果发现伤员已经没有呼吸,就要立刻进行人工呼吸。要保证伤员保持一定体温,正确放置伤员,放低伤员头部并将头部歪向一侧以促进血液流动,并且避免呼吸阻碍。

4. 人工呼吸急救法

如果掌握了人工呼吸急救法,那么在伤员停止呼吸的情况下,就可以立刻采取急救。基本的口对口人工呼吸急救法如下所述(图 13.14)。

(1) 迅速将伤员平躺放置。转过头并清理喉内物质如水、黏液、外来物质或食物。

(2) 将伤员头部后倾以打开气管。

(3) 提高伤员下颚,使舌头不会阻碍气管。

(4) 将伤员鼻子捏住,防止在向其口中呼气时气体从鼻中泄露。

(5) 将救护人员的嘴与伤员的嘴紧贴住或使用屏障设备。

(6) 向伤者口中呼气直到发现其胸部开始起伏。

(7) 移开救护人员的嘴以便伤者进行自然呼气。

(8) 每分钟重复 12 到 18 次,观察伤员胸部起伏直到其开始自然呼吸。

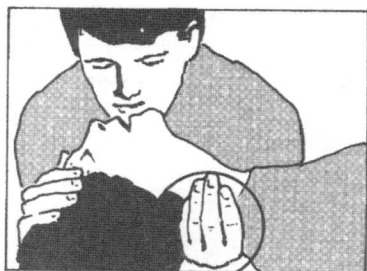

(a) 翘起头部——清理口中物体
喉咙——抬起下颚

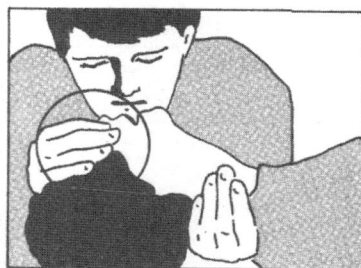

(b) 捏住鼻孔

(c) 紧对嘴——对嘴中呼气

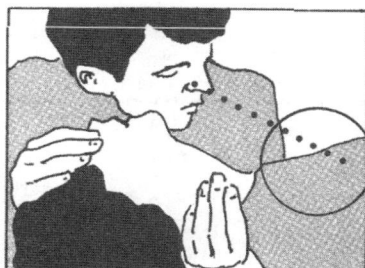

(d) 注意观察胸部起伏——重复每分钟
12到18次

图 13.14　口对口人工呼吸急救法

13.7　防　火

对于任何安全计划来说,防火都是最重要的部分。优秀的总务人员可在很大程度上降低火灾的发生率。图 13.15 列出了一些常见的灭火器及其操作方法。每个工作人员都需要知道灭火器的放置位置及其操作方法。当因电的事故发生火灾时请执行以下步骤:

(1) 开启最近的火灾警报以尽快将失火信息传递给消防队及工作岗位上的每个工作人员。

(2) 如果可能,切断电源。

(3) 用二氧化碳灭火器或干粉灭火器扑灭火焰。不要用水,因为水能导电,就有可能使电流通过身体发生电击危险。

(4) 确保人员有序地从危险地区疏散。

(5) 除非要求返回,否则不要返回火场。

类	涉及的物质类
A类火灾	一般易燃物质如木材、衣物、纸张、橡胶及多种塑料
B类火灾	易燃的液体、气体和油脂（只有干燥化学制品类型灭火器可以用于扑灭压缩易燃气体及液体。对于热油、多用途的A/B/C化学制品不能使用）
C类火灾	载电电气设备。选择不导电的灭火剂十分重要
D类火灾	易燃金属物质如镁、钛、锆、钠和钾

(a) 火灾分类

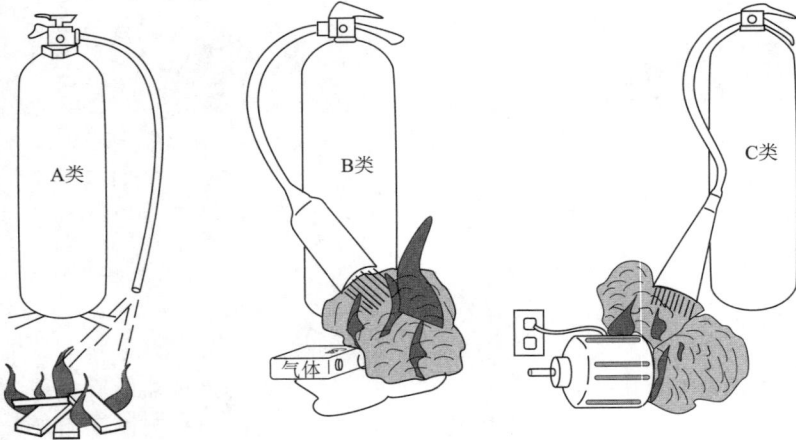

(b) 一般型号的灭火器及其使用方法

(c) 适用于多种目的的干燥化学灭火器可以用于A/B/C火灾

图 13.15　火灾及灭火器类型

13.8 危险物质和废料

许多产品包含危险物质,当这些产品不再使用并被正确处置就有可能导致产生危险性废料。

学习处理和正确处置危险性废料的第一步就是识别危险物质及生产出的危险性废料类别。符合以下一种或多种性质或特性的物质被定义为最危险的废料:腐蚀性、可燃性、反应性的、有毒性(如图13.16所示)。

图 13.16　危险的性质与特性

腐蚀性就是指物质具有损害和毁坏人类组织、衣物和其他物质包括金属的性质。比如,电池中的酸就有腐蚀性。腐蚀性物质可以是气态、液态或者固态的。也有许多酸和其他化合物基也都具有腐蚀性。

易燃性物质指一些容易发生爆炸引起火灾的物质。如汽油、油漆和家具打光料都是易燃物质。易燃物质将会造成火灾危险;它们会刺激皮肤、眼睛和咽喉,同时会产生可能引起爆炸的危害性蒸气。

有毒性物质可导致人类或其他生命体的中毒死亡。如果吞咽有毒性物质或使有毒性物质由皮肤渗入身体,那么它们可导致大范围的疾病类型,从严重的疼痛到癌症甚至死亡。杀虫剂、除草剂和许多家用清洁剂都含有毒性物质。过去几年,一些用于冷却变压器的合成油也含有毒性。现在,大部分这样的变压器都已经被替换掉,但仍有一些还在使用。

反应性物质在与其他物质或化学物混合时,会发生爆炸或产生有毒气体。如,含氯漂白剂与氨水就可发生反应。当它们互相接触时,就会产生有毒气体。

理论上说,危险性废料应是可再生的或可再循环的。如果这种理想化结果无法实现,那么危险性废料就应该被合理地贮存、加工或处理,以避免对人类与环境造成危害。传统的方法包括:表层蓄存(将废料存贮在具有内壁的池子里),高温焚化(受控地焚烧),填埋(将废料经过适当处理埋在地下)。最可接受的方法是减少废料、再使用及再循环化学品、减少有害物质的数量,同时加强科技进步以提供新型的废料处理方法。

国家质量监督检验检疫总局和国家标准化管理委员会于2005年6月30日发布《中华人民共和国国家标准批准发布公告2005年第7号》,批准108项国家标准,其中电工国家标准 4 项。从事电工操作的人员必须遵循相应的标准,以减少事故都的产生。具体细则可以查阅相关资料或网站。

思考与练习

1. 解释"急救"的含义。

2. 当胳膊上有个很深的伤口正在出血,应采取怎样的急救措施?

3. 同事的手部刚刚遭受了中度烧伤,并起了一个水泡。应采取什么措施急救?

4. 当解除了触电受伤者载电电线后,将如何保护自己不成为第二个受伤者?

5. 列出进行口对口人工呼吸时应采取的重要步骤。

6. 为什么不能用水扑灭由电引起的失火?

7. 列出危险性废料的四种特性。

习　题

1. 列出你所知道的工人做出让自己或他人处于危险事件的"十大最愚蠢事情"。

2. 工人 A 接入载电电线操作时遭受了严重的电击,工人 B 接入同一载电电线工作时却只遭受了轻微的电击。讨论这种现象发生的原因。

3. 列出至少三个原因解释为什么梯子上同时只能站一个人。

4. 15000V 的汽车火花塞能把人"吸住",可是除了几只手指被灼伤外不会有其他危险。为什么?

5. 讨论在电子工业中因特网作为工具对未来职业的影响。

6. 浏览任何一个电气规程与标准组织的网站。写出关于这个机构如何形成及其现在职能的简短报告。

第14章

电工应用基础

学习目标

- 了解实际应用中额定值的概念。
- 熟悉在不同情况下如何选用不同的电缆。
- 理解接地的目的和过程。
- 了解门铃、门锁及报警电路系统。

学习这么多电路知识、电工技术,就是为了更好地设计电路、分析电路、更好地在实际中运用电工知识。本章将简要介绍电工应用中应该注意的事项以及几个实际的应用电路和系统。

14.1　元件的额定参数

通常负载(例如电灯、电动机等)都是并联运行的。由于三相四线制电源的每一相电压基本恒定,所以负载两端的电压也基本不变。因此当负载增加(例如并联的负载数目增加)时,负载所取用的总电流和总功串都增加,即电源输出的功率和电流都相应增加。就是说,电源输出的功率和电流决定于负载的大小。

既然电源输出的功率和电流决定于负载的大小,是可大可小的。那么,有没有一个最合适的数值呢? 对负载讲,它的电压、电流和功率又是怎样确定的呢? 要回答这个问题,就要引出额定值这个术语。

各种电气设备的电压、电流及功率等都有一个额定值。例如一盏电灯的电压是 220V,功率是 60W,这就是它的额定值。额定值是制造厂为了使产品能在给定的工作条件下正常运行而规定的正常容许值。大多数电气设备(例如电机、变压器等)的寿命与绝缘材料的耐热性能及绝缘强度有关。当电流超过额定值过多时,由于发热过度,绝缘材料将会损坏。当所加电压超过额定值过多时,绝缘材料也可能被击穿。反之,如果电压和电流远低于其额定值. 不仅得不到正常合理的工作情况,而且也不能充分利用设备的能力。此外,对电灯及各种电阻器来说,当电压过高或电流过大时,其灯丝或电阻丝也将被烧毁。因此,制造厂在制定产品的额定值时,要全面考虑使用的经济性、可靠性,以及寿命等因素,特别要保证设备的工作温度不超过规定的容许值。

电气设备或元件的额定值常标在铭牌上或写在其他说明中,在使用时应充分考虑额定数据。例如一把电烙铁,标有 220V 45W,这是额定值,使用时不能接到 380V 的电源上。额定电压、额定电流和额定功率分别用 U_e、I_e、P_e 表示。由于电压经常波动,稍低于或稍高于 220V。这样,额定值为 220V 40W 的电灯所加的电压不是 220V,因此实际功率也就不是 40W 了。

另一原因如上所述,在一定电压下,电源输出的功率和电流决定于负载的大小,就是负载需要多少功率和电流,电源就给多少,所以电源通常不一定处于额定工作状态,但是一般不应超过额定值。对于电动机也是这样,它的实际功率和电流也决定于它轴上所带的机械负载的大小,通常也不一定在额定工作状态下工作。

电阻元件通常给出元件的额定功率值,实际上是限制了电阻元件上容许通过的最大电流值;例如:阻值为 51Ω、额定功率为 1/2W 的电阻元件,允许通过的最大电流可以通过公式 $P=I^2R$ 计算。

$$I=\sqrt{\frac{P}{R}}=\sqrt{\frac{0.5}{51}}\approx0.099(\text{A})$$

说明该元件所允许通过的最大电流为99mA。

电感元件通常给出元件允许通过的电流值,在实际应用中还要考虑元件的内阻参数,因为绕制电感的导线有内阻。使用、购买元件时必须注意这些参数。

电容元件通常给出元件的耐压值,表示该电容元件所能承受的最大电压,否则会引起击穿事故。该参数会直接以有效值标注在元件表面。

所以我们在实际设计中要核算元件的容量,算出电路在各种特殊情况下这些元件上流经的电流或承受的电压,注意不能超过其额定值,否则将会烧毁元件。

思考与练习

1. 标注 220V 40W 的阻性灯泡的电阻是多少?

2. 如题图 14.1 所示电路,电阻 R_1 选用 1/4W 的电阻元件是否合适?如果有 1/2W、1W、5W 等几种功率可选,在尽量降低成本的原则下,应该选用哪一种额定功率的电阻元件?(功率越大、价格越高)

3. 如题图 14.2 所示电路,电容元件选用 40V 耐压是否正确?为什么?

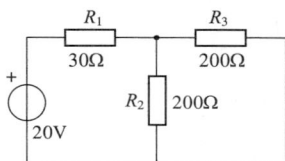

题图 14.1

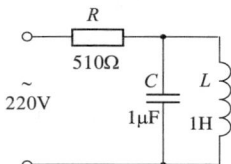

题图 14.2

14.2 电路与系统

每个人的学习、工作、生活都不开电,例如日常的照明、家用电器的正常运行、电脑的安全使用等都需要有稳定的电源。提供电力能源的就是电力系统。图14.3给出了一个电力系统工作的流程图。电力系统采用的主要是三相电,水力发电产生三相电,经变电所升压变压器变成高电压,在输电线路中传输,进入民用时,先由变电所的降压变压器变成三相电压,即我国现行的三相电压,相电压为220V、线电压为380V,给用户的用电设备提供电源。如果是低压控制电路需要 5V、12V或 15V 的电压,则需要使用小型变压器变压(将 220V 电压变换成 18V 或 12V 电压)或直接用开关电源提供。

下面仅以与我们日常生活密切相关的几个常用电路进行介绍。

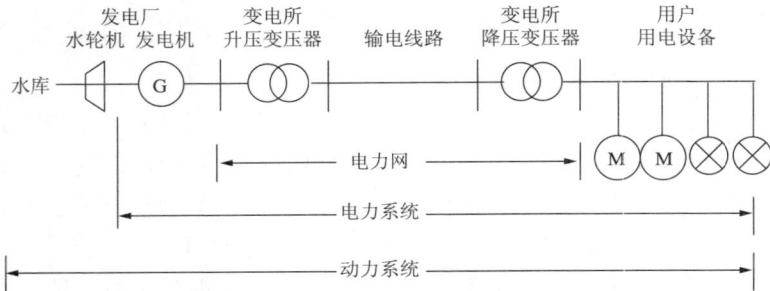

图 14.3　电力系统工作流程图

14.2.1　接地系统

正确的接地系统能够在日常用电中提供好的安全保障,是一个重要的安全要素,因此必须掌握。

正确接地能够防止触电并确保过载电流保护装置的正常运转。要了解这样一些术语:

- 接地:与地面和一些地面上的导体连接。
- 有效接地:专门通过接地连接或者具有足够低阻抗的连接与地面相连,且有足够的载流能力来防止大量电压对所接入设备或人体造成伤害。
- 接地导体:接地导体是专门与地面连接的系统或电路导体。在三线配电系统中,中性线就是接地导体。
- 不接地导体:不接地导体不是专门用来与地面连接的系统或电路导体。在三线配电系统中,热线或带电电线就是不接地导体。

在正常工作的电路中,电流通过不接地的热线流入负载然后再通过接地的中性线流回。热线中充满电压,而中性线中的电压为零,这是地面的电压——实际上中性线与地面连接。与正常路径有任何背离都会很危险,为了防止危及人体和设备,电气规程要求安全系统要有接地,这样就可以保证每个出线盒和外壳板的电压都为零。

一般来说,接地保护可以防止两种危险——火灾和电击。从一个坏掉的热线或连接处泄露出来的电流通过其他途径而不是正常途径到达任何一个零电压点都可能导致火灾发生。这些途径会提供大电阻,会使电流产生足够的热量从而引发火灾。

当电流有少许泄露或没有电流泄露,但有潜在的异常的电流存在时就有触电的危险。如果有裸露的带电电线与开关或插座的外壳接触而且这个外壳没有接地,热线的电压就会给外壳充电。如果人体接触到了带电外壳,人的身体就会提供一个电压为零的电流途径,就会使人体受到电击危险。

接地是指专门把房间线路设备的一些部分与公共地面连接。为了使这种保护系统起到作用,电力载流导体系统和一些电路中的硬件(或接线盒)都要接地。在一个良好接地系统中,直接接地故障会产生一个较高的短路电流激增。该电流会使保险丝熔断或使电路断路器立刻开启从而断开电路。不正确接地会导致严重的触电情况发生,如图14.4所示。

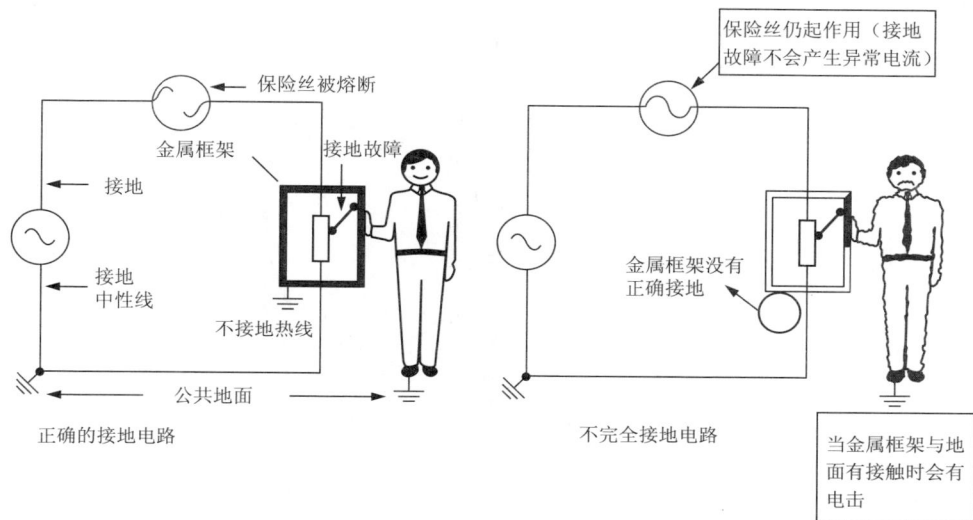

图14.4 接地保护

　　白色的中性导线用于将载流电力系统接地。该中性线连在主供电入口配电箱中用来接地。电气规程中说明了接地要求。必须遵守这个要求,还要遵守所有国家和地区的规程以确保电力系统的安全。与接地有关的最重要的一个要求是中性线不能被熔断或变换。不管其他线路的运行情况如何,连接所有电力出线盒的中性线必须通畅以确保接地线路的完整性。

　　非金属电缆中裸露的接地导线可以使系统中普通的非载流电气硬件接地,如图14.5所示。这些硬件包括所有的金属接线盒和插座! 接地导线与所有出线盒的连接必须通畅,而且要安全地与接线盒的接地螺钉端连接。许多设备的接地导线有绝缘层,而且按照电气规程的要求大部分为绿色。另外,电气规程允许设备在接地时使用有金属槽或金属外壳的电缆。

　　NEC(美国电气规程)中把接合定义为"金属部件的永久性连接以形成一个导电路径,从而确保电的连续性和安全传导任何被强加电流的能力"。这一过程是通过安装接合跳线来完成。接合可以使设备紧紧连接在一起从而保证设备上集结的电压相同,不同种类的设备之间在电位上没有差别。将设备接合在一起并不需要设备完全接地。接地导线作为电路的一部分是必需的,它可以将设备与接地电极连接起来。

　　两个金属部件的接合可以是金属与金属直接连接或者是一个导体提供两个金

属部件永久性的连接。无论怎样说明,接合是用来提供传导路径的,它具有安全传导可能出现的故障电流的能力。电力系统中可以安装不同类型的接合跳线,但这其中只有一种最主要的接合跳线而且它安装在电力供电设施中。在规程中它被定义为接地电路导体与供电设施的接地导体之间的连接。图 14.6 为供电设施典型的接合应用。

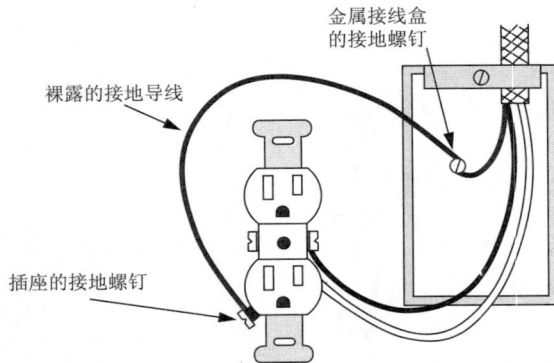

图 14.5 非金属电缆中的裸露接地导线用于非载流的电气硬件接地

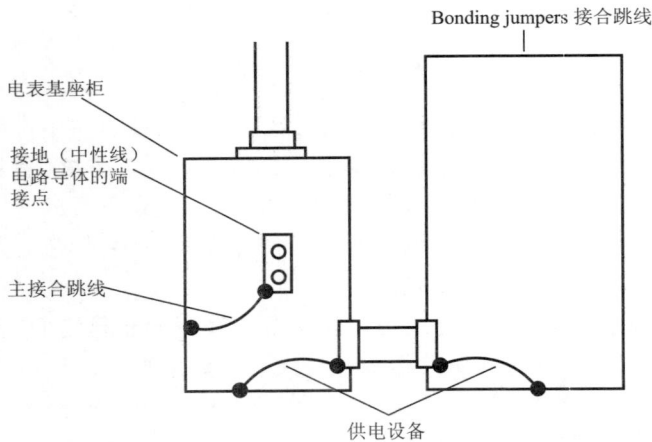

图 14.6 典型的应用于供电设备的接合

电气规程中不允许在接合或接地连接中使用焊接物。表中列出的夹具和连接器都是用在这些连接中的。这样做的原因是一旦电路需要传导很高等级的故障电流时,焊接物就会熔化,导致接地途径断开。

电力设备在接地或没接地情况下其运行状态是一样的。由于这个原因,有时候就会导致对完全或充分接地这一重要事件的不小心忘记或疏忽。切记,接地的目的是保证安全。

📑 思考与练习

1. 接地是一个很重要的安全要素。为什么？

2. 在一个三线配电系统中：

（a）哪些导线是接地导线？（b）哪些导线是不接地导线？

3. 为什么在电气规程中一定要说明中性线的连接、熔断和变换？

4. 设备接地导线的绝缘套有哪些主要的颜色？

5. 简单解释一下将电力设备的两个金属部件接合的目的。

14.2.2 门铃电路

在现代家庭中,门铃是一种普遍使用的信号装置。典型的双音频门铃可以区分来自两个方位的信号。它由两个16V的电子螺线管和两个音频杆组成。螺线管是一个具有活动磁芯或活塞的电磁铁。当有短暂的电压提供给前面的螺线管时,它的活塞就会撞击那两个音频杆。当有短暂的电压提供给后面的螺线管时,活塞就只会撞击一个音频杆。因此来自前螺线管的信号就产生了双音频(叮一咚),而来自后螺线管的信号只产生了单音频(咚)(如图14.7示)。

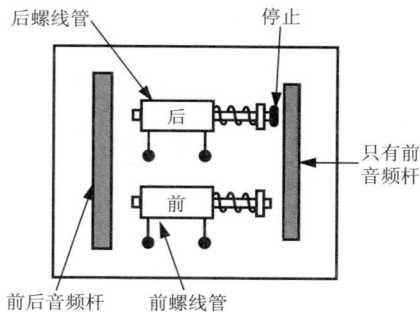
图 14.7 双音频门铃

门铃的接线端子板元件通常有三个螺钉端子(如图14.8所示)。其中一个标有F(前)的端子与前门的螺线管的一侧相连。标有B(后)的端子与后门的螺线管的一侧相连。而标有T(变压器)的端子与两个螺线管剩余的导线连接。这样就使T端同时连在了两个螺线管上。

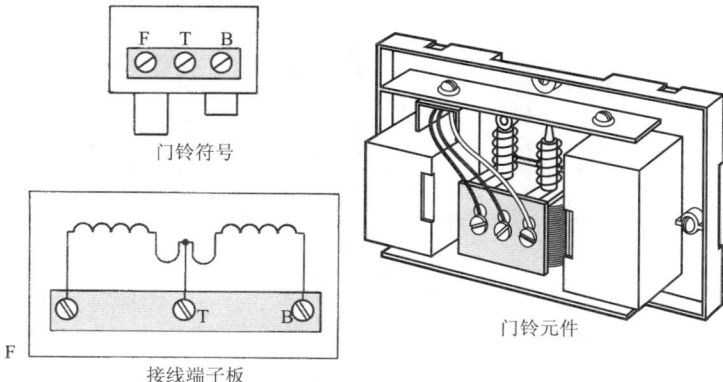
图 14.8 门铃接线端子板

363

图 14.9 为一个门铃电路的完全原理图和示范线路的数字序列表。图中用一个 220V/16V 的电铃式变压器作为供电元件。从原理电路图中可以清楚地了解电路是如何工作。按下合适的按钮就会连接形成前螺线管回路或后螺线管回路。用按钮代替开关,这样只要按下按钮电路就一直处于工作状态。双音频电铃表明信号来自前门位置,而单音频电铃表明信号来自后门位置。

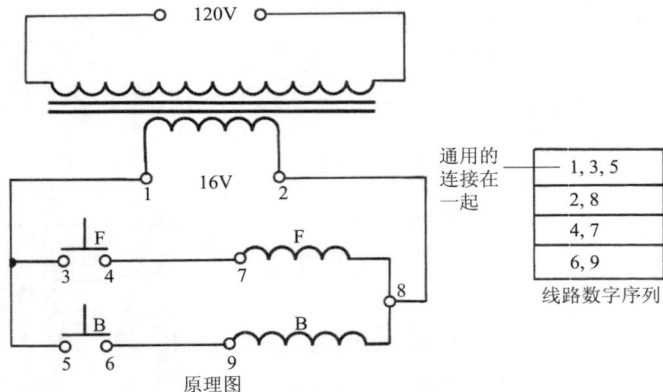

图 14.9　门铃线路原理图

当家庭中对这种电路布线时,各种不同类型的线路配置图和电缆都可能出现在相同的原理图中。图 14.10 就是模拟一种典型的家用线路配置图而做的图。变压器通常会装在房间的地下室,变压器 220V 的初级端接入家用电路系统。一般会使用三个电缆。一根双导线的电缆从变压器连接到房间的每个门处,而三导线

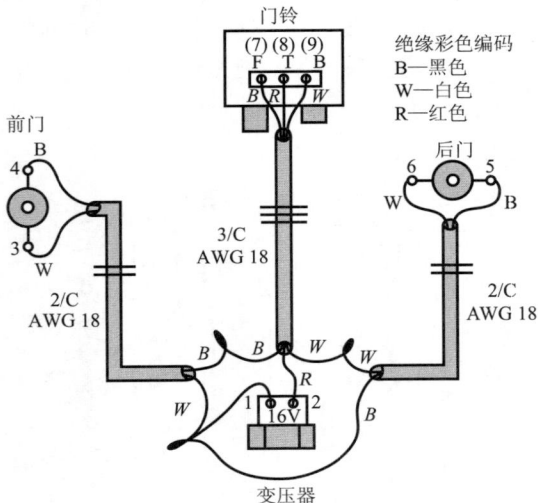

图 14.10　典型的门铃布线图

的电缆会从变压器接到门铃处。门铃位于第一层的中央。注意各部分元件都要根据原理图中的数字序列编好号。按钮和变压器如图所示。布线图可以依据线路数字序列表连接好各个端点而最终完成。用导线绝缘的彩色编码来正确地区分电缆导线端。一般情况下，双导线的电缆包括白线和黑线。三导线的电缆通常颜色编码为白色、黑色和红色。这种类型的信号线路不需要使用出线盒。

14.2.3 门控电路

在一些公寓式大楼里常常使用电子开门电路，应用这种电路可以使用户在各个房间通过远程控制打开每个主要入口。典型的电子门锁（如图 14.11）包含一个具有衔铁的电磁铁，衔铁就相当于一个门闩开启板。每当有电流流过电磁铁时，它会吸引门闩、使其松开从而把门打开。

图 14.12 所示为一个简单的双公寓电子开门电路的原理图及其范例线路数字序列表。流过开门装置电磁铁的电流

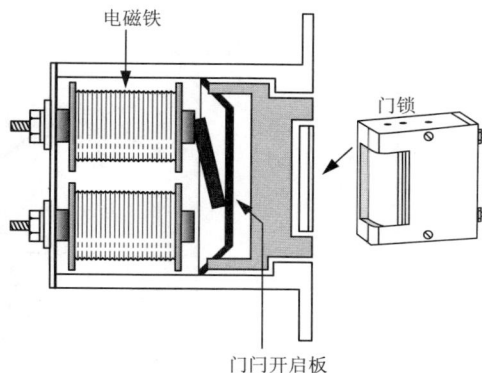

图 14.11 电子门锁

通过并联的两个按钮控制。这两个按钮（A1 和 B1）位于它们各自的公寓（Jones 和

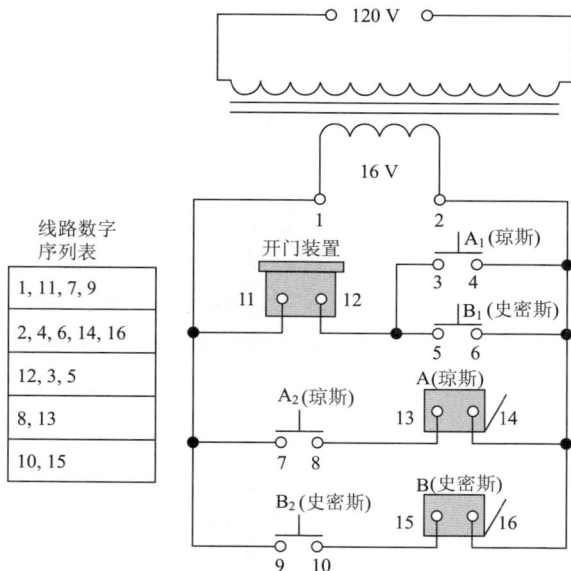

图 14.12 双公寓的门开启电路示意图

365

Smith)。按下公寓任何一个按钮都可以连通开门装置电磁铁电路。流过位于公寓 A(Jones)的蜂鸣器的电流由按钮 A2 控制,A2 位于门厅处。类似地,流过位于公寓 B(Smith)的蜂鸣器的电流由按钮 B2 控制,B2 也位于门厅处。

如果与内部通信系统联合使用,访客就可以在门厅处确认,在公寓铃声响起的同时主人就可以把门打开。图 14.13 为一种典型的布线电路图。

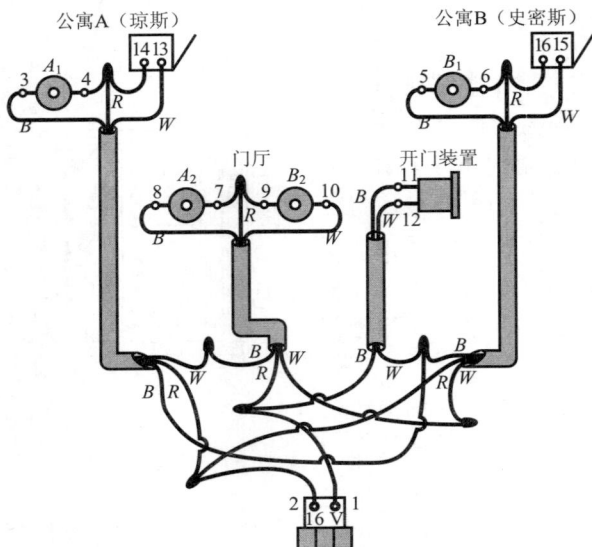

图 14.13 双公寓开门装置布线图

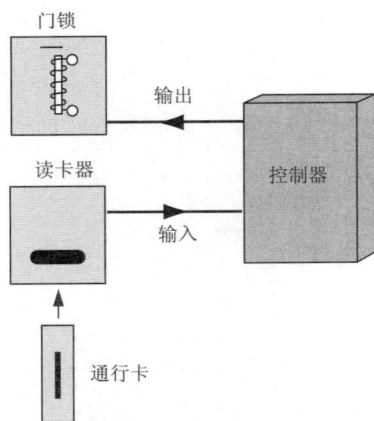

图 14.14 电子通行卡系统

电子开门装置常常作为电子通行卡系统的一部分(如图 14.14 所示)。通行控制卡和机械锁使用的钥匙不同。每个塑料的通行卡都包含有编码信息。当把一张卡放在读卡器上时,控制器的微处理器就会查找一个表格以确认这张卡是否授权。如果卡已经被授权,微处理器会输出一个信号把门打开。如果卡被替换、丢失或被偷,卡的编码就会简单地从查找表中删除。这样安全性不会受到危害,损失仅仅是再换一张卡。很多电子开门装置与生物统计信息(手、指纹、眼睛)和辅助键盘以及通行卡控制系统兼容。

14.2.4 报警系统

安全报警系统根据两种基本的防护类型检测入侵者:周界保护和区域保护。周界保护系统可以在大楼周围确保安全,它可以保护任何一个入侵者可能进入的点。为了使周界保护系统更有效,每个可能进入的点都要使用传感器或开关来进行保护。这些进入点包括所有的门和窗口(如图 14.15 所示)。

区域保护是防止入侵者的第二道防线。区域保护系统不检测门和窗户是否打开,而是当入侵者进入大楼后,检测入侵者是否存在。区域保护传感器和探测器比周界保护系统所用器件更高级也更昂贵。这些检测设备通常置于入侵者进入大楼后最有可能通过的地方(如图 14.16 所示)。最好的安全系统常把周界保护和区域保护联合起来使用。这样做的目的是,当其中一个系统不能正常工作时或者当入侵者部分破坏了一个报警系统时,两种保护系统相互补充工作。

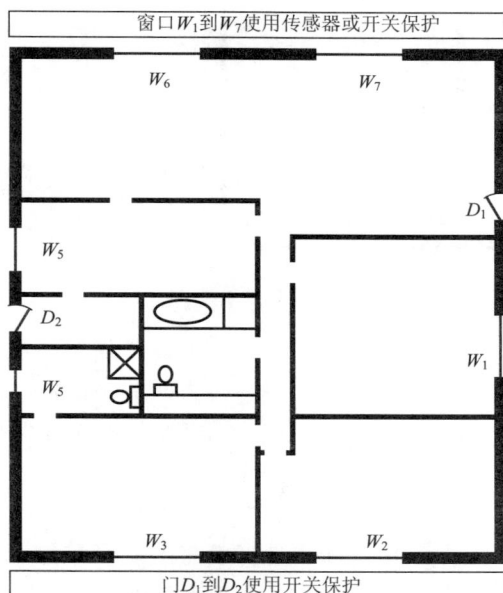

图 14.15 周界保护

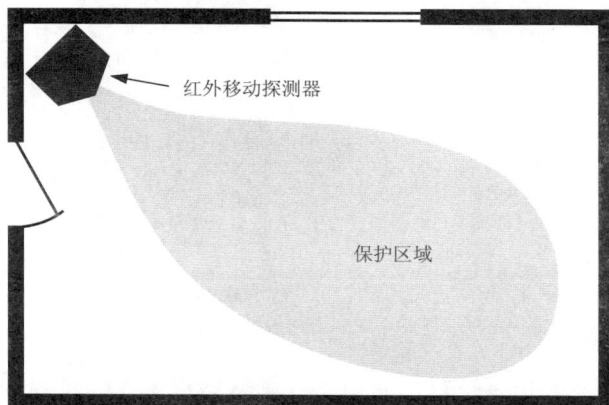

图 14.16 区域保护

通常有两种安全报警方式：无线和硬布线系统。对于无线报警系统而言不需要用导线把探测设备连接到控制面板。在无线系统中，控制面板基本上就是一个接收器，而探测设备则是发送器。无线系统很容易安装，但是相对来说也更昂贵而且容易受到无线电频率的干扰。硬布线报警系统安装起来比较困难，但它们的价格相对便宜而且比无线电系统更可靠（如图 14.17 所示）。

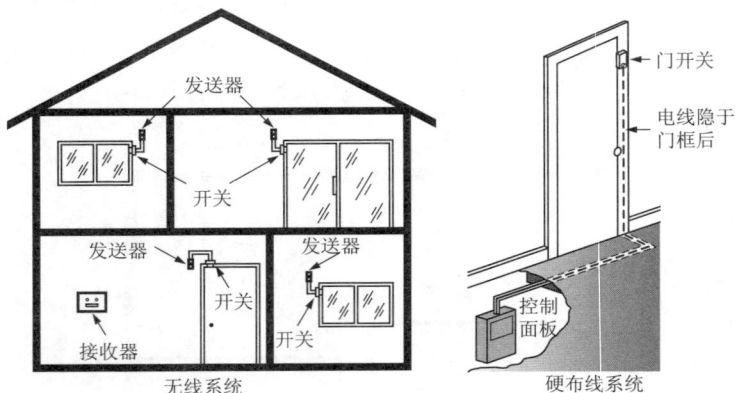

图 14.17　报警系统的类型

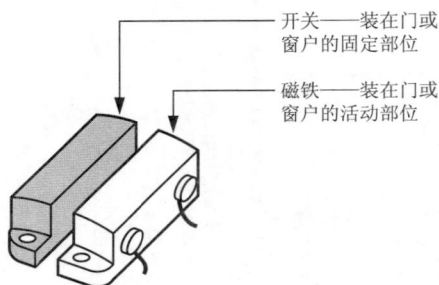

图 14.18　磁力开关

探测装置相当于报警系统的眼睛和耳朵。磁力开关（如图 14.18 所示）广泛地使用在门和窗户的周界保护中，它由一个开关和磁铁组成。典型的安装方法是把磁铁安装在门或窗户的活动框上，把开关校准定位地安装在门或窗的固定框架上。移动与开关校准定位的磁铁时即打开门或窗户时，就打开或闭合开关触点并激活报警器。

对于区域保护来说有三种类型的移动探测器：超声波、红外和微波探测器。微波和超声波报警元件的工作原理与雷达类似。它们发射能量波，当有移动物体干扰这种波时就会激活报警器。被动式红外移动探测器（如图 14.19 所示）的工作原理与温度计类似，它能检测到红外（或热）能的变化情况。在一般的居住环境中，红外移动探测器是最好的移动探测设备。这种类型的移动传感器比其他设备耗能少而且很少有误报警的情况。

所有的报警系统都由控制面板、键盘或键开关、发声设备例如电铃或报警器以及探测装置组成（如图 14.20 所示）。基于微处理器的控制面板是系统的大脑，它可以保存程序信息来控制安全系统的运行。探测装置常位于整个大楼的战略性位置以检测侵扰，然后将信息传给控制面板。键盘或者键开关可以用来设定系统或解除系统。在一些小型的报警系统中，键盘和控制面板合并在一起。

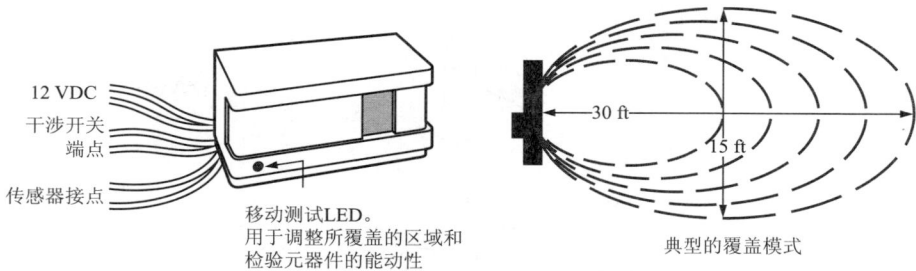

12 VDC

干涉开关

端点

传感器接点

移动测试LED。
用于调整所覆盖的区域和
检验元器件的能动性

30 ft

15 ft

典型的覆盖模式

图 14.19　被动式红外移动探测器

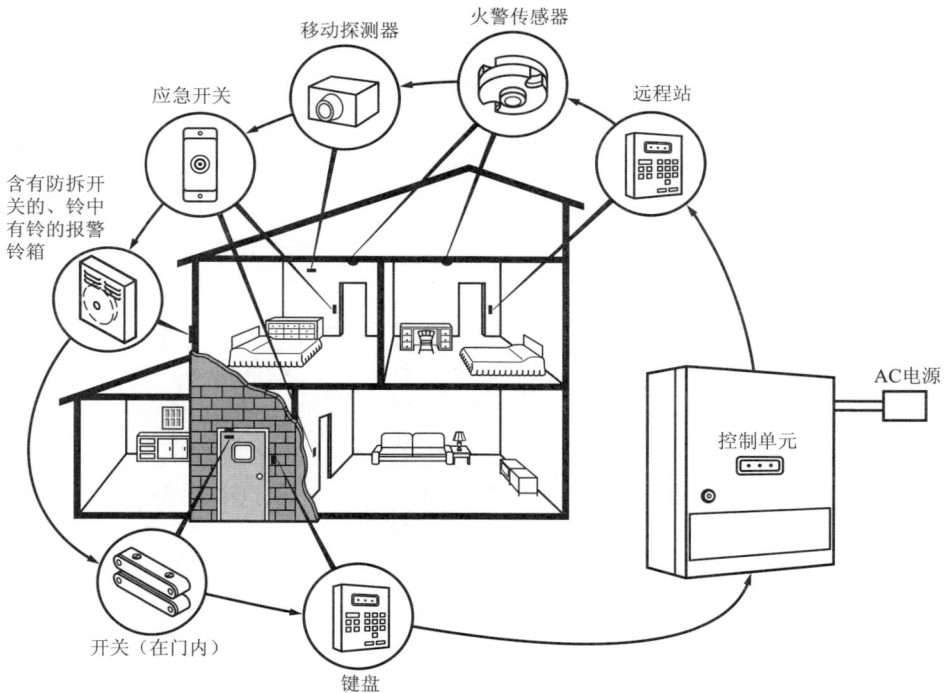

移动探测器

火警传感器

应急开关

远程站

含有防拆开
关的、铃中
有铃的报警
铃箱

AC电源

控制单元

开关（在门内）

键盘

图 14.20　一个安全报警系统的基本部件

　　在控制面板中常使用不同类型的环路或电路来开启报警状态。一个常闭(N.
C.)回路表示当电路形成或有电流流过时系统处于无误或正常工作状态（如图
14.21 所示），它由传感器或开关串联而形成。回路一旦有中断就会进入报警状
态。常闭环路的应用很广泛，因为它们一直在监督着系统。也就是说如果电路被
中断或切断，报警系统就报警。

　　常开(N.O.)回路表示当电路开路和没有电流流过时，系统处于无误或正常工
作状态（如图 14.22 所示），它由传感器和开关并联而成。闭合电路使电流流过就
会进入报警状态。线末端的防护电阻器可以使常开回路自我监督。当导线被切断

369

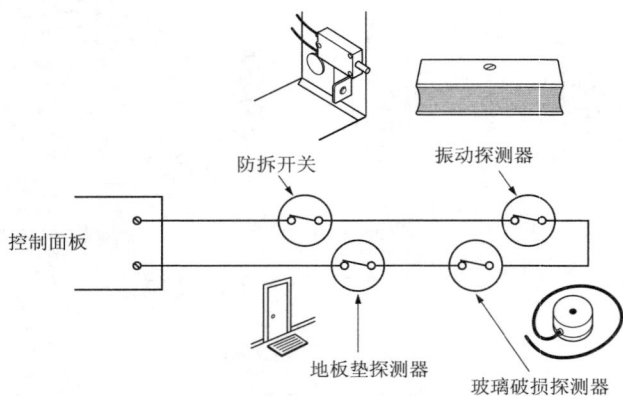

图 14.21　典型的常闭(N.C.)电路回路

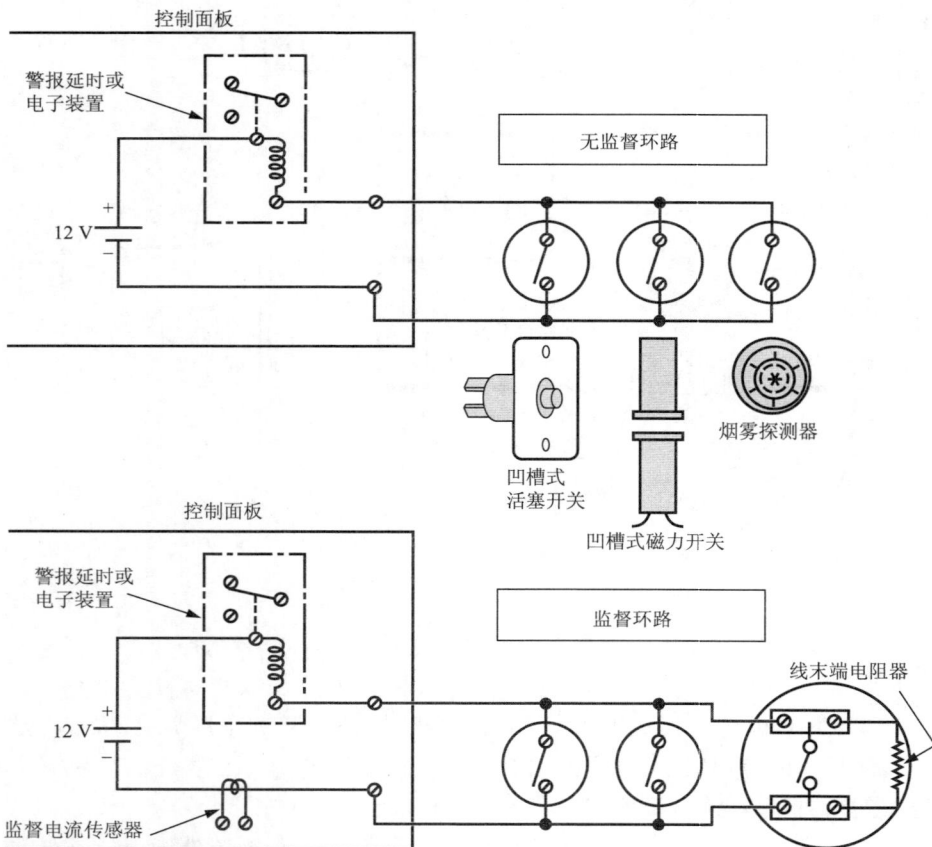

图 14.22　常开(N.O.)型无监督和有监督电路回路

或中断和接触不良时,系统会发出信号以警告系统存在问题。在系统正常状态时,会有小的预定电流不断地流过线路。如果电流值下降到某一级别时,就会引发问题信号。然而,如果由于传感器闭合了接触端而引起电流大量增加的话,警报也会响起。监视系统的电流取决于线末端防护电阻器的电阻。

当有侵害状况发生时,瞬时回路将引发瞬时警报,而延时回路会延时设定的一段时间后报警。出口延时可以使人在警报关闭之前走出门外并使环路恢复到正常状态。而进入延时则可以使人在警报关闭之前进入门内并解除控制面板的控制。报警延时控制调整就是用来设置延迟时间。

不管系统是否设定,24 小时保护环路都可以随时激活警报系统。这种保护环路可以应用于火警探测器的监测、应急按钮和防拆开关等方面。

检测电路是一个区域,一般来说,控制面板拥有的区域越大越好(如图 14.23 所示)。分区电路可以让我们关闭所有想要自由走动区域的报警系统,而确保其他区域仍处于警戒状态。一个环路可代表一个区,或者一个区可以是所有的窗户或者所有的门。在一个家庭中,一个区域可能是所有楼上的区域而不是楼下区域,每个区域都有其独立的报警环路。

设定报警系统是指让报警系统处于警戒状态的方法。图 14.24 中所示为典型

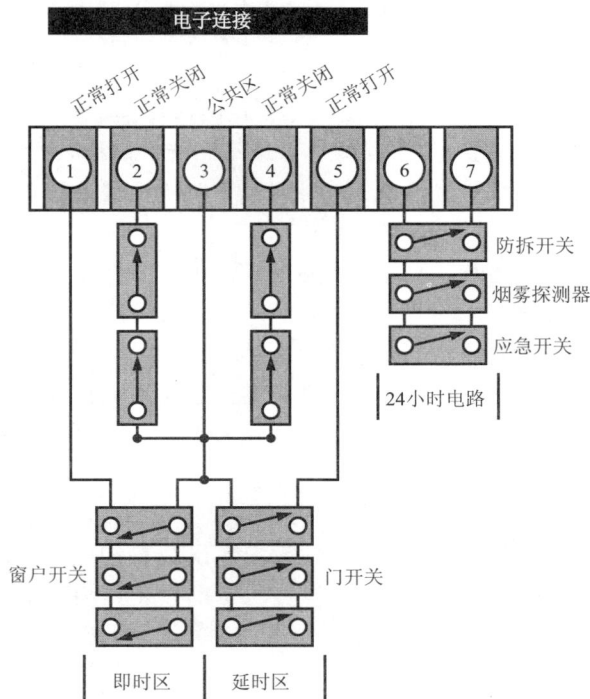

图 14.23 典型的控制面板区域连接图

数字键盘

当所有环路都处于正常状态时，不管它们是打开或闭合的，LED指示灯都会点亮。如果其中一个环路有不正常情况，LED灯就不会亮，这个单元无法设定。这就意味着一扇门或者窗户是有意打开的

就绪

设定　　　如果LED指示灯亮，控制面板就处于设定状态；如果灯不亮，就解除设定

记忆　　　该灯可以提示用户系统处于设定状态时有警报拉响

忽略　　　如果有任何区域被忽略，这个灯就会提示用户有些区域没有受到保护

故障

锁键开关

该灯亮就表明有内部问题产生（例如断电、后备电池的电量太少等）

LED指示灯

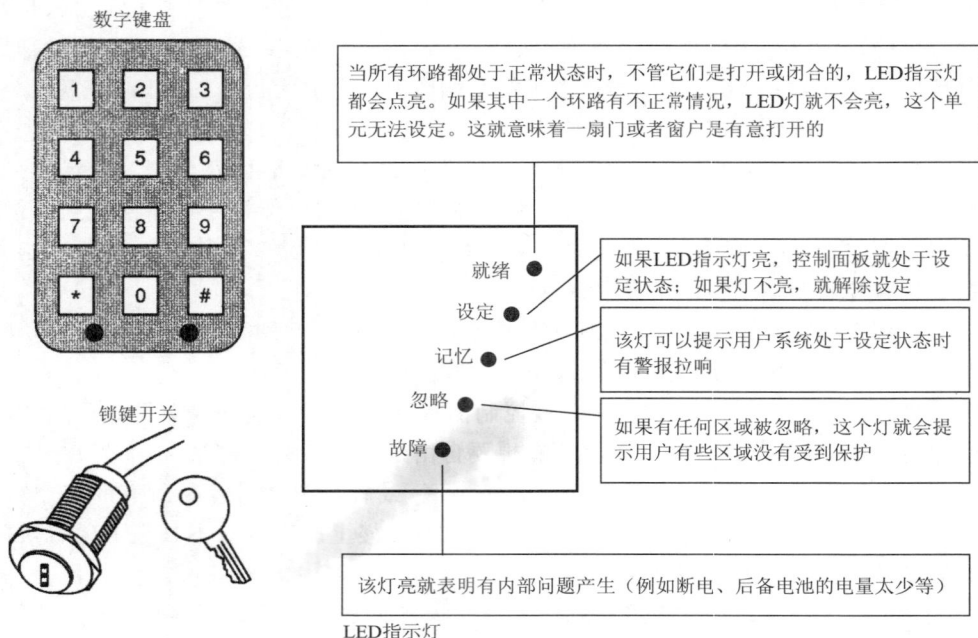

图 14.24　典型的报警设定装置和指示灯面板

的报警设定装置和指示灯面板。而解除报警系统是指让报警系统处于解除警戒状态的方法。在大多数情况下，设定报警系统和解除报警系统的装置是相同的。常常用 LED 阵列（发光二极管）的不同颜色来指示系统的状态，它们通过点亮灯光或闪烁的方式告诉人们系统是在什么运行状态，从而使报警系统的操作和应用更为简单。

　　报警输出装置包括电铃、警报器和闪光灯。在一些社区中有规则限制警报声响的时间长度。超过限制，警报就应该自动停止。报警系统也可以用一个自动电话拨号装置或中心服务站来进行监视。大多情况下如果报警器关闭，中心服务站会要求输入代码。如果代码输入错误，中心服务站就会立刻叫来警察。当交流电断电时，后备电池可以使报警系统继续运行。一般的后备电池包括充电电池和充电电路。

　　火灾报警系统可以从探测装置（烟雾探测器、热探测器等）输入端接收信息，然后火灾报警控制面板处理这些信息，并且激活输出装置端（音响或视觉警报、洒水控制器等）。使火灾报警控制面板进入报警状态的设备是启动装置。以产生可听见的或可看见的报警信号的设备是指示装置或通知装置。当一栋大楼安装火灾报警系统时，就要按美国国家消防协会（NFPA）或当地的管辖部门所提出的规程来安装设备。一般情况下，火灾报警系统可分为传统系统和模拟寻址系统。

　　传统火警系统会使用独立区域布线电路（如图 14.25 所示），根据启动检测装

置的状态而将信息延时传递给控制面板。控制面板会监控整个系统的探测装置的"开/关"状态,利用各自独立的区域有助于精确定位警报的位置。这些系统只需要使用相对来说较便宜的探测装置和火警控制面板即可。传统的火警控制面板常常按控制面板上的区域数或控制面板上的报警点来分类。这些区域是由连接成回路(单线电路)的启动装置组成的。每个区域都会根据这些启动装置的状态而将信息传递给控制面板,这些启动装置包括烟雾、热量或火灾探测器,手动报警按钮或任何电路关闭装置。

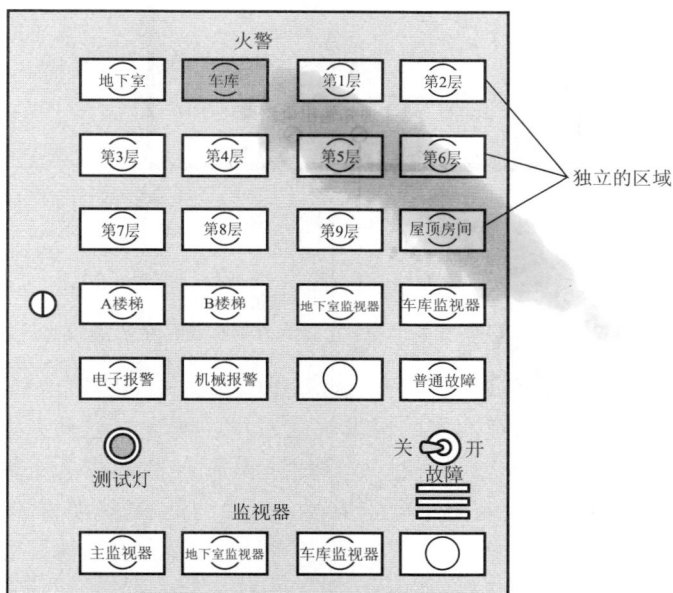

图 14.25 传统火警系统的控制面板,系统使用了各自独立分区布线电路

模拟寻址火警系统与传统火警系统有一些不同。在模拟寻址火警系统中设备之间像网络形式那样连接且每个设备都有自己唯一的"地址"(如图 14.26 所示)。模拟寻址火警系统比传统火警系统对电缆的要求要低,因此可节省大量成本。每个火灾探测单元都有一个唯一的地址例如烟雾传感器、200 房间、第二层,控制面板可以读到并处理这些信息。最终火警控制面板就可以精确地显示/表示出有问题的火灾探测装置的位置,这样就可以加速定位事件发生的位置,而且正是由于这个原因也就不再需要分区域系统,尽管分区域系统有时候很方便。

寻址建筑物火警系统还结合使用了智能装置,这些装置比目前其他装置更敏锐、更精确。例如智能烟雾探测器,不仅对极少量的烟雾很敏感而且还可以区分烟雾和导致假警报的普通烟,像粉尘或蒸汽之类。使用智能寻址系统可以使假警报的概率降低 50%。

手动报警点 ⊟

烟雾/热探测器 ⊖

信号线电路

控制面板

通知输出电路

蜂鸣器/频闪灯光

线末端电阻器

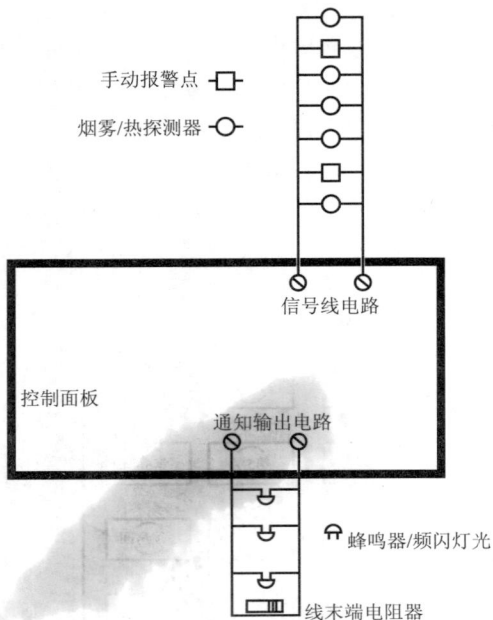

图 14. 26 在模拟寻址系统中,每个设备都有自己唯一的"地址"

模拟寻址火警系统的使用一直很稳定地增长(如图 14.27 所示)。寻址烟雾探测器一出现,就使得检测系统的布线需求大大减少。网络寻址火灾报警系统使用一对铜导线来连接多栋建筑物的寻址火灾报警系统,使之形成一个网络。这种安装使用的导线更少而且可以在每个电路中接入更多的设备,这使得安装过程更快、更精确无误。

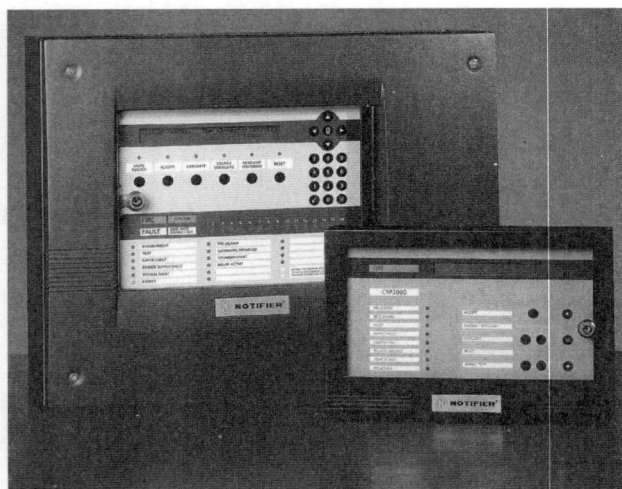

图 14. 27 典型的模拟寻址火警控制面板(BBC 消防有限公司许可)

思考与练习

1. 为什么门铃电路中的导线不能用于家用电灯或电源电路中？

2. 解释双音频门铃的结构和工作过程。

3. 解释典型的电动门闩的结构和工作过程。

4. 在通行卡系统中下面这些元件在操作上有什么功能：

(a)卡键。(b)读卡器。(c)微处理器。

5. 比较周界保护和区域保护的不同。

6. 说明磁力开关单元的结构和操作。

7. 比较微波探测器、超声波移动探测器与被动式红线外探测器工作时的不同。

8. 作为报警系统的一部分，控制面板的主要功能是什么？

9. 比较常闭(N.C.)或常开(N.O.)报警回路或者电路的操作有什么不同。

10. 报警系统中进门传感器开关的线路为延时回路。为什么开关的线路连接方式是这种回路？

11. 接入在火灾报警系统中的探测器、应急按钮和防拆开关的回路是什么类型的？为什么？

12. 解释一下在报警系统中，设定警戒和解除警戒的含意。

13. 简单描述一下火灾报警系统是如何工作的。

14. 比起传统火警系统来说，模拟寻址火警系统有哪些优点？列出三个。

习 题

1. 在正常的工作环境中，一个三线配电系统的中性线和地面之间的电压值为多少？为什么？

2. 一般来说，接地保护能够阻止哪两种危险的发生？

3. 说出在一个接地保护系统中的接地导线和中性线的功能。

4. 本章提到了门铃电路，试着在原有原理图和布线图中再增加一个远程的门铃控制元件。

5. 尝试修改本章中提到的两公寓的门开电路原理图和布线图，使其包括一个安装在门厅、能进入大楼的，按键操作的正常开门按钮。

6. 根据本章给出的门铃电路原理图：假设当按下前门按钮时前门铃没有响而后门铃却正常在响。将什么元件去掉会导致这种情况发生？为什么？

7. 如本章中提到的两公寓门开电路原理图：假设当按下门厅上的"A2"(Jones)按钮时房间"A"(Jones)的蜂鸣器没有响。由此假设可能蜂鸣器坏了，用一个电压表怎样查证这个问题？

8. 磁力门开关作为周界保护系统的一部分，解释如何用一个欧姆表来测试磁力门开关的工作情况。

9. 本章中提到在一个正常的监视报警控制电路中使用了线尾电阻器，假设该电阻器短路，会引发故障信号或报警信号么？为什么？

10. 观察自己的学校或类似的学院中火灾报警控制面板，并确定是否安装有传统或模拟寻址系统。说明是根据什么得到的结论。

11. 简单的描绘自己所选择的一个单独的住宅房的供电设备的布线图。